十年决策

世界主要国家(地区)宏观科技政策研究

《十年决策——世界主要国家(地区)
宏观科技政策研究》研究组　编著

科学出版社
北京

图书在版编目(CIP)数据

十年决策：世界主要国家（地区）宏观科技政策研究/《十年决策：世界主要国家（地区）宏观科技政策研究》研究组编著．—北京：科学出版社，2014.11

ISBN 978-7-03-042193-7

Ⅰ.①十…　Ⅱ.①十…　Ⅲ.①科技政策-研究-世界　Ⅳ.①G321

中国版本图书馆 CIP 数据核字（2014）第 241532 号

责任编辑：邹　聪　张翠霞/责任校对：蒋　萍
责任印制：赵　博/封面设计：无极书装
编辑部电话：010-64035853
E-mail：houjunlin@mail.sciencep.com

科学出版社 出版
北京东黄城根北街 16 号
邮政编码：100717
http://www.sciencep.com
北京建宏印刷有限公司印刷

科学出版社发行　各地新华书店经销

*

2014 年 11 月第　一　版　开本：787×1092 1/16
2022 年 4 月第四次印刷　印张：21 1/4
字数：480 000

定价：128.00 元

（如有印装质量问题，我社负责调换）

《十年决策——世界主要国家(地区)宏观科技政策研究》编辑委员会

序 / PREFACE

21 世纪以来，世界各国为应对科技革命、产业变革及金融危机，纷纷制定和调整本国创新战略，推进创新研究和人才培养，力促经济繁荣，裨益国民福祉。我国自实施《国家中长期科学和技术发展规划纲要（2006—2020 年）》以来，国家创新体系不断完善，创新驱动发展战略稳步实施，正在朝着跻身创新型国家行列、全面建成小康社会的宏伟目标阔步迈进。中国共产党第十八次全国代表大会（简称中共十八大）报告指出，要以全球视野谋划和推动创新。中国共产党第十八届中央委员会第三次全体会议（简称中共十八届三中全会）对全面深化改革做出了总体部署。习近平总书记在中共中央政治局第九次集体学习时强调，要敏锐把握世界科技创新发展趋势，紧紧抓住新一轮科技革命和产业变革的机遇。在推进和深化科技体制改革、加快国家创新体系建设的时代背景下，我们应立足国情，放眼世界，深化战略研究，前瞻思考科技体制改革举措，积极谋划科技事业未来发展。

当前，全球科技格局处在深度调整与变革之中，科技发展呈现新的特点和趋势。第一，竞争高地前移：对基础研究的战略地位达成高度共识。在经历了从万尼瓦尔·布什的线性模式到罗森伯格、斯托克斯等提出的非线性模式之后，对基础研究的认识正在呈现出一种“多元化”趋势。但总体来看，基础研究在国家创新体系中的作用日益凸显，逐渐成为各国竞争的前沿阵地。第二，引领效应凸显：原创成果到应用的周期缩短。18 世纪从摄影原理到发明照相机时隔 56 年；19 世纪从预言电磁波存在到无线电通信实际应用时隔 34 年；20 世纪初，从抗生素的发现到制造出抗生素时隔 30 年；20 世纪中，从发现铀裂变到制造出原子弹时隔 7 年；20 世纪末，从多媒体设想到制造出多媒体电脑仅用了 4 年；21 世纪，科技成果在短期内产业化已成为现实。科技发展史表明，从科技创新到成果转化为产品、发展成产业的周期日趋缩短。第三，前沿突破涌动：科学与技术相互渗透与融合加速。科学和技术的融合、渗透已成为当代科技发展的一个重要特征，由此改变了传统意义上的学科边界，使得科学和技术、基础研究和应用研究，乃至个别学科之间界限模糊，产生了一系列新的跨学科领域，如环境科学、信息科学、材料科学等，同时表现出信息技术、生物技术、纳米科技、认知科学等多元新兴技术深度交叉、汇聚、融合、叠加突破的征兆。第四，合作博弈激烈：高科技的垄断和反垄断发展并存。科学是一项开放的全球事业已成为共识，面对日益严峻的全球性问题，国家间的科技合作日益增多，全球科技资源配置和科技人才流动更加国际化。但在合作的同时，国家之间的科技竞争也不断出现新的形式。某些发达国家一方面利用知识产权和技术壁垒等手段，垄断国际高技术市场，制约和防范新兴国家；另一方面采取“竞争＋合作”的方式，力图在新的合作网络中保持主导地位。第五，体制改革推进：提升科技经费效益，释放创新活力。科技经费改革是各国体制改革中的重点，从全球研究理事会（Global Research Council，GRC）提出成员国科学基金资助机构的交流与合作，到世界主要创新型国家更集约地使用科技经费支持重大科学研究计划等，都体现出了对提高科技经费效益的高度关注。随着我国科技投入的持续增加，提高财政资金使用效益成为未来体制改革的关键问题之一。

本书立足于当前国内外形势，总结分析了10个国家（地区）近十年宏观科技战略与政策发展趋势，勾勒出全球范围内完善创新政策、推进科技进步的基本图景。他山之石，可以攻玉。洞悉国际创新政策发展态势，学习和借鉴其他国家推进科技发展的最佳实践，对于促进我国科技发展具有重要意义。同时，运用国际视野发展出来的中国科技创新政策，更具有时代价值和开展国际比较的可能。本书出版恰逢其时，将为我们谋划科技体制改革、深入开展国家自然科学基金"十三五"规划战略研究提供有益参考。

国家自然科学基金委员会副主任、中国工程院院士

2014年5月

前　言　/ FOREWORD

在国家自然科学基金委员会政策局的资助下，中国科学院文献情报中心情报研究部科技战略与政策情报研究团队对世界主要国家的宏观科技政策进行了跟踪监测和研究分析，形成了“十年决策——世界主要国家（地区）宏观科技政策研究”报告。科技战略与政策情报研究团队从 2008 年起开始承担国家自然科学基金委委托的“决策参考”调研课题，形成了大量的科技战略与政策情报研究分析报告，为“十年决策——主要国家（地区）宏观科技政策研究”课题提供了重要的基础。

本报告的研究工作从 2012 年开始启动，在全面贯彻党的十八大，十八届二中、三中全会精神、深入学习习近平总书记系列重要讲话的新形势下，研究了解不同国家科技发展战略与政策的新特点、新趋势，对于谋划和推动科技体制改革、实施创新驱动发展战略，具有一定的理论意义和现实意义。

在研究对象的选取方面，考虑到代表性和参考性，从地域来说，选择的国家代表了北美洲、欧洲、大洋洲和亚洲；从科技发展程度而言，既有科技超级大国美国，也有传统的欧洲强国，如德国、法国、英国和欧盟地区，以及新兴国家，如日本、澳大利亚、加拿大，同时，也有和中国一样处于追赶地位的金砖国家俄罗斯、韩国。这十个具有代表性和参考性的国家（地区）中，以发达国家居多，旨在比较分析各国在不同的科技发展阶段所采取的科技战略与政策的共性和差异性。

报告主要采用对质性资料的内容分析、时序分析、比较分析、案例分析等科技政策的分析方法，包括国内外相关研究文献的调研、相关国家网站的调研等；通过对政府网站和相关研究文献进行认真阅读和深入分析，解读和研究近十年来主要国家（地区）的宏观科技战略与规划、科技政策与措施、科技体制改革、国家研发投入重点、优先领域选择、科研评估等，反映各国宏观科技战略与政策的变化轨迹，比较各国科技发展方向与模式的异同。

研究工作大体分为三个阶段。第一阶段，以课题组成员为主，完成了各国资料调研、国别报告撰写；第二阶段，在国别报告基础上，完善资料，撰写上篇主报告；第三阶段，对主体报告进行了大量研讨和分析，并征询有关专家的意见和建议，对初步形成的报告进行修改。

本书分为上篇和下篇两部分，其中，上篇共分为七章，全面而系统地展示了十个研究对象国宏观科技政策的历史脉络、现状、异同与发展态势——科技战略与规划解读、科技政策与措施述评、科技体制改革动向、国家研发投入重点、优先领域选择、科学研究评估、科研产出。下篇的十章分别对十个研究对象国的科技与创新战略、科技政策与措施、科技经费投入、优先领域确定、基础研究重点、科研评估进行了细致的阐述。

本书由国家自然科学基金委员会政策局策划，课题组组长胡智慧研究员负责本书内容体系设计、研究与编写的具体组织。本书共分十七章，第一章由胡智慧、裴瑞敏撰稿，第二章由王建芳、裴瑞敏撰稿，第三章由陈晓怡、葛春雷、任真撰稿，第四章由任真、胡智慧撰稿，第五章由张秋菊、王建芳撰稿，第六章由李宏、张秋菊撰稿，第七章由韩涛、赵亚娟、王学昭、胡智慧撰稿，第八章由张秋菊撰稿，第九章由胡智慧撰稿，第十章由葛春雷撰稿，第十一章由陈晓怡撰稿，第十二章由李宏撰稿，第十三章由任真撰稿，第十四章由刘栋撰稿，第十五章由裴瑞敏撰稿，第十六章由任真撰稿，第十七章由王建芳撰稿。全书由胡智慧、任真审查统稿。在本书的编写过程中，我们参考了国内外专家和学者的大量研究资料与文献，国家自然科学基金委员会办公室主任韩宇研究员、政策局局长郑永和研究员、发展战略处处长吴善超研究员、学科政策处处长龚旭研究员等专家也为我们提供了宝贵的意见和建议，在此一并向他们表示诚挚的谢意！希望本书能够为我国广大科技工作者、各级科技管理部门和国内外有关学者全面、客观地了解“十年十国”的宏观科技政策发展状况提供重要参考。

《十年决策——世界主要国家（地区）宏观科技政策研究》研究组
2014 年 4 月 28 日

目 录 / CONTENTS

下篇 科技政策发展态势的国别考察

上篇

全球宏观科技政策发展态势

第一章 科技战略与规划解读

第一节 科技发展战略

一、科技战略总体态势

21世纪，世界进入知识经济时代，科学技术成为经济增长的重要动力。在全球竞争日益激烈的背景下，各国政府不断调整与完善其科技创新战略和政策，增加科技投入，加强重点领域的研发并培育新兴战略产业，促进产学研合作，以便在全球竞争中占据有利地位[1]。

总体来看，自2000年以来，各国的科技战略重点可以分为三个阶段：世纪之初的科技战略、危机时期的科技战略，以及后危机时期的科技战略。

（一）世纪之初的科技战略（2001～2007年）

为在21世纪的科技革命和产业变革中抢占先机，世界主要国家纷纷出台新的科技战略、发布新的科技计划，加大科技投入力度，重点发展与提高经济竞争力和改善生活质量直接相关的关键技术领域。各国在人力资源建设方面还竞相出台了一系列新的政策与措施，推动以科技成果转移和转化为核心的创新政策得到各国政府的高度重视。

美国的科技战略进一步聚焦于全面提升美国科技的国际竞争力，以继续保持在科技领域的“全面领先”地位。2004年美国竞争力委员会发布的《创新美国：充满挑战与变革的世界繁荣》[2]提出了国家创新投资聚焦的三个优先领域：催生前沿和多学科的研究领域；加强企业化的经济；强化风险性较高及长期投资的领域。该文件提出，政府预算要分配给那些新颖的、高风险的和探索性的研究，应该保证20%的预算支持大学和国家实验室的基础研究，大幅提高支持物理科学和工程的基础研究等政策建议。2005年美国国家科学院发布的《站在正在聚集的风暴之上》[3]是建立在对于美国所面临危机的认识基础上的，指出美国经济对于技术创新的依赖，建议集中在人才、教师、科学家等未来中坚力量的培养上。美国对基础科学研究的作用有了新的认识，同时也意识到后发国家对其体制和资助模式的效仿以及科技实力的不断攀升。2006年，美国总统布什在国会发表的国情咨文中宣布了“美国竞争力计划”[4]。该计划的实施显示出美国对科学和工程领域基础研究重要性的深刻认识。美国国立卫生研究院（National Institutes of Health，NIH）自然肩负起美国竞争力的历史重任。2007 年，美国颁布《美国竞争力法案》（2007）[5]，该法不仅包含美国竞争力计划中的增加美国国家科学基金会（National Science Foundation，NSF）等部门研究预算的相关条文，还加入了其他促进公众对数理科学教育的支持、鼓励高风险研究等方面的条款。美国国会显示了支持科学和教育的强烈愿望，并给出了明确方向。该法批准在未来 3 年中为数十个研究和培训项目投资 430 亿美元，还要求美国国家科学基金会将社会科学和行为科学列为基本资助项目，这是在以往的政策报告中极少出现的动向，说明国会意识到对一些涉及伦理、道德等领域的科学研究加强规制的重要性。

通过对上述报告的解读可以看出，美国政府希望通过以科技和人才驱动的创新经济来加强政府与科学的关系。从创新性上讲，可以从四个维度对其分解：一是加强组织与机制建设，如增加专利商标局用以改善办公环境和提高专利审查的工作效率、发挥数据库作为创新工具的功能、建立全球合作的科技指标等；二是投入资金的政策建议，如强化科学研究中的长期投资并提高风险承受能力；三是人才的政策建议，如提出培育下一代研究人员；四是具体的政策实施路线，提出了大约 80 项强化创新的政策建议。

2000 年，英国贸易与工业部发表《卓越与机遇：21 世纪的科学与创新政策》报告，创新第一次成为英国国家政策语境中的关键词[6]。随着英国政府科技政策逐步转向创新，其对于科技的认识以及基础研究特点的态度发生了一系列变化，并重新认识和定义了一些新兴的技术领域，如生命科学及纳米技术以及科技与社会的关系等。之后，英国政府又相继推出《变革世界中的机遇——创业、技能和创新》[7]（2001 年）、《为创新投资——科学、工程与技术的发展战略》[7]（2002 年）、《在全球经济下竞争：创新挑战》[8]（2003 年）、《英国政府科学与创新政策评论》[9]（2007 年）等报告，问题直指创新投资以及大学和企业联合等现实问题，对于创新与基础科学的新认识贯穿于英国政府科学技术政策的始终，同时勾勒出英国政府重振雄心、向国际最高科研水平国家进发的蓝图。

21 世纪初的几年中，基于种种原因，德国经济发展处于第二次世界大战后的低谷，并且直接影响到对高等教育的投入和改革，同时导致大量的科研人才流失。2004 年，德国推出了著名的“卓越大学计划”，力图重振德国大学。该计划深刻表明了德国政府对教育和人才的希望，以及在日益国际化的人才流动中希望获得全球最优秀科研人员和科研资源的愿望。德国这几年比较重要的科技战略与规划以及产生重大影响的科技政策报告如下：2006 年，政府出台的《德国高技术战略》，确定了依赖于科学研究而加强德国创新力量的政策路线，以保证高科技创造更多的就业岗位。[10]

俄罗斯于 2006 年颁布了一系列重大的科技战略与计划，其中最重要的有《俄罗斯联邦至 2015 年科学和创新发展战略》《俄罗斯联邦科学、工艺和技术优先发展领域》和《俄罗斯联邦关键技术清单》，以及《研究与开发——俄罗斯科技综合发展优先方向（2007—2012）》等战略，这些计划规划了俄罗斯今后一段时间内科技和创新发展的国家目标，也表达了俄罗斯政府对于未来依托科学研究发展经济和社会的美好愿景。[11]

在这一阶段，各国主要关注全球化给国家经济和科技带来的影响，也进一步从重视科学发现转变为重视科技创新，并将国家创新体系的概念推向了实践阶段。在此期间，各国的科技战略主要集中在以下几个方面：通过科技体制改革提高国家创新系统效率，利用科技创新政策解决服务业创新和全球性挑战，推进知识经济发展，加强科技投入，使得科技创新获得更多的政策关注，促进产学研结合与知识扩散。

(二)危机时期的科技战略(2008～2010年)

2008年的金融危机席卷全球，各国政府的应对政策都表现出一个共同的新趋势，那就是用科学的力量去迎击危机，走出低谷。各国为应对危机、提振经济，改进了对科技创新的投资，加快了对新兴技术和产业发展的布局。从各国的举措可以看出，重点培育的战略性新兴产业主要包括低碳产业、生物产业、信息技术产业，以及纳米与新材料产业等。各国还实施国际化战略，以最大限度地利用全球资源。

这次危机给美国社会带来了深远影响。奥巴马在任时期政府连续发布包括一系列科技政策在内的旨在刺激经济增长、减少失业的政策报告。2009年奥巴马总统签署的《2009年美国复苏与再投资法案》[12]最为引人瞩目。该法案是美国应对金融危机的一项重大举措。其主要目的是走出低迷的经济形势、创造大量的工作岗位以应对当前的巨大挑战。从《2009年美国复苏与再投资法案》的具体细节来看，其中很多地方都体现了重视并依赖科学的态度，特别是在公众健康、新能源开发、环境智力等问题上，越来越强调科学所发挥的作用，并要求政府增加对科学的投资。2009年，美国出台《美国创新战略：推动可持续增长和高质量就业》[13]报告。该报告提出金字塔的创新模型，金字塔的底部为基础研究和创新所需的基础设施，这是为美国未来打基础的；中间层为企业家精神，提出要扩大出口，鼓励私有和公有部门的创新精神；金字塔的顶端，属于重点攻坚的问题，它们推动国家重点项目取得突破。该报告还提出催生在清洁能源、先进汽车、卫生保健，以及21世纪重大挑战等国家优先领域的重大突破。对于科学研究投资的持续增长应该说是奥巴马新政的一大亮点。2010年，美国公布《复苏法：通过创新转变美国经济》报告，该报告是美国应对金融危机的一项重大举措，主要目的是走出低迷的经济、创建大量的工作岗位，以应对当前的巨大挑战。这些投入不但转变了美国经济，创造了新的就业，同时加速了美国科技的重大进步，确保了美国经济在21世纪的竞争力。可以看出，美国政府对于科学研究的经济与社会功能认识达到了空前的高度，特别是资助重点从国防到基础工业研究转向解决当前的经济和社会问题上来。值得注意的是，对于信息领域的支持成为美国政府支持的重要领域，在全球信息化的大背景下，利用计算机与信息技术助力美国竞争力提升优势的愿望相当明显。

在2008年的金融危机中，英国的金融业与实体经济遭受重创。英国国家科技艺术基金会发表的《应对衰退：创新如何拯救低迷》报告[14]成为英国以创新为主题促进社会长远转型的理论先声，引起了广泛的影响。2009年发布的政府政策报告《新产业、新工作》[15]用了大量篇幅研讨科学技术及创新问题，报告开篇指出，一切的关键是确认英国的科学和技术正处于这场决定21世纪命运的工业革命的中心。报告提出，将杰出的科学和技术成果转换为创新与新机遇，只有这样才能渡过现在的难关。对于经济危机后政府的科学投入问题，报告也给出了回答：稳定的政府科学投入可以为支持经济的稳固增长提供必要基础。2009年，英国下议院创新、大学、科学与技能委员会发布《把科学与工程放在政府政策的中心》报告[16]。2010年，英国新任科学大臣发表讲话，提出要增强对大学和科研机构的管理，培育良好环境，引领经济的可持续发展。

2008年，德国联邦教研部(Federal Ministry of Education and Research，BMBF)发布《加强德国在全球知识社会的地位——联邦政府关于科学与研究国际化的战略》[17]，提出联邦政府科学研究国际化的战略。该国际化战略是政府应对科学与创新系统中全球化竞争的挑战的重要战略。此战略提出的主要目标包括：与全球处于领导地位的国家加强合作；培育国际性的创新潜力；加强与发展中国家在教育、研究和开发中的长期合作；确定国际责任、应对全球挑战。德国重点将其应用研究与创新能力投向致力于解决气候、资源、健康和移民等问题。这是德国的一种全球化的战略思维。此后，有关全球化合作与全球化竞争的主题成为德国共同关心的问题，而且德国在科研创新和教育改革方面进行了一系列改革，如出台"精英计划"、青年科学家资助计划等。

2008 年，英国商业、创新与技能部发布的《创新国家》[18]白皮书指出，政府希望建立更加强大和公平的英国，使其能够应付来自未来的挑战。根据白皮书，英国的创新政策将由过去的强调高技术制造转变为更广泛的产品；政府计划制定国际创新战略，出台提高英国企业的能力以在欧盟第七框架计划的竞争性资助中取得更有利的地位；白皮书承诺进一步加强私有部门和政府之间的创新知识与技能转移；企业和高校之间的知识转移的伙伴关系数量也将增加一倍。

俄罗斯为保障《俄罗斯联邦至 2015 年科学和创新发展战略》的实施，专门为促进基础研究提供了两个计划——《俄罗斯大学基础研究的优先领域（2007—2009）》和《发展俄罗斯高中的科学潜力（2006—2008）》。这两个计划的实施对于恢复和推动俄罗斯基础科学研究起到了非常重要的作用。此外，俄罗斯于 2008 年颁布了《国家基础科学研究计划（2008—2012）》。

2009 年，韩国修订"基础研究振兴综合计划"，该计划提出了增强未来主导型基础研究力量，跻身全球科技七大强国的愿景[19]。同时，政府推出了《新增长动力规划及发展战略》，提出三大重点领域 17 个产业为重点发展的新增长动力。2010 年，韩国知识经济部对重点领域和新增长动力产业进行了调整，确定六大领域 22 个新增长动力产业，包括：能源、环境产业，运输产业，新信息技术，产业融合，生物产业，知识服务业领域。

其他国家和地区也将科技创新作为后危机时代的战略重点予以推进。法国 2009 年出台未来 4 年的《国家研究与创新战略》[20]，提出要加大税收信贷力度，激励私营部门投资研究；加强主要创新主体之间的合作和协调；通过竞争力集群计划推进公共研究转化为创新；支持中小企业提升竞争力。战略提出的优先领域包括：健康领域；食品和生物技术；环境、应急和生态技术；信息通信技术；纳米技术。欧盟把创造和创新作为应对危机的主要对策，2009 年出台了一项促进关键技术发展的战略，选定的关键技术包括纳米技术、生物技术、材料科学与工程、先进制造、信息通信技术等前沿领域。

随着人类面临着越来越多的全球性挑战，尤其是自 2008 年金融危机以来，可持续发展的概念不断被关注，为了保持其竞争优势，以及在新的政治经济格局中占据有利地位，各国的科技战略也发生了相应的变化，主要是从强调科技本身转为强调科技为经济与社会服务，战略重点包括：将科技创新作为恢复经济的核心，通过创新转变经济发展方式，加强创新提升产业竞争力，关注绿色创新政策。

（三）后危机时期的科技战略（2010 年至今）

金融危机后，世界主要国家纷纷加大了对重点科技领域的前瞻部署，旨在抢占未来科技制高点，并创造新的经济增长动力，提升科技和经济竞争力。许多国家加强了纳米技术等关键技术的部署，一些国家开始对未来的生物经济谋划和布局，绿色智能技术正在掀起新的技术浪潮。与此同时，制造业、农业等传统领域开始复兴。

美国政府面临刺激经济增长、提供就业岗位等的巨大挑战。2010 年，美国总统科技政策办公室发布了几个带动经济增长的重点发展领域，如清洁能源的开发与利用、加强基础设施的建设、提高医疗健康水平、纳米技术和网络与信息技术研究开发等。这些领域计划的实施则表现出美国对于科学研究重要性的认识，希望通过科学与技术领域的突破来完成这些目标，而这些突破则更多地与科学突破与技术结合起来。2011 年，美国再度审视了美国面临的国际竞争局面，发布了《美国创新战略：确保经济增长与繁荣》[21]，提出加大对人才、基础研究、信息系统等创新要素的投资，旨在充分发挥创新潜力，促进新就业、新企业和新产业的形成和发展，带来高工资、高附加值和高能效，创造高质量的就业，以带动经济增长和繁荣。2011 年，美国国家科学院发布《美国创新战略：确保经济增长与繁荣》报告[21]，指出美国在研发投资、研究型大学资助、早期阶段投资、研发人员数量等方面都面临着其他国家的严峻挑战，为增强美国的经济实力与创新能力，提出到 2020 年将研发投入占国内生产总值（GDP）的比例提高到 3%等政策建议[22]。美国总统科技顾问委员会（President's Council of Advisors on Science and Technology，PCAST）发布的《变革与机遇：美国科研事业的未来》报告描述了当前形势的性质、所涉及的关键利益，以及美国科技界迄今所做的反应。更重要的是，它还讨论了面对这些充满挑战的趋势时，可能采取的能够给美国带来积极机会的各种行动，并提出努力重建美国国内的制造业等建议[23]。美国 2010 年以来的创新战略，均把美国创新基本要素的投资作为推动经济增长和竞争力提升的重要手段。美国的创新战略提出，继续推动竞争市场和激励创新创业，并支持在国家优先领域的重大科技突破。此外，推出了新的具体举措，包括启动“创业美国”“国家无线计划”，提出要实施专利改革议程，减少美国专利商标局积压的专利申请等。这些新举措被视为进一步发掘创新潜力、推动经济增长和提高竞争力的关键。

2010 年，德国经济实现复苏，并率先走出危机成为带动欧洲经济增长的火车头。“加大创新力度、调整产业结构、保持国际竞争优势”的政策取向是德国经济迅速走出危机的重要内因。德国发表了联邦教研部提出的《德国高技术战略 2020：思路、创新、增长》[24]，为德国未来 15 年科技研发规划了新的发展路线。新战略重点关注气候与能源、健康与营养、交通、安全和通信五大需求领域，并从应对各个需求领域的最重要挑战着眼确定未来项目，同时也明确了各领域的行动计划。后来相继发布的面向 2050 年的能源中长期发展战略《联邦政府第六能源研究计划》《可持续发展研究框架计划》《信息与通信技术战略》《生物经济框架计划》，为《德国高技术战略 2020：思路、创新、增长》五大需求领域提供了强有力的支撑，使德国的研发效率得以提升。

2010 年，英国科学技术委员会发布《英国研究愿景》报告[25]。报告探讨了如何确保英国的科学研究基础能够保持高水平的研究表现、生产率和产出，并在经济和社会影响方面实现最大化；如何继续保持英国科学研究的国际地位、优化商业拉动和研究推动；如何招聘、培训、奖励和留住优秀人才。报告建议政府关注科学研究对英国的价值，并将科研成果转化为经济和社会价值。可以说，《英国研究愿景》报告是英国对科技的投入转入财政紧缩时期的一个重要标志，开启了强调通过科技投入促进经济增长的政策思路。2011 年，英国商业、创新与技能部发表的《以增长为目标的创新与研究战略》[26]，提出发展生命科学产业、建立技术创新中心、启动全面的知识产权改革、支持中小企业研发等多项具有重要意义的措施，并规划了多个重点领域的发展战略与行动计划，充分体现了科技在经济复苏中的重要作用。

2011 年，日本在应对地震等灾害的同时，陆续推出了一系列科技相关战略、计划和措施，希望借助科技力量调整产业结构，同时日本政府也重新审视和思考本国的能源政策和科技政策。日本内阁通过的《第四期科学技术基本计划》（2011～2015 年）[27]着眼于解决面临的重要问题，确定了今后 5 年国家科技政策的方向。该计划明确了未来的经济发展支柱，包括环保与能源、医疗、护理与健康、灾后恢复与重建。日本政府的经济政策也把科技创新作为重点。2010 年公布的“未来 10 年经济增长战略”[28]着力突出的战略取向就是科技创新，将通过推动环境和能源、医疗和健康等重点领域的发展，实现内外需求共同支撑的经济增长。2012 年推出的《创新能源环境战略》从节能、可再生能源、资源和燃料、核电安全、电力系统及能源环境产业六个方面着手寻求解决方案。

俄罗斯强调创新在未来转型发展中的作用。2011 年，为进一步推动创新，俄罗斯经济发展部颁布《俄罗斯联邦 2020 年前创新发展战略》，将提高国家创新能力确立为重要战略目标，希望实现从原料出口型向创新型经济模式的过渡。提出的任务包括：开发科学、教育、技术及创新等领域的人才潜力；提高国家创新能力；提高国家创新体系的开放程度，扩大多边和双边国际合作。

在经济复苏乏力的情况下，2010 年欧盟委员会出台的《欧洲 2020 战略》是指导未来 10 年发展的战略。战略提出，将“创新型联盟”作为首要的旗舰计划。2011 年，欧盟委员会发布“地平线 2020”研究创新计划，首次将欧盟所有的研究和创新投资统一起来，其重点是将科学突破转化为创新产品和服务。“地平线 2020”将提供对经济的直接刺激，确保欧洲的科学和技术基础以及未来的产业竞争力，因而有利于建成一个更加智慧、更加可持续和更加具有包容性的社会。另外，该创新计划提出聚焦于三个共同的战略优先领域：卓越的科学研究、产业竞争力及经济社会面临的重大挑战。

2010 年后，各国纷纷从金融危机中解脱出来，但仍有些国家处于债务危机中，金融危机的阴影始终伴随着各国的经济发展，各国纷纷面临着重大的社会挑战性问题（如气候变化、环境问题、老龄化问题、能源问题等）。因此，通过科技创新解决重大社会挑战成为各国科技战略的重点。同时，各国开始加强产业发展，尤其是制造业的发展，并希望通过商业创新提高产业竞争力，部署与战略性产业相关的前瞻性技术领域。随着全球化的进一步发展以及信息化技术的蓬勃发展，各国开始认识到国际合作在科技创新与经济发展中的重要作用，国际合作的形式也更加多样化，发达国家也开始注重通过科技外交的方式来巩固自身在世界上的战略地位。

二、科技战略重点

（一）制定创新政策促进经济增长

在经济不振的背景下，恢复经济增长和提升竞争力成了各国创新政策的首要目标。美国致力于通过创新促进经济增长和长期繁荣，不断推出新的政策措施。英国重视创新对经济增长的巨大推动作用，将科技与创新作为推动经济增长的主要动力。德国强调创新应对关键技术的挑战。俄罗斯强调创新在俄罗斯未来转型发展中的作用。日本发展绿色科技创新、生命科学创新，提出打造全球创新中心的战略目标。韩国力图依靠创新推动从快速跟踪到领跑者的转变。解析世界各国或地区科技战略重点，可以看出，世界主要国家或地区科技创新与竞争日趋激烈，既着眼于解决当前危机，更着眼于长远战略性发展。其主要考虑包括：着眼于应对全球经济危机带来的经济与社会发展问题，致力于以科技创新来支撑国家经济社会的发展；瞄准经济社会发展未来竞争战略领域和方向，提前部署科技重点和计划，培育未来战略性新兴产业，抢占未来国家综合竞争力的制高点；着眼于应对人类面临的日益严峻的能源安全、资源安全、环境变化、人口健康等方面的挑战，适时部署科技战略行动；围绕科技创新前沿领域和方向，前瞻和长远部署面向未来的科技计划和行动，引领未来科技竞争方向和世界新科技革命浪潮，支撑经济社会长远可持续发展。

（二）加强科学教育与人才培养

各国积极采取措施加强基础科学教育、强化人才培养、改善人才环境、吸引世界范围内的优秀科技人才，为科技创新奠定基础。美国提出改善科学、技术、工程与数学教育，恢复美国大学入学率世界第一的地位。日本《第四期科学技术基本计划》提出，为加强世界一流的基础研究，必须促进大学和研究机构接受海外优秀的研究人员和学生，完善研究奖金和奖学金资助体制。韩国注重强化科技人才培养体系，2012 年启动实施了系列人才计划项目，旨在吸引更多的国际知名学者和青年科学家。英国在《英国研究愿景》报告中提出，要成为全球最优秀的研究人员向往的主要目的地，培养和留住国内外的科技人才。俄罗斯在《俄罗斯联邦 2020 年前创新发展战略》中提出，要建立各种专项基金，提高科研人员的工资待遇，改善科研人员的工作和生活条件。澳大利亚出台奖学金激励政策，推出了为留学生提供良好生活条件、提高教育质量、加强对留学生的保护等措施的《澳大利亚国际学生战略（2010—2014）》[29]，以达到吸引更多留学生的目的。

（三）加强科研基础设施建设

面向科技创新战略需求，加强科研基础设施建设，已成为世界各国或地区支持科技创新活动的重要手段。英国高度重视科技基础设施建设，重点加强低碳经济、数字通信和科学基础研究等方面的科技基础设施建设。欧洲在《欧洲研究基础设施路线图》中提出了天文学与天体物理学、核物理与粒子物理学、空间科学、材料科学、能源与环境科学、计算与数据处理、生物与生命科学、社会与人文科学八大领域的基础设施需求。美国、法国、澳大利亚等也相继出台大型研究设施的重点建设推进计划。

（四）加大前沿领域的前瞻部署

前沿领域研究对于把握科学发展趋势、掌握未来科学竞争的前沿具有重要意义，各国都加强了对前沿领域的布局。通过分析可以发现，不同类型的国家在制定其科技战略时侧重点有所不同。以美国、日本、韩国等企业研发与创新绩效优良的国家为例，其科技战略重点是以科技创新应对经济危机为主线，主要集中在投资科学基础，如公共研究和人力资源，以投资未来增长领域（绿色技术和健康领域）获得竞争优势，并将应对全球挑战作为创新投资的方向；而创新绩效落后的国家，在制定其科技战略时，比较注重加强科技体制改革，促进产业创新，加强公共研究与产业之间的联系，以及改善高等教育和研究的质量。

世界主要国家科技战略强调对国家未来经济增长、就业和社会整体价值有影响的优先领域的布局创新在科技政策中的战略地位。世界主要国家出台的科技战略除了注重加强能源、环境领域的突破外，生物、信息通信、空间及卫生保健技术也是战略重点发展的方向，此外，美英等国家开始重视制造技术的新突破。

三、面向 2020 年的科技战略选择

为在未来竞争中占据先机，美国、日本、德国、法国、英国、韩国、俄罗斯、加拿大、澳大利亚等国家与地区近年密集发布中长期科技发展战略，对未来十年甚至更长一段时间的科技发展进行了远景设计。各国（地区）出台的面向 2020 年的科技战略如表 1-1 所示。

表 1-1　主要国家与地区面向 2020 年的主要科技战略

国家（地区）	科技战略名称（制定时间）
美国	美国创新战略（2009 年、2011 年） i6 挑战计划（2010 年） 能源技术商业化推广计划（2010 年） 先进制造伙伴关系计划（2011 年）
日本	2025 创新战略（2007 年） 新增长战略（2010 年） 第四期科学技术基本计划（2011～2015 年）
德国	2020 高技术战略（2009 年） 2050 能源技术研究与发展重点（2010 年） 信息与通信技术战略：2015 数字化德国（2010 年） 生物经济 2030：国家研究战略（2010 年）
法国	国家研究与创新战略（2009 年） 绿色产业增长战略（2010 年） 可持续发展 2010—2013 战略（2010 年） 生物多样性 2020 战略（2011 年）
英国	技术与创新的未来：2020 年英国的增长机遇（2010 年） 英国生命科学战略（2011 年） 英国研究愿景（2010 年）
俄罗斯	俄罗斯联邦 2020 年前创新发展战略（2010 年） 经济发展 5 大战略方向（2009 年） 俄罗斯联邦科学、技术与工程优先发展方向（2011 年） 俄罗斯联邦关键技术清单（2011 年）
韩国	新增长动力战略（2009 年） 科学技术未来愿景与战略（2010 年）
欧盟	欧盟科技框架计划（1984—2013 年） 欧盟 2020 能源战略（2010 年） 欧盟 2050 能源战略路线图（2011 年） 地平线 2020 计划（2011 年） 2050 低碳经济路线图（2011 年）
加拿大	让科学技术成为加拿大优势（2007 年） 数字经济战略（2010 年）
澳大利亚	驱动创意：21 世纪的创新议程（2011 年）

各国未来科技发展战略在确定目标和任务时突出了本国需求和特点，例如，日本是灾害和地震频发的国家，把灾害防治技术作为重点任务；欧洲等国人口老龄化问题严峻，它们强调与老龄化相关的技术。

（一）促进经济增长与社会发展

美国政府2009年发布的《美国创新战略》强调了创新在经济增长中的核心作用，并号召增加对创新领域的投资。这些努力不仅包括在2009年颁布的复苏法案的历史性投资中获得的极大支持，还包括美国国家科学基金会、美国能源部科学办公室和美国国立卫生研究院等机构对基础研究的大规模扩张，这加速了创新过程最前端的基础性突破进展。2011年又发布了《创新战略：以创新确保经济增长》，希望在这些既往努力的基础上，确保私有经济部门尽可能发挥创新活力，使美国工人和企业能够在未来几十年继续引领世界经济。

日本在于2009年制定的面向2020年的十年经济增长战略——《新增长战略》中，提出了以“强的经济”“强的财政”“强的社会保障”为宗旨的战略方针，到2020年在环境、健康等领域创造123万亿日元的新需求和499万个就业岗位，以提高国民生活水平。

英国在《英国研究愿景》中提出，要在确保基础研究（探索性研究）维持高水平的绩效和生产率的同时，使其产出实现经济和社会效益最大化，优化商业的拉动与研究的推动作用，以促进知识交流和研究成果向经济和社会效益的转化。德国强调要利用科学技术解决德国几十年来所面临的最严峻的经济与金融政策挑战，同时发挥科学研究的潜能以提供应对国际国内挑战的方案。韩国要凝聚科技领域的力量并强化科技的社会作用，以解决未来社会的主要问题，从而实现韩国梦想的未来景象，即与自然和谐相处、富饶、健康和便利的社会。

（二）提高国家创新能力和竞争力

美国政府在两份创新战略中都提到要打造美国的创新基础，提出美国未来的经济增长和国际竞争力取决于创新能力，通过投资于人民的创造力和想象力来创造就业和未来的产业。德国的《德国高技术战略2020：思路、创新、增长》也强调要通过研究新技术、扩大创新等方式激发德国在科学与经济上的巨大潜力，提出科技在未来必须为支撑德国经济发展发掘潜力、开辟新增长点。法国的《国家研究与创新战略》强调通过加强基础研究、科研成果转移和转化、跨学科研究等提高国家创新能力，为法国产业乃至综合竞争力的提升提供技术支撑[30]。澳大利亚的《21世纪创新议程》[31]是一个十年的中长期战略，其核心目的是建立更强大的国家创新体系，并指出创新是使澳大利亚具有更高生产力和更强竞争力的关键。俄罗斯则强调通过促进创新活动主体发展、加强基础研究和应用研究，以及实现科研成果产业化来提高国家创新能力[32]。

（三）实现绿色增长及可持续发展

能源、环境、人口健康问题越来越成为制约人类可持续发展的重要因素，也是全世界共同面临的重大挑战。为解决这些问题，世界主要国家在其面向2020年的科技战略中将绿色增长与可持续发展作为重要的战略目标之一。

美国将促进清洁能源发展作为重点突破的优先领域，力图在清洁能源技术市场重新获得主导地位。日本瞄准节能环保等领域重振日本经济；《第四期科学技术基本计划》[27]中提到应该把推进以环境和能源领域的“绿色革命”作为实现未来的可持续增长和社会发展的主要支柱之一。德国希望在气候、能源等方面在应对全球挑战及获取21世纪亟待解决的问题方案上走在前沿。法国2010年和2011年分别发布了《可持续发展2010—2013战略》[33]

及《生物多样性 2020 战略》[34]，主要倡导绿色经济与平衡经济，支持绿色技术（可再生能源、绿色化工、循环利用、碳捕获与封存）与资源节约型产品等；《国家研究与创新战略》提出投资绿色技术与清洁能源技术以重塑其增长模式。

（四）夯实国家创新的基础

在各国面向 2020 年的科技战略中，通过加大对基础研究、人力资本及基础设施的投资，从而使国家创新基础成为各国科技战略的战略重点。

美国创新战略的战略重点之一是通过培育世界一流的劳动力、强化在基础研究领域的领导作用、建设先进的信息技术生态系统等夯实美国的创新基础。英国力图通过发现、吸引和培养最好的研究人才，建设世界级的研究基地，实现英国在某些领域的全球领先地位。德国提出加强青年人才培养，确保科学后备力量，同时为德国公共研究机构提供稳定的财政支持。法国强调要加强对基础研究的投入，提出重新肯定并确保基础研究的中心地位和法国研究体系的学术自由是政府的强烈意志，也是国家研究与创新战略的指导准则。澳大利亚提出吸引最优秀的人才进行世界一流的研究，增加政府研发投入以支持高质量研究。韩国提出培养与任用优秀科技人才，以引领未来国家竞争力的提升，还制订了《基础研究振兴综合计划》以持续加大在基础研发领域的经费投入力度。

（五）促进优先领域的突破

在面向 2020 年的科技战略中，世界主要国家通过分析世界经济、政治、环境和科技形势的发展变化，根据自身的经济、科技条件及发展需求，确定了优先发展的领域。

美国试图实现在清洁能源、生物与纳米科技、先进制造、空间应用、医疗卫生科技等领域的突破。日本也将通过推动环境、能源、医疗与健康等重点领域的发展培育新的增长点。德国聚焦气候、能源、健康与营养、安全和通信五大领域，开发关键技术，改善创新环境，最终促进进步。在世界主要国家面向 2020 年的科技战略中要突破的优先领域中，清洁可再生能源、信息通信技术是各国都力图取得突破的优先发展领域。

对各国科技战略重点、目标进行分析，对于把握我国科技发展的动向，预知世界主要国家科技发展的趋势具有十分重要的意义。

第二节　科技发展规划

科技发展规划是关于国家中长期的科技目标、宏观方向或优先领域的发展战略安排，是根据国家宏观的科技发展战略方向，对科学技术发展的具体方向、发展领域、发展速度和发展主体给予界定。其重点是强化科技研发与国家发展目标之间的联系、明确国家相关科技部门的权责、确定战略科技优先领域，并为优先领域或相关机构制订科技计划和行动提供依据。

一、科技规划的类型

科技规划的对象涉及科技经费规划、优先领域的设定、科技人才发展规划、科技项目与计划的规划、未来科技发展方向的科技预见等。各国科技发展水平不同，国情不同，因此各国的科技规划内容和形式存在着一定的差异，但从科技规划的层次来看，可以大致分为三个层次：科技战略规划、国家科技计划和科研机构计划。

（一）科技战略规划

国家的科技战略规划描述的是国家中长期科技目标、宏观方向或优先领域及关系全局的发展战略，重点是强化科技研发与国家目标之间的联系，明确国家相关科技部门的权责、确定战略优先领域，并为科技计划的制订提供依据[35]，包括科学技术法、中长期综合科技战略与规划等。

1. 科学技术法

科学技术法是一些国家从法律层面对科学技术的发展战略、目标和方式进行了规定，并以此保证科学发展战略、目标、计划等的制定与执行。例如，《美国竞争力法案》的根本目的在于通过保障美国在创新方面的领导地位，保持科技领先，保障美国的强大和安全。日本的《科学技术基本法》，不仅是日本科技基本计划的指导，也是日本制定科技战略和科技计划所遵循的依据。韩国的《科学技术基本法》是指导韩国科技发展的根本大法。

2. 中长期综合科技战略与规划

中长期综合科技战略与规划是指一个国家或根据其科学技术法，或根据自身科技发展的需要及国内外科技发展趋势制订的5～10年甚至更长时间的综合性科技发展战略与规划。例如，美国的“竞争力计划”，以及韩国和日本的“科学技术基本计划”等。

（二）国家科技计划

国家科技计划描述的是基于国家层面，以国家科技战略规划为纲，涉及某一个或几个领域的中长期跨部门科技计划和年度部门科技计划。国家科技计划可以是一个部门的计划，例如，美国能源部2009年12月以3.66亿美元建立了3个能源创新中心，是国家级的科技计划之一；也可以是跨部门联合的国家计划，例如，2012年3月，奥巴马宣布由美国国防部、能源部、商务部与国家科学基金会联合投资10亿美元发起制造业创新国家网络计划。

国家科技计划的主要类型包括技术开发类战略与规划、领域类科技战略与规划、社会经济类战略与规划等。

1. 技术开发类战略与规划

技术开发类战略与规划是结合技术发展特征和市场需求制定的关于某项技术的未来发展路径。例如，日本经济产业省自2005年3月制定的“技术战略路线图”。

2. 领域类科技战略与规划

领域类科技战略与规划是针对某个重要的优先发展领域所制定的未来的科技战略与规划，其中会涉及具体的科技计划和实施措施。领域类的科技战略与规划是根据综合性科技战略与规划中所提及的以及国家科技发展所需要前瞻部署的优先发展领域，通过领域专家对领域发展的态势和趋势进行分析，并根据政府和相关领域的部委（如美国能源部）制定领域类的科技战略与规划。例如，日本根据每次的科技基本计划制定的“领域推进战略”，韩国2006年的《第2次纳米技术综合发展计划》。

3. 社会经济类战略与规划

在知识经济中，经济的增长和社会繁荣离不开科技的发展和创新。因此，在各国的社会经济类战略与规划中，都会提到科技与创新的作用，并设定科技和创新目标，以及提出优先发展的为经济社会服务的领域及相应的政策措施，如日本新增长战略、加拿大经济行动计划等。

（三）科研机构计划

科研机构计划是指国立科研机构，如美国能源部国家实验室、日本理化研究所、澳大利亚科工组织、英国研究理事会所属研究机构、法国科研中心等科研机构，在国家目标和战略方向的指导下制订的本机构的科技计划，主要是指在一个科研机构层面对未来发展目标、发展方向及发展路径的设想。

二、科技规划的内容

一般国家科技规划都会包括科技发展的愿景、具体的发展目标、重点支持的领域，以及相关保障措施。

（一）科技发展的愿景

在当前科学技术与社会密切结合、科学技术的社会功能日趋广泛的背景下，当代的科技发展规划已经不是单纯的科技问题的规划，而是在规划过程中，将经济、社会等方面的多种因素考虑在内。这也体现在科技规划的愿景描述（即其战略定位）中。

为了体现其愿景或战略定位，国外的科技规划普遍重视形势分析和预测，并把社会发展预测与科技发展预测结合起来[36]。表 1-2 提炼了主要国家科技规划的愿景，从中可以看出以下特点：①凡是含有愿景或战略定位的科技规划，都是具有战略性质的；②主要国家的科技规划的发展愿景都不仅仅是发展科技本身，而是体现了国家繁荣和社会可持续发展的最终目标。

表 1-2　科技规划的愿景

规划（制定时间）	愿景
《德国高技术战略》（2006 年）	将德国建设成为“创意之国”
《韩国第二次科学技术基本计划》（2008 年）	超一流的科学技术，富裕的大韩民国
《美国创新战略：推动可持续增长和高质量就业》（2009 年）	美国的未来是由高技能、高生产力的劳动力和可靠的投资所支撑的繁荣未来
韩国《科学技术未来愿景与战略》（2010 年）	构建生活品质提高、梦想得以实现的社会
日本《第四期科学技术基本计划》（2011 年）	完成地震后的恢复和重建，实现未来的可持续性增长和社会发展

（二）科技的发展目标

在愿景描述或战略定位后，或者根据国家层面的战略目标，主要国家的科技规划的重要内容之一即明确国家科技的发展目标。这些目标既有文字描述，也有具体的数值指标，例如，将国家研发投入占 GDP 的比重从 2010 年的 3.37％提高至 2040 年的 5％①。表 1-3 总

① 韩国《科学技术未来愿景与战略》（2010）。

结了国外主要科技规划的发展目标。可以看出，科技发展目标是更为具体的内容，而非“口号式”的描述。然而，各国科技规划中对发展目标的描述也不尽相同，有非常具体的，也有稍微笼统的。但无论是怎样的目标，其重点发展的目标都体现了一些重要的指标，如科技投入、科技人才、科研产出等。随着经济社会与科技的不断结合，很多社会经济指标也成为科技规划中的重要目标。

表 1-3　科技规划的发展目标

规划	发展目标
韩国《第二次科学技术基本计划》（2008年）	进入科技五大强国之列，创造新的知识和机会、建设创新主导型经济和建设高尚的社会
美国的“投资美国的未来”（2008年）	恢复美国科学政策的完整性，扩大对研发的投资（在10年内使关键部门的研究预算翻番），加大对科学、技术、工程与数学教育的支持，促进私人企业创新环境
英国创新之国（2008年）	使英国在创新型企业、第三部门机构和公共服务三方面都达到世界领先水平。努力建设一个创新型国家，让创新在所有层次都获得繁荣和发展，无论是在个人、社区、城市还是区域范畴
韩国《科学技术未来愿景与战略》（2010年）	成为全球第五大科技领先国家
英国增长计划（2011年）	建立G20中最具竞争力的税收制度；使英国成为欧洲最适合创业、融资和企业成长的地区；保证英国继续成为外商直接投资（FDI）的最佳地点之一；提高对关键目标市场的出口额；形成欧洲最灵活的训练有素的劳动力
俄罗斯联邦2020年前创新发展战略（2011年）	到2020年，技术创新型企业的比例应上升至40%～50%（2009年为10.4%）；高科技产品出口规模达到全球总量的2%（2008年为0.35%）；研发经费投入应提高到GDP的2.5%～3%（2009年为1.24%）等
日本《第四期科学技术基本计划》（2011年）	尽快实现灾后重建和振兴；构建长期的、稳定的能源供给体系，建立世界最先进的低碳社会；实现生活质量体系改革
欧盟“地平线2020”（2012年）	提升欧洲科学基础的卓越水平；使欧洲成为一个对研究和创新（包括生态创新）投资更具吸引力的地区；解决欧洲和其他地区民众共同关注的重大问题

（三）重点发展领域

在各国的国家科技规划中都会涉及重点发展或优先发展的领域，并成为国家科技规划中的重要组成部分，重点领域往往是根据对实现战略目标和国家竞争力的意义来确定的。表1-4给出了主要国家科技规划的重点发展领域，其中可以看出以下特点：①这些领域对国家经济社会发展和科技竞争力的提高具有广泛、深远的影响；②支持这些重要科技领域的发展是政府的重要职责；③目前主要国家的重点发展领域存在着趋同化的趋势[36]，信息科技、生命科学、能源科技、纳米技术和新材料科技，以及与公共卫生、环境和可持续发展相关的领域多成为各国重点发展的领域。

表 1-4　科技规划中的重点发展领域

规划	重点发展领域
欧盟第七框架计划（2006年）	保健，食品、农副产品，生命科学，信息通信，纳米技术，能源，环境，交通，社会经济学与人文科学，宇宙，安全
《德国高技术战略》（2006年）	健康、气候、交通、安全、信息通信、纳米等
加拿大国家中长期科技发展战略（2007年）	环保、能源资源、生命科技、信息通信技术

续表

规划	重点发展领域
韩国国家研发事业总体路线图（2007年）	重点挖掘引导产业发展和涉及公共福利领域的特性化技术，最终确定33项特性化技术、57项特性化候选技术，领域涵盖信息通信、生物医药、先进制造、航空航天、资源环境等
韩国《第二次科学技术基本计划》（2008年）	与国家战略科技开发、科学技术基础的巩固、科技创新体系的先进化、全国上下共谋科技的发展相关的领域，包括生命、材料、纳米等八大技术领域（40项重点战略技术，60项战略技术）
日本技术战略路线图（2009年）	信息通信、纳米技术、系统与新制造、生物技术、环境、能源、软件等
韩国《科学技术未来愿景与战略》（2010年）	构建亲近自然、富饶、健康、便利的技术，领域包括能源、资源与环境，航空航天与海洋，安全，材料与纳米，信息与电子，机械、制造，粮食、生物与资源，建设与交通，医疗保健
《美国创新战略》（2011年）	清洁能源技术、生物技术、纳米技术和先进制造业、先进汽车技术、医疗卫生技术

（四）保障措施

在科技规划中，保障措施也是一部分重要的内容。尽管并非所有的科技规划中都明确提出具体的、可操作性的保障措施，但大部分的科技规划中会涉及一些实现其战略目标的政策或措施。表1-5列出了主要国家科技规划中所提到的保障措施，可以看出：①很多国家的科技规划都非常重视加强基础研究，或者提高基础研究的研发投入；②在加强基础研究的同时，美国、欧洲各国、日本的科技规划，也非常重视对国民科学、技术、工程与数学方面的教育与培训，提高全民的科学素养；③基础设施建设、人才培养与吸引和产业创新支持政策无疑成为各国科技规划中的重要保障措施；④此外，随着环境、能源、安全、健康卫生等全球性问题和重大挑战的不断涌现，各国的科技规划也非常重视在这些领域的政策措施，或者是面向重要研究课题的政策措施。

表1-5　科技规划中的保障措施

规划	保障措施
欧盟第七框架计划（2006年）	从合作、原始创新、人力资源、研究能力建设、欧洲原子能共同体等方面建立计划，并提供经费支持
《德国高技术战略》（2006年）	三大改革计划——“精英大学”计划、《研究与创新》公约、《高校公约》；推进科技立法；加强科技人才的培养与吸引；优化科研机构和政府机构调整；增加科研经费
加拿大国家中长期科技发展战略（2007年）	加强加拿大的创新优势、知识优势和人才优势
韩国《第二次科学技术基本计划》（2008年）	开发重点科学技术，以增强未来成长动力，提高生活质量；振兴基础研究，以实现创新知识和科技力量的提升；培养并任用能够引领创新主导型社会发展的科技人才；加强科技基础设施建设，提高研发生产率；支持民间技术创新，以提高产业界的技术竞争力；增强区域技术创新力量，以促进地方自主发展；战略性地推进科技的国际化，增强韩国在全球的竞争力；扩大科技投资，增加投资的使用效率；增加科技作用，满足社会需求；和国民一起共同传播科技文化
奥巴马的科学与创新规划（2008年）	恢复和加强总统科学与技术顾问的地位；积极鼓励跨学科的研究与教育；提高早期K-12教育的科学与数学教师的数量与质量；建立一个国家技术投资基金；发展高等教育，保证所有美国人的科学素养；改善STEM教学手段；使研究与开发减免税制度永久化；向小企业和新建企业提供减税政策；支持移民制度改革；改革专利制度
日本新增长战略（2010年）	通过能源大国战略、健康大国战略、亚洲经济战略、旅游立国战略、科技立国战略、人才战略、金融战略等实现日本的增长

续表

规划	保障措施
欧洲 2020 战略（2010 年）	支持旗舰计划——创新联盟、前进中的青年人、欧洲数字化议程、欧洲资源有效利用、全球化时代的工业政策、新技能与就业议程、欧洲反贫困平台，实现智慧型增长；确定退出机制、推进金融体系改革、建立灵活的预算整顿和经济与货币联盟协调，实现可持续增长；加强管理、明确欧洲理事会等各机构的职责，实现包容性增长
韩国《科学技术未来愿景与战略》（2010 年）	扩大创造型与先导型研发，开拓新领域；强化科技人才培养体系与知识体系，创造高附加值；通过国际合作，建设国际开放型创新体系；推进绿色增长型技术创新，引领可持续发展；增强科技对国民和社会的贡献作用
《美国创新战略》（2011 年）	培养具有 21 世纪技能的人才，创造世界一流的劳动力；加强和扩展美国在基础研究中的领导地位；建设领先的物质基础设施；发展先进的信息技术生态系统；通过研究与试验税收减免促进企业创新；通过有效的知识产权政策激励独创性；鼓励高增长和创新型创业；促进创新性的、开放的和竞争性的市场；促进国家优先发展领域的突破
日本《第四期科学技术基本计划》（2011 年）	实施灾后恢复和重建、绿色技术创新、科技创新等方面的体制改革；推动安全、产业、全球性问题、科学技术共同基础等重要课题的实施；实施重要课题的体制改革；战略性开展国际科技合作活动；加强基础研究；培养科学技术人才；形成国际水准的研究环境及基础；开展与社会共同发展的政策

此外，当今社会和科技具有变化速度快、不确定性大的特点，准确预测并制订规划的难度大，因此，需要建立规划实施和调整的机制。新时期各国的科技规划更加关注如何保证规划的顺利实施和规划的实施效果，主要表现在以下两个方面：一是强调规划制订和实施过程中的顶层设计与顶层管理，改革科技规划顺利实施的宏观体制性障碍；二是加强规划的评估及基于评估的调整。

三、科技规划的制订方法

各国科技规划的制订方法主要表现在从宏观规划到精细化的科学技术路线图、更广泛的利益相关者参与，以及将社会问题纳入考虑范围等特征。

（一）科技规划制订的主体

制订科技规划的主体包括国家最高科技审议决策机构、科技行政管理部门和科技思想库咨询组织。

（1）国家科技战略规划的最高审议机构或决策机构一般由国家元首负责的科学技术委员会或国会的相关委员会组成，如美国国家科学技术委员会（National Science and Technology Council，NSTC）及国会（科学委员会，商务、科学与运输委员会），日本综合科学技术会议（Council for Science and Technology Policy，CSTP），韩国国家科学技术委员会，英国内阁相关会议，俄罗斯总统科学与教育委员会、联邦安全会议及部务委员会，德国联邦政府内阁会议，法国议会和科学与技术研究部际委员会。

（2）科技行政管理部门包括综合的及下属的科技行政管理机构，如美国白宫科技政策办公室及能源部等部委的科学办公室，英国商业、创新与技能部下属的科学办公室和科学创新组，日本内阁的科技与创新政策局及文部科学省，韩国教育科学技术部等相关部委，俄罗斯教育与科学部及其他部委，德国联邦教研部，法国高等教育与研究部等。

（3）科技思想库咨询组织包括由特定专家组成的咨询委员会或其他科学思想库，如美国的总统科技顾问委员会和美国国家科学理事会（National Science Board，NSB）、日本的综合科学技术会议（文部科学省的日本科技政策研究所、经济产业省、科技振兴机构的研发战略中心等）、韩国科技政策研究院（Science and Technology Policy Institute，STEPI）和科学技术计划评价院（Korea Institute of S&T Evaluation and Planning，KISTEP）的研究小组、德国的研究与创新专家委员会、英国的政府科学办公室和科学创新组下属“前瞻”计划理事会和科学技术横向分析卓越中心（由议会的首席科学顾问、英国研究理事会、首相的战略资源办公室及政府各部门的首席科学顾问组成）、法国的国家科学与技术高等理事会和议会科学技术选择评估局以及相关委员会与学术院（法国科学院、法国技术学院、法国医学科学院与法国农业学院等）。

（二）科技规划制订的前期分析

规划制订的第一阶段由科技行政管理机构下属的或外部的科技评估咨询组织对现有的科技规划的实施效果、当前国家的技术水平与影响力、世界科技发展态势、产业的结构性变化进行分析、评估和预测。

（1）日本等国家在制订科技基本计划时，其综合科学技术会议通常会委托或组织日本科技政策研究所（NISTEP）、文部科学省等对现有科技规划和政策的实施效果进行调查和评价，主要遵循的模式是总结往期基本计划的执行成果，调查社会经济发展的现状和需求。

（2）对国家目前的技术水平及其影响力进行评估也是较多国家在制订科技战略规划时采取的前期准备工作之一。例如，美国国家科学院成立专门的利益非攸关战略专家委员会，对美国科技竞争力进行评估研究；德国的研究与创新专家委员会专门为联邦政府提供科研、创新和技术领域的政策咨询，并定期提交德国研究、创新和技术成果能力的评估报告；韩国由国家科学技术委员会负责每两年一次的国家级重点技术的评估工作。

（3）为系统化选择具有战略意义的研究领域、关键技术和通用技术。很多国家通常定期进行科学技术预见与国家关键技术选择。例如，日本从 20 世纪 70 年代开始，每 5 年开展一次大范围的科技前景预见调查研究，目前已开展了 9 次科学技术预见活动；韩国自 1993 年以后，每隔 5 年进行一次技术预见工作，目前已开展了 4 次技术预见活动；英国于 1994 年启动技术前瞻计划等。

（4）国际科学、技术和产业范畴内的定量标杆研究也为制订国家科技战略规划提供了参考。

（三）科技规划制订的组织方式与研究方法

1. 组织方式

在组织方式上，各国通常成立专门委员会，向各界公开咨询，形成研究报告，对国家科技战略规划的优先发展领域选择提出建议。例如，美国成立科技发展优先领域专门委员会，进行广泛调研，择优筛选，制定关键技术选择标准，开展公开咨询，由来自政府机构、学术界和私人部门的各界人士共同探讨，形成研究方向。

2. 研究方法

在科技规划制订中一般采取定性和定量相结合的方法，并在常规预见法基础上有所创新。例如，德国联邦教研部在科研与技术展望进程中根据不同的目标设定采用不同的方法组合，即在常规预见法上增加创新部分及监测法。研究中将定量研究法，如数据挖掘、文献计量分析，与定性研究法结合。定性研究法包括政策分析、互联网和文献调查、创新概念研讨会（如时间旅行），以及专家深入讨论等。为了检验其公布的展望进程中确定的 7 个未来科研重点领域以确保该战略的实际效果，采用了三维评估法（目标与实际相比较、粗略评估与细节评估、总进程与局部进程）对未来科研重点领域进行战略评估。日本的科技预见囊括了社会经济需求分析、情景分析，以及对快速发展的科技领域进行的文献计量学分析。韩国在技术预见中采用了德尔菲法、“未来社会与社会需求展望”“未来社会情景描述”、文本挖掘、网络分析等方法与技术，以便更好地把握社会和技术的发展态势。

四、科技规划的执行与实施

（一）科技规划的组织实施

科技规划的组织实施是国家科技管理机构以国家科技发展规划为纲领，通过制订相关领域或机构的科技计划和行动，并设立专门的实施管理机构和制定相关配套政策措施来组织实施。

日本主要是由科技政策评议会（CSTP）相关的行政机构及其下属科研机构完成的，绝大多数省厅都是依照这一基本计划制订自身与科研相关的规划或具体计划的。项目的具体实施都是以相关机构立项的方式开展的，其中被列为国家关键技术的项目，主要是由文部科学省负责组织，其他战略科技优先研究领域中所涉及的主题，也分别由专门的机构负责项目的申请、审核和评估。资金来源主要是所申请的科技振兴调整费。各省设有专门部门负责这笔经费，并且会对每个项目专门立项，与承担项目的研究所合作管理项目。

俄罗斯联邦政府高科技与创新委员会负责全面管理国家科技发展总体战略的实施。联邦各行政机构将在其职权范围内保障国家科技发展总体战略的直接实施。

（二）科技规划的总体监督

在制订科技规划后，部分国家确定相应机构对规划的实施进行总体的监督。例如，日本由其综合科学技术会议系统跟踪“领域推进战略”的执行进程，其成立专门监督各个领域的项目工作组，重点跟踪“战略科技优先研究领域”和“重要研发主题”，具体工作包括每个项目的进度、预算分配的来源及规模，小组委员会和各领域的专家小组编写报告。俄罗斯联邦总统现代化与技术发展委员会负责对国家科技发展战略的实施进行总体监督。

（三）科技规划执行情况的评价

日本等国家还开展了对科技规划执行情况的评价。日本在综合科学技术会议下设专门评价调查会对科技规划的执行情况进行评价，依照《行政机构实施政策评价法》和《国家研究开发评价指标大纲》开展评价。对于科技基本计划的实施评价主要根据计划内容分层进行评价，以综合科学技术会议评审，以及各个负责省厅对项目的评审和项目内部评审的三级评审为主，并成立了专门的相关审议组织监督项目的发展进程并且做出相关的评估。

（四）科技规划的预算与经费执行

在科技规划的预算及经费执行方面各个国家不尽相同：有的国家采取自上而下的方式

由国家层面制定预算总方针，执行部门或机构提出具体措施。例如，日本由首相所主持的经济与财政政策委员发布预算要求的总方针，综合科学技术会议发布对科技的具体指导方针，经由综合科学技术会议对各省厅在预算要求中所提出的具体措施进行评估后发布。有的国家的科技计划的预算、申报、遴选、资金分配等问题的决策程序则是自下而上的。例如，美国的科技预算从预算提出到最后决定，经历行政部门的预算请求准备阶段、立法部门对预算草案的审议阶段和总统对预算的表决阶段，体现了自下而上的特点。美国的科技预算一旦通过，将以立法的形式实施。[37]

第三节　小结

解析世界主要国家或地区的科技战略与规划，认清科技发展的新态势与新特点，把握科技发展的战略机遇期，是推动中国科技跨越式发展的必然要求。

科技战略作为国家战略的重要组成部分，正受到各国越来越高的重视，许多国家改变了长期对科技发展不干预的政策，纷纷通过科技战略加强对科技活动的宏观管理。各国通过对国内外科技发展形势的深入分析，结合国家自身特点制定全局性科技发展战略，明确国家科技发展目标和各项科技政策的指向，并对国家的科技活动起到指导性作用。

世界主要国家越来越注重通过科技战略与规划来加强本国的科技力量和创新能力，通过阐述科技发展愿景，布局优先发展领域并制定实现目标的保障措施，如加强基础研究投入、加强人才培养与开发、加强产业创新等。同时各国在制定科技战略和科技规划时，注重多种方法的结合使用。

（执笔：中国科学院文献情报中心　胡智慧　裴瑞敏）

参考文献

[1] 马建新．发达国家科技政策中的趋同模式解读及其经验借鉴．生态经济，2007，(3)：12-17.

[2] National Economic Council，Council of Economic Advisers，Office of Science and Technology Policy. A strategy for American innovation：securing our economic growth and prosperity. http：//www. white house. gov/innovation/strategy. 2011-2 [2012-10-05].

[3] United Sates National Academy of Sciences. 2005. Rising above the gathering storm：energizing and employing America for a brighter economic future. http：//www. nationalacademies. org/ [2013-05-08].

[4] Demostic Policy Office of Science and Technology Policy. American competitiveness initiative—leading the world in innovation domestic policy council. http：//www. innovationtaskforce. org/docs/ACI%20booklet. pdf [2013-04-06].

[5] 王丹红．《美国竞争力法》出台描绘美国科学事业路线图．科学时报，2007-08-14 (4)．

[6] DTI. Excellence and opportunity：a science and innovation policy for the 21st century. 2000：London. http：// www. bis. gov. uk/files/file12002. pdf [2013-02-06].

[7] 叶小梁．英国科学与创新投资框架（2004—2014）评述//中国科学院．2006 科学发展报告．北京：科

学出版社，2006：239-245.
[8] DTI. Competing in the global economy：the innovation challenge. http：//webarchive. nationalarchives. gov. uk/+/http：//www. dti. gov. uk/files/file12093. pdf [2013-02-06].
[9] Lord Sainsbury of Turville. The Race to the top：a review of government's science and innovation policies. http：//www. rsc. org/images/sainsbury _ review051007 _ tcm18-103118. pdf [2014-09-12] .
[10] von Muench I. "Elite-Universitaet"：Leuchttuermer Oder Windraeder? Hamburg：Reuter Kloeckner，2005：7.
[11] OECD. Reviews of innovation policy：Russian federation 2011. http：//www. oecd-ilibrary. org/ [2011-06-19].
[12] Department of Commerce. American Recovery and Reinvestment Act of 2009. http：//www. ntia. doc. gov/page/2011/american-recovery-and-reinvestment-act-2009 [2011-07-01].
[13] The White House. A strategy for American innovation：driving towards sustainable growth and quality jobs. http：//www. whitehouse. gov/administration/eop/nec/StrategyforAmericanInnovation [2012-12-11].
[14] NESTA. Attacking the recession：setting the agenda for a new economy. http：//www. nesta. org. uk/publications/attacking-recession-setting-agenda-new-economy [2012-07-11].
[15] Department for Business Innovation & Skills. New industry，new jobs. http：//webarchive. nationalarchives. gov. uk/+/http：//www. bis. gov. uk/policies/new-industry-new-jobs [2012-07-11].
[16] House of Commons-Innovation，Universities，Science and Skills Committee. Putting science and engineering at the heart of government policy. http：//www. britac. ac. uk/policy/Response _to _IUSS _Enquiry. cfm [2012-07-03].
[17] Bundesministerium für Bildung und Forschung. Strategie der bundesregierung zur internationalisierung von wissenschaft und forschung. http：//www. bmbf. de/pub/Internationalisierungsstrategie. pdf [2012-06-17].
[18] Department for Business Innovation & Skills. Innovation nation. https：//www. gov. uk/government/publications/innovation-nation [2012-07-03].
[19] 국가과학기술위원회. 기초연구진흥종합계획. http：//nstc. go. kr/index. html [2013-05-01].
[20] Enseignement Supérieur et Recherche. Stratégie nationale de recherche et d'innovation. http：//media. enseignementsup-recherche. gouv. fr/file/SNRI/69/8/Rapport _general _de _la _SNRI _-_version _finale _65698. pdf [2012-04-05].
[21] National Economic Council. A strategy for American innovation：securing our economic growth and prosperity. http：//www. whitehouse. gov/innovation/strategy [2011-02-28].
[22] 美国国家科学院. Rising to the challenge：U. S. innovation policy for global economy. http：//www. nap. edu/catalog. php? record _id=13386 [2013-02-06].
[23] President President's Council of Advisors on Science and Technology. Report to the president transformation and opportunity：the U. S. research enterprise. http：//www. whitehouse. gov/sites/default/files/microsites/ostp/pcast _future _research _enterprise _20121130. pdf [2013-02-06].
[24] Bundesministerium für Bildung und Forschung. Die hightech-strategie für deutschland. http：//www. bmbf. de/pub/hts _2020. pdf [2013-07-15].
[25] UK Council for Science and Technology. A vision for UK research. https：//www. gov. uk/government/publications/a-vision-for-uk-research [2010-05-19].
[26] UK Department for Business，Innovation & Skills. Plan for growth. http：//cdn. hm-treasury. gov. uk/2011budget _growth. pdf [2011-04-06].
[27] 日本内阁. 第 4 期科学技術基本計画（案）. http：//www8. cao. go. jp/cstp/tyousakai/seisaku/

haihu06/siryo2. pdf [2013-02-06].
[28] 日本内阁．イノベーション25. http：//www8. cao. go. jp/cstp/sogosenryaku/index. html [2013-03-16].
[29] Council of Australian Governments. International students strategy for Australia. http：//archive. coag. gov. au/reports/docs/aus_international_students_strategy. pdf [2012-05-03].
[30] Ministère de l'enseignement Supérieur et de la recherche. Stratégie nationale de recherche et d'innovation. http：//media. enseignementsup-recherche. gouv. fr/file/SNRI/69/8/Rapport_general_de_la_SNRI_-_version_finale_65698. pdf，2009 [2013-02-06].
[31] Department of Innovation，Industry，Science and Research. Powering ideas：an innovation agenda for the 21st century. http：//analytics. typepad. com/files/200907-poweringideas_fullreport. pdf，2009. 5 [2013-02-06].
[32] 科技部．俄颁布创新发展战略．http：//www. most. gov. cn/gnwkjdt/201201/t20120110_91834. htm [2012-05-08].
[33] Ministère de l'écologie. La Stratégie nationale de développement durable 2010-2013. http：//www. developpement-durable. gouv. fr/IMG/pdf/sndd_2010-2013. pdf [2013-02-06].
[34] Ministère de l'écologie. Stratégie nationale pour la biodiverSité 2011-2020. http：//www. developpement-durable. gouv. fr/IMG/SNB_2011-2020WEB (2). pdf [2013-02-06].
[35] 汪江桦，冷伏海，王海燕．美国科技规划管理特点及启示．科技进步与对策，2013，30 (7)：106-110.
[36] 李正风，邱惠丽．若干典型国家科技规划共性特征分析．科学学与科技技术管理，2005，(3)：109-113.
[37] 冷伏海，王海燕，汪江桦．国外科技规划制定方法及其有效组织实施研究．科技政策与发展战略，2012，(2)：12-27.

第二章 科技政策与措施述评

科技政策是“一个国家为强化其科技潜力，达成其综合开发之目标和提高其国家地位，而建立的组织、制度及执行方向”①。广义的科技政策包括战略、方针、规划、计划、法律、法令、条例、办法等多种形式。

科技政策对一个国家的科技发展与创新具有重要的意义，是建立与完善国家创新体系的重要推动力。国家制定科技政策的目的是为了落实国家制定的科技战略与规划，其中包括多方面的具体政策与措施，如科技立法、科技投入政策、人才政策、领域相关政策、促进技术成果转移和转化政策、国际合作政策等。

本章将从科技立法、科技人才政策、基础研究政策三个方面评述世界主要科技国家和新兴国家近十年来的科技政策与措施。

第一节 科技立法新进展

科学技术法是一些国家从法律层面对科学技术的发展战略、目标和方式进行规定，并以此保证科学发展战略、目标、计划等的制定与执行。

科技进步是每一个国家和企业维持经济高速发展的不竭动力，科技立法能促进和保障科技进步。科技立法与全球现代科技革命蓬勃崛起、高新技术产业规模发展的现实背景密切相关。当今世界各国无不高度重视科学技术在推动经济发展乃至综合国力中所发挥的巨大作用，与时俱进的科技进步立法也成为国家经济发展过程中的一项重要任务。20 世纪 60 年代以来，随着科技对经济和社会的影响日益增大，各国逐渐意识到以法律保障和促进科技进步的重要性，并先后开始以科技立法的形式从宏观上确保国家对科技事业进行有效的引导和管理，加强科技成果的知识产权保护，注重科技成果的转移和转化。

从科技立法的内容角度，可将各国主要的科技法律分为：①指导国家科技战略、规划及计划制定的根本大法；②针对特定政策领域的法律法规，如保障和促进科技发展及成果转化的立法、规范教育科研机构行为和活动的立法等。

近十年来，主要国家在科技立法方面的调整（表 2-1）主要体现在完善政府统筹科技发展的基础，以及调整科研机构或大学的地位等方面。

---

① 联合国教育、科学及文化组织（United Nations Educational，Scientific and Cultural Organization，UNESCO）。

表 2-1 主要国家（地区）科技立法的修订与完善

国家(地区)	时间	科技立法	内容
美国	2010 年	《美国竞争力法案》(2010)	规定了相关机构应该遵循的政策、必须完成的特定项目，以及可能的开支水平
日本	2004 年	《国立大学法人法》	国立大学将成为独立法人
德国	2012 年	《科学自由法》	给予高校外科研机构更多的自主权
	2012 年	修订《基本法》	对高校进行长期稳定的机构式资助
法国	2006 年	新《科研指导法》	成立国家科学与技术高等理事会、科研及高等教育评估署，大幅增加科研投入等
	2007 年	《大学自由与责任法》	大学自治改革
	2012 年	修订《大学自由与责任法》、新《科研指导法》	推进科研体系重组、改革大学管理模式
韩国	2004 年	修订《科学技术基本法》	法律上保障制订五年一期的科学技术基本计划；明确规定由总统担任国家科学技术委员会委员长
俄罗斯	1996 年颁布，几乎每年修订	《科学和国家科技政策法》	国家科技政策总纲领

一、确立政府统筹科技发展的基础

各国政府为适应国情的变化，会适时调整作为统筹科技发展的基础和法律依据的科技基本法，以明确国家科技政策的基本方向和机制。例如：

德国的《基本法》规定了联邦和各联邦州在科研领域的共同任务。2006 年，德国通过了联邦制改革法案，重新调整和明确了联邦与各联邦州的管辖权限，规定德国联邦和各联邦州共同资助高校重大的科研项目（如“精英大学”计划）和科研建筑，除此之外，德国高校受联邦州政府的资助。2012 年 3 月，德国联邦政府联盟委员会决定，扩大联邦政府和州政府在科研领域的合作，并确定联邦政府对德国高校的资助将不再局限在项目上，而是与资助高校外科研机构一样，对其进行长期、稳定的机构式资助，希望以此来大力加强德国高校在本国科研体系中的核心地位，帮助在高校内从事的尖端研究在世界上产生影响，从而使德国科研体系更加国际化。

法国于 2006 年重新制定了《科研指导法》，并以此作为法国政府统筹科技发展的基础和法律依据，还就未来科研发展手段提出了主要目标与具体措施。主要目标包括：加强战略性原始创新能力建设，对优先领域加强前瞻布局；建立严格、透明、一致的科研评估体系；营造富有吸引力和良性发展机制的科研环境；提高创新活力，构建公共科研机构与企业更加紧密的合作关系；加强法国科研体系与欧洲研究区的集成，最大限度地利用外部科技资源；等等。

俄罗斯的《科学和国家科技政策法》是国家科技政策的总纲领，明确规定了俄罗斯国家科技政策的概念、基本目标和实施原则，对科技活动的主体、内容、成果鉴定、财政、国际合作等方面作了明确界定。该法自 1996 年颁布以来，为适应不断变化的国情历经修改，在 2011 年 7 月的修订中，进一步强调了国家对创新活动的支持，阐明国家支持创新活动的目标与原则、支持创新活动的主体与形式、俄罗斯联邦国家权力机构与俄罗斯联邦主体国家权力机构在支持创新活动领域的权利、国家对创新活动的资助、国家支持创新的预算资金绩效评估等。

韩国的《科学技术基本法》是指导韩国科技进步的根本大法，于 2001 年制定、2004 年修订。该法确立了科技创新促进经济社会发展的战略，规定了国家重大科技政策和决策的形成机制，强化了科技成果转化和实现商品化制度；该法明确规定由总统担任国家科学技术委员会委员长，该委员会作为全国科技创新的最高负责部门，承担着国家重大科技政策的制定、科技产业优先发展项目的决策、科技发展的统筹协调等工作。

二、科研机构或大学地位的立法调整

美国、日本、德国等国家通过立法的形式确立国家科研机构或大学的地位、管理体制及活动范围等。近年来面对科技创新环境的变迁及科技体制改革的需求，许多国家也进行了部分调整。例如：

《美国竞争力法案》（2007）是一个涉及广泛政策的授权法，规定了相关机构应该遵循的政策、必须完成的特定项目，以及可能的开支水平。

日本 2004 年颁布实施《国立大学法人法》，使国立大学成为独立法人，同时赋予大学法人如下权利：以主体身份从事技术转移和孵化，出资支持本大学科研成果的应用，自主制定从事产学研合作教师兼职、兼业的批准条件，大学技术转移机构的成立由政府“认定”变为政府“承认”。[1]

德国于 2012 年通过了《科学自由法》，规定受国家资助的德国高校外科研机构，如马普学会、弗劳恩霍夫协会、亥姆霍兹联合会、莱布尼茨科学联合会、德国科学基金会等将在预算、人事、投资和建筑施工四个方面享有更多的自主权与灵活度，以达到更有效使用经费、提高科研机构行为能力和竞争力的目的。例如，在人事方面，科研机构可以通过使用第三方经费（即非国家经费来源）来增加其雇佣的科研人员的薪水，使科学家的待遇优于其他工作人员，以此来吸引或留住高水平科研人才。

法国于 2007 年通过《大学自由与责任法》，决定实行大学自治改革。据该法令，法国大学可以在微观层面上完全自主地进行财务管理与人员聘用。2012 年新上任总统奥朗德拟修订《大学自由与责任法》及《科研指导法》，以推进科研体系重组、改革大学管理模式。

第二节 科技人才政策

科技人才政策是执政者为管理科技人才工作、处理科技工作事务、发展科学技术而制定的，其中包括科技人才的激励、吸引、培养、流动、管理等一系列法律、条例、措施、方法等。

科技人才是重要的科技资源，因此，科技人才政策也成为科技政策的重要组成部分，各国通过制定相关的科技人才政策，吸引、培养、激励一大批科技人才创新创业。

一、人才培养的政策与计划

（一）人才培养的政策重点

人才培养是科技人才政策的重要一环，近十年来，世界各国制定了全面丰富的人才培养措施和政策，通过完善学校基础教育、培养相关领域创新人才、为青年研究人员提

供职业生涯规划等方式，促进优先领域、多元化的科技人才的成长和潜在人力资源的开发。

1. 加强基础教育

为了从小培养潜在的科技人才，鼓励学生对科学专业产生兴趣，培养优先领域的潜在人才，各国通过培养教师、丰富课程等多种方式加强学校教育。例如，美国开展了“为创新而教”（Educate to Innovate）[2]运动。该运动投入巨额资金吸引、培养与奖励科学、技术、工程与数学领域（Science，Technology，Engineering，and Mathematics，STEM）的教师。其不仅通过国家计划、与大学协商等方式来培养教师，还通过建立创新型的公私合资的关系，通过企业、基金会与非营利机构，如英特尔公司与美国公共广播公司等的合作来实施科学与数学教师的培养计划，从而为 STEM 领域的学生培养打下基础。

2. 重视青年人才培养

以研究生为主体的创新型青年人才是各国科技人才培养的重点，各国采用投入奖学金计划、实施人才培养计划、开展研究生院改革等方式来实现创新人才培养的目标。

美国国家科学基金会发起“研究生研究奖学金计划”（GRFP），支持美国国家科学基金会使命中所确定的相关领域范围内的优秀研究生。

德国联邦教研部和德意志学术交流中心提出“博士研究生促进计划”，通过提供为期 3 年的专项资助，推进德国大学博士研究生培养的国际化，建立与国际联合授予博士学位的机制，如实现在合作学校的研究停留、共同制订授予博士学位计划、设置相互承认的博士学位联合课程等，从而培养出具有国际化视野的优秀博士生。

韩国《科学技术未来愿景与战略》[3]提出要强化科技人才培养体系，培养与任用优秀科技人才，以引领未来国家竞争力的提升。具体措施包括：将加强对科学英才等核心科技人才的全程资助，加大培养多专业背景和知识全面的复合型人才，加强大学的教育与研究力量，建设世界一流大学，实施全球博士培养计划等。

3. 优化科学职业生涯规划

美国、日本、德国、英国等为促进青年研究人员的发展，均建立了有效的激励机制，通过设立计划、改革体制、提供职业生涯规划等，为各个国家的青年研究人员创造更好的科研环境与上升空间，促使他们迅速成长和成熟。这些举措主要都围绕为青年研究人员在早期职业生涯获取独立职位甚至终身职位，提供领导力锻炼机会，拓宽其就业面等。

美国国立卫生研究院提出的主任奖计划[4]提出在 5 年内投资 6000 万美元，资助研究人员早期独立，给予博士毕业生很大的求职灵活性。申请人可在与机构学术带头人协商后并通过竞争性申请后获得独立职位，从而不必经历传统的博士后训练阶段即可拥有独立研究职位，缩短青年科学家的培养时间。美国国立卫生研究院还与阿尔伯特和玛丽·拉斯克基金会联合发起“拉斯克临床研究学者计划”[5]，拟为医学博士提供临床研究项目资助，使研究人员在早期生涯期间获得在美国国立卫生研究院临床中心 5～7 年的临床研究机会，并在成功完成第一阶段实践后，获得作为高级临床研究科学家留在美国国立卫生研究院工作的机会，或可在大学和其他外部研究机构申请为期 4 年的独立财政支持。

澳大利亚研究理事会（Australian Research Council，ARC）于 2011 年 11 月发起的“发现早期生涯研究人员资助计划”（Discovery Early Career Researcher Award，DECRA）将同时为有前途的青年研究人员与其所在机构匹配 3 年经费，从而帮助优秀的青年研究人员在其职业生涯早期能够开展高质量的研究。

“日本强化基础研究应长期采取的策略”中提出建设“新预备终身制”。被选拔出来的青年研究人员在一定时期内若能继续从事研究并取得成果，就能够在接收单位中获得直到退休的职位。德国亥姆霍兹联合会在 2011 年 9 月选拔出 20 名科学家当选为青年科学家小组的领导人，他们将在相应的研究中心建立起自己的研究小组，并获得为期 5 年的支持。其后，小组领导人还将获得在亥姆霍兹研究中心选择无期限职位的机会，从而理想地开始其科学职业生涯。瑞典瓦伦堡基金会于 2011 年 10 月开展的“瓦伦堡学院研究员计划”提出，在 5 年内在全球范围内无条件遴选资助 125 名优秀的青年研究人员，支持他们在博士后与获得瑞典大学首个研究职位之间的启动经费，这期间瑞典大学将向获奖者提供相当于助理教授的职位与薪酬，并提供实验室等研究设施，同时其随迁的家属还将得到额外的迁移支持。

4. 重视重点领域人才培养

近两年，各国都非常重视本国优先发展领域，尤其是国家战略性优先领域内科技人才的培养与发展，有针对性地在本国优先发展领域尤其是重要的国家战略性优先领域，进行相关人才的培养与发展。例如，美国能源部推出“核能大学计划”帮助教育下一代核科学家和工程师，并加强美国大学和学院的核研究与教育能力[6]；日本的《第三期科学技术基本计划》将人才培养作为科技体制改革中的重要组成部分，在各领域推进战略中，又将能源领域的研究人才的培养列为目标之一；德国在 2009 年 8 月推出的“国家电动汽车发展计划”大力促进了相关领域新一代青年科学家的培养。

此外，若干国家还重视基础科学领域的人才培养。例如，韩国逐步加大对个人基础研究的资助，2010 年度个人基础研究项目的总投资规模比 2008 年增加了近一倍。在各类型的个人项目中，对“青年研究者”项目的投入比 2009 年增长 55%，对“国家级科学家”项目的投入更是增长了 144%，同时最长资助期限也从 6 年延长至 10 年。2010 年，俄罗斯总统助理指出，未来 10 年资助数学和自然科学领域的人才将是俄罗斯的绝对优先方向，政府投入的大部分补充性经费将用来资助这些领域的人才。

（二）人才培养综合计划

国家层面的人才培养综合计划体现了国家的人才战略部署，以及对特定方面人才培养的重视。近几年，日本、韩国和俄罗斯都出台了人才培养综合计划，其主要内容如表 2-2 所示。

表 2-2　若干国家出台的人才培养综合计划

国家	年度	计划名称	重点
日本	2002 年	240 万科技人才开发综合推进计划	目标是到 2006 年，培养精通 IT、环境、生物、纳米、材料等尖端技术人才 240 万。实施期限为 5 年。主要包括三个内容：大量培养实战技术人才计划；240 万人终身教育计划；人才培养机构评价推进计划
	2009 年	科学技术人才综合计划	充实下一代承担理科和数学教育的青年教师；加强大学培养人才的功能以及培育产学研合作人才；加强对承担创新活动的青年和女性研究人员的支持；加强国民对科学技术的理解与科学意识[7]

续表

国家	年度	计划名称	重点
韩国	2001 年	国家战略领域人才培养综合计划	在未来 4 年内培养 6 个战略领域的 40 万名优秀人才
	2004 年	下一代核心人才培养使用方案	通过以研究为主的理工科大学及政府资助研究机构，增加博士级高层次人才培养；实施产学研合作的人才培养机制，支持大企业自办大学；加强大专院校建设，实施科学英才教育；通过加强国家核心研发中心（NCRC）的建设，开展跨学科人才教育和培养，大力培养复合型人才，积极扩大高级高等研发人员在科研人员中的比重
	2005 年	大力培养科技人才，实现创新人才强国战略（2005～2010 年）	协调了各部委的人才培养计划，确定了三个重点领域：创新大学的管理体制，主要是完善大学间的竞争机制和激励措施；提高大学的研究能力，培养领军式的人才，建设世界一流的研发型大学；强化产、学间的联系与合作，针对企业实际情况，培养企业所需的人才
	2005 年	理工科人才培养与支持基本计划（2006～2010 年）	共设五大领域、14 个重点项目，目标是使韩国成为创新人才的强国
	2011 年	第二次科学技术人才培养与支持基本计划	提高中小学生对科技的了解、认识和兴趣，发挥、挖掘他们的科技潜力；提高高等教育专业化水平，增强国际一流的研究力量；将科研机构的各类资源融入到教育领域，为科研人员营造稳定的研究环境；提高对企业科研人员的需求满足度，培育优秀研发型企业；加强对外籍科技人才、女性科技人才、资深科学家的开发利用和使用，以及相应科技人才政策的制定
俄罗斯	2008 年	“2009～2013 年创新俄罗斯联邦科研和科教人才”联邦专项计划	支持以年轻教授或副教授为代表的研究团体，也帮助其他年轻学者和大学生进行科学研究，扩展大学生从事科研活动的范围；加强科学与教育基础设施建设

从表 2-2 可以看出，虽然这些国家的人才培养综合计划支持方向各不相同，但都提出了人才培养的目标和重点，并都比较重视发挥更多人、更广泛科研群体的创新潜力，完善大学的人才培养机制，以及加强青年人才培养等。

二、人才吸引专项计划

在各国吸引人才的政策措施中，最为突出的是对移民政策方法的改革和完善，包括优先引进技术移民，针对科研人才等设立特殊的签证或居留证，并帮助杰出人才获得永久居留权等。人才吸引的专项计划则从科技政策与措施的角度体现了吸引人才政策的重点。

各国人才吸引专项计划主要体现在：通过设立基金与奖学金计划等资助海外留学生，通过设立奖项、提高待遇等激励研究人员，并为愿意回国效力的优秀人才提供奖金等。表 2-3 总结了近几年各国出台的相关计划。

表 2-3　各国吸引人才的资助与奖励措施

主要措施	国家	措施名称	具体内容
留学生计划	日本	30 万留学生计划（2008 年）	在 2020 年吸引 30 万留学生到日本学习，从而降低直接从海外引进高级人才的难度，并鼓励他们留在日本工作，希望能从国际市场上“进口”高端人才
	加拿大	班廷博士后奖学金项目（2010 年 7 月）	为国内外对加拿大经济、社会和研究发展做出贡献的优秀的博士后研究者提供奖学金，计划在 2011～2015 年的 5 年内，投入 4500 万加元，每年资助 70 名国内外优秀研究人员在加拿大从事博士后研究，为每个博士后提供两年的研究基金，每年 7 万加元

续表

主要措施	国家	措施名称	具体内容
留学生计划		凡尼尔加拿大研究生奖学金计划（2009年）	支持在学术方面取得突出成就、达到高的研究水平，以及具有领导才能的博士研究生，资助领域包括社会科学和人文科学、自然科学与工程、卫生领域等，入选者将连续3年每年获得5万加元的资助
		针对相关地区的研究生交流计划	加拿大-加勒比共同体领导奖学金计划、美洲新兴领导者计划等，根据交流时间长短（4个月或5～6个月）提供7500至1万加元不等的资助
	韩国	头脑韩国21工程（1999年）	为每个外国留学生提供32万韩元左右的奖学金
		韩国全球奖学金计划（2009年3月）	为学生与研究人员的交流提供资助
	巴西	“科学无疆界”留学生派遣计划（2011年）	将在未来3年耗资32亿雷亚尔（约合18亿美元）资助10万名巴西年轻人赴国外知名大学学习，其中7.5万人由政府资助，2.5万人由企业资助
鼓励优秀人才回国的计划	法国	国家级“海外研究人员归国奖励基金”（2007年）	符合条件的在海外从事专门领域研究的顶尖学术带头人回到法国后，可以拿到20万欧元的特殊奖励，同时其家属的工作和保险事宜也将由政府解决
	韩国	人才回流500项目（2012年）	在2017年前，为基础科学研究院引进500名国际知名学者和青年科学家，他们所发表论文的被引用次数应排名全球TOP1%以内，为其提供教授级别的津贴、给予其研究经费的自行支配权，还给予住房和子女教育等方面的经费资助
	巴西	博士扎根特别计划	重点资助生物、信息、农业等领域的博士及高级研究人员。旨在通过奖学金和津贴等方式鼓励高级科研人员留在国内企业和科研机构工作

（一）留学生计划

1. 以留学生引进措施作为应对人才短缺问题的途径

日本面对人口急剧减少和就业人数严重不足的现实，2008年文部科学省、外务省和法务省等6个中央机关拟定了“30万留学生计划”的纲要，提出要在2020年吸引30万留学生到日本学习，从而降低直接从海外引进高级人才的难度，并鼓励他们留在日本工作[8]，希望能从国际市场上“进口”高端人才。为落实“30万留学生计划”，日本政府还提出了具体措施和目标，包括：放宽限制、改善服务，通过完善的留学相关服务等措施吸引外国学生赴日留学；改善入学考试、入国签证等方面的标准，使赴日留学渠道畅通；推进大学国际化的进度，建设具有吸引力的国际化大学；通过改善公费留学生制度，增加对留学生生活的支持力度，推动地方和企业与留学生的交流；创造良好的环境，使留学生能够安心地学习和生活等。此外，还努力完善接收环境，以增强接收留学生的能力。

2. 逐步提升奖学金额度及范围

2012年，德国洪堡基金会决定提高来德国工作的外国奖学金生的资助额度，从2012年12月1日起，洪堡基金会对博士后的资助从原来的2250欧元/月提高至2650欧元/月，涨幅约18%；对有经验的科研人员的资助从原来的2450欧元/月提高至3150欧元/月，涨幅约29%，这是洪堡基金会近10年来首次提高奖学金奖励额度[9]。

“澳大利亚奖学金计划”（Australian Scholarships Program）是澳大利亚政府为加强澳大利亚与亚太各国的教育合作关系、提高亚太地区的教育发展水平而实施的一项新举措。自2006年7月1日起的5年间，澳大利亚政府为亚太地区学生提供的奖学金名额比以往增加一倍以上，澳大利亚政府会为来自亚太各国的1.9万名学生提供总额为14亿澳元的奖学金资助。通过奖学金计划，澳大利亚不仅培养和留住了本国的优秀研究人员，而且吸引了杰出的国际人才。

加拿大的各项国际奖学金为加拿大的研究生和研究者提供海外学习和研究的机会，也为国外学者提供在加拿大进行学习和研究的机会。目前在加拿大的国际奖学金项目中，班廷博士后奖学金项目（Banting Postdoctoral Fellowships Program，BPFP）在2011～2015年的5年内，投入4500万加元，每年资助70名国内外优秀研究人员在加拿大从事博士后研究工作，为每个博士后提供两年的研究基金，每年7万加元，两年共14万加元；凡尼尔加拿大研究生奖学金计划（Vanier Canada Graduate Scholarships Program，Vanier CGSP）为全世界优秀的博士研究生提供奖学金，支持那些在学术方面取得突出成就、达到高的研究水平，以及具有领导才能的博士研究生，资助领域包括社会科学和人文科学、自然科学与工程、卫生领域等，入选者将连续3年每年获得5万加元的资助；加拿大-加勒比共同体领导奖学金计划（Canada-CARICOM Leadership Scholarships Program），旨在提高共同体的发展和可持续性，寻求加强全国和区域的加拿大大学、学院和机构之间的联系；美洲新兴领导者计划（Emerging Leaders in the Americas Program，ELAP），目的是支持人力资本的开发，促进美洲新一代领导者的产生，同时加强美洲地区专科机构和加拿大相关机构之间的联系；美洲国家组织专业发展奖学金［Organization of American States（OAS）Professional Development Scholarships］提供在某些领域进行短期的专业训练的资助。

3. 通过奖学金计划加强人才交流与合作

美国的“福布莱特项目”和日本的“文部科学省奖学金计划”，目的都是与国际知名的学术组织和机构加强沟通，建立人才交流与合作的良好关系。韩国2009年启动的“韩国全球奖学金计划”（Global Korea Scholarship，GKS）包含了学生和研究人员交流两类计划，其中学生交流计划为外国学生提供一定的财政支持，还为到国外留学的韩国留学生单独提供财政支持；研究人员交流计划为国外的教授、研究人员和公职人员提供财政支持，邀请他们参与韩国大学和科研机构的研究工作及培训，以便增进相互之间的了解。

（二）研究人员吸引计划

各国还设立了专门的针对研究人员的支持计划，直接吸收高层面海外优秀科研人才为本国效力，主要包括如下三方面内容。

1. 招聘卓越科研人员，引领科技前沿

日本的“外籍著名研究员计划”，是面向已取得开创性卓越成就的研究人员的计划，应邀研究人员在1年内可以多次访问日本，向日方研究机构提出研究建议，指导研究活动。据悉，2013年度外籍著名研究员项目将停止招募。日本的外籍招聘研究员计划也支持邀请外籍研究人员来日本从事共同研究以及相关的学术交流活动，人员要求为具有卓越研究业绩，获得博士学位或具有教授、副教授及助教职称的大学教师。

2009年，德国设立史上奖金额度最高的“亚历山大·洪堡教授奖”，这是德国政府为吸纳海外高级科研人才推出的一项重大措施。该奖每年奖励最多10名在外国工作的杰出科研人才（不限国籍和学科领域），资助他们在德国高校长期开展工作。“亚历山大·洪堡教授奖”的奖金额度最高为500万欧元：从事实验性研究的科研人才在5年资助期内获得500

万欧元的资助，从事理论性研究的科研人才在 5 年资助期内获得 350 万欧元的资助。此经费可以用于任何与研究工作相关的支出，获奖本人可以从中开支的个人收入每年不超过 18 万欧元；获奖者所在的高校可以从奖金中提取 15％作为管理费，用于为洪堡教授创造更加优惠的工作和生活条件，如配偶家属的安置、资助期结束后相关津贴的继续支付，以及承担洪堡教授使用其他基础设施所产生的费用等[10]。

加拿大首席研究员计划（Canada Research Chair Program，CRCP），帮助加拿大的大学吸引和留住 2000 名世界上最优秀的和最具发展潜力的人才，以确保加拿大在新千年能够更好地应对挑战和机遇。加拿大首席研究员计划的战略意义包括四个方面：帮助加拿大的大学吸引和留住卓越研究人员；提升大学生产和应用新知识的能力；加强对高资质人才的培养；通过制订和实施一些战略计划来优化对研究资源的使用。加拿大优秀首席研究员计划（Canada Excellence Research Chairs Program，CERCP）决定，在 7 年内为每位入选者提供 1000 万加元的资金，吸引 20 名优秀首席研究员开展研究工作，目标是营造竞争环境，帮助加拿大的大学吸引一批世界级的顶尖科学家；帮助加拿大在环境科学与技术、自然资源和能源、健康及相关生命科学和技术、信息和通信技术等四个优先领域建立核心的专家队伍；在领先的科技研究领域取得突破性成果。

2008 年 6 月，韩国教育科学技术部制订并公布了世界一流大学（World Class University，WCU）计划，主要资助 3 种引进国际人才的形式：开发新专业与新课程；聘请外籍学者，资助韩国大学中的各系或研究所聘用 1～2 名全职的外国助理教授或副教授，开展教学或合作研究活动，聘任期限原则上至少 3 年，也可以根据引进人才的水平灵活掌握；聘请世界级学者，包括诺贝尔奖获得者、美国工程院院士等世界最高水平的学者或核心的高技术工程师作为兼职教授，每年在韩国的大学开展两个月以上的合作研究、讲学、专题报告等学术活动，聘任期限原则上为 1～3 年[11]。

2. 吸引青年科研人才，加强科技人才资源

2006 年，法国国家科研署（Agence Nationale de Recherche，ANR）推出优秀客座教授计划框架，为具有发展潜力的科学工作者和世界级研究人员提供资助。2009 年法国国家科研署启动“招聘博士后”计划，计划聘请 15 名博士后。每位应聘博士后将在 3 年内获得 60 万～70 万欧元的科研经费，以使其有充分的条件组建一支小型科研队伍开展科研攻关[12]。

3. 加强研究人员项目合作与交流的计划

巴西的“科学无疆界”计划针对吸引外国人才专门设立了两个项目，一是特殊客座研究员（PVE）项目，二是青年才俊吸引（BJT）项目。这两个项目根据不同人才的特性和需求提供了不同的吸引条件。特殊客座研究员项目的目标是通过交流、国际人才流动、科技合作来资助科研项目，促进国家科技、创新、竞争力的巩固、扩张和国际化，旨在通过吸引那些在“科学无疆界”计划涵盖的领域拥有重要科技产出的国际科技领军人物，来资助国际交流与合作。青年才俊吸引项目的目标是通过交流、国际人才流动、科技合作来资助科研项目，促进国家科技、创新、竞争力的巩固、扩张和国际化，以引进并留住巴西和国外的有卓越科学技术产出的青年研究员。

（三）鼓励人才回归的计划

人才流失较为严重的若干国家还设立了专项的基金、支持项目等措施、计划等支持在

国外的本国优秀人才回国效力，主要包括以下四方面。

（1）2007年，在财政困难的情况下，法国设立了国家级“海外研究人员归国奖励基金”，以鼓励优秀人才回国工作。符合条件的在海外从事专门领域研究的顶尖学术带头人回到法国后，可以拿到20万欧元的特殊奖励，同时其家属的工作和保险事宜也将由政府解决。

（2）为吸引外流的高层次人才回归，1999年，加拿大政府就设立了“总理科研杰出奖”，拟在10年内投资7500万美元奖励经费，即每年出资750万美元，奖励50位回国服务的杰出青年科学家。

（3）韩国教育科学技术部2012年启动了“人才回流500（Brain-return 500）项目”，计划在2017年前，为教育科学技术部下属的在建中的基础科学研究院引进500名国际知名学者和青年科学家，他们所发表论文的被引用次数应排名全球TOP1%以内。为了使这些人才能够稳定地在韩国工作，韩国政府不仅提供教授级别的津贴、给予其研究经费的自行支配权，还给予住房和子女教育等方面的经费资助。

（4）为吸引人才回国工作，巴西科技部制订了“博士扎根特别计划”，重点资助生物、信息、农业等领域的博士及高级研究人员。旨在通过奖学金和津贴等方式鼓励高级科研人员留在国内企业和科研机构工作，以解决巴西的人才流失问题。

三、国际人才流动状况

随着经济全球化的加速，人才的跨国流动日益加剧，体现为流动规模扩大、更多国家尤其是新兴发展中国家的人才流失严重，人才聚集呈现出“马太效应”。根据经济合作与发展组织（Organization for Economic Co-operation and Development，OECD）的分析，美国、加拿大、澳大利亚和英国吸引来自经济合作与发展组织国家的高技能人才或侨民人数最多，其次为法国和德国。

（一）亚洲国家成为英美留学生的主要来源国

美国、英国是国际人才流动的主要输入国，而它们的来源国中亚洲国家的人员占据了很大部分。

表 2-4　10个最重要的留学生输出与接收国家（地区）　　单位：人

国家（地区）	在国内的外国人											在国外的本国总人数
	美国	英国	德国	法国	澳大利亚	加拿大	独立国家联合体	日本	意大利	西班牙	其他国家	
中国	118 962	55 222	25 479	20 852	71 496	39 171	9 189	77 916	2 997	689	125 780	547 753
印度	94 664	25 901	3 644	1 038	26 520	10 357	4 314	513	627	113	17 109	184 801
韩国	69 198	4 031	5 138	2 292	6 270	383	661	23 290	—	92	4 109	115 464
德国	8 917	13 625	—	6 918	1 934	119	196	445	1 591	1 830	57 762	94 408
土耳其	12 043	2 370	23 881	2 270	319	937	345	166	465	56	22 607	65 459
法国	7 058	12 685	5 784	—	1 027	6 325	87	489	1 013	1 884	26 730	63 081
独立国家联合体	4 911	2 646	12 501	3 347	618	165	—	352	949	817	31 192	58 983

续表

国家（地区）	在国内的外国人											在国外的本国总人数
	美国	英国	德国	法国	澳大利亚	加拿大	独立国家联合体	日本	意大利	西班牙	其他国家	
日本	34 010	4 465	2 234	1 908	2 974	2 169	146	—	—	148	4 795	52 849
美国	—	13 895	3 304	3 228	3 055	9 941	98	1 955	368	651	15 833	52 328
马来西亚	5 434	11 727	900	593	18 576	813	2 516	2 012	17	5	8 840	51 434
其他国家	269 276	189 303	162 657	200 990	97 846	112 464	125 751	19 430	60 246	58 621	759 947	2 056 533
总人数	624 474	335 870	245 522	243 436	230 635	185 399	143 303	126 568	68 273	64 906	1 074 705	3 343 092

资料来源：Internationalisierung des Studiums-Deutsche Studierende im Ausland-Ergebnisse der 19. Sozialerhebung des Deutschen Studentenwerks durchgeführt durch HIS Hochschul-Informations-System. Herausgeber：Bundesministerium für Bildung und Forschung，2010.

2010 年 7 月，美国国家科学基金会发布的《美国科学与工程留学生分析报告》[13]显示，印度、中国、韩国、中国台湾地区、加拿大、沙特阿拉伯、尼泊尔、日本、土耳其、墨西哥是美国外国留学生来源的前 10 位国家与地区。2009 年秋，美国各大学与学院的外国留学生的注册人数达到 58.6 万，其中非科学与工程领域留学生数量比 2008 年增加 2%，达到 32.7 万人；科学与工程领域留学生的数量比 2008 年增加 4%，达到 25.9 万人。

此外，自 2002 年以来，美国授予的博士学位数激增，其中很大一部分授予了持永久签证和短期签证的外国人（图 2-1）。以 2007 年为例，这些持永久签证和短期签证的外国人从美国的 2.25 万个自然科学与工程博士学位中获取了 1.16 万个①。这些人主要来自东亚，特别是中国（31%）、印度（14%）和韩国（7%）。而持永久签证和短期签证的外国人获取的工程学博士学位占美国的总数由 1986 年的 51%增长到 2007 年的 68%，其中约有 3/4 来自东亚或印度。此外，根据 2007 年的调查情况，持短期签证且在 1997 年获得美国博士学位的外国人有 60%留在了美国，1997 年是到目前为止滞留率最高的一年[14]。

在英国 2010 年总数超过 40 万的外国留学生中，外来学生达到 3.3 万，其中中国占到 37%，印度 13%。

（二）德国成为美英之外最重要的留学生接收国

在国际流动性大学生中间，大约有 80%的人愿意把德国作为其求学的首选目标地；在国际教学吸引力比较中，德国仅次于美、英两国而居世界第三位。2006 年，在德国学习的外国大学生占全德大学生总数的 9.5%。2010 年，德国联邦教研部公布的一项研究结果显示，到德国留学的外国学生比例正在逐年上升。其中，中国留学生占其外国留学生的比例高达 13.8%，位居第一。统计数据表明，德国大学对外国留学生颇具吸引力，从 1997 年起，到德国来的外国留学生数量就已呈上升趋势；而自 2004 年起，上升的速度却有一定的减缓，因此，联邦政府陆续推出了诸如放宽“绿卡”限制以鼓励“教育移民”、增加毕业后的留驻时间等举措，以期吸引更多的外国留学生到德国学习、工作；到 2006 年，外国留学生及在德国长大的移民后裔大学生总数已经达到 248 357 人，而外国留学生占大学生的比例

① 这两个数字都不包括身份不明者（2007 年为 1600 人）以及医学和其他生命科学学位的博士。工程学博士的数字里不包括 630 名身份不明者。

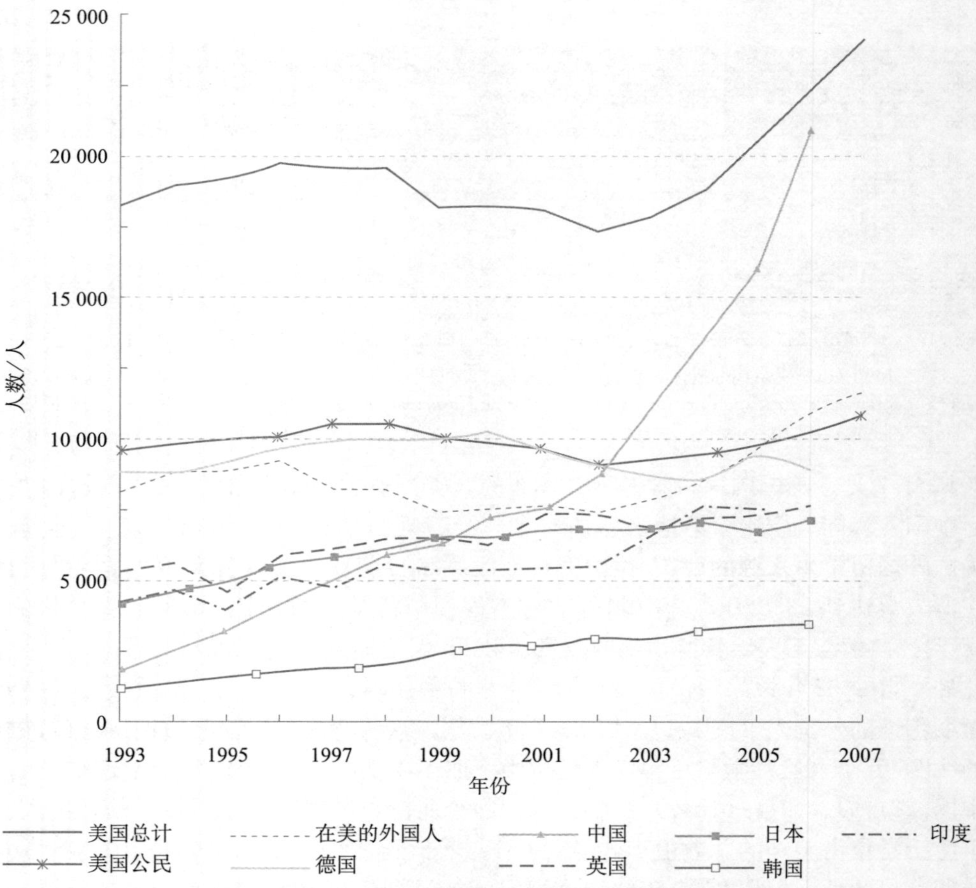

图 2-1　1993～2007 年各国授予的自然科学与工程博士学位数变化趋势图

资料来源：美国《科学与工程指标 2011》

也上升至 12.5％。

在赴德国学习的留学生中，有一半以上（51％）来自欧洲；其次是来自亚洲，占 31.9％；来自非洲和美洲的分别占 11％和 5.7％。如果按国家来看，中国留学生所占比例最大，高达 13.8％。紧随其后的则是保加利亚的 6.6％和波兰的 6.5％。

（三）中印俄等新兴国家人才流动持续高涨，美国为主要去向国

《俄罗斯竞争力报告》（2011）的有关统计显示，2009～2010 年与 2005～2006 年相比较，在金砖国家中，俄罗斯的人才外流情况有增加的趋势，而其他金砖国家有降低的趋势，但人才外流仍为人才流动的主要特征（图 2-2）。

根据美国《科学与工程指标 2010》的报告，从 2003～2007 年美国就业人口的国籍与学历变化可以看出，美国外籍就业人口数量从 23.5 万人增加到 34.5 万人，外籍就业人口增加了约 11 万人，尽管外籍人员占就业人口的比例从 24.5％增加到 25.2％，增幅不大，但外籍人员中硕士与博士学历人员的比例增加了 2％（图 2-3）。

从 2006 年获得美国 H-1B 工作签证且具有博士学历的外籍人员的国籍分布（图 2-4）来看，中国和印度仍是主要来源国，占到了总量的 45％。而德国客座科学家最重要的产出国

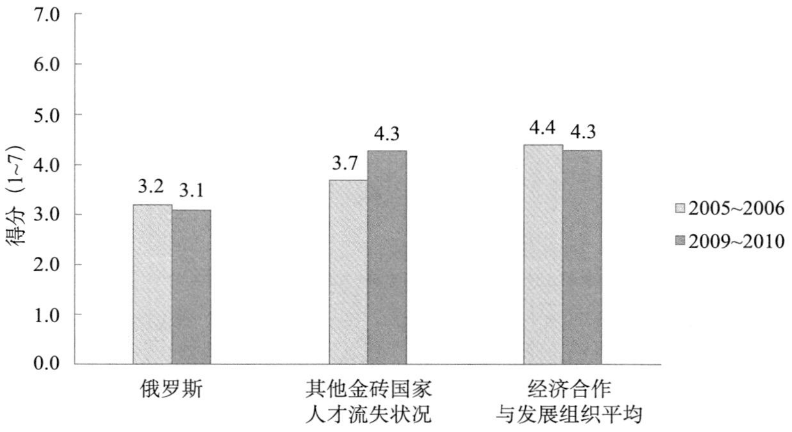

图 2-2　2005～2006 年及 2009～2010 年人才外流状况

资料来源：世界经济论坛，《俄罗斯竞争力报告》，2011，第 37 页

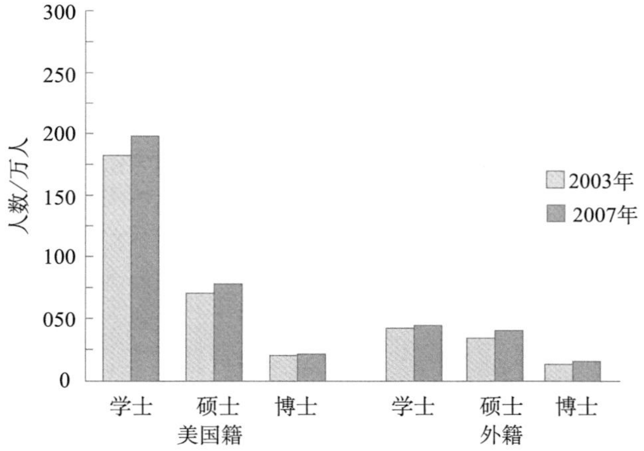

图 2-3　2003 年与 2007 年美国就业人口的国籍与学历变化趋势

资料来源：美国《科学与工程指标 2010》

是俄罗斯、中国、美国和印度。

（四）欧盟国家和新兴国家构成英国外来研究人员的主体

在英国的 450 万在外国出生的成年人中，34.8%拥有大学学历，这些移民中约 19.5%都有科学背景，其中许多人来自中国和印度等新兴经济体。

图 2-5 显示了英国在 1996～2010 年研究人员的流入、流出情况，从中可以得出以下特点：①英国的研究人员的流动性较大，在所有研究人员中，有 62.8%的人员是流动人员，英国本土未流动的研究人员仅有 37.2%；②英国的人才流动以短期流动为主，其中短期到英国进行访学或研究的外国人较多，占英国所有研究人员的 44.4%；③从短期流动来看，流入英国的外国人（占所有研究人员的 30.8%）要多于英国研究人员的流出（占所有研究人员的 13.6%）；④但从长期流动来看，英国研究人员外流率（占所有研究人员的 10%）要略高于英国吸引的研究人员外流率（占所有研究人员的 8.5%），其中在人才外流中，本

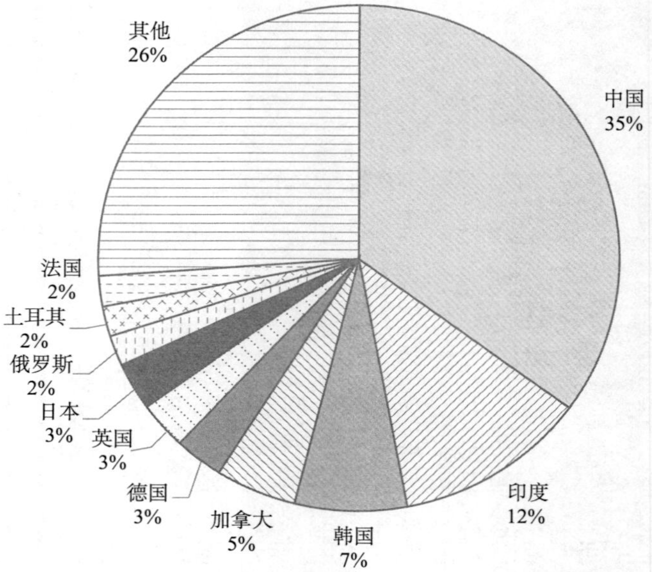

图 2-4　2006 年获得美国 H-1B 工作签证且具有博士学历的外籍人员的国籍分布

资料来源：美国《科学与工程指标 2010》

土科研人员外流的比例略高于从英国向外国回流的比例，而在人才吸引中，从外国吸引到的研究人员要多于自外国向英国回流的人员。可以看出，英国的科研环境有利于吸引外国的科技人才，但流向外国的英国科研人员的回流率并不高，因此可以推断，英国人才外流的对象国是经济与科技发达的国家，这一结论从表 2-5 中可以得到验证。

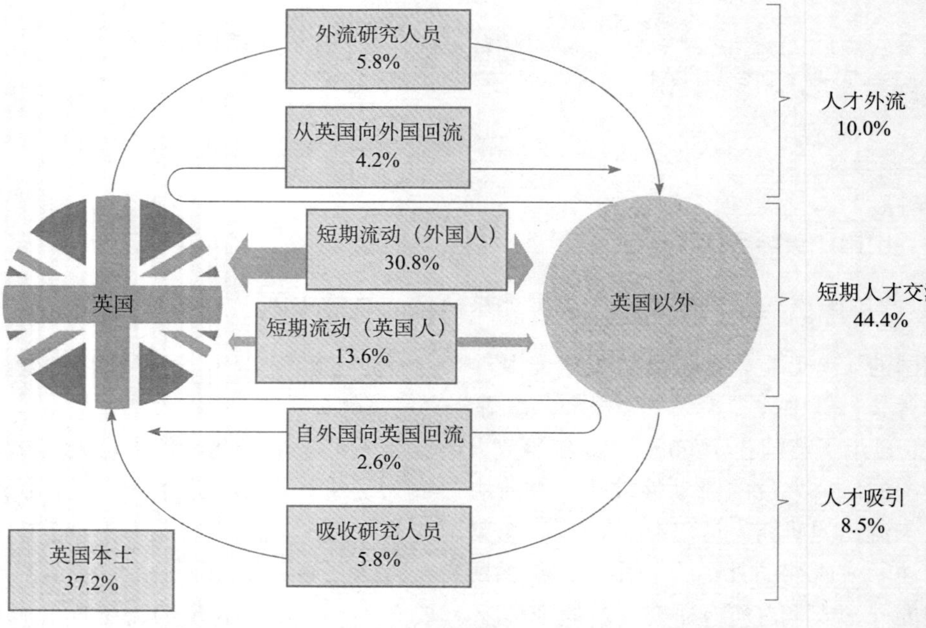

图 2-5　1996～2010 年英国研究人员的流入、流出情况[15]

注：2010 年英国研究人员总数为 12.0 万；百分比为流动研究人员占总研究人员的比例

表 2-5 给出了 1996～2010 年英国研究人员流入、流出的主要对象国，从中可以看出，英国人才外流的前 5 位对象国是美、澳、加、德、法，对外回流最多的也是这些国家，但是来自加拿大的回流率要低于其他国家。英国人才吸引的前 5 位国家是美、德、澳、法、意，从其他国家回流的英国人也主要是这些国家。短期交流的主要对象国同样集中在美、德、法、加、意、澳等。这说明尽管中国、印度是英国留学生的主要来源国，但并非科研人员的主要流动国，而科研人员的流动更能看出国家间的合作水平，但目前英国的科研人员流动的对象还主要是集中在欧盟国家或经济较发达国家。目前，英国来自国外的学术人员，基本上欧盟和非欧盟国家各半。

表 2-5　1996～2010 年英国研究人员的流入、流出的主要对象国[15]

人才外流		人才吸引		人才对外回流		人才向内回流		英国人向外的短期流动		外国人在英国的短期流动	
国家	比例/%	国家	比例/%	国家	比例/%	国家	比例/%	国家	比例/%	国家	比例/%
美国	28.2	美国	26.6	美国	17.8	美国	49.1	美国	29.2	美国	25.4
澳大利亚	10.4	德国	10.1	澳大利亚	10.8	澳大利亚	5.3	澳大利亚	6.9	德国	7.5
加拿大	6.9	澳大利亚	6.6	德国	9.7	加拿大	3.8	德国	5.9	法国	5.9
德国	4.9	法国	6.1	法国	8.3	德国	3.6	加拿大	5.6	意大利	5.0
法国	4.3	意大利	5.2	加拿大	7.2	爱尔兰	2.8	法国	4.2	澳大利亚	4.6

第三节　基础研究政策

基础研究是为获得关于现象和可观察到事实的基本原理的新知识，一般不以任何专门或特定的应用或使用为目的而进行的实验性理论性研究工作。基础研究一般分为纯基础研究和应用基础研究。基础研究对于增强国家的知识、创造、吸收、利用等能力至关重要，各国政府都设立了专门的科学基金或机构给予其拨款和扶持。

总结近十年来各国的基础研究政策，主要体现在如下几个方面：政府加大对基础研究的投入力度；加强基础研究的体制机制建设，如欧盟成立欧洲研究理事会（European Research Council，ERC）、美国建立能源前沿研究中心、韩国建立基础科学研究院等；加强以人为本的基础研究资助体系；积极推动基础研究成果的商业化利用等。

一、前沿领域的规划与布局

对基础研究的投入长期以来一直是创新的根基，随着科技创新的深化发展对基础研究依赖性的加强，各国都高度重视基础研究特别是应用导向的战略性基础研究，加强了前沿科技领域的布局，这反映了各国期望科学技术服务于创新和经济增长的强烈愿望和要求。

（1）美国之所以在近百年中一直保持世界超级科技强国的地位，与其重视前沿研究的部署有很大关系。在 2008 年的金融危机中，美国的复苏计划通过增加对关键的科学机构的资助大力投资基础研究，此后，奥巴马总统在创新战略的部署中承诺对基础研究的资助在未来 10 年间翻一番，并通过具体的政策措施来支持基础研究的发展，如为把握能源技术的前沿，建立能源前沿研究中心。2010 年 12 月，美国国会通过了《美国竞争力法案》

(2010)，强调提高基础科学研发投入，特别是物质科学领域的基础研究投入。根据该法案，从 2011 财年开始的 3 年内，重点支持物质科学领域基础研究的国家科学基金会、国家标准与技术研究院（National Institute of Standards and Technology，NIST）和能源部科学办公室的预算将继续增加。[16]

（2）日本日益重视把基础研究看作创新的来源，《第三期科学技术基本计划》强化了基础研究战略，并通过多样化的资助方式对基础研究予以经费保障，以确保基础研究的多样性和加强高风险、高影响性研究；《第四期科学技术基本计划》仍提出加强基础研究的独创性和多样化、加强世界一流的基础研究，要引进国内外优秀科研人员，开展世界最前沿科学技术的研究，开展国际公认的研究活动，以及建立国际研究网络的研究基地。

（3）德国实行基础研究优先的政策，其基础研究经费在全部研发投资中占有较高的比例，并确保国防、航天等重点科技领域的重点发展与投入。

（4）法国的《国家研究与创新战略》提出 2010～2014 年的科研发展优先发展领域与基本原则。在 5 项基本原则中，第一项即为加强基础研究，基础研究是一项政治性选择，国家决定要继续加大投入。

（5）自李明博总统上台后，基础研究就成为韩国科研经费投入的"重中之重"。2009 年 1 月，韩国国家科学技术委员会公布修订后的"基础研究振兴综合计划"（2008～2012 年）。该计划提出了"增强未来主导型的基础研究力量，跻身全球科技七大强国"的愿景，以及重点推进的五大政策课题：加大对基础研究的投入、建设以研究者为中心的基础研究资助体系、培养及利用创意型基础研究人才、培养世界级的基础研究能力、加强基础研究的社会作用和国际作用。与 2005 年公布的"基础研究振兴综合计划"相比较，在经费投入方面，修订后的计划将"2010 年前对基础研究的投入达到 2.4 万亿韩元（占政府研发预算的 25％）"的目标调整为"2012 年前对基础研究的投入达到 4 万亿韩元（占政府研发预算的 35％）"。

（6）2012 年 12 月，俄罗斯总理梅德韦杰夫正式批准了"俄罗斯联邦基础科学研究长期规划"的最终方案，确定了五大具体任务：发展基础科学研究；在科技发展优先方向建立前沿性的科技储备；统筹科技研发部门的发展，完善其结构、管理体系及经费制度，促进科学和教育的结合；构建科技研发部门现代化的技术装备等基础设施；保障俄罗斯研发部门与国际科技平台接轨。

（7）欧盟为支持基础前沿研究的开展，在第七框架计划下新建了欧洲研究理事会，以鼓励研究人员在所有领域自由地开展前沿研究。2014～2020 年新一轮的框架计划"地平线 2020"的规划中提出，将以欧洲研究理事会的成功经验为基础，支持最有才华和最具创造力的个人及其团队开展最高水平的前沿研究。在"地平线 2020"计划下，欧洲研究理事会的总预算为 131 亿欧元，达到该计划总预算的 17％，实值比第七框架计划期间增加 60％[17]。

二、专项资助计划

近年来，若干国家出台了基础前沿领域的专项资助计划，旨在加强基础科学领域的研究与发展，特别是基础研究重点、前沿领域的突破，希望以此推动科技创新的突破性发展，从而支撑新一轮的科技革命和经济社会发展。主要案例包括以下三方面。

（1）2011 年，美国国家科学基金会宣布，在促进交叉学科研究与教育综合计划（INSPIRE）下新设变革性交叉学科风险项目创新研究奖（Creative Research Awards for Transformative Interdisciplinary Ventures，CREATIV）[18]。新计划的特点是不需外部同行评审，只需内部评审程序，要求申请项目必须是具有变革性潜力的交叉学科。该计划的目标是：创造目前所不存在的、新的跨学科机会；吸引非凡的、有创意的、高风险、高回报的跨学科申请；使新奇想法不再停留在探索阶段；不设优选主题，向美国国家科学基金会所资助的所有科学、工程与教育领域开放。

（2）韩国特别重视基础前沿领域的支持措施，先后出台了如下资助计划和项目，例如，2010 年，韩国教育科学技术部启动“全球前沿研发项目”[19]，目的是建设研究基地以开展世界一流的基础研究和原创研究，掌握原创技术并使其在 10 年后实现商业化、20 年后能够普及，使韩国成为基础与原创技术强国；计划在未来 10 年间资助 15 个研究团队，平均每个团队每年约资助 100 亿韩元，期限为 9 年；到 2021 年，从中培养 5 个以上世界一流的研究团队，建设 5 个以上世界一流的研究基地，掌握 5 项以上世界一流的原创技术。此外，韩国教育科学技术部还通过“2010 年度理工类基础研究项目实施计划”和“2010 年原创技术开发项目实施计划”[20]提高这些基础前沿领域的经费投入，并通过延长资助期限来培育重大产出等。2012 年，韩国教育科学技术部与研发特区支援本部联合启动了“基础研究成果后续研发资助项目”，该项目针对国际科学商业区内的大学和科研机构的基础研究成果进行技术验证，探索其产业化的可行性，发掘未来利用可能性高的基础研究成果，并在介于纯基础研究和产业化之间的目的性基础研究、纯应用研究、应用研究和开发这四个阶段，对基础研究成果的研究规划和后续研发进行资助。

（3）俄罗斯于 2008 年初制订了《2008～2012 年国家基础科学研究计划》，其中规定，俄政府将在 2008～2012 年投入 2500 亿卢布用于基础科学研究计划。主要措施包括：保持国家基础科学长期稳定发展；保障对基础科学研究的稳定拨款；全面综合选择基础科学的前景学科和优势方向；集成基础科学研究资源，国家对基础科学研究实行匹配支持；实行竞争原则，扩大基础科学研究项目在国家科学院和其他科研组织中的竞争范围；加强基础科学研究前景和优势方向选择的客观性，建立基础科学研究项目的客观评审体系；保障政策和计划执行的有效性。

三、经费预算与管理

（一）基础研究经费的变化趋势

根据日本文部科学省发布的《科学技术要览》，主要国家基础研究经费研究比例都有增长的趋势，尤其是美国、日本、德国、法国和韩国，这体现了这些科技比较发达的国家对基础研究的重视（图 2-6）。

从基础研究经费占总研发经费比例的各国比较中可以看出，法国和德国投入的基础研究经费比例最高，其次为俄罗斯、美国、韩国和日本，英国和中国相对较低，且没有明显的增长趋势。

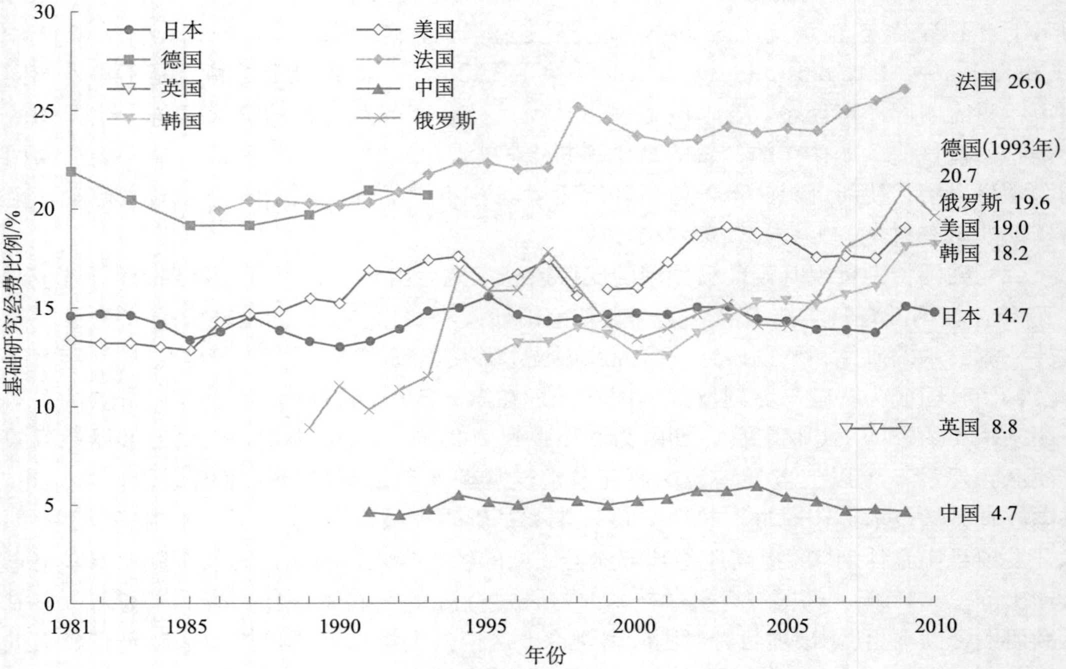

图 2-6　主要国家基础研究经费比例的变化

资料来源：文部科学省科学技术、学术政策局．《科学技术要览》．2011.

http：//www. mext. go. jp/component/b _menu/other/_icsFiles/afieldfile/2012/11/01/1327567 _01. pdf

（二）基础研究经费管理的重点与趋势

对世界主要国家基础研究经费管理进行总结，可以发现以下特点与趋势。

1. 注重基础研究管理机制的改善

对基础研究的经费支持往往是通过科技资助机构的前沿突破性项目来体现的。近年来，各国重视从加强突破性研究的资助和完善评价机制、改善基础研究经费的管理等方法完善基础研究的管理机制。

为加快实现能源领域的重大科学突破，美国于 2009 年确定投入 7.77 亿美元成立 46 个能源前沿研究中心，重点支持多学科研究人员开展长期的合作研究，进行新能源共性关键技术的基础研究。

2010 年 1 月，日本综合科学技术会议发表强化基础研究的长期方针与政策报告，提出基础研究支撑体制的改革方案。其中一大重点是改革面向基础研究的研究资金，主要措施包括：削减运行费；增加科学研究费补助金等竞争性资金；引入首席科学家制度；调整竞争资金体系；排除不合理的重复项目；完善评价体制；公开研究成果；构建研究的支撑体制，配置研究支撑助手等。

作为欧盟第七框架计划的重点投资方向，2007 年欧盟成立支持基础研究的基金组织——欧洲研究理事会，其基本工作原则是在追求卓越的基础上，鼓励研究人员在所有领域自由地开展前沿研究[21]。在欧盟第七框架计划中，欧洲研究理事会在支持基础前沿研究方面取得了显著成绩；新一轮的“地平线2020”计划，进一步加强了对欧洲研究理事会的拨款。

2. 专项措施增强基础研究的影响、促进成果转化

作为公共预算的一项重要支出，各国都强调科学研究投资的经济社会效益，尤其是基础研究的成效往往需要很长的周期才能实现，由此促进基础研究成果转移和转化、加强其目标导向和问责制的措施得到了重视。

2013年，美国众议院科学、空间与技术委员会提出《美国竞争力法案》之《保持美国联邦政府对研究、科学技术与跨部门教育计划的投资法案》的草案[22]。草案提出改革美国国家科学基金会的资助管理，通过把科技促进发展明确纳入评价标准、增加资助评审透明度来强化美国国家科学基金会资助的国家目标导向，并实现基于结果的联邦资助问责制。

欧洲研究理事会2011年启动“概念验证（Proof of Concept）计划”，对已经获得欧洲研究理事会资助的研究人员，可以再申请获得最高15万欧元的资助，以构建其研究与市场创新早期阶段之间的桥梁，使得欧洲研究理事会资助的获得者将有机会申请额外的资助来从其欧洲研究理事会资助的前沿研究项目所产生的想法中发掘创新潜力。“概念验证计划”提供转化型资助来加速研究成果向市场的转移，研究人员可以利用额外的资金来开展市场研究、技术验证、确定知识产权地位与战略、商业机会分析等方面的活动，促进成果的快速转移和转化。

3）通过卓越中心、团队等方式支持促进基础研究领域突破

随着科学发展的日益深化，取得基础前沿领域的突破往往需要更多人的合作、高精尖的科研环境等作为支持，因此很多国家力图通过支持科研卓越中心等来促进基础研究领域的突破。例如，日本强调以强化国际竞争力为目标形成世界研究中心，形成卓越研究中心，形成具有特色的多样化的研究中心等。[23]

第四节　小结

为实现国家科技战略与规划的愿景和目标，推动国家科技发展与创新，完善国家创新体系，世界主要国家制定了相应的科技政策与措施，包括科技立法、科技投入政策、人才政策、领域相关政策、促进技术成果转移和转化政策、国际合作政策等，本章重点从科技立法、科技人才政策和基础研究政策进行了评述，并得出如下主要结论。

首先，各国非常重视通过科技立法的形式来保证科技战略规划的制定与执行，以及通过科技立法来确保科技政策措施的实施。科技立法成为各国政府统筹科技发展的基础，明确了科研主体的法律地位，并对科研体制的改革方向给予指导。

其次，科技人才培养与吸引是各国科技政策的重要组成部分，重点体现在：加强基础教育，培养科技领域未来接班人；出台各类奖学金计划和人才早期职业规划政策，加强青年人才培养；出台针对人才的综合性计划和专项吸引计划，吸引海外高层次人才和优秀青年人才。总体来看，近十年主要科技国家的科技人才政策突出以下特点：①人才培养政策针对的人员群体出现向低龄化方向发展的趋势，尤其强调从基础教育开始加强人才培养；②逐步体现出缩短青年科学家培养时间的趋势；③吸引海外优秀人才，充分利用全球智力资源成为各国人才战略中的重要支柱；④越来越多的国家非常重视基础科学领域的人才培养。

最后，在基础研究政策中，世界主要国家都非常注重加强应用导向的战略性基础研究，重新定义了基础研究的战略目标，在其目标中体现了科学技术服务于创新和经济增长的强

烈愿望和要求；各国政府加大对基础研究的资助，实施基础研究优先的政策，提高基础研究经费在全部研发投资中的比例；在国家综合性战略中将基础研究作为优先发展的领域，并出台专项的资助计划发展基础前沿领域。

（执笔：中国科学院文献情报中心　王建芳　裴瑞敏）

参考文献

[1] 钱丹丹．日本科技创新法律制度研究．天津大学博士学位论文，2009.

[2] The White House. President Obama expands “Educate to Innovate” campaign for excellence in science，technology，engineering，and mathematics education. http：//www. whitehouse. gov/the-press-office/president-obama-expands-educate-innovate-campaign-excellence-science-technology-eng [2010-11-12].

[3] 국가과학기술위원회．과학기술 미래비전 및 전략．http：//nstc. go. kr/index. html [2011-05-20].

[4] NIH. NIH announces new program to accelerate research independence. http：//www. nih. gov/news/health/oct2010/od-06. htm [2010-11-05].

[5] NIH. NIH to offer new clinical research opportunity. http：//www. nih. gov/news/health/dec2010/od-09. htm [2010-12-26].

[6] DOE. Department of Energy announces more than ＄18 million to strengthen nuclear education at U. S. universities and colleges. http：//www. energy. gov/news/9200. htm [2010-08-21].

[7] 日本文部科学省．戦略科学技術関係人材総合プラン．http：//www. mext. go. jp/a _menu/jinzai/seisaku/08082716/001. pdf [2012-12-20].

[8] 高析．国外实施人才战略的启示与借鉴．http：//www. zgxxb. com. cn/jsdk/20100707014. shtml [2013-09-01].

[9] Alexander von Humboldt Stiftung. Humboldt-Stipendien warden lukrativer. http：//www. humboldt-foundation. de/web/pressemitteilung-2012-16. html [2013-08-22].

[10] 李国强．“洪堡教席奖”——德国吸引海外尖子人才的新举措．德国研究，2009，(2)：63.

[11] 과학기술정책정보서비스．글로벌 S&T 정책 동향·분석 2008. http：//www. now. go. kr/ [2009-07-02].

[12] 中华人民共和国科学技术部．法国出台新政策吸引国内外科研精英．http：//www. most. gov. cn/gnwkjdt/200810/t20081031_64718. htm [2008-11-03].

[13] NSF. Foreign science and engineering students in the United States. http：//www. nsf. gov/statistics/infbrief/nsf10324/nsf10324. pdf [2012-06-22].

[14] Finn M. Stay rates of foreign doctorate recipients from U. S. universities. http：//heglobal. international. gbtesting. net/media/7133/stay-rates-foreign-doctorate-recipients-2007. pdf [2013-12-11].

[15] BIS. International comparative performance of the UK research base. http：//www. bis. gov. uk/assets/biscore/science/docs/i/11-p123-international-comparative-performance-uk-research-base-2011. pdf [2012-01-22].

[16] US Government. Congress passes America COMPETES reauthorization. http：//www. gpo. gov/fdsys/pkg/BILLS-111hr5116enr/pdf/BILLS-111hr5116enr. pdf [2011-01-15].

[17] ERC. Facts and figures. http：//erc. europa. eu/about-erc/facts-and-figures [2014-03-09].

[18] NSF. CREATIV: creative research awards for transformative interdisciplinary ventures. http://www.nsf.gov/pubs/2012/nsf12011/nsf12011.jsp [2011-11-25].
[19] 교육과학기술부. 세계적 과학기술자로 시작하는 교육과학기술부 글로벌프론티어 연구개발사업. http://mest.korea.kr [2010-8-16].
[20] 교육과학기술부. 2010 년도 이공분야 기초연구사업 시행계획. http://www.nrf.go.kr/htm/popup/100112_1/img/3.pdf [2010-02-25].
[21] European Research Council. About ERC. http://erc.europa.eu/about-erc [2013-12-05].
[22] Subcommittee on Research and Technology Hearing. Keeping America FIRST: federal investments in research, science, and technology at NSF, NIST, OSTP and interagency STEM programs. http://science.house.gov/hearing/subcommittee-research-and-technology-hearing-keeping-america-first-federal-investments [2013-11-13].
[23] 日本綜合科学技術会議. 基礎研究強化に向けて講ずべき長期的方策について. http://www8.cao.go.jp/cstp/project/kiso/haihu11/siryo3-1.pdf [2010-03-20].

第三章 科技体制改革动向

各国为建设更有效的科研生态环境，充分发挥国家科研与创新体系的作用，提升国家科研实力与竞争力，通常会在进行全面的意见咨询与现状评估的情况下对科技体制进行改革以实现以上目标。本章将着重通过分析世界主要国家在近十年来重大的科技改革动向，包括改革科技管理体制、完善科研管理机制、调整重要科研机构、调整科研资助方向等。

第一节 改革科技管理体制

一、政府组织机构重组

科技主管部门与咨询部门的调整是一个国家科技体制改革的重要内容。通过新建、重组机构，或调整原有机构职能，各国增强科研决策能力及对科研活动的规划、组织与管理能力，从而为实现国家科技发展目标提供支撑。

（一）新建政府咨询机构

为提高国家科技决策的能力，法国、日本、澳大利亚均提出新建或重组国家最高科技咨询机构，以充分发挥其应有的职能。

法国与日本建立为国家最高领导人直接服务的咨询机构以加强决策。法国于 2006 年新建国家科学与技术高等理事会（HCST），由总统亲自主持。其核心任务为做好国家科技管理的顶层设计，负责向政府指出科研发展与技术创新领域的重大趋势，在确保与欧洲研究区的政策保持一致的前提下，以年终报告的方式对国家科研战略提出建议，以帮助政府确定优先发展领域与主要目标。日本综合科学技术会议是首相的参谋和最高审议机构，以制定宏观政策为重点，确定科技发展方向与国家重大研究领域，制定战略性综合科技政策，并根据首相的咨询意见调查和审议科技政策、预算及人才分配方针等重要问题。但日本产业界认为，目前的综合科学技术会议未能充分发挥制定科技创新政策指挥部的作用和职能，因此提出成立一个权限更大、更能发挥指挥部作用的新的战略本部，并搭建一个能充分反映产业界意见的平台——科技创新战略协议会。在此背景下，2012 年 3 月，日本内阁成立科学技术创新战略本部，并设立科技创新顾问，提出应在法律上赋予战略本部在政策制定、预算分配、综合调整等方面的相应权限。同时，日本《推进科技创新政策报告》中指出，在设置战略本部的基础上成立科技创新战略协议会，以构建产学官通力合作的科技创新体制。该协议会的职责为：制定科技创新政策，跨省厅地推进国家战略和具体项目；提出体制改革的具体方案；总结重要的科技创新行动计划的实施情况，并具体反映到科技创新政策之中[1]。

澳大利亚通过改组国家最高科学咨询机构使其能够更好地发挥作用。2012 年 1 月，澳大利亚将总理科学委员会改组为总理科学、工程与创新委员会，使其能对澳大利亚面临的挑战与机遇做出更及时、更恰当的反应，其成员由总理，高等教育、技能、科学与研究部长，工业与创新部长，首席科学家，澳大利亚研究理事会总裁，卫生与医学研究理事会总裁，其他部长，以及 6 个对澳大利亚科学有重大贡献的个人常设成员组成。新委员会每年将会晤 3 次，就澳大利亚必须应对的新老问题提供独立科学政策建议，其重要使命之一是由首席科学家领衔，制定确保澳大利亚科学可持续发展的战略[2]。

（二）调整主管科技部门

在过去的十年间，多数发达国家政府均不同程度地进行了科技部门的调整，甚至进行了政府机构的重组。由于政权更替，不同的政府上台会对科研主管部门进行适当的调整，如法国、德国将科技主管部门的职能进行调整转移，韩国通过大部制机构改革进行部门的合并重组等。而根据国家在全球科研环境中的整体表现与发展诉求愿景，英国等实力略有下降的老牌强国提高或降低科技主管部门的级别，调整政府对科技事业的支持力度。

法国、德国、韩国调整科技主管部门的主要宗旨均为加强高等教育与科研间的联系。法国在 2002～2012 年的科研主管部门均与教育同为一个部门，先后设立有青年、国民教育与研究部，以及高等教育与研究部（简称教研部），只是职能侧重略有不同。2007 年萨科齐总统上台后重组科研主管部门为高等教育与研究部，将普通教育的职能转由国民教育部负责。大学与法国国家科研中心（CNRS）等多数公共科研机构均由教研部直接管理，教研部通过政府部门、地方部门、科研机构及大学的共同协助，吸取由科学家、经济学家所带领的工作团队的建议意见，制订出符合国家要求的规划方案。

德国联邦教研部在 2006 年进行结构性调整，将原有的 9 个部门重组为 8 个部门，以提高工作能力和创新力，紧密联系教育与科研，并突出新的工作重点。具体分工为：中央部作为服务部门，主管人事、组织、基础设施、预算、调控和资助程序；部门 1 负责战略和原则问题；部门 2 负责教育与研究领域的国际合作；部门 3 负责职业教育；部门 4 负责高校科研和高校外科研领域内科学体系的发展与促进工作，推进文化科学；部门 5 负责所有关于关键技术的计划、项目，如纳米技术、电子学、光学技术、微系统技术等；部门 6 负责生命科学领域的研究；部门 7 负责基础研究和可持续发展研究。2010 年，政府对联邦教研部的职能再次进行调整，将一些贴近应用的高新技术划入经济技术部，使教研部的职能更加侧重教育和基础研究。

韩国在 2008 年李明博总统在任期间对政府组织机构进行了大部制机构改革，将教育人力资源部与科学技术部合并后成立了教育科学技术部，整合了两部原有的研发项目，下设韩国高等科学技术院、高等科学研究院、光州科学技术院等多家直属科研机构，加强大学和政府资助研究机构的交流与合作，增强高等教育与研发之间的联系。此外，韩国政府将产业资源部、信息通信部等部委合并后成立了知识经济部，整合了原科学技术部的产业技术研发政策业务，并结合其他部门的相关业务，以知识转化为宗旨，管理韩国的传统产业，并制定国内高科技产业的核心政策。通过两个部门的调整，韩国政府希望起到“1（学）＋

1（研）＞2”的效果，进而提升韩国教育和科技的整体国际竞争力[3,4]。韩国通过合并研发管理职能机构整合功能，集中发挥科研管理与评估职能。2009 年 5 月，韩国知识经济部下属的 7 个研发管理职能机构改组并成立韩国产业技术振兴院（KIAT）和韩国产业技术评价管理院（KEIT），前者负责实施知识经济部主导下的中长期计划、成果分析和产业化，后者负责该部主导下的国家政策的起草、评价与管理[5]。

俄罗斯政府在 2010 年撤销俄联邦科学与创新署、俄联邦教育署，将两部门职能转交俄联邦教育科学部，以优化联邦政府的机构设置[6]。

英国在 2007 年首次成立创新、大学与技能部（DIUS）前并未设有科技主管部门，政府各部科技政策由该部首席科学顾问制定，各部首席科学顾问作为一个整体，与科技委员会等统一对国家战略优先领域提出建议。2007 年，为整合科技资源，英国成立了创新、大学与技能部，原主管科学与创新的科学技术办公室（OST）更名为政府科学办公室（GO-Science），作为该部重要组成部分。2008 年，新任科技部长首次进入内阁，说明科技的政治地位加强，表明英国借科技摆脱经济危机的决心。2009 年英国在内阁改组后成立新的商业、创新与技能部。由原创新、大学与技能部和商业、企业与管理改革部合并，负责有关科学、高等教育、继续教育、技能、创新及企业的政策制定与实施，把科学作为政府振兴经济和未来可持续发展的核心[7-9]。

二、科技管理体制调整

（一）研发体系改革

为解决国内研发体系所存在的问题，提升其活力，日本、法国、韩国等主要科技强国与新兴科技国家都在近几年制订了具体方案，大力推进研发体系的改革。其中，日本力图打破部委间的壁垒以集中资源配置；日本与法国改革大学的性质使其成为独立法人，赋予其更多的自治权；法国通过精简合并科研管理机构，简化管理层次；德国对国家资助的研究机构进行机制上的改革与完善。

日本综合科学技术会议在 2010 年 12 月发表《改革研究开发体制的报告》，指出高效的研究开发需要明确国家与研发机构在研发体制中的职能，并根据职能分工不同而协同合作。报告将研发分为政策决定、措施制定、资金分配与研究开发实施 4 个阶段，并提出每个阶段改革的主要内容：①资金分配阶段的改革，包括重要任务型项目实行资金分配的一体化推进；跨越部委之间的壁垒、对最具能力的研发部门进行竞争性机动性资金分配；统一竞争资金的使用规则，加强对资金分配主体的评价。②研究开发实施阶段的改革，包括对国立大学法人应采取适合研发的独立法人运营方式；对承担国家战略研发的独立法人机构，设置国立研究开发机构制度；通过普及终身教职制度等促进青年研究人员的自立；促进研发运营人才的培养；在待遇中反映评估结果，提高个人积极性；确保优秀人才的研究岗位；加大对资金与人才的集中投资；推进开放创新、创建特区功能的尖端研究中心。③研究开发各阶段的改革，包括促进研发独立法人与高校等获得外部资金；完善研究成果返还社会的规章制度；构筑知识产权与国际标准化战略；建立提高研究开发能力的研究开发评价体系，实现高效率、高产出的研究开发体制[10,11]。

法国在 2006～2007 年先后颁布新《科研指导法》与《大学自由与责任法》对法国的科

研与高等教育体系进行改革。其中《大学自由与责任法》旨在将国家掌管的人力资源、经费与不动产管理的权力下放至大学，使其成为真正的独立法人，加强大学的科研能力，提高其在国家科研创新体系中的地位。截至 2011 年，90%的法国大学（73 所）已实现自治，在管理经费、聘用人才、制订培养计划上获得更大的自主权[12]。在此期间在新《科研指导法》的规划下，萨科齐在任期间政府还新建了大批科研管理机构，如法国国家科研署、科研及高等教育评估署（AERES）等，组建了新的科研组织形式，如科研与高等教育集群、研发联盟等，但这些重大改革带来了机构庞杂、科研手续繁复、资源浪费等问题。2012 年 5 月，奥朗德领导的新一届政府上台后，决定对法国高等教育与研究领域的政策进行重新定位并实施改革。于是，法国教研部自 2012 年 7 月开始召开自下而上、多层次的“全国高等教育与研究大讨论”，旨在重新确定高教与科研的相关政策，并修订《大学自由与责任法》及《科研指导法》。该讨论将推进科研体系的重组作为三大优先发展目标之一，以重新定义法国科研机构的国际战略在经济发展中的作用，以及在社会、卫生、环境方面的影响，对高校、国立科研机构、新近成立的国家科研管理机构等进行重新定位。

2004 年，德国联邦政府对政府资助的科研机构进行深化改革，按照科学委员会（Wissenschaftsrat）的建议，加强了研究执行单位和研究资助者之间的协调配合，在项目资助上向跨机构、跨学科的研究项目倾斜；通过在科研机构内设立战略基金，并采用招标、公开竞争和专家评审的机制将这些经费分配给项目，强化科研资助的竞争机制；简化高风险创新研发项目的资助程序；继 2002 年对联邦技术物理研究院评估之后，2004 年，联邦政府又委托科学委员会对联邦各部直属的研究机构就自主研究的必要性和科研质量进行评估，并决定对各部直属的研究机构也要引入竞争机制，推广和完善对科研机构的评估。

（二）科研管理机构调整

法国在 10 年间对科研管理机构进行了调整，包括新建或改组科研管理机构，以帮助政府更好地制定科研决策并进行科研管理。

法国在 2006 年进行了科研管理机构的大改革，新建国家科学与技术高等理事会(HCST)、科研及高等教育评估署等国家级科研咨询与评估机构。科研及高等教育评估署负责对由政府资助的所有科研计划和项目进行评估并向社会公布评审结果。科研及高等教育评估署建立独立、公开、透明的评价程序，按照通用的国际标准，在完全独立于主管部门和评审对象的前提下开展同行评议、质量评估、透明评估和“真实评估”。法国政府对公共科研机构的系统评估也由科研及高等教育评估署负责[13]。

第二节　完善科研管理机制

一、绩效管理框架改革

（一）建立绩效评估机构

2006 年 4 月，法国新建全国科研评估机构——法国科研及高等教育评估署，负责对法国公共科研机构进行系统评估[14]。评估以科研机构与政府主管部门签订的 4 年合同为基础。

在每期合同结束后，政府主管部门委托科研及高等教育评估署对机构上一期合同执行情况进行评估，并根据其报告结果与科研机构签订下一期合同。

（二）规范绩效管理框架

2011 年 4 月，美国联邦首脑备忘录“政府计划问责和 GPRA 执行改革方案”提出联邦绩效管理框架的改革要点，包括：①加强评估。要求各机构首脑和首席运营官（COO）在公共信息官（PIO）的协助下至少每季度就近阶段优先领域目标实现情况开展一次评估。②机构战略规划与预算进程相互配合。要求联邦各机构与 2013 财年预算进程配合，包括每两年设定一次优先领域目标，在 2013 财年预算发布的同时更新该机构的战略规划，将联邦跨部门及机构优先领域目标纳入新的战略规划。③整个政府战略规划与预算进程相互配合。管理与预算办公室（OMB）应同联邦各机构协作，在有限数量的跨部门政策优先领域就结果导向的优先目标及政府范围的管理优先目标制订联邦政府绩效规划。④加强透明性。包括对机构和联邦跨部门优先领域目标进行季度更新，要使机构战略规划、年度规划、年度报告等相关绩效信息以标准的、机器可读的格式通过中心网站即可获得等[15]。

美国国家科学基金会在 2011 年 5 月发布了名为“通过发现与创新壮大美国——美国国家科学基金会 2011～2016 年战略规划”的报告。报告提出了评价美国国家科学基金会投资绩效的新途径，包括短期（1 年）评估、中期（2～5 年）评估和长期（5 年以上）评估。最大胆的尝试是长期评价框架的革新，包括支持科学与工程研究、教育的回溯性评估及投资影响研究等[16]。

2011 年 11 月，德国科学委员会提出了发展科研绩效评价与管理方法的建议，主要内容包括：①大学和大学外科研机构应通过明确的机制，如科研绩效报告系统、基准对比分析方法，建设自身的评价能力；②不要为了评估而评估，或者为了管理而管理，应定期检验现有评估与管理方法的效果；③科研绩效评价与管理应控制人力与财力成本，减轻所有参与者的负担，但成本控制不应减少评价与管理工作的内容；④适当放缓或控制评估过程的时间节奏，做好研究进程的不可计划性与要求定期汇报科研进展、规划科研进程之间的平衡；⑤科研绩效评价与管理应把研究成果的质量放在第一位，避免只注重数量；⑥制定科研绩效的评价与管理方法时应考虑大学和研究机构在“使命”上的差异；⑦评估和管理科研绩效时应吸纳各层面的参与者，并保证他们有良好的交流；⑧为了避免科研体系中重研究、轻教学的情况，需要有效的激励手段与管理体制；⑨科研管理手段应多样化，不应只建立在对科研成果数量的计算和物质奖励上[17]。

二、强调公共参与决策

科学技术发展到今天，和社会公众的关系越来越密切，公众也越来越关注科技的发展方向。科学技术调动了大量的社会宝贵资源，公众有权知道使用这些资源产生的效益如何，特别是公共科技财政能为自己带来什么切身利益。另外一方面，随着人们受教育水平的普遍提高、交通和交流手段的改善、信息的丰富，以及闲暇时间的增多，人们有了更好的条件和更多的机会来关心科学技术。可以说，公众参与科技决策已成为西方发达国家公共政策制定的重要趋势，如何鼓励和引导公众参与国家科技重大决策、提高公众参与的效率也成为西方发达国家的一个关注重点。

2010 年 7 月，英国政府科学办公室在《政府首席科学顾问关于在决策中利用科学与工程建议的指导方针》文件中阐明了各部门和决策者寻求科学工程建议并加以利用的一般指导原则，包括：及早发现需要吸收科学工程建议且宜于公共参与的问题；广开专家建议源，特别是在面临不确定性时；采用公开、透明的科学咨询程序，尽早发布有关证据和分析结果；公开解释决策的理由；通过集体协作以确保将科学工程证据和建议有机整合到决策过程中。在咨询程序方面，该文件指出，各部门应考虑其自身的咨询安排和工作实践，以确保公众参与的有效性，并强调各部门应特别确保在如下情况下的建议汲取：该议题引发的问题超出了内部员工的知识范围；对该议题的责任跨越了多个部门；对公共政策领域具有重大潜在影响；可借此强化公众对科学咨询的信心等。

2010 年 12 月，英国 9 家主要科研资助机构联合其他 30 家重要的学术机构，发布了一项新的《促进公众参与科研协议》的声明。声明阐述了英国主要科研资助机构促进公众参与科研工作的责任，提出了未来促进公众参与科学研究的 4 项主要原则：①英国的研究机构应对公众参与给予战略性承诺。明确承诺支持公众参与，将其作为机构战略与行动计划的重要内容，并鼓励积极参与科研的突出个人。②投入公众参与活动的研究人员应得到价值上的承认。研究机构应在招聘、业绩评价、晋升和工作安排中考虑研究人员对公众参与活动的投入，使之不影响其职业生涯，并鼓励和支持这些研究人员。③通过培训、支持和提供机会来鼓励研究人员投入公众参与活动。研究人员和研究管理人员有责任提升个人或团队投入公众参与活动的实践能力。④协议签署机构将定期监测和评估自身推进公众参与活动的进展情况，并总结优秀工作经验[18]。

2011 年 3 月，德国联邦教研部启动了“未来技术公民对话”（简称“公民对话”）活动，目的是让公众了解未来领域的最新研究，为他们提供与专家交流的机会。通过了解与交流，公众可以对未来技术形成专业的见解，并有机会向科学界和政界的代表提出具体建议。“公民对话”由 5 种形式组成：公民大会、公民协会、在线讨论平台、咨询组和公民峰会。最后的公民峰会将在公民大会、在线讨论和公民协会讨论结果的基础上制定出一份包含具体建议的公民报告，在教研部的支持下纳入政府的决策过程。目前举办过的三次“公民对话”的主题分别是高技术医药、能源技术和人口结构变化[19]。

三、科研诚信规范建设

随着经济全球化和国际科技竞争的不断加剧，科技与经济和社会发展的关系更加密切，科研诚信问题愈益引起各国的高度重视。

2010 年 1 月，《科学》期刊发表《提升科学标准》的社论文章。文章指出，科学事业是建立在信任的基础之上的，科学界有责任促进恪守高道德标准和创造性生产力的研究环境，从而吸引和留住优秀人才。文章还指出，科技期刊在维持科学标准中负有特殊的使命，像《科学》《自然》和《美国国家科学院院刊》这样的有影响力的期刊正共同努力来改进有关程序，使其尽可能卓有成效地服务于科学家与社会。文章还提到，这些刊物首先关注的是关于作者责权的两个关键问题。首先，为了防止“荣誉作者”的出现，这些刊物同意，在接受稿件之前，每个作者必须明确说明他或她的研究贡献。《科学》的政策完全支持美国国家科学院《如何做一个科学家》（*On Being a Scientist*，第 3 版）提出的署名规则，明确要求作者必须对论文做出智力贡献，而只为项目提供实验场地或样品等不足以成为作者。其次，《科学》期刊要求论文所涉及的每个实验室或研究小组中的资深作者必须确认该单位生成的原始数据，以确保待发表稿件图表中的数据是正确和恰当的。由于许多论文都是由多个具备不同知识的小组合作撰写的，以前那种仅要求一篇论文有一位资深作者进行确认的方法已经不能满足需要了[20]。

2010 年 7 月，欧洲科学基金会（ESF）在世界研究诚信会议上发布了新的欧洲研究诚信行为准则，提出研究人员、公私研究机构、大学和基金组织要推进的科研诚信原则，包括诚实交流、研究的可靠性、客观性、公正性和独立性、开放性和可获得性、提供证据与认可成就时的公平性，以及对未来的科学家与研究人员承担责任。提出该规范的《支持欧洲研究诚信》报告还提出相关建议，如将欧洲科学基金会指导方针作为欧洲标准予以推动；欧洲科学基金会资助项目的负责人应同意服从欧洲科学基金会指导方针；欧洲科学基金会考虑作为一个欧洲的信息交换中心，提供有关可用资源的信息；协调欧洲国家程序以防止不端行为等[21]。

2010 年 12 月，美国科技政策办公室发布了关于政府部门与机构制定科研诚信政策的高级指南，提出了科研诚信规章的最低标准，要求各部门与机构在 120 天内制定自己的科研诚信规章。其要点包括：①建立政府的科研诚信基础，保障科技信息的准确性。建立科研诚信文化，政府官员不应隐瞒或改变研究成果；保证科技官员的知识水平与诚信度，用于决策的数据必须由专家进行同行评议，制定明确的利益冲突管理机制，保证举报者的安全；在保障隐私和机密的基础上，促进科技信息的自由流动；制定科技信息向公众公开的基本原则。②制定实用、公开、透明的公众科学传播政策。保障媒体提出的科技问题能够得到有关机构的回应；保障政府机构内的科学家与工程师在政府协调下可以向媒体与公众谈论其科研工作；保障公众对科技决策过程的参与和讨论。③有效利用各部门与机构的顾问委员会（FAC），强化对游说机构的管理。顾问委员会成员的选择应透明并且应根据其能力、知识水平和专业领域分布，利益冲突方应回避，简历应公开。④促进政府机构内科学家与工程师的职业发展。鼓励出版研究成果；鼓励参与学术会议；允许担任学术期刊的编委；允许参与学术社团并担任领导；允许接受公私机构颁发的各种科技奖项。⑤执行机制。政府各部门与机构应制定明确的科研诚信管理机制；联邦管理与预算办公室也将发布科研诚信证据评估程序指南，作为审理科研诚信案件的标准[22]。

第三节　研究机构的调整

当今许多国家都把建设和发展一流科研机构作为国家创新体系建设的头等任务，世界主要科技强国的国立科研机构的改革与调整均沿着以下方向发展：从宏观层面上的整合—重组—新建科研机构，到微观层面上的管理机制改革与创新。

发达国家科研机构整合和改革的目标是：建设一批世界顶级研究机构和基础设施；吸引一批世界顶级科技人才；加强对研究机构和研究项目的国际评估；加速知识与科学技术的转移和产品化；大力推进研究机构的国际化。本节重点介绍美、日、德、法、英、俄等国研究机构宏观层面的改革，尤其是对现有重要研究机构进行的整合和改革。

一、新建研究机构

在科技体制改革中，新建的主要任务在于针对某些空白或者新形成的前沿研究领域建立新的研究机构，从而实现人无我有、人有我强、领先一步的科技发展目标。“新建”兼具“整合”与“重组”的双重目的，既要弥补缺陷、完善科研体制功能，又要重点突破、确保国际领先。

美国与德国针对能源、健康等重点优先发展领域创建研究中心。2010 年美国提高能源部科学办公室预算用以建立 8 个能源创新中心，以加快重要能源领域的研发。每个能源创新中心都会获得高额支持，从而集聚多学科研究团队，以加快具有潜力的能源相关技术的研究进度，并缩短从科学发现到技术开发与商业化示范的时间[23]。2009 年，美国宣布在 5 年内新建 46 个能源前沿研究中心，以促进公私合作，解决清洁能源和能源安全难题[24]。2011 年 4 月，德国联邦教研部决定投资建立 4 个新的国家健康研究中心，即肺病研究中心、心血管疾病研究中心、传染性疾病研究中心和癌症联合研究组织，以把新的医学研究成果更快地推广到医院和大学诊所，以造福人类。作为政府“健康研究框架计划”[25]的核心部分，联邦政府会在 2011～2015 年为其提供 3 亿欧元的专项经费，并积极进行跟踪评估[26]。

美国、法国、英国、澳大利亚等国依托大学或科技园区建设研究中心，通过大学、科研机构与企业的合作推进科技成果的商业化。其中法国与英国的研究中心主要以发展制造业为重点。2011 年 5 月，法国政府宣布在未来投资计划的框架下投入 20 亿欧元设立技术研究院（IRT）[27]，将在同一地域集合公立与私立研究机构、产业部门形成技术创新联合体，促使法国在未来发展的关键部门及制造业、服务业领域跻身世界领先地位。首批设立的 6 个技术研究院，涉及领域为纳米电子、航空航天与载荷系统、生物技术、冶金与处理、铁路基础设施、复合材料等。技术研究院通过研究、培训和创新方面的公私战略合作，促进知识向企业的转移，增强法国对企业和更优秀的国际研究人员的吸引力。2011 年 3 月，英国大学与科学部长宣布在工程和物理科学研究理事会下建立 9 个创新制造研究中心并投入 5100 万英镑资助未来先驱制造计划。这些中心依托英国 6 所大学成立，通过提高制药、航天航空、汽车制造等支柱产业的研究水平保持英国在制造技术方面的优势，推动经济增长。这些研究中心致力于新兴科学的研究，如生物制药、新型合成技术和智能自动化，结合发明性研究和敏锐商机，促进高新制造业发展以保证其可持续发展性，通过大学与产业界的合作，进一步提高制造业的国际竞争力。

美国和澳大利亚以加快科研成果的转化为重点。2011 年 12 月，美国国立卫生研究院宣布建立国家转化科学推进中心（NCATS）[28]，与政府监管机构、高校、非营利机构，以及私营部门密切合作，发现并克服影响科研成果转移和转化的障碍，促进将科学发现转变为新的药物、诊断方法和设备。澳大利亚在 2009 年 5 月投资 1.96 亿美元新建联邦商业化研究院，以将大学与公共研究机构的最好想法变成成功的商业现实。联邦商业化研究院在支持有前景的研究成果商业化的同时，还将支持具有快速增长潜力的创新型企业的发展，帮助他们将研究成果与创新思想推向市场[29]。

与老牌科技强国不同，新兴科技国家韩国仍在努力推动基础研究的发展，体现其谋求全球领先研究水平的目标。2009 年，韩国新建基础科学研究院，目的是建设由全球化人才参与的基础科学综合研究机构，建设基础科学研究基地，以开展世界最高水平的基础研究，从而保障创造型的知识和未来原创技术的发展。

二、整合调整研究机构

从战略角度考虑，科研机构的调整是科技体制为适应内外部条件变化、满足社会经济需求而不断进行自我完善的一个长期过程，其主要任务是通过转制、合并、改变归属、调整研究方向等方法对科研体制内部、外部，以及一些边缘化的科研机构进行重新定性、定位、定职责和定任务，目的是集约和优化整合散乱的科技资源，围绕新的战略重点调整领域布局，使调整后的科研机构充分发挥作用，实现国家目标。从“战略”角度看，对相关研究机构跨领域重组，具有鲜明的“时效性”和灵活的“机动性”，主要任务在于围绕一定的经济战略和科技目标，对科研体制内部的研究机构进行新的战略组合。对某些特色和优势研究领域实行聚点成面、扬长避短的优化组合，从而实现强强联合或者形成更为强大的综合研发实力以及实现重点突破，确保国际领先目标。

德国与韩国通过将不同研究机构或研究部门调整至其他研究中心来进行资源的整合，加强相关领域的发展。德国联邦教研部通过把一些研究中心归并到国家大型研究机构，来加强对其的支持，完善该领域的发展。例如，2001 年联邦教研部把德国国家信息技术研究中心（GMD）并入弗劳恩霍夫协会，形成了欧洲最大的信息技术研究中心；2002 年将弗劳恩霍夫环境研究所划归到卡尔斯鲁厄研究中心，实现优势互补；2002 年 11 月，柏林赫兹通信技术研究所并入弗劳恩霍夫协会，有效改善了德国的通信技术研究；2012 年 1 月，原属德国莱布尼茨科学联合会的基尔海洋学研究所（GEOMAR）正式并入德国亥姆霍兹联合会，成为亥姆霍兹联合会的第 18 个科研中心，意味着联邦政府对该海洋学研究所事业费的资助比例增加，加强了亥姆霍兹联合会关于地球系统的联合研究。2011 年 12 月，韩国将基础技术研究会与产业技术研究会下的 19 个政府资助研究机构移交至新设立的国家研究开发院，以促进跨学科交叉研究，应对新兴研究领域的挑战。同时对韩国海洋研究院进行改革，更名为海洋科学技术院，由国土海洋部直接管辖[30]。

美国对国家标准与技术研究院的重组则强调其实验室管理机制的调整，从而使其运作更为有效。2010 年 3 月，美国众议院通过了美国国家标准与技术研究院重组法案[31]，决议将美国国家标准与技术研究院成立于 1988 年的建筑与防火研究实验室、化学科学与技术实验室、电子学与电工学实验室、信息技术实验室、制造工程实验室、材料科学与工程实验室、物理学实验室、纳米尺度科学与工程中心、中子研究中心、测量服务部等 10 个实验室改组为物理测量实验室、材料测量实验室、信息技术实验室、工程实验室、中子研究中心、纳米研究中心等 6 个实验室，从而更好地反映多个技术学科的特性，并更好地响应产业部门的需求。基于任务来重组实验室作为最有效的结构布局方式，将各实验室平行的使命变为实验室内部的垂直局部，使实验室为用户提供从产品到测量服务的全部职责，提高了各实验室的效率和效能。美国国家标准与技术研究院的机构重组通过机构精简来有效地改善问责制，从而更好地为美国产业界服务，提高其竞争力。

俄罗斯、法国、德国通过对国家最重要科研机构下设的学部或研究所进行改革，体现国家对重要研究方向的调整。

俄罗斯为满足国家经济发展的要求，应对现代科学发展的挑战，对俄罗斯科学院进行改革，将专业学部数量从原有的 18 个精简为 11 个。并分别于 2008 年、2010 年、2011 年成立了纳米技术和信息技术学部、全球问题与国际关系学部、生理学与基础医学学部，以应对全球经济危机及其后果，帮助俄罗斯的生理学与基础医学领域取得更加集约化的发展，加强新兴领域纳米与信息技术的发展[32,33]。

法国国家科研中心根据其 2008 年发布的“地平线 2020”与 2009 年签署的《2009～2013 法国国家科研中心与国家的目标合同》，将原有的六大学部拆分、改组为 8 个自主性更强的研究院，加上两个国立科学研究院，共形成 10 个研究院[34,35]。从而加强研究院的科研自主性，并增强其竞争力。2010 年 7 月，法国国家科研中心还对内部管理结构进行了改革，由中心的决策机构行政理事会批准设立科学主任和资源主任两个职位，分别负责管理中心的科研事务与行政事务，改变了原先由主席一人管理所有事务的模式，有效加强了科研决策的民主性[36]（图 3-1）。

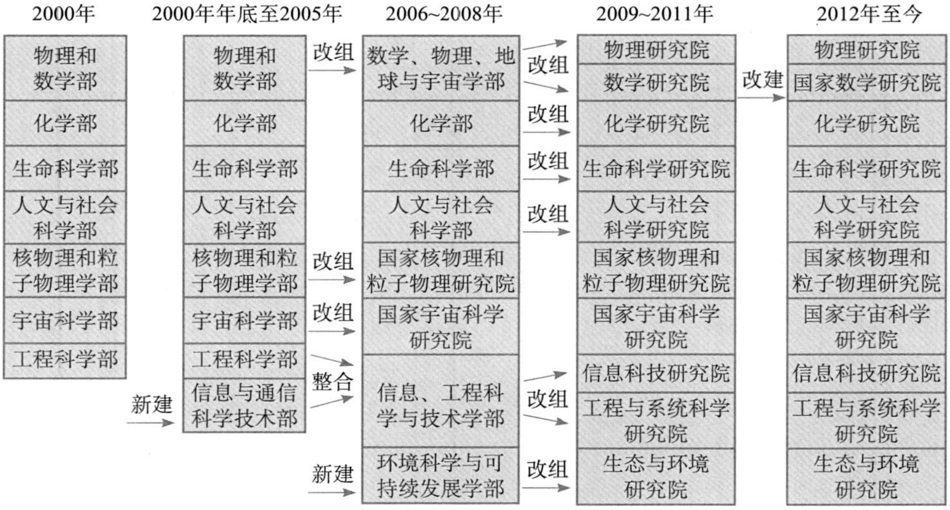

图 3-1　法国国家科研中心结构调整图

从 2006 年德国实行“研究与创新公约”至 2009 年，马普学会通过新成立 3 个研究所、调整或新建 20 多个研究室来从事国际上重要的且大有前景的基础研究或课题研究[37]。此外，马普学会在“研究前景 2010＋”文件中提出，会筹建新的“马普化学能源转换研究所”，以取代原马普生物无机化学研究所。2011 年 2 月，马普学会称会调整金属研究所的研究方向，增设新的研究重点——智能系统，其中涉及计算机科学、生物学及该所目前关注的材料学领域，希望在三者的边缘地带创建能够孕育未来的新研究领域，同时还将在图宾根建设新的分支研究所[38]（表 3-1）。

表 3-1　马普学会 2010 年以来在国内新建（调整/更名）的研究所[39]

研究所名称	成立时间	研究领域	成立或调整的原因	成立或调整的基础
人口老龄化生物学研究所	2010 年 5 月	老龄化、生物学	德国人口老龄化严重；实现政府的战略意图，关注并扩大区域优势	地理条件优越，新研究所易找到成熟的合作伙伴
化学能源转换研究所（原生物无机化学所）	2010 年 10 月	化学储能	该所原来的研究方向已被相关几所大学接纳	具备出色的能源研究基础；可与周边的马普碳研究所和几所大学产生协同效应

续表

研究所名称	成立时间	研究领域	成立或调整的原因	成立或调整的基础
免疫生物学和实验胚胎学研所究（原免疫生物学所）	2010 年 11 月	实验胚胎学	提高该所的国际知名度	从 2006 年起，该所就将实验胚胎学作为重点研究领域
智能系统研究所	2011 年 2 月	计算机学、生物学、材料学	重新调整金属研究所的研究方向；抢占世界独有的研究领域	原金属所与当地大学、科研机构在相关研究领域有着长期、良好的合作关系；新所能使用现有大部分基础设施

三、国际共建研究机构

在科技创新全球化的大背景下，与其他国家共建研究机构，开展海外国际合作，已经成为提升一个国家科技创新能力的重要手段。

共建研究机构可充分利用国外人才、技术、设备、科研环境等综合科技资源。例如，日本理化学研究所在美国布鲁克海文国家实验室设立联合研究中心，借助美国一流的实验装置和优良的科研环境，加强高能粒子物理方面前沿科学领域的合作。

与相关领域发展水平领先的机构合作可充分依托合作对象的优势领域实现有效互补，共同发展。例如，法国国家科研中心与日本东京大学共建集成微机电系统实验室（LIMMS）正是因为日本在该领域处于世界领先地位。2012 年 2 月，该联合研究单元成功申请欧盟第七框架计划下的欧盟外国家联合实验室（INCO-lab）项目，成为欧盟委员会在日本的首个国际实验室[40]。

欧洲老牌科技强国在近年来科技发展乏力的情况下加强与亚洲一些新兴科技大国的合作，可为本国发展带来新的机遇，并加强与这些国家的联系。例如，德国马普学会于 2010 年 3 月在韩国浦项工业大学设立国外研究所，建设阿秒光谱学和复合材料研究中心，并计划到 2015 年建立材料领域研究所[41]；2011 年 4 月在日本理化学研究所建立 RIKEN-马普系统化学生物学联合研究中心；法国国家科研中心与印度共建应用数学联合研究单元，充分利用印度在应用数学领域的实力，在偏微分方程、控制论、科学计算、统计物理学、动力系统、数理生物学等方面加强合作与发展[42]，扩展其在海外新兴科技大国的发展势力。

第四节　科研资助机构改革

一、调整科研资助机构资助方向

在过去十年里，世界各主要科研资助机构启动了许多资助项目，这些项目的资助对象不是循序渐进性质的研究，而是旨在取得突破性创新的研究。美国国立卫生研究院院长先锋奖项目、欧洲科学研究委员会的首创和先进补助金主要支持有潜力的个人进行开拓性研究。美国国家科学基金会的高风险跨学科变革创新研究奖、欧洲科学研究委员会的协同补助金面向小型的跨学科或互补性团队和已建成的国际性设备，如欧洲核子中心的大型强子对撞机。此外，私立组织也在积极推动变革性研究的开展，例如，弗吉尼亚州阿什伯恩的非营利性机构霍华德·休斯医学研究所专门为个人研究者提供长期的灵活资金，被资助者还有机会在弗吉尼亚州珍妮莉娅法姆研究学院获得跨学科的合作研究职位[43]。

变革性研究与突破性创新是近年美国联邦政府主要资助机构的重点支持领域。小额探索性研究项目（SGER）是美国国家科学基金会支持创新性研究的一种特别资助机制，其申请和资助的渠道与其他常规性项目均有不同。美国国家科学基金会规定，小额探索性研究项目研究应当符合以下 5 个特征之一：①对未经检验的新思想开展初步研究；②进入正在形成的研究领域；③将新的技术或方法应用到“已定型的”研究领域；④为了促进有效使用已有设备或特殊装置以及获得已有数据而进行研究，包括对自然灾害及类似突发事件的快速响应研究；⑤推动研究迅速取得创新性进展或具有类似特征的工作。2003 年 10 月，美国国家科学基金会对小额探索性研究项目申请做出了新的规定，并加大了支持力度。在小额探索性研究项目研究特征的描述方面，美国国家科学基金会增加了新的内容，在第 2 点中除了“正在形成的研究领域”又增加了“或有可能带来变革的”研究领域，在第 4 点中除了“自然灾害”又增加了“或人为造成的灾害”。在小额探索性研究项目的资助强度和期限方面，美国国家科学基金会规定，小额探索性研究项目的项目经费由原来的最高 10 万美元增至 20 万美元，项目的期限通常仍为 1 年，但若有必要，可以延长至两年。2007 年 5 月，美国国家科学基金会的决策组织——国家科学委员会（NSB）发布的《加强国家科学基金会对变革性研究的支持》报告展示了美国国家科学基金会始终高度重视变革性研究的立场与决心。自该报告出台以来，美国国家科学基金会支持变革性研究的努力得到了进一步拓展。2009 年，美国国家科学基金会在原有的小额探索性研究项目的基础上，又设立了早期概念探索性研究项目（EAGER）、快速响应研究项目（RAPID），以及创新延续项目和绩效追加项目，试图以多种资助方式来推动变革性研究[44]。

美国国家科学基金会在 2011 年 5 月发布的 2010 财年价值评议报告中指出，美国国家科学基金会在价值评议程序中体现了对变革性研究与创新领域的支持，包括建立发现和支持潜在变革性研究的多种不同机制：“探索性研究早期概念资助”主要支持早期未经测试但具有潜在变革性的研究思想和研究途径，并可能带来新的学科或跨学科视角；“基于成就的再支持”主要支持过去因美国国家科学基金会资助（或与美国国家科学基金会资助密切相关）取得重要成果的研究；“创造性扩展”旨在给最富创意的研究人员延长项目周期的机会，其研究方向应在原申请的同一大类范畴但不局限于起初的申请。美国国家科学基金会还通过修订价值评议程序来实现支持变革性研究的目标。除了一般的评审小组外，美国国家科学基金会专门成立了影子评审小组（shadow panel）来发现变革性研究项目提案。此外，还要由专家小组对变革性研究项目提案做出综合评审以外的第二次独立评估，即所谓的“二维评审”[45]。2012 财年，美国国家科学基金会推出一类全新项目——变革性交叉学科风险项目创新研究奖，以资助高风险、交叉学科的变革性研究。与常规性项目相比，此项目通常只需要经过基金会内部的竞争性评价，因此评审速度更快。变革性交叉学科风险项目创新研究奖项目的宗旨是创造新的交叉学科机会，吸引非比寻常的高风险、高回报的交叉学科项目申请，为创新观点提供不仅局限于探索阶段的充足资金。项目资助周期最长为 5 年，若涉及美国国家科学基金会的 2 个学部共同资助，资助额度 80 万美元，若涉及 3 个或 3 个以上学部共同资助，则最高资助额度为 100 万美元[46]。

2009 年 4 月，美国国立卫生研究院宣布在新的经济复兴计划下，设立研究与研究基础设施方面的高额资助计划——重大机遇（Grand Opportunities，GO）计划。该计划在 2 年内提供约2亿美元以支持高影响、大规模的研究项目，这些项目极可能促进生物医学研发投资的增长。每个项目的资助额将达到100万美元甚至更多，比美国国立卫生研究院系统现在最重要的R01项目资助额至少高出35%。重大机遇计划项目选取的原则是应能加速重大突破，促进前沿技术的早期和应用性研究，以及有利于增进多学科与跨学科研究团队之间的协同和互动的新途径。这一计划表明，美国国立卫生研究院希望资助“高影响”的短期项目，推动解决一些重大的研究难题或建设重要的基础设施[47]。

2011年9月，美国国立卫生研究院宣布了其旨在激励创新性科学思想的79个资助项目，以推进学科前沿，促进研究转化，增进国民健康。这些资助项目分属美国国立卫生研究院共同基金支持下的3个创新性研究计划：美国国立卫生研究院主任先驱资助、新创新者资助和转化研究项目资助。2011财年这些资助项目投入总额为1.438亿美元，其中美国国立卫生研究院主任先驱资助0.104亿美元，新创新者资助1.175亿美元，转化研究项目资助0.159亿美元。预计所有资助项目在整个5年期的全部投资将达到2.456亿美元。该计划的资助对象不是常规与渐进式的研究项目，其目的是促进生物医学研究任何领域出现大的飞跃，以使研究人员可以进入全新的研究方向和领域[48]。

欧洲科学基金会在2011年4月发布的《欧洲同行评议指南》报告中指出，对于突破性研究的评审，首先要注意有效测度突破及其影响和长期进步的潜力的方法，而不是首先确定相关的风险水平[49]。

二、改革科研资助机构

自2005年起，世界主要国家通过调整或新建科研资助机构来实现对新兴技术、教育和创新项目的资助，优化已有资助模式。

2009年4月，美国能源部效仿知名的美国国防部先进研究计划局（DARPA）建立了先进能源研究计划署（APPA-E）。先进能源研究计划署为小型团队或个体研究者所研发的高风险、企业不愿投资但具有潜在革命性的能源技术提供短期资助。先进能源研究计划署项目的资助周期为2～3年，每个项目每年资助金额在50万到1000万美元之间。目前的招标领域涵盖了电池、燃煤电厂二氧化碳捕集和建筑节能技术等领域。截至2012年3月，先进能源研究计划署共资助181个项目，经费5.217亿美元，其中2011年资助的11个项目获得超过2亿美元的私人投资（政府投资仅4000万美元）。

美国总统2012财年预算提议投资9000万美元建立新的竞争性资助机构——教育高级研究计划局（APRA-RD），该机构设在教育部，作用类似于美国国防部先进研究计划局。教育高级研究计划局补充并依托于目前公共和私营部门已经开展的相关工作，并促进以下事业的发展：数字家庭教师；建立“虚拟学习实验室”；使教育软件如同视频游戏一样具有吸引力。教育高级研究计划局资助项目的标准是，利用技术来促进教与学方面的突破性潜能，优先领域包括科学、技术、工程与数学。这些项目向工业界、大学和外部机构联盟等开放[50]。

2005年，法国成立公共科研资助机构——法国国家科研署。法国国家科研署以大型科研项目为导向，其主要任务是加强对重点科研项目的高强度投入，支持与开展创新活动，促进公共与私立科技部门之间的合作伙伴关系，为公共科技研究成果的技术转化和走向市场做出努力。成立国家科研署是法国在科研体制中引入竞争机制的尝试，突破了科研经费主体按人头投入的传统模式，局部采取以项目引导的方式，支持基础研究、应用研究等创新活动。法国国家科研署主要采取两种方法进行项目招标：非专题项目（programme blanc）为自由申请、不受任何限制的研究提案；专题项目（programme thématique）为由政府引导、集中发展的国家重点项目。重点关注法国环境、社会与经济发展面临的重大课题，主要支持信息通信技术与纳米技术、生物-健康、可持续能源与环境、生态系统与可持续发展、工程与工艺、人文与社会科学六大领域的研究课题。2012 年 1 月，法国科研及高等教育评估署评估法国国家科研署已成为法国科研与创新体系的重要组成部分。从 2005 年至 2010 年，法国国家科研署共资助了 7103 个项目，提供 37.93 亿欧元的资金。每个基础研究项目所获平均资助金额增长了 52%，公私合作研发项目增长了 105%。法国国家科研署全力支持了法国“未来投资计划”等国家级大型计划，并与公共与私立研究部门、竞争力集群及大型国际研究机构等建立了坚实的合作关系。

2005 年，法国成立工业创新署（AII），旨在促进工业投资和增加就业，使科学研究成为未来社会和经济发展的主要动力。工业创新署重点支持大型企业的创新性行动、大型企业与小型企业的合作项目，以及具有工业前景的应用研究项目。工业创新署以资助款或借款的形式承担不超过一半的经费并监督评价。同年 8 月，工业创新署成立了部际委员会（由工业经济财政部、国防部、高等教育与研究部、交通设备部、卫生部部长组成），负责引导、界定和遴选大型工业创新项目，直接参与投资，并进行阶段性评估。

2005 年，法国政府科技成果推广署（ANVAR）、中小企业局和中小企业发展银行（BDBME）合并成法国创新署（OSEO），与法国国家科研署一起构成法国两大公共科研资助机构。法国创新署通过研究与创新合同制，针对创新型企业进行特殊贷款，支持中小企业的技术发展。法国创新署负有三大使命：支持创新、担保银行贷款与股权投资、以合作伙伴关系进行资助。自重组以来，法国创新署资助了大量的企业。2011 年，法国创新署共支持 84 000 家企业，提供资助 310 亿欧元。法国创新署的工作在 2012 年的新拓展是：①建立产业部，募集超过 200 亿欧元的资金支持法国的产业部门，尤其重点促进过渡型规模企业（ETI）的产生；②3.5 亿欧元的地方战略投资基金（FSI）会直接为企业提供资助，地方战略投资基金会在法国创新署各地方司安排工作团队，以加强地方网络，为企业提供全方位支持；③法国创新署会发布税收优惠借贷（CIR）条令以使更多的中小企业与过渡型企业获得税收优惠借贷支持。这些新使命将有效促进法国企业创新，增强其竞争力。

2009 年 6 月，为了响应韩国政府对机关进行现代化改革的政策，韩国教育科学技术部对其下属的韩国科学与工程基金会、研究基金会、国际科技合作基金会整合后成立韩国研究基金会（NRF）和韩国奖学金基金会（KOSAF）。新成立的韩国研究基金会负责支持理工、人文、交叉等各个领域的学术活动、科技研发和国际合作研究项目，而韩国奖学金基金会则负责国内的奖学金和学生贷款业务[51]。

第五节　小结

世界主要国家为增强本国的科研实力与竞争力，适应国内外的环境变化，通过科技体制改革来完善国家科研体系并激发其作用。各国科技体制改革的方向主要集中在改革科技管理体制、完善科研管理机制、调整重要科研机构、调整科研资助方向上。

从总体来看，欧洲老牌科技强国与日、韩等国对改革科技管理体制的思考与实践较多。

各国在改革时采取的主要措施为：①根据国家科教工作重点的转变调整主管科技的部委，包括重组、调整职能、新建等；②新建或重组科技管理机构尤其是国家咨询机构，以增强政府的科研决策、规划与组织能力；③探索研发体系的改革以提高研发主体的活力，如赋予大学以独立法人性质，增强其自主权。

随着知识经济时代的到来，主要国家通过完善国家科研管理体制来提升科研水平和自身竞争力，主要举措包括改革科研绩效管理机制，鼓励、引导公众参与国家科技重大决策，制定新的科研行为准则和规范来推进科研诚信建设。

各国对研究机构的调整主要以建设世界一流科研机构为目标，以研究创新所面临的国内外挑战、本国科研优先发展战略的变化等为依据而进行。其主要特点为：①根据新的重点领域新建研究机构以实现重点突破，欧洲老牌科技强国新建能源与健康领域研究中心、技术转化中心等；②根据国家战略需求的挑战整合研究机构及其方向以优化资源配置、扬长避短，如美、德、法、俄等国均对国家重要科研机构进行合并重组和精简调整；③利用其他国家的科研优势，共建国际合作研究机构，实现优势互补。

世界主要发达国家和地区都大力推动变革性研究，探索支持高风险、创新度极高、能够产生科学突破的研究。此外，主要国家还通过调整或新建科研资助机构来实现对新兴技术、教育和创新项目的资助，优化已有资助模式。

（执笔：中国科学院文献情报中心　陈晓怡　葛春雷　任　真）

参考文献

[1] 胡智慧，李宏，张秋菊，等 . 2012 年世界主要国家科技与创新战略新进展//中国科学院 2013 科学发展报告 . 北京：科学出版社，2013：226.

[2] Ministers for the Department of Industry. Revitalisei Prime Minister's Science Council. http：//minister. innovation. gov. au/chrisevans/MediaReleases/Pages/REVITALISEDPRIMEMINISTERSSCIENCECOUNCIL. aspx [2012-02-19].

[3] 교육부, 교육과학기술부.김도연 장관님 취임식. http：//www. mest. go. kr/ [2009-02-16].

[4] 汪凌勇，叶小梁，胡智慧，等 . 世界主要国家科技与创新战略新进展//中国科学院 2009 科学发展报告 . 北京：科学出版社，2009：243.

[5] 汪凌勇，叶小梁，胡智慧，等 . 2009 年世界主要国家科技与创新战略新进展//中国科学院 2010 科学发展报告 . 北京：科学出版社，2010：225.

[6] Дмитрий Медведев подписал Указ. Вопросы Министерства образования и науки Российской Федерации. http：//www. kremlin. ru/news/7048 [2010-04-09].

[7] 叶小梁 . 英国科学与创新投资框架（2004—2014）评述//中国科学院 2006 科学发展报告 . 北京：科学出版社，2007：243.

[8] 汪凌勇，叶小梁，胡智慧，等 . 2009 年世界主要国家科技与创新战略新进展//中国科学院 2010 科学发展报告 . 北京：科学出版社，2010：283.

[9] 汪凌勇，叶小梁，胡智慧，等 . 2009 年世界主要国家科技与创新战略新进展//中国科学院 2010 科学

发展报告．北京：科学出版社，2010：220.
[10] CSTP. 研究開発システムワーキング．グループ報告．http：//www8. cao. go. jp/cstp/project/kenkyu/haihu13/siryo1-1. pdf [2010-12-30].
[11] 汪凌勇，胡智慧，黄群，等．2011 年世界主要国家科技与创新战略新进展．2012 科学发展报告．北京：科学出版社，2012：222.
[12] MESR. Remise du rapport 2011 du Comité de suivi de la loi relative aux libertés et responsabilités des universités. http：//www. enseignementsup-recherche. gouv. fr/cid59205/remise-du-rapport-2011-du-comite-de-suivi-de-la-loi-l. r. u. html [2010-01-20].
[13] 邱举良．法国近年来的科技发展战略//中国科学院．2008 科学发展报告．北京：科学出版社，2008：215-216.
[14] 中国科学院．2008 科学发展报告．北京：科学出版社，2008：216.
[15] Executive Office of the President of the United States. Delivering on the accountable government initiative and implementing the *GPRA Modernization Act* of 2010. http：//www. whitehouse. gov/omb/memoranda_default [2014-03-28].
[16] NSF. Empowering the nation through discovery and innovation—NSF strategic plan for fiscal years (FY) 2011-2016. http：//www. nsf. gov/news/strategicplan/nsfstrategicplan_2011_2016. pdf [2014-03-28].
[17] Wissenschaftsrat. Empfelungen zur bewertung und steuerung von forschungsleistung. http：//www. wissenschaftsrat. de/index. php? id=395&L= [2011-11-16].
[18] Research Councils UK. New concordat for engaging the public with research. http：//www. rcuk. ac. uk/documents/scisoc/ConcordatforEngagingthePublicwithResearch. pdf [2014-03-28].
[19] Bundesministerium für Bildung und Forschung. Bürgerdialog des Bundesministerium für Bildung und Forschung. http：//www. bmbf. de/de/17086. php [2014-03-28].
[20] Alberts B. Promoting scientific standards. Science，2010，327：12.
[21] European Science Foundation. Fostering research integrity in Europe—executive report. http：//www. esf. org [2014-03-28].
[22] The White House. Memorandum to the heads of departments and agencies. http：//www. whitehouse. gov/sites/default/files/microsites/ostp/scientific-integrity-memo-12172010. pdf [2011-12-26].
[23] DOE. Department of energy to invest ＄366M in energy innovation hubs. http：//www. energy. gov/news2009/8409. htm [2010-01-19].
[24] 汪凌勇，叶小梁，胡智慧，等．2009 年世界主要国家科技与创新战略新进展//中国科学院．2010 科学发展报告．北京：科学出版社，2010：209.
[25] BMBF. Startschuss für vier neue zentren der gesundheitsforschung. http：//www. bmbf. de/press/3080. php [2011-04-15].
[26] 汪凌勇，胡智慧，黄群，等．2011 年世界主要国家科技与创新战略新进展//中国科学院．2012 科学发展报告．北京：科学出版社，2012：224.
[27] MESR. Faire le pari de la recherche et de l'innovation pour réindustrialiser notre pays. http：//www. enseignementsup-recherche. gouv. fr/cid56017/reindustrialiser-notre-pays-par-la-recherche-et-l-innovation. html [2011-05-09].
[28] NIH. NIH establishes National Center for Advancing Translational Sciences. http：//www. nih. gov/

news/health/dec2011/od-23. htm [2011-12-23].

[29] Ministers for the Department of Industry. Making idea's reality common wealth commercialisations institute. http: //minister. innovation. gov. au/Carr/Pages/MAKINGIDEASREALITYCOMMONWEALTHCOMMERCIALISATIONINSTITUTE. aspx [2009-05-23].

[30] 汪凌勇，胡智慧，黄群，等. 2011 年世界主要国家科技与创新战略新进展//中国科学院. 2012 科学发展报告. 北京：科学出版社，2012：232.

[31] Committee on Science, Space, and Technology. Reorganization could help NIST better meet industry's needs in the 21st century, committee hears. http: //www. science. house. gov [2010-03-19].

[32] РАН. РАН создаст отделение глобальных проблем и международных отношений. http: //www. ras. ru/about/generalmeeting/meetingdecisions. aspx? ID = 0c6fe3ab-8548-45f3-9271-c97ab54a8075 [2010-06-29].

[33] РАН. Постановление Правительства Российской Федерации "О внесении изменения в устав Российской академии наук" № 214 от 29 марта 2011 года. http: //www. ras. ru [2011-05-16].

[34] CNRS. Contrat d'objectifs du CNRS avec l'Etat 2009-2013. http: //www. cnrs. fr/fr/une/docs/Contrat-CNRS-Etat-2009-2013. pdf [2011-08-11].

[35] 汪凌勇，叶小梁，胡智慧，等. 2009 年世界主要国家科技与创新战略新进展//中国科学院. 2010 科学发展报告. 北京：科学出版社，2010：236.

[36] CNRS. Nouvelle organisation de la direction du CNRS. http: //www. cnrs. fr/fr/organisme/docs/organisationCNRS2010. pdf [2010-07-26].

[37] Gemeinsame Wissenschaftskonferenz. Pakt für forschung und innovation monitoring-bericht 2010. http: //www. gwk-bonn. de/fileadmin/Papers/GWK-Heft-13-PFI-Monitoring-Bericht-2010. pdf [2014-03-14].

[38] MPG. Neuer forschungsschwerpunkt " Intelligente Systeme ". http: //www. mpg. de/1157498/intelligente_systeme [2011-03-19].

[39] MPG. Max-Planck-Gesellschaft stellt Forschungsfelder mit Zukunft vor. http: //www. biotechnologie. de/BIO/Navigation/DE/root, did=117710. html [2010-10-19].

[40] CNRS. EUJO-LIMMS: launch of the European Commission's first Japan-based international laboratory. http: //www2. cnrs. fr/en/1971. htm [2012-01-30].

[41] 浦项工大新闻. 막스플랑크 한국연구소 유치 "확정적". http: //times. postech. ac. kr/news/articleView. html? idxno=4911 [2010-04-09].

[42] CNRS. Création d'une unité mixte internationale (UMI) franco-indienne en mathématiques. http: //www2. cnrs. fr/presse/communique/2413. htm [2012-01-13].

[43] 胡昭阳. 变革性研究的成功因素. 世界科学，2013，(4)：17-18.

[44] 龚旭. 科学基金与创新性研究——美国国家科学基金会支持变革性研究的相关政策分析. 中国科学基金，2011，2：105-109.

[45] NSF. National Science Foundation's merit review 2010. http: //www. nsf. gov/nsb/publications/2011/nsb1141. pdf [2014-03-28]

[46] NSF. CREATIV: creative research awards for transformative interdisciplinary ventures. http: //www. nsf. gov/pubs/2012/nsf12011/nsf12011. jsp [2011-11-16].

[47] NIH. New NIH *Recovery Act* opportunity seeks to fund high impact, large-scale, accelerated research. http: //www. nih. gov/news/health/apr2009/od-13. htm [2009-04-26].

[48] NIH. NIH announces 79 awards to encourage creative ideas in science. http：//www. nih. gov/news/health/sep2011/od-20. htm [2011-09-26].
[49] European Science Foundation. European peer review guide：integrating policies and practices into coherent procedures. http：//www. esf. org [2011-05-16].
[50] 中国科学院 . 2012 科学发展报告 . 北京：科学出版社，2012：219.
[51] 中国科学院 . 2010 科学发展报告 . 北京：科学出版社，2010：225.

第四章　国家研发投入重点

各主要国家和地区将增加科研投入作为促进本国和地区科技发展，实现各自研究开发强度目标的重要举措。本章重点对主要国家研发投入的发展与演变、科研经费投入的总量和分配方式，以及研发投入的领域重点进行比较，并分析了未来研发投入的变化趋势。

第一节　研发投入总体情况

世界各国对科技的重视不言而喻，而且随着新兴国家整体社会经济实力的提升，其对科技的重视程度日益增强，并且体现在科研投入的显著增长上，最终导致了全球科技创新格局的新面貌。

一、各国研发投入的发展与演变

国际金融界普遍认为世界经济与金融的力量均衡正从西方往东方转移，这一转移一直在持续，并且仍然可能在未来数十年间继续转移[1]。随着世界经济中心的东移，世界科技创新格局的重心也在东移，并朝向多极化发展。中国、印度、巴西、韩国等新兴经济体迅猛发展的势头和全球影响力的提升，改变了以往美、日、欧盟在研发投入领域独领风骚的局面。

2007 年，从全球整体来看，研发投入占 GDP 的 1.7%，这一比例自 2002 年起一直保持稳定。美国作为世界头号经济大国，在科技投入方面也占据绝对的主导地位，超出其他国家几倍甚至几十倍，正是如此巨额的科技研发投入确保了美国在科技方面的领先地位。中国、印度和韩国的经济增速较快，在其推动下，亚洲在世界 GDP 中所占比重从 27%增至 32%，美、日、欧盟所占比重却相对减少。而欧盟比重的下降大部分源于法国、德国和英国三个最大的成员。金砖国家中，中国在全世界研发总支出中所占比重与其 GDP 的比重相当，巴西和印度在全球 GDP 的贡献超过研发总支出。而美、日、欧盟的情况恰好相反，不过欧盟的两者差异十分微小。韩国在全世界研发总支出中的比重几乎是其 GDP 比重的两倍[2]。

来自联合国教科文组织的数据显示，新兴经济体在研发方面的支出通常少于发达国家（图 4-1）。撒哈拉以南的非洲地区和中东的研发投入还不到其 GDP 的 0.5%。2002～2007 年，中国的研发投入从占 GDP 的 1.1%提高到了 1.5%。更为重要的是，中国在全球投入中所占的比重从 5%飙升到了 8.9%，成为世界研发投入第三高的国家[3]。

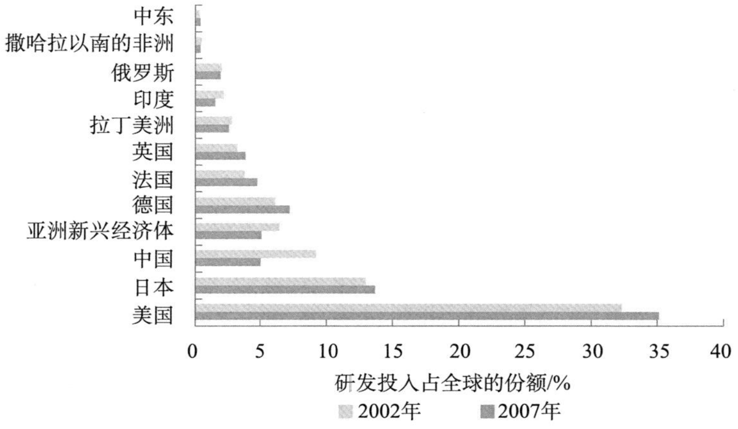

图 4-1 各个国家或地区研发投入占全球的份额

二、各国研发投入占 GDP 的比重

近十年来，韩国、中国研发投入占 GDP 的比重均在上升。2011 年，韩国的该比重已经达到 4.03%，仅次于以色列，排名世界第二位。日本的该比重在 2008 年达到最高峰（3.84%）后一直下降。美国、德国、法国的该比重趋于平稳。而近 30 年来，英国的该比重一直呈现下降态势（图 4-2）。

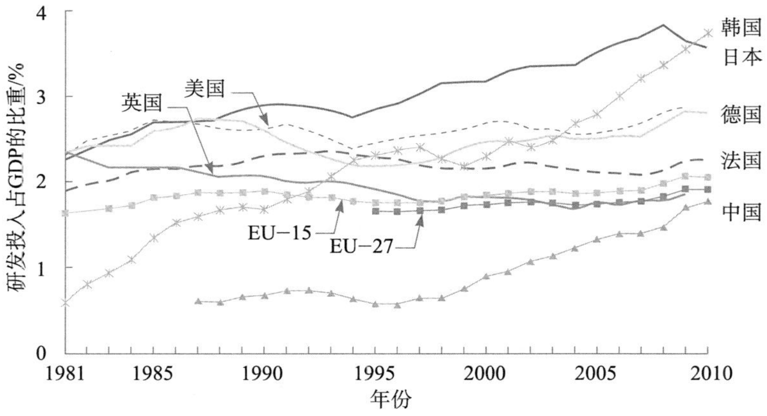

图 4-2 1981～2010 年主要国家研发投入占 GDP 的比重

三、各国政府的科技预算

世界科技事业高速发展，各国科技经费预算始终保持旺盛的增长态势，主要国家的政府持续增加科技研发预算，意味着发展科技仍然是其政府工作的一个首要任务，是财政支

持的重点。近年来，许多国家政府都陆续出台了增加本国科技投资的计划（表 4-1），表明了这些国家在一定时期内增加科技投入的目标与决心。

表 4-1　主要国家（地区）增加科技经费投入的计划

国家(地区)	增加科技经费投入的计划
美国	《美国竞争力计划》(2006 年）提出：未来 10 年美国政府对国家科学基金、能源部和商务部等支持研究机构的资助将增加一倍，为达到这一目标，政府对这些机构的资助每年以 7%的速度增加
英国	出台“十年科技与创新投资框架”，计划 2014 年国家科研经费占 GDP 的比重达到 2.5%
德国	《德国高技术战略》(2006 年）提出，2010 年科研经费投入占 GDP 比重达到 3%，达到“里斯本战略”的要求
法国	新《科研指导法》(2006 年）提出，2010 年前公共科研资金每年以 26%的速度递增；《面向 2010 年关键技术》确定的八大领域关键技术每年拨款 13 亿欧元
欧盟	里斯本战略：2010 年科研经费投入占 GDP 的 3%，其中政府科技投入占 1%，欧盟第七框架计划科研经费投入约 50 亿欧元
日本	《第三期科学技术基本计划》提出，2006～2010 年政府研发总额达到 25 万亿日元
中国	《国家中长期科学和技术发展规划纲要（2006—2010 年)》规定，到 2020 年，全社会研发投入占国内生产总值的比重提高到 2.5%以上
韩国	《第二次科学技术基本计划》提出将科研经费投入占 GDP 的比重从 2006 年的 3.23%提高到 2012 年的 3.5%
俄罗斯	《2007～2012 年俄罗斯科技综合优先研究开发方向联邦专项计划》(2006）计划投入 1949 亿卢布
西班牙	《国家科研、开发与技术创新计划》(2007 年）规定，2011 年科研经费投入占 GDP 的比重要达到 2.25%
瑞士	2008～2011 年联邦政府科研和高等教育支出每年增加 6%

事实上，更多国家虽然并未出台类似上述国家的科技发展行动计划，但仍确定了科研经费投入增加的目标，同时每年的科研经费投入也保持了相当数额的增加。例如，挪威政府为达到科研经费支出占 GDP 比重 3%的长远目标，正努力将政府科技预算提高到 GDP 的 1%；芬兰政府努力将科研经费投入占 GDP 的比重增加到 4%。

（一）政府科技预算规模

美国的政府科技预算始终排名各国之首，2000～2008 年，其科技预算总额持续增长；2009 年由于“经济复苏计划”的大量资金投入，当年的政府科技预算大幅增长，庞大的科技预算被认为是美国保持科技领先优势的关键因素。日本科技经费的预算稳步增长，2011 年达 335 亿美元，远高于欧洲各国（表 4-2）。

表 4-2　2000～2011 年主要国家的政府科技预算（单位：亿美元，按购买力平价计算）

国家	2000 年	2001 年	2002 年	2003 年	2004 年	2005 年	2006 年	2007 年	2008 年	2009 年	2010 年	2011 年
美国	8 361.3	9 150.5	10 305.7	11 486.6	12 627.1	13 125.9	13 601.9	14 189.0	14 439.1	16 429.2	14 896.2	14 437.9
日本	2 117.4	2 314.5	2 465.3	2 572.8	2 689.6	2 761.8	2 862.6	2 920.8	3 056.0	3 063.2	3 192.6	3 352.9
德国	1 680.9	1 722.7	1 777.0	1 863.9	1 889.7	1 986.5	2 100.1	2 251.4	2 426.1	2 668.2	2 838.9	2 923.4
法国	1 474.0	1 615.5	1 712.5	1 685.2	1 692.1	1 808.5	1 615.6	1 579.9	1 921.4	2 023.0	1 882.9	1 942.2
俄罗斯	468.1	590.8	716.7	958.5	931.5	603.9	770.5	949.6	1 130.4	1 540.1	1 517.7	1 802.1
韩国	502.5	591.9	670.1	702.1	766.3	853.9	932.9	1 058.9	1 189.5	1 309.7	1 440.9	1 566.0
英国	1 035.9	1 080.9	1 287.3	1 312.9	1 316.5	1 322.8	1 406.3	1 424.0	1 440.1	1 474.5	1 405.0	1 328.0
加拿大	457.4	535.3	556.6	590.1	617.7	677.7	688.5	755.0	793.3	843.8	850.0	817.9
澳大利亚	284.3	319.3	327.0	367.3	330.3	371.3	395.7	381.0	384.7	454.2	460.6	475.3

资料来源：经济合作与发展组织主要科学技术指标数据库（2014 年 4 月）。

图 4-3 显示了除美国以外的其他主要国家近十年来政府科技预算的变化趋势。2000～2011 年，俄罗斯的政府科技预算增长了约 3 倍（285%），韩国增长了约 2 倍（212%），俄罗斯和韩国的政府科技预算分别在 2009 年和 2010 年超过了英国，而英国和法国近十年来的政府科技预算只增长了约 3%。

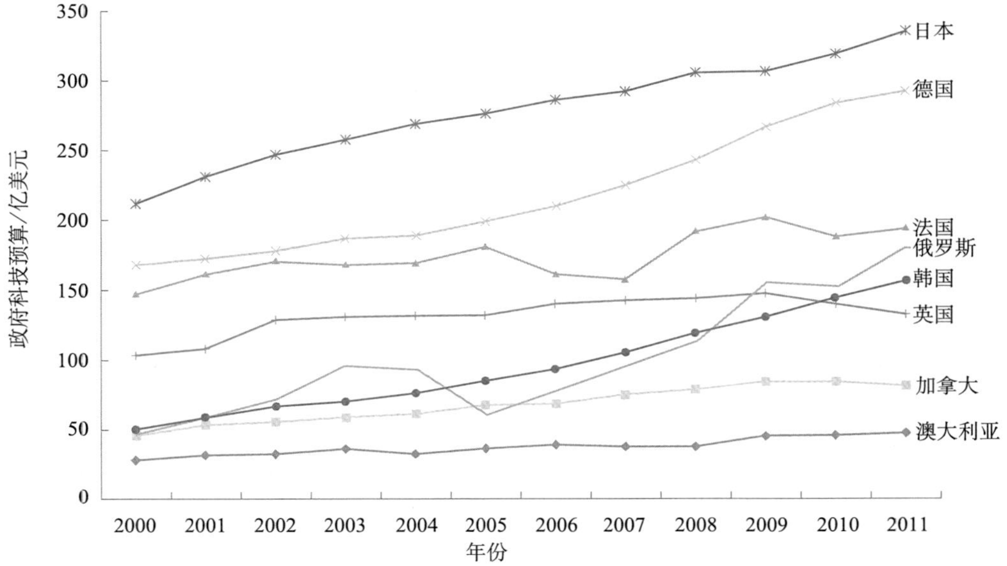

图 4-3　2000～2011 年除美国以外主要国家的政府科技预算（按购买力平价计算）

资料来源：经济合作与发展组织主要科学技术指标数据库（2014 年 4 月）

（二）政府科技预算占 GDP 的比重

政府科技预算占 GDP 的比重反映了各国政府科技经费投入的强度。高水平的科技预算是一个国家创新能力的重要保障，与科技研发投入总量一样是考查一国科技投入水平的重要指标。表 4-3 描绘了主要国家科技预算占 GDP 比重的变化情况。

表 4-3　2000～2011 年主要国家政府科技预算占 GDP 比重的变化情况（单位：%）

国家	2000 年	2001 年	2002 年	2003 年	2004 年	2005 年	2006 年	2007 年	2008 年	2009 年	2010 年	2011 年
澳大利亚	0.67	—	0.68	—	0.70	—	0.76	—	0.78	—	—	—
加拿大	0.56	0.61	0.64	0.64	0.64	0.65	0.62	0.63	0.65	0.68	0.66	0.62
法国	0.83	0.81	0.86	0.85	0.83	0.81	0.81	0.79	0.83	0.88	0.83	0.80
德国	0.78	0.78	0.79	0.79	0.76	0.71	0.70	0.70	0.76	0.84	0.85	0.86
日本	0.59	0.58	0.57	0.57	0.57	0.55	0.55	0.54	0.54	0.59	0.56	0.56
韩国	0.55	0.62	0.61	0.59	0.62	0.64	0.69	0.80	0.85	0.98	1.00	1.01
英国	0.54	0.51	0.51	0.55	0.55	0.56	0.55	0.54	0.54	0.59	0.57	0.54
美国	0.69	0.73	0.76	0.78	0.79	0.77	0.76	0.77	0.84	0.92	0.89	0.86
俄罗斯	0.58	0.67	0.73	0.77	0.70	0.66	0.66	0.70	0.68	0.83	0.80	0.73

资料来源：经济合作与发展组织主要科学技术指标数据库（2014 年 4 月）。

从表 4-3 可以看出，近十年来，英国、日本和加拿大的政府科技预算占 GDP 的比重稳定地保持在 0.6%左右，法国和德国的该比重稳定地保持在 0.8%左右，以韩国和俄罗斯为代表的新兴经济体的该比重增长很快，甚至超过了一些老牌科技强国。

四、各创新单元的研发经费

各国政府的科技投入是全社会科技投入的重要组成部分，对国家的科技发展起着引导和调控作用。近十年来，在美、日、德、英、法等发达国家还涌现了一批依靠创新提高竞争优势的企业，并集聚了各国 60%～70%的研发经费（图 4-4）。

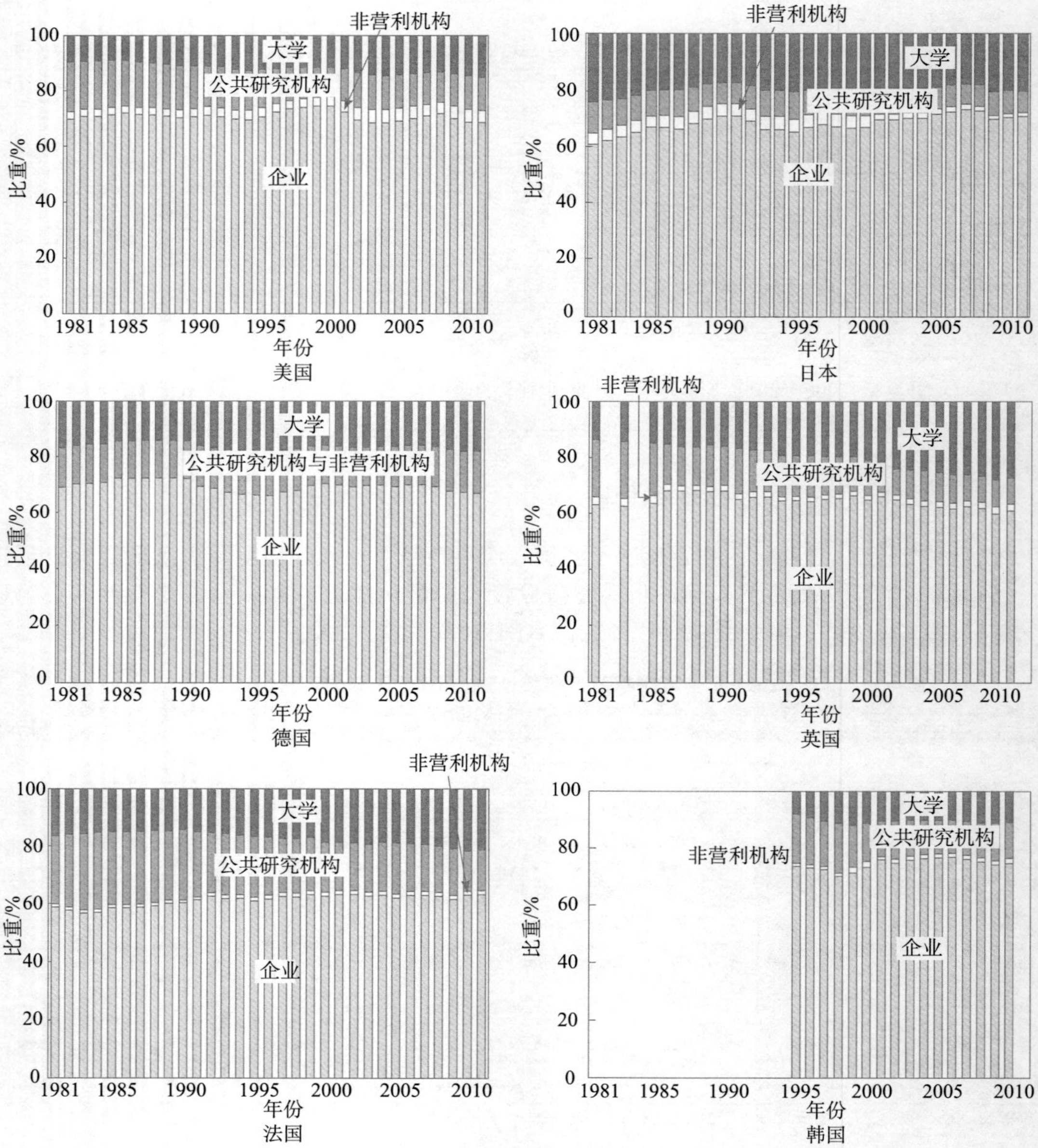

图 4-4　1981～2010 年主要国家各创新单元的研发投入比重

作为韩国龙头企业的三星电子每年的研发投入几乎与韩国政府的研发预算不相上下，韩国企业界的研发投入占全国研发总投入的比重也连年超过70%，该比重高于英、法等发达国家。

从图4-4可以看出，近十年来，美、英、法等国的大学研发经费占比越来越多，而公共科研机构研发经费占比越来越少，原因主要是由于政府对国立科研机构的经费支持力度减弱，转向支持大学开展的研发活动。

五、全球经济衰退对研发投入的影响

根据经济合作与发展组织主要科学技术指标数据库的统计，2002～2005年，只有个别国家的个别年度出现按不变价格计算的研发投入负增长现象。2006～2007年，本研究所涉及的所有对象国的研发投入都呈现出良好的增长局面。但受2008年金融危机影响，美国、英国、加拿大均在2008～2011年出现按不变价格计算的研发投入多年负增长的情况，而韩国、中国等新兴经济体出现强劲的研发投入正增长。在此之后的经济复苏期间，日本、德国、法国、澳大利亚等发达国家的研发投入年度增幅相对较低，均落后于韩国、中国等亚洲国家（表4-4）。其中，加拿大由于其企业研发投入在过去十年中持续下降，所以，多年来国家的整体研发投入力度表现不佳[3]。

表4-4　2002～2011年主要国家（地区）研发投入复合年度增幅（单位:%）

国家（地区）	2002年	2003年	2004年	2005年	2006年	2007年	2008年	2009年	2010年	2011年
美国	−2.0	2.4	0.8	5.1	4.3	4.5	4.6	−1.2	−0.4	−0.5
日本	1.6	2.6	2.0	7.0	4.8	3.8	—	−8.5	1.3	—
德国	1.2	1.1	−0.3	0.8	5.1	2.9	7.4	−0.4	3.4	4.5
法国	2.7	−1.8	—	−0.4	2.4	1.1	1.9	3.5	1.4	2.2
英国	2.8	1.0	−0.8	4.6	4.0	5.4	−0.4	−0.4	−0.8	−0.6
加拿大	0.6	1.6	4.7	1.7	1.1	0.1	−1.6	−1.7	−1.6	−3.6
俄罗斯	10.9	10.6	−4.0	−1.3	8.7	12.9	−1.5	10.5	−3.4	0.7
韩国	4.2	6.3	12.9	8.2	13.4	—	7.1	6.3	11.6	—
澳大利亚	9.5	—	6.3	—	11.4	—	8.7	—	0.8	—
欧盟	2.0	0.9	1.0	2.6	5.3	3.8	4.7	0.1	1.7	2.7
中国	22.8	16.6	19.4	19.9	18.1	14.8	15.4	26.5	14.1	—

资料来源：经济合作与发展组织主要科学技术指标数据库（2013年6月）。

注：①复合年度增幅是根据不变价格计算的结果；

②—代表数据缺失。

为了应对全球经济衰退对研发投入的负面影响，2009年，美国出台“经济刺激计划”，并增加联邦研发投入，尤其是基础研究领域的投入。但是，与此同时，美国企业的整体研发投入下降。

2008年以后，随着金融危机的不断扩散和蔓延，英国越来越多的人把目光投向了科技，希望科技在应对当前这场危机中能够发挥重要作用。从2012年起，随着经济状况的好转和对创新促进经济增长的认识的加深，英国开始加强对科技的经费投入。

2009年，随着经济状况的恶化，日本的企业纷纷大幅削减研发投资。2011年的日本大地震、日元升值，以及欧盟的金融危机和债务危机，这些事件也影响了日本企业的实际经营活动。经济衰退形势的持续恶化，使日本企业别无选择地减少研发投入。

2008年10月，俄罗斯公布的统计资料表明，金融危机导致俄罗斯的创新投入减少180

亿～190 亿美元，其中大型集团公司对创新投入减少 50%～60%，风险投资公司减少 40%，风险基金减少 20%，国家投入减少 5%～7%。

在金融危机之后，一些国家还采取或规划了更加多样化的研发资助模式和政策措施：解决高风险金融资本短缺的问题；引入新的资助措施，如法国的未来投资计划；俄罗斯、巴西、意大利、葡萄牙等国增加了信贷融资；引入新的财政措施，如荷兰的补充性研发津贴、斯洛文尼亚的研发税收刺激等[4]。

2008～2009 年的金融危机已经表明，西方发达国家需要很长的时间才能完全从金融危机中恢复过来，而新兴经济体已经变得更具适应性，而且能够更好地防备外部冲击。

第二节 研发投入的领域布局与重点

一、各国研发投入重点领域比较

第二次世界大战以来，美国的国防相关研发虽然时有波动，但一直非常强大。在 20 世纪后半期，美国的国防科研在联邦预算中所占比例持续坚挺，占当时总研发预算的 58.8%。进入 21 世纪以后，美国与健康相关的研究投入大量增加。美国国立卫生研究院的预算也急剧增加，目前已经高达 400 亿美元，其中超过一半的经费用于学术研究。可见，美国对科研的资助并不是为了科学而资助科学，主要是受其他使命或任务所驱动。美国对国防研发和生物医学研究的重大投资主要是为了完成特定的使命，如国家安全和公共健康。任务导向型的研发投入模式也影响着各领域研发投入的比重，近年来，健康领域的研发投入占政府民用研发投入的一半（图 4-5）。

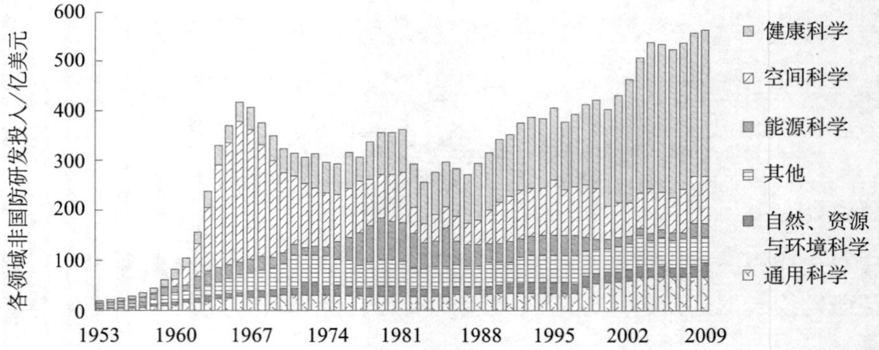

图 4-5 美国 1953～2009 财年各领域非国防研发投入趋势

资料来源：美国科学促进会，基于美国政府 2009 财年预算的管理与预算办公室历史表格

注：以 2008 财年美元不变价格计研发执行费用。从 1996 财年开始，一部分能源项目转至通用科学中

日本政府于 2004 年确定了科技预算中的四大重点领域，分别是生命科学、信息通信技术、环境、纳米技术和材料。因此，这四大领域的预算经费保持了稳定的增长，而能源领域的预算经费呈现出连年大幅减少的态势（图 4-6）。

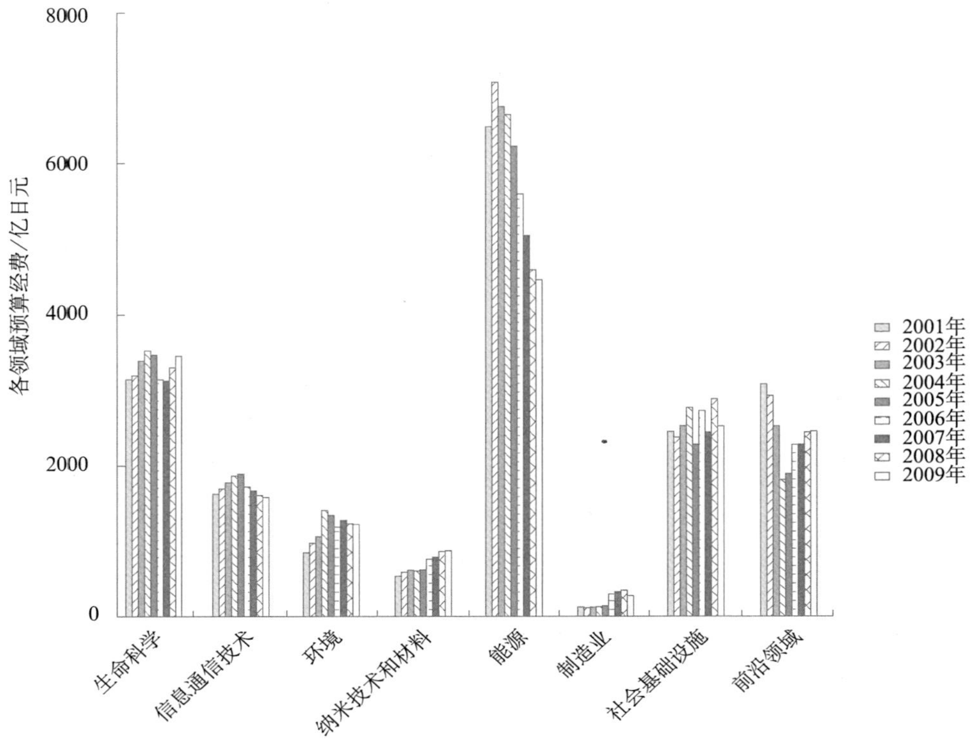

图 4-6 2001～2009 年日本在各重要领域的常规预算中政策任务导向研发投入

韩国政府在其 2003 年制订的《科学技术基本计划》中强调了信息技术（IT）、生物技术（BT）、纳米技术（NT）、空间技术（ST）、环保技术（ET）、文化创意技术（CT）这 6 个未来有发展潜力的核心领域和战略技术的研发。此后，韩国对这 6 个领域的研发经费比重约占国家总研发投入的 65%[5]。

加拿大政府在科技投入和重点科技领域的发展方面主要起引导和帮助作用，除了保证与社会发展有关的安全、资源、环保、卫生等公益性领域的投入外，对有利于国家经济发展和科技进步的信息通信技术、生物技术和航空航天技术等前沿技术也给予重点支持。

2013 年，澳大利亚宣布了最新战略研究优先领域，政府资金将向这些领域倾斜，帮助国家更好地应对最为重要的经济、环境和社会挑战。此次公布的战略研究优先领域涉及 5 个方面，分别为：生活在一个不断变化的环境下、推动国民健康和福祉、管理粮食和水资产、保护澳大利亚在世界的地位、提升生产力促进经济发展[6]。

欧盟在资助领域和主题方面，高度优先的政策领域仍是能源、信息通信技术、新材料和可持续发展，但很多国家近年的创新资助措施实际上不关注部门性问题[7]。

二、各研发阶段的投入比较

进入 21 世纪以后，主要国家在基础研究、应用研究、开发研究各阶段的投入均有增加，其中，美国和日本在各研发阶段的投入增速较缓，法国 2008 年在基础研究和应用研究阶段的投入均比 2001 年翻了一番，韩国 2008 年在基础研究和开发研究阶段的研发投入甚至比 2001 年翻了两番（表 4-5）。

表 4-5　美国、日本、法国、韩国在各研发阶段的经费投入（单位：亿美元）

年份		2001	2002	2003	2004	2005	2006	2007	2008
美国	基础	4 779.2	5 140.9	5 483.9	5 586.8	5 946.2	6 103.8	6 598.8	6 914.6
	应用	6 470.7	5 103.5	6 169.0	7 009.5	7 021.5	7 642.8	8 321.4	8 859.1
	开发	16 524.6	17 415.7	17 250.9	17 323.8	19 242.7	20 958.2	22 333.3	23 989.1
日本	基础	1 556.9	1 568.4	1 706.2	1 746.9	1 815.2	1 729.1	1 741.7	1 914.1
	应用	2 715.7	2 604.5	2 870.5	3 087.7	3 181.0	3 038.1	3 244.6	3 645.1
	开发	7 661.2	7 562.4	8 241.3	8 978.8	9 348.2	9 347.0	9 345.4	10 525.0
法国	基础	686.0	760.8	939.5	1 053.1	1 078.9	1 136.2	1 339.3	1 527.6
	应用	985.1	1 159.6	1 412.8	1 645.6	1 738.4	1 856.7	2 072.8	2 347.7
	开发	1 271.8	1 329.1	1 549.3	1 733.1	1 688.0	1 762.2	1 967.1	2 138.3
韩国	基础	156.9	189.7	231.5	296.8	362.0	433.9	529.3	502.4
	应用	315.7	300.8	333.5	411.4	491.6	568.7	668.4	614.7
	开发	775.3	894.3	1 035.2	1 228.8	1 505.1	1 861.4	2 170.8	2 013.3

资料来源：OECD，Research and Development Statistics，2010。

在各研发阶段的投入比重方面，法国在基础研究和应用研究阶段的投入比重较高，分别为 25.4%和 39.0%，而在开发研究阶段的投入比重仅占 35.6%；美国、日本、韩国在各研发阶段的投入比重大体相似——基础研究占 12%～18%，应用研究约占 20%，开发研究的投入比重都超过了 60%（图 4-7）。

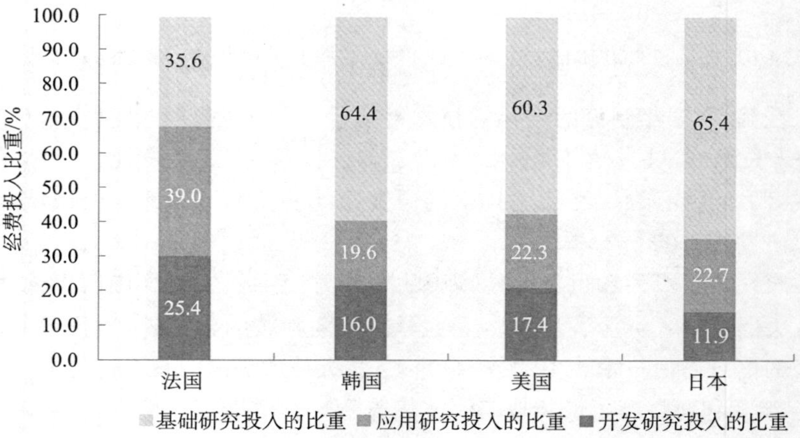

图 4-7　2008 年法国、韩国、美国、日本在各研发阶段的经费投入比重对比

从表 4-6 可见，世界主要国家的基础研究经费占 GDP 的比重均呈现稳定或上升的态势，体现了各国对基础研究投入的重视程度在不断提高。其中，法国的该比重在近十年来稳定保持在 0.5%～0.6%，排在各国的前列，日本和英国的该比重分别保持在 0.4%和 0.2%左右。韩国、美国、澳大利亚、俄罗斯的基础研究经费占 GDP 的比重均呈现稳定上升的趋势，其中，美国的该比重从 2000 年的 0.43%逐步上升为 2010 年的 0.54%，澳大利亚从 2000 年的 0.38%上升到 2008 年的 0.45%，俄罗斯从 2000 年的 0.14%上升到 2010 年的 0.21%。

表 4-6　2002～2010 年主要国家基础研究经费占 GDP 的比重（单位：%）

国家	2000 年	2001 年	2002 年	2003 年	2004 年	2005 年	2006 年	2007 年	2008 年	2009 年	2010 年
法国	0.51	0.51	0.52	0.52	0.51	0.50	0.50	0.52	0.54	0.59	0.57
美国	0.43	0.47	0.49	0.49	0.47	0.48	0.46	0.49	0.51	0.55	0.54
韩国	0.29	0.31	0.33	0.36	0.41	0.43	0.46	0.50	0.54	0.64	0.68
澳大利亚	0.38	—	0.39	—	0.39	—	0.43	—	0.45	—	—
日本	0.37	0.37	0.39	0.40	0.38	0.40	0.40	0.40	0.39	0.42	0.39
俄罗斯	0.14	0.16	0.17	0.18	0.16	0.14	0.16	0.19	0.19	0.25	0.21
英国	—	—	—	—	—	—	—	0.19	0.19	0.20	0.19

资料来源：经济合作与发展组织主要科学技术指标数据库（2013 年 12 月）。
注：一代表数据缺失。

在基础研究经费占 GDP 的比重方面，韩国的上升态势尤为明显，已经从 2000 年的 0.29%提高到 2010 年的 0.68%，超过了美国和法国。2008 年 10 月，李明博总统在任期间政府曾制订“加大对基础和原创研究投入的方案”，该方案提出将政府对基础研究的投入从 2008 年的 1.8 万亿韩元增加到 2012 年的 4 万亿韩元，此项预算占政府研发总投入的比重将从 2008 年的 25.6%提高到 2012 年的 35%。2013 年 8 月，韩国国家科学技术审议会公布了“2013～2017 年基础研究振兴综合计划”。该计划提出将政府研发预算中用于基础研究的经费比重从 2012 年的 35.2%提高到 2017 年的 40%的目标。可见，韩国该比重的持续增长与政府针对基础科学研究出台的相关中长期规划直接相关，而且规划中制订的目标在相应年度已经实现[8]。

三、未来研发投入的变化趋势

近十年来，韩国、中国、印度、巴西等新兴经济体较以往更为重视科技创新。尽管在 2008 年金融危机时受世界经济持续低迷的影响，经济增速有所减缓，但其仍然继续增加科技投入，实施国家科技创新战略。可以预见，这些国家对科技创新的大力扶植与投入将在未来为其经济增长带来源源不断的动力。

根据欧盟研究总署预见专家组 2009 年发布的《2025 全球展望：崛起的亚洲与社会生态的转型》报告，到 2025 年，世界生产重心将移向亚洲，亚洲在世界 GDP 中的份额将超过 30%。在科研方面，美国和欧洲研发投入在世界上的相对份额将显著下降，印度和中国将可能占据约 20%的世界研发市场，超过其目前份额的两倍。亚洲将成为企业研发投资的主要目标[9]。

近年来，各国政府都陆续出台了有关未来研发投入的计划（表 4-7），表明了这些国家在加大研发投入力度方面的目标与决心。

表 4-7　主要国家（地区）未来研发投入计划

国家(地区)	未来研发投入计划
美国	《美国竞争力法案》(2010) 致力于维持美国的创新领导地位，加强科学、技术、工程与数学领域的基础教育并提高基础科学研发投入。从 2011 财年开始的 3 年内，国家科学基金会、国家标准与技术研究院、能源部科学办公室（DOE/OS）的预算将继续增加。此外，法案还在 3 年内为美国能源部能源先进研究计划署分别提供 3 亿美元、3.06 亿美元和 3.12 亿美元的资助
日本	“新增长战略”(2010) 提出，通过搭建技术创新平台实现科技立国战略，并且提出了“政府和民间研发投资占 GDP 的比重到 2020 年增至 4%以上”的目标

续表

国家(地区)	未来研发投入计划
英国	2010年，处于财政困难时期的英国政府提出，在投资方面政府认同科研投资的重要性，研发投资占GDP的2.5%的目标需要依靠政府和民间的共同努力，以使2014年研发总投资达到400亿英镑，并承认目前的投资水平及来自削减预算的压力都使这一目标的实现面临困难
德国	2011年，德国总理默克尔在洪堡基金会年会上重点指出：应特别重视基础研究，因为基础研究会对了解世界产生巨大的影响。自由探索研究与经费、资源等都有着密切的关系，政府决定每年为教育与研究领域增加40亿欧元的投入
法国	《国家研究与创新战略》（2009）强调，要加强对基础研究的投入，提出重新肯定并确保基础研究的中心地位和法国研究体系的学术自由是政府的强烈意志，也是国家研究与创新战略的指导准则
澳大利亚	《21世纪创新议程》（2009）强调，吸引最优秀的人才进行世界一流的研究，增加政府研发投入以支持高质量研究
加拿大	2011年，加拿大政府发布“下一阶段的加拿大经济行动规划”，将加强对创新与教育的投资作为其重点
韩国	《科学技术未来愿景与战略》（2010）提出了使韩国在2040年跻身全球五大科技强国的科技发展长期愿景与目标，具体目标包括：将国家研发投入占GDP的比重从2010年的3.37%提高到2040年的5%
俄罗斯	《俄罗斯联邦2020年前创新发展战略》（2010）提出：将国内研发总支出占GDP的比重从2010年的1.32%提高至2020年的2.4%，将公共教育支出占GDP的比重从4.0%提高至5.5%～6%，将国内研发总支出中政府预算的比重从64.7%降至35%，将科研人员占有的科研设备从人均86万卢布提高至300万卢布
印度	“科技愿景2020”报告（2010）提出如下建议：通过加大科技投入、加强基础研究、扩大教育基础、增强科技基础设施、建立卓越研究中心、培育创新文化、营造有利于青年人才创造力发挥的环境等措施，使印度在2020年成为知识型社会与全球科技领导者。报告呼吁将其研发投入占国民生产总值（GNP）的比重从目前的0.9%提高到2020年的2.5%
巴西	2010年，巴西新当选总统迪尔玛·罗塞夫在竞选时表示，将保持卢拉执政时期对科学的大力支持，使巴西成为一个“科学强国”，提出要将科学投资从目前占GDP的1%提到2020年的2.5%
欧盟	欧盟委员会在“地平线2020”（2011）科研规划中提出，在2014～2020年将为研究、创新和竞争力提升投资约800亿欧元，到2020年实现研发投资占GDP 3%的目标

综上所述，由于能源、环境、气候变化、人口健康等问题是人类面临的共同挑战，所以能源技术领域、环境与可持续发展技术领域、生命科技与医疗保健领域等是各国共同关注的优先发展领域。由于要抢占未来知识型社会竞争发展的制高点，信息通信技术、先进材料与制造领域是各国必争的优先突破科技领域，美、日、欧盟等都纷纷加大投入，几乎所有发达国家及众多发展中国家都先后出台了信息化建设规划。科技界普遍认为，纳米技术的发展将给信息通信、生物医药、新材料、先进制造、能源等行业带来革命性的变革。因此，纳米科技受到了世界各国尤其是发达国家的极大青睐，它们纷纷投入巨资用于纳米科技的研究开发，并相继制定了发展战略和计划，以指导和推进本国纳米科技的发展。此外，为了实现上述优先科技领域的突破，投资于基础研究、加强人力资源开发和科学基础设施建设也是各国共同的战略选择。

第三节　小结

科研经费投入是面向未来的重要的战略性投资。世界各国在加强科技投入力度的同时，逐渐对其资助体系进行改革。各国都加强了对提高资金使用效率的战略思考，更多地关注研究开发活动与国家目标相结合。

科研经费投入持续快速增长。近年来，世界各国的科研经费都在持续增长，这种增长并未受到经济不景气的影响，并预计将在未来继续维持下去。各国公共研究机构的科研经费在研发总经费中所占比重有逐步减少的趋势，这也反映出了科技发展过程中各部门的角色正逐渐发生的变化。

从世界主要国家的研发投入重点领域来看，能源、环境、气候变化研究等将成为科技领域的重头戏，将为化解世界性能源和环境问题开辟途径，生物医学的发展也将为保障人类健康发挥重要的作用。

鉴于世界主要国家在2008年前后都或多或少地增加了政府研发预算，而且未来还有继续增加研发投入的趋势，所以，我国政府也应加大重点领域的科技投入力度，促进科技事业的发展，以便在世界科技和经济竞争中争取主动权。

（执笔：中国科学院文献情报中心 任 真 胡智慧）

参考文献

[1] Standard Chartered Bank. The super-cycle Report. https://www. sc. com/.../The%20Super-cycle%20Report-12112010-final. pdf [2010-12-01].

[2] UNESCO. UNESCO science report 2010: the current status of science around the world. http://www. unesco. org/science/psd/publications/usr_2010. pdf [2010-12-15].

[3] Industry Canada. Minister of State goodyear welcomes State of the Nation 2012 report. http://news. gc. ca/web/article-eng. do? mthd=tp&crtr. page=1&nid=743449 [2013-05-30].

[4] Technopolis Group. Funding research and innovation in the EU and beyond: trends during 2010-2012. http://www. technopolis-group. com/resources/downloads/reports/inno-funding-2012 _ en. pdf [2012-12-29].

[5] 한국과학기술기획평가원 . 과학기술연구개발활동조사보고서. http://www. kistep. re. kr/index. jsp [2009-10-23].

[6] 徐海静 . 澳大利亚公布最新战略研究优先领域 . http://news. sciencenet. cn/sbhtmlnews/2013/6/274511. shtm [2013-06-25].

[7] Männik K, Eljas-Taal K, Angelis J. Funding research and innovation in the EU and beyond: trends during 2010-2012. http://www. technopolis-group. com/resources/downloads/reports/inno-funding-2012 _ en. pdf [2013-09-05].

[8] 국가과학기술위원회. 기초연구진흥종합계획(안) (2013—2017). http://www. nstc. go. kr/c3/sub3_1_view. jsp? regIdx=585&keyWord=&keyField=&nowPage=1 [2013-11-01].

[9] European Commission. The world in 2025: rising Asia and socio-ecological transition. http://ec. europa. eu/ [2009-10-19].

第五章　科技优先领域选择

科技优先领域的制定是科技政策研究与实践中的一个重要课题。长期以来，各国都非常重视科技优先领域的选择，尝试通过系统的数据、方法支撑来实现有限科技资源的最优配置。近十年来，基于证据的决策理念在各国科技政策界获得广泛认同，优先领域选择的方法和实践也日益得到重视并日趋完善。特别是在2008年金融危机以来，各国在经济衰退中都寻求通过科技的进步来促进经济复苏、转变经济发展方式，在新一轮的科技革命中抢占制高点。在此背景下，积极规划科技优先发展方向和领域，在重点领域加强投资和战略部署成为各国都积极推进的科技政策课题。因此，科技优先领域的选择也显得更加重要，其理论探讨和实践探索也更加活跃。

第一节　科技优先领域选择的理论基础

一、科技优先领域的概念

科技优先领域是指有关科技管理部门在对科学技术的未来发展进行系统研究的基础上，充分权衡科学发展趋势、国家发展目标，以及社会和科技资源的限制等因素，予以重点支持，以期获得最大的回报而确立未来发展的主攻方向与重点领域。随着科学的不断发展，科学所必需的支撑条件与社会能够提供的物质资源之间的矛盾日益加剧。因此，如何选择科学发展中的优先领域，如何将有限的科研经费合理地分配到各个学科领域，已成为各国科技管理和决策者面临的首要问题，而这也是科技政策和决策研究中的重要课题之一。

所谓的科技优先领域，简单地说，就是我们期望获得最大知识回报的领域。从政策研究的角度来看，科技优先领域是一个战略研究概念，它体现了一种战略规划和调控引导的思想。其目的是，通过优先领域的研究，促进科技资源的优化配置，促进科技发展和社会需求的协调发展。

科技优先领域大致可分为以下四类[1]：基础性研究的前沿领域与课题、期望获得重大科技进展的战略研究项目、可能形成新技术或新技术产业并对国家经济发展产生重要影响的科学领域、根据本国资源和面临的问题必须加以研究的重要领域。

二、科技优先领域选择的影响因素

科技优先领域的遴选过程，既是寻找能获得重大科学创新与突破机会的过程，也是寻找科学发展目标与国家经济社会发展目标最佳结合点的过程，还是对研究机会进行识别、分析、比较和排序的过程。优先领域的优先性是相对的、动态的，因此优先领域的选择应不断进行，要随时根据科学技术的发展进行调整，使之更为合理和优化[2]。

基于需求分析与发展目标确定科技优先领域。需求分析的内容包括学科自身发展需要分析、其他学科发展需要分析和社会需要分析。学科自身发展需要分析的主要内容是学科自身所赋予的历史使命分析与确定。其他学科发展需要分析的主要内容是分析它们对该学科领域的依赖情况。社会需要分析是指对该学科有所依赖的社会问题和社会需要的分析与确定[5]。

科技优先领域的确定体现了一种学科布局的思想，而不仅仅是简单的排序概念。确定科技优先领域的同时，应处理好“优先”与“非优先”的关系，保证学科发展有一种合理的布局。优先领域本身是一个动态的概念，可把随时出现的新前沿纳入优先领域清单之中[3]。

一般而言，科技优先领域的确定需要首先解决如下问题面临的困境[4]：①如何确定“优先领域”的范围？从理论上讲，既要考虑主题优先，也要考虑结构优先。②优先领域的“粒度”应该多大？一方面，人们希望主题领域要聚焦，这样才易于产生政策影响；另一方面，人们也不希望产生一长串作为候选优先领域的主题领域清单。③确定优先领域的准则是什么？广度、深度上都应该有准则。从广度上说，要不要邀请外部参与者对照科学准则以外的准则来评估主题领域？从深度上说，准则要定多细？从理论上讲，准则越细，评价效果越好，但是，若准则太细，参与者就根本没有时间完成评价任务。④谁来做？选出来的代表真的能代表其所在群体吗？

为了识别出哪些主题领域应被包括在第七框架提案中，欧盟委员会使用了以下三种标准：

（1）对欧盟政策目标的贡献。主题领域的研究必须产生可以满足社会需求的新知识，并推动欧洲政策目标的实现，包括把欧洲转化成为一个有活力的和有竞争力的以知识为基础的经济体，实现可持续经济增长的目标。相关政策目标包括卫生、消费者保护、能源、环境、发展援助、农业和渔业、生物技术、信息通信技术、交通、教育和培训、就业、社会事务、经济凝聚力、司法和家庭事务等。主题领域可能是当前最重要的领域或在中长期内变得重要的领域。

（2）欧洲的研究潜力。主题领域必须在研究和技术开发上具有成就卓越的巨大潜力，并且能把研究结果广泛传播和转化成社会与经济利益。例如，在可能的情况下，将来的支持应该建立在过去和当前已有的投资上，应该建立在相关研究领域已经成功的研究与应用上。

（3）欧洲的价值增值。必须有需要关于额外公共资助和在欧洲层面上加以干预的强烈要求：额外公共资助是否合理取决于项目外部性、能否通过研究产生广泛的利益、能否吸引越来越多的公共和私人投资；欧盟层面干预是否合理取决于是否能够通过合作研究形成欧洲卓越中心：创建必要的多学科领域，达到研究所需的规模及范围的临界规模；克服分散性和不必要的重复，克服彼此分割和缺乏互操作性；补充其他政府间、国家和私人行动；解决共性的或欧盟层面的问题；加强欧洲卓越研究的显示度。

第二节　科技优先领域选择的方法与实践

近几年，随着科技优先领域选择方法和实践的日渐成熟，以及政策界对科学的社会责任意识的强化，各国在优先领域选择的方法和过程中都不同程度地融入了社会问题和社会需求的分析。目前实践中比较普遍使用的科技优先领域的选择方法主要包括：用于分析学科自身发展需要的科学结构图谱、用于规划技术发展方向的技术路线图，以及结合学科发展和社会需求分析的科技技术预见调研、关键技术预测、科学结构地图等分析方法。

一、以科学结构图谱描绘学科发展需求

科学结构是科学知识长期形成的、固有的、不以人们的意志为转移的客观存在，是科学内在逻辑结构的集中体现，它既可以反映整体科学的逻辑关系，也可以针对某一研究领域而形成知识结构。同时科学知识是在不断发展变化的，因此科学结构也在不断发展变化，这样的不断发展演变形成科学结构的演化。通过分析科学结构及其发展演化可以更好地把握科学的发展历程，帮助科学家更快地获得学科发展前沿和研究热点，因此研究如何科学、准确地揭示科学的知识结构及发展演化具有重要意义。

通过绘制科学结构图谱可以了解和跟踪科学的变化性质，并解答以下问题：一些新的科学领域是如何出现和发展的？各个科学领域是如何联系的？如何评估科学领域的多学科特性？在国家层面和机构层面，国际知识流是如何度量的？

从 2002 年起，日本科技政策研究所利用同被引分析每两年制作一次科学地图，应用到日本各次技术预见活动中。2007 年 2 月，经济合作与发展组织和日本科技政策研究所联合利用 1999～2004 年被科学引文索引（Science Citation Index，SCI）收录的高被引文献之间的同被引关系，研究了科研热点的分布结构[6]，聚类出纳米科学与材料、环境、粒子物理和宇宙、生命科学、健康卫生、社会科学、其他研究 7 个大类、13 个科学类别和 133 个研究领域（图 5-1）。

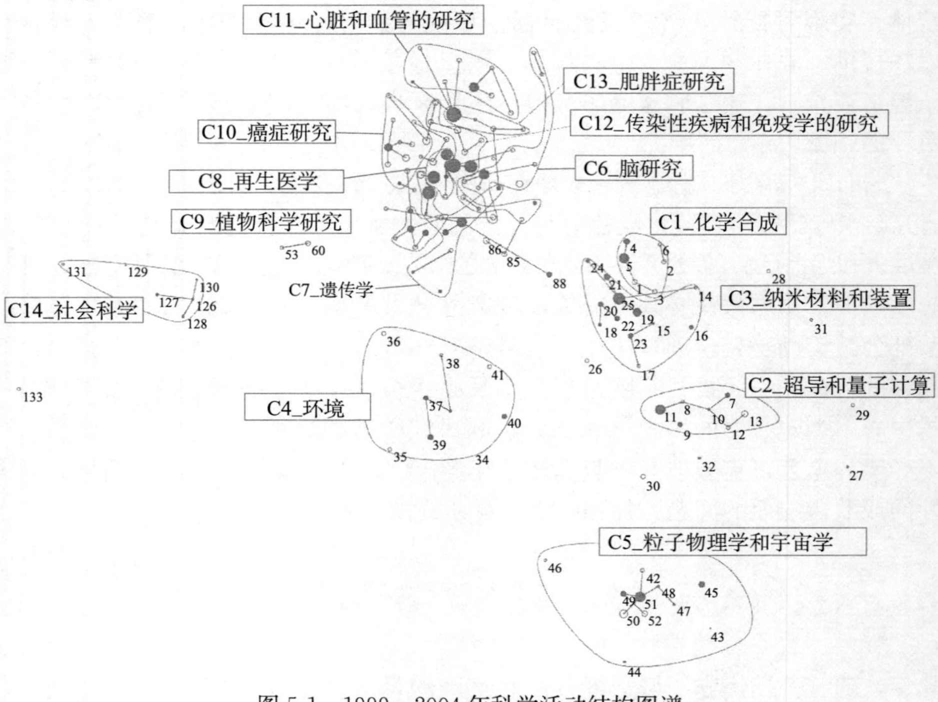

图 5-1　1999～2004 年科学活动结构图谱

2008年中国科学院开始部署课题组进行科学结构地图研究，为科技优先领域选择做准备，并分别于2009年与2012年出版了《科学结构地图2009》和《科学结构地图2012》[7]。《科学结构地图2012》提取了汤森路透科技集团的基本科学指标库（ESI）从2004年1月至2010年4月按学科分类的8529个研究前沿，对这些研究前沿内的高被引论文进行同被引分析，生成了由同被引关系内在关联起来的各个高被引论文簇所代表的132个研究领域，并根据它们之间的关联关系绘制了整个科学结构地图（图5-2）。《科学结构地图2009》和《科

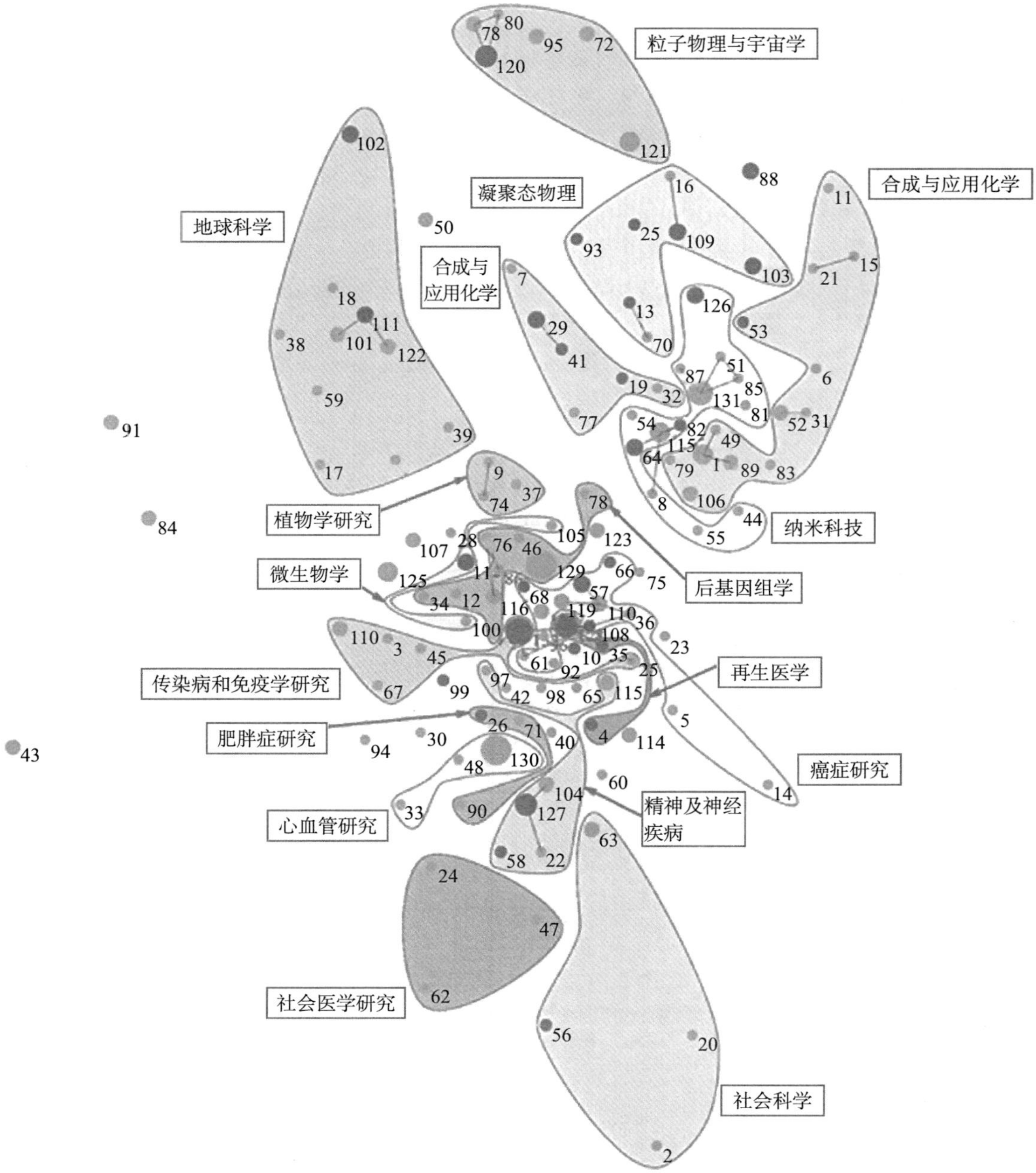

图5-2　科学结构地图2012

学结构地图 2012》主要利用科学论文同被引关系分析和描述科学结构地图，并运用复杂网络分析法、社会网络分析法辅助确定重点研究领域和合作竞争趋势。课题组开发了多时间窗聚类结果演化分析方法，判断《科学结构地图 2009》和《科学结构地图 2012》不同结构中不同聚类之间的重叠演变情况，鉴别相关聚类（领域）的产生、消失、延续、分化、合并，体现知识进化理论中的知识“遗传继承”现象，揭示科学知识演化趋势。

二、以战略技术路线图规划未来技术发展路径

战略技术路线图是一个需求驱动的技术计划过程，是为满足一定的执行目标而选择的技术发展道路，它明确了实现一系列产品所必需的关键系统的必要条件、产品与过程执行目标、技术选择与满足这些目标的里程碑。国家战略技术路线图是对国家战略需求和技术趋势进行系统研究，选择确保未来国际竞争力所必需的关键技术，制定实现国家战略任务的技术发展路径和国家研发计划。

自 2003 年开始，日本经济产业省引入“战略技术路线图”，以此作为促进研发政策与项目开发、加强与不同的利益方进行沟通的工具。2005 年 3 月发布了第一个战略技术路线图，其中涵盖了 20 个技术领域。2006 年 4 月，经济产业省又发布了《战略技术路线图 2006》，新增超导技术、能源、癌症治疗与个性化技术等 4 项战略重点技术。这些路线图每年都会更新，且领域的数量有所增加，《战略技术路线图 2007》的主要结构由情景分析、制定技术地图、绘制技术路线图 3 个部分构成。《战略技术路线图 2009》的八大领域下包含了 30 个分支领域。其中四大领域包含了 30 个分支领域中的 19 个，它们或多或少都与第二、第三期基本计划中提出的四大优先研究领域有所相似，而其余四大领域及 11 个分支领域则反映了具有经济产业省特色的政策和项目。

可以看出，日本战略技术路线图把技术领域设定得更为细化，甚至可能更接近于工程的概念。日本灵活运用技术战略图，适时制定正确的项目。同时，在项目实施过程中不断地进行验证，促进国民对经济产业省的研发投资项目的想法、内容及成果等的理解。战略技术路线图主要由引入情景、技术图及技术路线图 3 部分组成，同时还附上了研究概要（技术战略图的思路和要点）和参考文献。当然，考虑到制定领域的特性，在引入情景的构成、技术图的样式，以及重要技术的观点等方面都有所不同（图 5-3）。

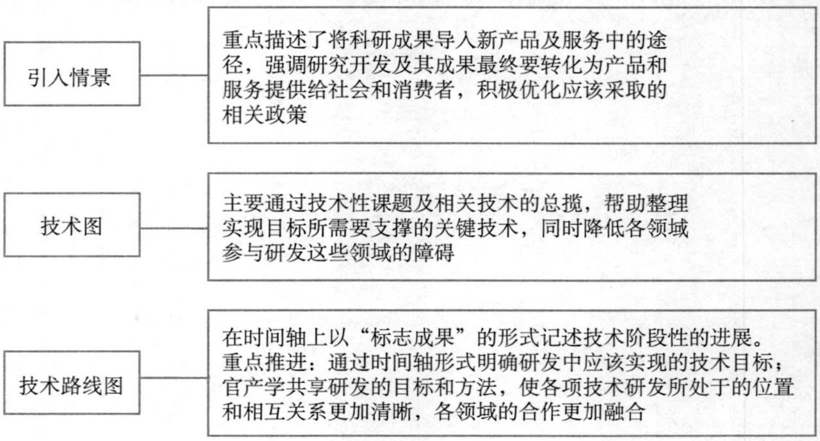

图 5-3　日本《战略技术路线图 2009》结构

在战略技术路线图绘制过程中，技术专家们聚集在一起，试图确定某一技术的轨迹以及保持其轨迹所需要的发展。大多数技术路线图围绕现有产业或技术进行组织。有些路线图已经包含未来市场需求和技术发展评估。技术路线图对于复杂技术尤其重要，这些技术要求协调发展许多组成技术和子系统。根据市场需求，日本经济产业省将科学的研究开发、不同领域的融合、顾客形成一体式的垂直统一，制定在研究项目中，并嵌入研究据点形成、制度改革、省厅间合作及国际标准化的有关政策，建立研发成果市场化的灵活机制。

通过战略技术路线图及其制定过程，日本经济产业省以实现以下三点为主要目标：①完善产业技术政策的研发管理方法。在掌握主要产业技术领域的技术动向和市场动向的同时，在国家层面及民间开展重要技术，为研发项目的策划制定建立完善的政策基础。②在产学官中实现知识的共享以及综合能力的汇集。为了与专业技术、多样化的市场需求和社会需求相对应，在促进不同领域和不同行业间的合作、技术融合，以及关联政策整体实施的同时，汇集产、学、官的综合能力。③促进国民对技术路线图的理解。灵活运用技术路线图，适时制定正确的项目。同时，在项目实施过程中不断地进行验证，促进国民对经济产业省的研发投资项目思想、内容及成果等的理解。

韩国科技部于 2002 年发布韩国的国家技术路线图，明确提出科技发展的 5 个构想：①建立一个信息—知识—智能社会；②实现生物保健；③促进环境和能源前沿发展；④提高韩国当今主要产业的价值；⑤加强国家安全和提高国家声望。国家技术路线图包括 13 个发展方向、99 项关键技术。各政府部门和研究机构参与了国家技术路线图的制定过程，主要目的是要制订与市场需求联系更紧密的国家研发计划[8]。

2009 年 1 月，韩国知识经济部公布了由政府，以及三星、LG、SK、POSCO 等 73 家韩国企业共同参与研发的绿色能源技术开发战略路线图，目标是 2012 年将韩国的绿色能源技术提高到发达国家水平，2030 年超越发达国家。该路线图确定了 2030 年前韩国将重点研发的 15 个“朝阳领域”，其中绿色能源生产领域 7 个（太阳能、风能、燃料电池、清洁燃料、整体煤气化联合循环发电、二氧化碳捕捉与封存、核能）、绿色能源传输领域 3 个（电力信息技术、超导技术、能源存储）、绿色能源利用领域 5 个（绿色汽车、发光二极管照明、节能建筑、小型热聚变、热泵）。此外，针对以上 15 个领域该路线图制定了 58 个战略目标，并遴选了 207 项核心技术[9]（图 5-4）。

根据该路线图，2012 年前韩国政府与企业将向绿色能源技术研发投资 6 万亿韩元（约合人民币 300 亿元），其中政府将投入 1.8 万亿韩元，由 73 家韩国企业投入 4.2 万亿韩元。该路线图确定了在哪个能源领域由哪个企业参与研发、投入多少经费，以保证从研发到技术转移转化再到产品和市场的紧密结合。

三、通过科学技术预见调查综合考虑经济和社会发展需求

科学技术预见调查是对科学、技术、经济、环境和社会的愿景和未来进行系统探索的过程，其目的是选定可能产生重大经济与社会效益的战略研究领域和通用新技术[10]。科学技术预见过程汇集来自政府、高校、科研机构和企业的大量专家与社会公众对技术发展的判断，最终选择出适合经济和社会发展目标的优先科技领域和关键技术。

2010 年 8 月，日本科技政策研究所发表支撑将来社会的科学技术第九次德尔菲调查

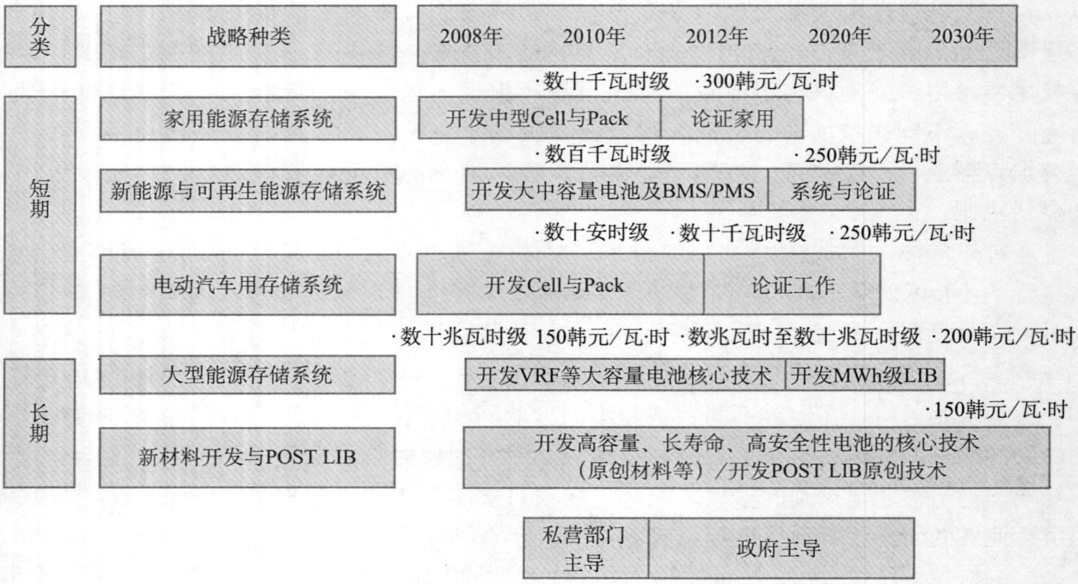

图 5-4　绿色能源技术开发战略路线图之储能路线图

报告[11]。其目的是，不仅对现有领域，而且对未来的目标、全球课题、国计民生课题提出思考和解决方法，以展望面向未来的发展。该预测是在以往预测调查和白皮书的基础上，形成科技需求清单，向社会各界人士征询意见，研究应优先解决的社会需求问题，并选择了全球课题与国民需求课题进行相关性分析，提出优先技术领域。解决全球课题的调查包括可再生能源、水资源、气候变暖的评价与对策技术、航天与海洋管理技术。国民需求调查包括健康、医疗、预防、防灾与减灾、危机管理、风险管理，以及人才培养等有关领域和项目。报告预测了今后 10～20 年对社会、经济贡献大的科技领域，以及可产生知识创新的领域，如信息通信、生命科学、保健医疗体系、能源与资源、环境、制造、产业基础等，从客观角度明确其发展方向，形成各自完备的发展规划。此次预测还进行了到 2020 年技术的实现（在世界上技术实现的可能性）、2030 年社会的实现（使用与普及）的调查。

截至 2011 年，韩国共进行了四次技术预见（表 5-1），其中的前两次技术预见运用了德尔菲法，由韩国科学技术政策研究院和韩国科学技术计划评价院共同完成；而第三次则增加了未来社会与社会需求展望、未来社会情景描述等预测方法，由韩国科学技术计划评价院单方完成。2009 年，韩国科学技术计划评价院启动了为期两年的第四次技术预见，此次技术预见还采用了文本挖掘、论文网络分析等方法，以便更好地把握社会和科技发展的态势。这四次技术预见为韩国的科技决策层提供了新兴科技领域的愿景和方向，确定了对国家经济增长和人民生活质量提高极具潜力的新技术，技术预见的成果均落实到国家科技规划的制订中。

表 5-1　韩国第一次至第四次技术预见

类别	第一次技术预见	第二次技术预见	第三次技术预见	第四次技术预见
报告题目	韩国的未来技术	韩国的未来技术	韩国未来社会与未来技术展望	科学技术开启未来时代
时间跨度	1995～2015（20 年）	2000～2025（25 年）	2005～2030（25 年）	2012～2035（23 年）
学科领域	15 个	15 个	8 个	8 个
具体技术	1174 项	1155 项	761 项	652 项
技术预见方法	德尔菲法	德尔菲法、未来社会需求展望、未来社会情景描述		德尔菲法、未来社会与社会需求展望、未来社会情景描述、文本挖掘、论文网络分析等定量分析方法

英国政府从 1993 年开始借鉴他国经验，通过技术预见为政府制定科技政策和确定优先领域提供依据。目前英国的技术预见活动共进行了三次[12]：第一次技术预见于 1994 年到 1998 年进行，本次预见以 15 个领域小组为主，预见时间为未来 10～20 年，在各领域小组预见报告的基础上，技术预见指导委员会依据重要性和可行性提出 27 个科技优先发展领域和 5 个新兴领域；第二次技术预见于 1999～2001 年进行，本轮预见更加关注科技和社会领域创新给英国带来的机会，将原有领域小组减少到 10 个，但增加 3 个主题小组和 2 个支撑性主题小组；第三次技术预见始于 2002 年，为确保技术预见能快速集中在关键主题上，本轮采用了更加灵活的滚动项目的组织形式，每个项目围绕 1 个主题开展，由相关领域的权威专家组成专家组并成立 1 个专门的股东团体，项目成熟 1 个推广 1 个，保证同时有 3～4 个项目处于运行之中，目前本轮预见相继完成了“认知系统”“全球环境移民”“技术与创新未来”等 12 个项目。以 2010 年发布的“技术与创新未来”项目的预见报告《技术与创新未来：英国 2030 年的增长机会》为例[13]，该报告确定了未来 10～20 年对英国至关重要的技术，特别是能够产生经济效益的材料和纳米技术、能源和低碳技术、生物和制药技术、数字和网络技术四大领域共 53 个技术。该项目采用访谈和研讨会的方法收集预见证据，对 25 名科技界与商界知名人士进行了访谈，邀请 150 名来自私营部门与政府机构、研究型大学等的顶尖学者、企业家与技术专家参加了 5 次研讨会，对于无法达成共识的观点，再采用德尔菲法通过正式的书面调查进行研究。

2008 年 12 月，俄罗斯同时推出了两个版本的联邦科学和技术发展长期预测：一个是由联邦总统梅德韦杰夫委托俄罗斯科学院主持完成的《俄罗斯至 2030 年科技长期发展预测》[14]；另一个是由俄罗斯联邦教育科学部委托俄罗斯梅地亚信息技术有限公司完成的《俄罗斯至 2025 年科技长期发展预测》[15]。2010 年，俄罗斯联邦教育科学部制定并公布了《俄罗斯至 2030 年经济科技长期发展预测》，该预测的基本目的是：揭示若干年后俄罗斯关键技术以及基础技术与新技术领域的发展趋势；确定俄罗斯创新企业在国内外市场的近期和远期目标；评估俄罗斯关键技术及其他技术领域在国内乃至世界经济中的适应性和风险性。以上三个版本的科技预测，使用了不同的预测方法和方法论，前两者侧重于创新研究与科技市场需求分析，后者侧重于基础研究，彼此可互为补充，均代表了俄罗斯近 20 年来科技预测工作的历史性突破。

四、通过国际标杆分析确定学科领域的国际地位与状态

国际标杆分析方法可以用来评价某个研究领域的目前状态，比较一个国家或地区在某

个学科研究领域方面的国际地位和状态。国际标杆分析可以回答三个主要关键问题：①与其他国家和地区相比，本国在该领域以及相关领域的研究处在什么位置？②影响本国该研究领域绩效的关键因素是什么？③基于本国和国际上该领域的当前发展趋势，本国在该研究领域上近期和长期的相对地位如何？

2005 年 2 月，由美国工业界、学术界和教育界的诸多知名团体共同建立的“未来美国创新专题研究组”（Task Force on the Future of American Innovation）发布了第一份《美国未来创新能力的定标比超报告》。2006 年 11 月，“未来美国创新专题研究组”发布了第二份《美国未来创新能力的定标比超报告》[16]，报告主要针对美国、欧洲、亚洲在高技术经济、教育水平、劳动力水平三方面，对信息、半导体、纳米、化学、国防等 5 个产业部门的未来创新能力进行了定标比超分析，报告对以中国为代表的亚洲新兴经济体的快速进步尤为关注。

2007 年 4 月，美国国家科学院国家研究理事会基于同样的方法开展了化学、化学工程，以及机械工程学等研究领域的评估[17]。评估专家组将美国的研究领域置于国际舞台，以国际一流水平为标杆，分析其在国际上的地位、目前的优势、未来的发展潜力，以及存在的问题，并向相关管理部门及政策制定者提出建议。报告分析了影响美国化学研究领先地位的主要因素，包括：国家的需求、创新体系、科学文化、主要设备和基础设施、人力资源、资助情况。报告指出，虽然美国在化学的新兴领域仍然很强，但是在化学出版物和一些核心子领域（如主族化学、核与放射性化学）的领先地位将减弱；未来美国公民获得化学博士学位的数量很可能将继续减少；对化学研究及其基础设施的资助也将继续紧张。报告警告，对生物学、纳米技术和其他热门领域资助的过度强调，威胁到了其他的非热门学科。

2008 年 2 月，日本研发战略中心发表了对五个主要领域所作的非常详细的标杆研究报告，报告中还进一步将这五大领域细分成不同的分领域和子领域。2009 年 4 月又发表了经过更新和修订的总结性标杆研究报告，新增了临床医学领域，涉及的六大领域包括：电子、信息与通信；纳米技术与材料；生命科学；临床医学；环境；先进测量技术。除了先进测量技术以及从生命科学中剥离出来的临床医学，其他比较的领域与第二期基本计划中提出的并在第三期得到保留的四大优先研究领域均一致。这些主要领域被细分成 45 个分领域及 274 个子领域。利用 356 位来自这六大领域的专家的知识，日本研发战略中心对日本在这 274 个子领域中的研究活动的水平、技术开发活动的水平，以及实际生产中技术的运用水平作了国际标杆研究。对这三方面水平的确定都是在与下列 5 个国家或地区作四维对比：日本、美国、欧洲、中国和韩国。根据不同的子领域，其他国家有时也会被作为参考对象，一般都是亚洲国家或是澳大利亚。与当前水平相关的发展趋势也会从以下三方面考查：加强、不变或减弱。所有结果均以表格形式做出总结，这样读者就能直观地了解到各个国家或地区在不同子领域相对的优势与弱点。此外，还对每个子领域以文字形式进行定性描述。对于欧洲，有时会强调某个具体国家[18]。

韩国国家科学技术委员会负责每两年对国家级重点技术水平进行评价。例如，“2010 年技术水平评价结果”就是依据对产学研各界 2000 多名专家的德尔菲调查和论文、专利分析，得出韩国在 11 个领域的 95 项国家级重点技术的平均技术水平相当于最高水平的 60.2％，比 2008 年的 56.4％上升了 3.8 百分点，其中技术水平最高的是“通信与广播电视会聚技术”（79.6％）。在 369 项具体的核心技术中，美国、欧盟、日本分别拥有 279、56

和 33 项核心技术，而韩国只拥有 1 项核心技术——有机发光显示技术。2010 年，韩国的平均技术水平比美国、日本分别落后 5.4 年和 3.8 年。2008～2010 年，韩国与美国的技术差距缩短了 0.3～1.9 年[19]。

标杆研究报告包含了丰富而详尽的资料，且结构清晰易懂、极富系统性。如同专家的评价一样，标杆研究的评价基础也会有一定的主观性，反映了所参与专家观点的倾向性。有时，专家们会到国外顶尖的卓越中心作实地考察以修正自己的评价依据。在生命科学领域，日本研发战略中心也正尝试使用新的文献计量学方法，以使标杆研究特别是对研究活动的相对水平做出评估时更加客观。

第三节　小结

在典型国家科技发展规划（计划）中都十分明确地提出科技发展的优先领域和重点方向，其主要依据当代科学自身发展的新规律、新特点与新趋势，科技与经济、社会相互作用的“范式”变迁，各国的基本国情和国家政治、经济、军事发展目标，服务于国家战略目标和国家未来发展总体战略目标，综合运用科学结构地图、战略技术路线图、科学技术预见、国家标杆分析等方法，确定和选择国家科技发展的优先领域和重点方向。

总体而言，目前各国科技发展优先领域的选择有趋同的现象，信息技术、纳米技术、生物技术、材料科技、能源科技等成为各国科技优先领域的选择焦点。但各国追求国家目标和国际利益的“特殊性”使各国确定和选择科技发展优先领域和重点方向的排序有较大差别，例如，由于人口众多，中国与印度都将农业科技、水资源可持续利用作为本国科技发展的优先领域；巴西将热带雨林环境保护作为其科技发展的优先领域；澳大利亚将矿产资源的可持续开发利用作为本国科技发展的优先领域。

在科技优先领域选择的方法上，近几年体现出如下特点：①用于描述学科自身发展需求的科学结构图谱的方法日益完善，且得到了更广泛的实践应用；②更加重视通过技术路线图来实现技术领域优先发展方向的统筹规划和重点部署；③优先领域选择方法日益重视社会需求的分析，包括利益相关者信息的获取和意见的采纳；④开始重视通过国际标杆分析确定本国的优势与不足，从而确定本国未来科学与技术发展的重点。

（执笔：中国科学院文献情报中心　张秋菊　王建芳）

参考文献

[1] 刘云．基础研究的发展特征与优先资助领域选择．科学学与科学技术管理，2002，(7)：23-26.

[2] 张维，李帅，熊熊．科技优先领域的遴选方法及应用．科学学研究，2006，24 (6)：906-1000.

[3] 吴彤，李正风，曾国屏．基础研究评价与国家目标．科学学研究，2002，(4)：343-347.

[4] Glod F. Foresight for science and technology priority setting in a small country: the case of Luxemburg. Technology Analysis and Strategic Management，2009，21 (8)：933-951.

[5] 陈德棉，刘云．科技优先领域的概念、评价方法及应用．科研管理，1996，17（1）：17-21.
[6] OECD. Capturing the evolving nature of science，the development of new scientific indicators and the mapping of science. http：//www. oecd. org/dataoecd/11/40/38134903. pdf [2007-06-30].
[7] 王小梅，韩涛，王俊．把握复杂科学结构揭示创新动态趋势——《科学结构地图》系列专著介绍．中国科学院院刊，2012，27（6）：759-763.
[8] 孟海华．日韩国家技术路线图的发展及其对我国的启示．第五届全国技术预见学术交流会．2009.
[9] 韩国科技创新态势分析报告课题组．韩国科技创新态势分析报告．北京：科学出版社，2011：209-210.
[10] Martin B. Technology foresight in rapidly globalizing economy. http：//www. unido. org/fileadmin/import/12224_01Martin slide. pdf [2008-01-09].
[11] 日本科学技术政策研究所．将来社会を支える科学技術の予測調査：第 9 回デルファイ調査．http：//www. nistep. go. jp. [2010-03-12].
[12] 许瑞阳，徐峰．英国共性技术选择的经验及其对我国的启示．科技管理研究，2011，(5)：31-34.
[13] 孟弘，许晔，李振兴．英国面向 2030 年的技术预见及其对中国的启示．中国科技论坛，2013，(12)：155-160.
[14] Российской академии наук. Прогноз научно-технологического развития Российской Федерации на долгосрочную перспективу（до 2030 г.）. http：//www. ras. ru/FStorage/Download. aspx? id = 5f47fe85-3594-4b3a-84b9-e63b640eaec4 [2012-09-03].
[15] Министерство образования и науки Российской Федерации. Прогноз научно-технологического развития Российской Федерации на долгосрочную перспективу. http：//mon. gov. ru/work/nti/dok/ [2010-06-20].
[16] The Task Force on the Future of American Innovation. Benchmarks of our innovation future II. http：//futureofinnovation. org/2006report [2006-12-03].
[17] The National Academy of Science. International benchmarking of U. S. chemical engineering research competitiveness. http：//books. nap. edu/openbook. php? record_id=11867 [2007-09-06].
[18] Swedish Governmental Agency for Innovation Systems. Priority-setting in Japanese research and innovation policy. http：//www. vinnova. se/en/misc/menues-functions/News/ [2009-12-30].
[19] 국가과학기술위원회. 2010 년도 기술수준평가 결과(안). http：//nstc. go. kr [2012-01-05].

第六章　科学研究资助评估

近十年是各国的科研资助评估政策与措施发生较大转变的10年。2008年以后开始持续发展的全球经济危机与衰退要求各国的科研活动必须在政府财政紧缩和企业自主资助减少的情况下更加有针对性地推进。这也就意味着对科研项目的选择需要更加快捷有效，并且要能够选择出有助于经济发展与繁荣的科研项目。为此，各国改进科研资助评估的新思路主要包括：改革评估机制与加强针对性和调整评估方法与框架。

第一节　改革评估机制与针对性

一、建立针对不同类型项目的评估机制

全球经济危机到来前，各国同行评议系统的发展日趋保守，由于对科研项目的选择并没有与社会效益和经济发展挂钩，在选择项目时逐渐出现有意回避高风险、高回报型研究项目的趋势。但是，这样既限制了科研人员在变革性领域取得突破性成果的可能性，也打击了科学界的士气。因此，各国科研资助评估改进的一个重要思路就是，科研项目评估中应增加针对潜在变革性研究的项目资助，对高风险、高冲击力回报项目进行单独的评估。

（一）设立免外部评审的变革性交叉学科风险项目创新研究奖

2011年11月，美国国家科学基金会宣布在促进交叉学科研究与教育综合计划（INSPIRE）下新设免外部评审程序的变革性交叉学科风险项目创新研究奖。[1]

其特点是不需外部同行评审，只需内部评审程序，要求申请项目必须是具有变革性潜力的交叉学科，在提交项目申请前，申请人需要获得美国国家科学基金会至少两个学部的书面授权，以表明经过“美国国家科学基金会学部初步判断，该项目符合变革性交叉学科风险项目创新研究奖的拨款机制”。美国国家科学基金会会在2～3个月内向申请人反馈评审结果。其学术价值判定标准包括：以新的方式把多个学科领域的概念或方法结合在一起；形成一个之前很少互动的新的研究群体；提出面向问题的研究，这些问题需要采用综合的方法才能解决；提出新的基本问题或是在学科交叉面提出新的研究方向；在理解和使用现有概念或方法解决复杂问题时做出重大改变。项目资助周期最长为5年，若涉及美国国家科学基金会的2个学部共同资助，资助额度为80万美元；若涉及3个学部共同资助，则资助额度为100万美元。其目标是：创造目前所不存在的、新的跨学科机会；吸引非凡的、

有创意的、高风险、高回报的跨学科申请；使新奇想法不再停留在探索阶段；不设优选主题，向美国国家科学基金会所资助的所有科学、工程与教育领域开放。

（二）针对跨越性研发项目进行单独评估

2012 年 10 月，韩国国家科学技术委员会与教育科学技术部、企划财政部、知识经济部等 11 个部委联合制订并公布了“提高国家研发项目挑战性方案”。[2]

该方案指出，尽管国家研发项目的成功率很高，但重大创新成果不足。为使韩国的研发从追赶型向领跑型转变，应提高国家研发项目的挑战性，重点鼓励对于提高公共福利、创造新产业具有重大贡献的、世界一流的原创型研发。

该方案提出：针对各政府部门正在实施的、具有创新跨越性的研发项目每年单独进行招标；在项目遴选时由国内外一流专家组成评审组，并将研究目标的挑战性和难度作为项目评审与遴选的核心指标；在中期评估时，要保障项目责任人承担的事务性负担最小化；在结题评估时，根据研究目标实现与否将项目分为成功和失败两类，对失败的项目进行诚实性认定。

（三）启动专门支持大学与企业合作研究的资助项目

2012 年 5 月，英国商业、创新与技能部（BIS）宣布启动专门支持大学与企业进行合作研究的英国研究伙伴投资基金会（UKRPIF）资助计划[3]。这是一项面向所有英国大学开放，但又独立于研究理事会和高等教育拨款委员会（HEFCE）的一般性中小科研项目评估机制的长期科研资助计划。

项目的遴选是由独立的评估委员会进行的，主要考虑申请者对英国产业经济发展的贡献，而不是单纯的项目科学价值。按照规定，英国研究伙伴投资基金会对每个单项的资助额度为 1000 万～3500 万英镑。此外，每个项目还要求，大学必须能够从参与合作的企业或慈善机构获得 2 倍以上的资金匹配。英国政府希望以此来拉动企业对高校研发活动的更多投资，强化大学的研究基础设施建设。项目评估主要包括两个阶段。

第一阶段由独立的评估小组对各大学的初步项目申请进行评估，评估标准主要包括：提出申请的大学是否已经具备了强大的研究能力；投资是否能够获得回报。

第二阶段则要评估第一阶段已入选大学的完整项目规划以及能否获得 2 倍的匹配资金，评估标准主要包括：项目目标的合理性及具体执行方式、项目的融资（包括获得匹配资金的）能力。

到 2014 年年初的一年多时间里，这种专门针对产学合作的评估机制已经启动了三次，英国政府从这一渠道已经投入了共计近 3 亿英镑的科研投资。

二、加强对不同类型研究人员和不同学科的区别性评估

鉴于现代科学研究日益增长的广度、复杂性、跨学科性，当前一些国家的科研资助评议系统另一项重要的改革挑战就是如何支持早期职业生涯阶段的研究人员。此外，改革还应使评议系统保证在不同学科的科学研究项目之间保持公平与公正，防止单一的评估标准过度倾向于某些学科。因为通过创新推动经济复苏，并不是某些学科的进展所能够单独承担的任务，并且人们在事先也无法预料到底哪些学科一定能够取得这样的进展。

（一）针对不同研究人员和不同学科而改进同行评议的措施

应针对不同类型研究人员和不同学科提出区别性评估，美国国立卫生研究院在 2008 年 6 月发布的《关于改进同行评议的报告》中也采取了相应的改革措施[4]，其中有效支持处于不同职业生涯阶段和不同类型的研究者的内容包括：对早期职业生涯研究人员资助更多的 R01 个人项目；尝试对早期职业生涯研究人员进行单独的排名；尝试由跨领域专家对早期职业生涯研究人员分别进行评价，以提高申请者的冒险精神及创新性或独特性；对早期职业生涯研究人员的评价要考虑到对研究人员和机构的要求标准；改进美国国立卫生研究院的国家利益奖（Merit Award）、主任先驱奖（Director's Pioneer Award），以及其他资助渠道，以资助最有成就的研究人员；对跨学科研究采取编委会评议与二次评议模式，以保障资助的学科平衡。

（二）设立以支持研究者为主的长期基金计划

2012 年 8 月，加拿大国立卫生研究院（CIHR）发布了对开放基金项目与同行评议系统的改革草案[5]，主要改革意见包括以下两方面：①设立以支持研究者为主的长期基金计划和以支持研究想法为主的项目计划，设立针对职业发展中早期研究者的基金项目，以降低项目复杂性，节约研究者申请项目的时间；②同时，对上述几种资助项目引入多阶段竞争过程和结构性评估，以减少对评估标准使用的不一致和不恰当，提高评估透明度。

加拿大国立卫生研究院设立长期基金计划的目的是降低申请者和同行评议负担。引入注重应用的评估以及使用结构性评估标准的目的是提高评估的可持续性、可信度及公平性。

通过以上分析，我们可以发现，为了强化对不同类型研究人员和不同学科进行区别性评估，各国目前对科研资助评估工作采取的主要改革措施包括：增加对早期职业生涯研究人员的资助项目，尝试对早期职业生涯研究人员进行单独排名，尝试由跨领域专家对早期职业生涯研究人员分别进行评价等。

传统的科研评议系统最大的挑战是如何支持早期职业生涯阶段的研究人员，目前各国主要采取的改进措施包括：增加对早期职业生涯研究人员的资助项目，尝试对早期职业生涯研究人员进行单独排名，尝试由跨领域专家对早期职业生涯研究人员分别进行评价等。

此外，各国也认识到科研评议系统必须保证不同学科的科学研究的公平与公正，防止单一的评估标准过度倾向于某些学科。

第二节　调整评估方法与框架

一、对科研资助评估流程进行改革与简化

当前科研环境的变化使原有的科研资助评估体制暴露出越来越多的问题。例如，《自然》期刊在全球性经济衰退之前就曾发表社论指出，美国国立卫生研究院每年高达 290 亿美元的科研项目资助同行评议系统已经建立了半个多世纪，已不能适应科学领域不断延伸、跨学科项目日益普遍、研究申请海量增加的状况，迫切需要改革[6]。

为此，一些国家针对其科研评估流程与机制进行改革和简化，其共同目标就是要提升

研究科研资助评估的透明度、公开度。

（一）改进及简化其同行评议机制的措施

2008 年之前，美国国立卫生研究院的绝大多数项目申请人在其第一次申请遭拒绝后都被允许继续提交第二次申请，而且这种情况非常普遍。这在很大程度上惩罚了新来者，评议工作组的成员数也大幅度增加。为此，2008 年 6 月，美国国立卫生研究院发布了关于改进同行评议的报告，对美国国立卫生研究院同行评议系统所面临的问题提出了相应解决措施[7]，包括：减少申请人、评议人和美国国立卫生研究院工作人员的管理成本；改进评级系统；提高评议过程和评议人的质量；减少对科研支撑系统的压力等。

其中，改进和简化同行评议机制的内容包括以下四方面。

（1）任用最好的评估人员。要点为：为评估人员提供灵活的服务，对评估人员所付出的时间和精力提供正式的补偿和感谢，加强对评估人员的培训并使之标准化。

（2）改善评估的质量与透明度。要点为：缩短和改进申请程序，突出考虑研究项目的影响，按照明确的评估标准来调整申请和评估工作，修改评分排序机制。

（3）减少申请者、评议人员和美国国立卫生研究院工作人员的工作负担。要点为：建立“不推荐再次申请”（NRR）目录以及对所有申请给予打分，并对所有申请提供明确的反馈；把所有申请都看作是“新”的，取消修改的申请的“特殊地位”；缩短摘要综述，只集中说明已经提出的科学价值；缩短申请书的长度，使之针对特定的评估要求等。

（4）制订一个不断对同行评议工作本身进行评价的长期方案。改进措施包括：建立周期性数据驱动的同行评议程序、加强收集基础数据、开发新的数据库。

（二）对同行评议体系进行的改革

早在 2007 年 6 月，英国研究理事会（RCUK）就发布同行评议项目效率和效力研究报告。报告显示，当时英国研究理事会准备和评议提案等的成本约为英国研究理事会总预算成本的 4%。但随着申请者所获资助比例的下降，花费在准备申请和评议资料等方面的时间占用了有效的学术研究时间，应采取措施加以避免，其主要措施包括：提高项目获选比率，调整同行评议过程以更好地反映项目的风险和复杂性；引入新的或者修改项目汇报程序，减少项目获得者用于汇报的时间；控制成功率不高的项目提案数量，控制重复提案，以减轻评议系统的负担；压缩申请的数量，减少同行评议过程的时间；增加资助大型和长期项目的份额，减少对同类项目的重复评议；对成功率不高的机构，甚至对所有项目申请机构引入限额机制；对于某些解决特定问题的灵活资助项目引入提纲性的投标书阶段。

基于此，2008 年 3 月英国工程与物理研究理事会（EPSRC）率先实施了对其研究资助申请与同行评议系统的改革，主要内容包括以下三方面[8]：①改革申请表格。根据近期学术界对其同行评议工作的意见，简化项目申请表格。新表格仅包括 4 项内容：项目的卓越性、学科分类、潜在效果、申请人的能力及资源占有情况等。②将经济效果作为资助申请的一项内容。所申请项目的经济效果将作为申请表格的一个独立内容来填写，主要包括 2 个部分：谁将如何获得哪些经济受益机遇；同学科研究人员的学术受益情况。③减少对同行评议系统的压力。要求如果在过去 2 年中，一个科学家有 3 个或 3 个以上资金申请被相应的同行评议排序小组评议后排在评议排序表中的后一半，并且其全部申请中获得资助的申请少于25%的话，则12个月内不能再申请英国工程与物理研究理事会资金。这项规定已经引发了一些科学家的反对。

2009年9月，澳大利亚研究理事会发布了关于改进澳大利亚研究理事会同行评议机制的咨询报告[9]。报告从评估者的角色、评估者报酬和参与、处理利益冲突、评估准则的选择、早期生涯研究者、项目评估、项目排序、研究项目预算、申请者反馈、对申请项目的限制等方面提出改革措施。

在评估者角色方面，澳大利亚研究理事会提出减轻评估者负担，将项目提案交由最具备相关知识的人员评估，并且在初始评估阶段只聘请本领域专家即小同行作为评估者，而不是此前所做的将大同行也都包括在内。

在解决利益冲突方面，澳大利亚研究理事会目前的处理方式可能意味着申请项目提案将不能分配给最具备该领域专门知识的评议人，澳大利亚研究理事会意识到这可能导致对不同申请项目的同行评议水平的差异，因为相比其他申请项目，某一些申请项目是由其专门知识不是特别符合该申请项目研究领域的评议人评估的。澳大利亚研究理事会提出了一种新的解决方式，即对不同层次的评议人分别采用不同级别的利益冲突法则。

总体而言，澳大利亚的同行评议机制改革强调了科研活动目标的多元化趋势。因此，澳大利亚对科学研究资助形式进行改革的思路，包含了相应的思考，这与美国基于增加有针对性的不同类型的新资助项目的思路类似。

2012年6月，巴西科技部发布了全国统一的《监督和评价政策》（PMA），并宣布成立了新的评价机构——“国家评价常设委员会”来进行科技创新方面的宏观评价工作[10]。

该政策要求政府所投资项目的执行者要定期向“国家评价常设委员会”提交必要的数据，以供监督和评价，提交形式可以是机构和资金的执行报告、研究或调查报告等。“国家评价常设委员会”将联合政府各科技管理部门已有的评价机构，组成为一个新的国家级科技评价组织构架，同时保留这些评价机构的自主权。“国家评价常设委员会”还将建立政策评价数据平台，提供有关政策评估和资源分配的信息。“国家评价常设委员会”的另一项使命是对科技部本身进行监督和年度评价，其运行模式是：每年接受社会监督意见，在12月发布公开报告评价科技部的政策，找出潜在的瓶颈和问题，为下一年的政策优化提供依据。

巴西科技部对科技评价机制的这一次大改革实际上是将原来分散于各部委和科研组织的科技评价工作统一到了共同的框架和平台之上，进而实现了科研评估流程的改革与简化。

总体看来，各国对科研评估流程的改革与简化主要包括对研究项目评估的改进措施，如增加参与评价的第三方和海外人士，或公开评估过程与结果，以谋求其透明度及公开度。此外还包括对科研评估工作进行简化的措施，如缩短评议周期、聘用和保持高水平的评议者、减少申请者和评议者的负担、促进选择重要的创新型高影响研究项目、评议人员的培训和科学管理的专业化等，目的就是要提高科研评估系统的工作效率。

二、调整科研资助评估的内容与指标体系

科学研究的“影响”实际上是指科研成果所带来的在社会、经济、文化、环境、卫生、生活质量等方面的收益。

近期，一些国家在科研评估中都要求在研究机构阐述研究项目的成果与重要意义并提供证据。这实际上是对科研资助项目选择的一种导向，是全球经济危机后各国进一步强化

科学研究活动的“实用性”、强调以科技创新推动经济发展的一种表现。

（一）逐步建立新的研究评估框架

从2008年开始，英国高等教育拨款委员会就酝酿用新的“研究卓越框架”（REF）取代原有的“研究评估实践”（RAE），采用更多的定量方法对学科资助进行评价，发展一套新的关于研究质量的计量指标[11]，主要修改内容包括：缩减评估小组的数量；全面修改评估框架与指标体系；改变评估对象分类；转变评估方式，提升评估效率[12]。

（二）价值评价标准改革

美国国家科学基金会新建立的价值评议程序体现了对变革性研究与创新领域的支持，包括建立发现和支持潜在变革性研究的多种不同机制。2011年5月，美国国家科学基金会公布价值评价原则与标准改革意向，要求在科研评估中将学术价值评价与研究影响评价并重[15]。

（1）研究项目的学术价值评价标准包括：是否能促进自身学科或其他领域的理解与进步；在多大程度上能建议和提出有创造性、新颖性或潜在变革性的概念；所申请的研究是否有良好的设计与组织；是否具有胜任研究的个人与团队；是否能获得充足的研究资源。

（2）研究项目的广泛影响评价标准包括：能够满足哪项国家目标以及首席研究员对如何推动项目目标实现的介绍是否令人信服；研究活动的计划是否合理；所选的研究方法是否合理，是否包括其他创新性；承担广泛影响活动的个人、团队与机构是否能够胜任；首席研究员或承担机构是否具有充足的资源推动活动进行。

（三）针对研发项目的评估改革

2009年10月，韩国教育科学技术部提出了其《研发项目改革方案》[16]。在科研评价方面的改革内容包括：在课题遴选阶段，以质量指标为核心，加强对科研人员能力的评价；提升评审者的质量水平；改进课题遴选、中期评估和最终评估各阶段的工作；引入“诚信失败”制度，并在一定范围内应用；制定《教育科学技术部研发项目综合评审指南》，充分发挥跟踪评价的作用；建设开放的创新型成果推广体系。

在传统的同行评议模式下，项目申请者提供的信息往往集中于其已有的研发成就和研发项目的意义上，并不能揭示其研发项目对社会经济的真正影响。从而造成最后根据同行评议排序最高的项目可能是不代表最迫切需要解决的问题。因此，传统的科研评估所选取的项目很可能是经费使用效益较低的项目。

2008年全球经济危机与衰退以后，各国在调整科研评估的内容与指标体系时都着重强调了对科学研究“影响”的重视，力图提高科研项目所能够带来的社会经济效益。

第三节　小结

一直以来，各国的科研资助机构都希望运用有效的方法选择最有前途与价值的科学研究项目。以同行评议为基石的科技资助评估被国际上认为是保障科学独立性的重要机制之一。但是，现代科学研究日益增长的广度、复杂性、跨学科性，以及全球性经济衰退对科技创新推动经济发展的迫切需求，已经对各国科技资助评估系统提出了新的挑战，这些挑战主要包括：①科研环境的变化使得原有的评议机制过时：学科交叉融合带来了单一评议标准的执行困难，不同科研项目的性质分化引发了对评议重点的分歧。②科研评议程序的过度烦琐导致了科研评估工作本身的迟滞及成本负担加大，进而导致了科研管理效率的低下。

为此，近十年来各国主要对科技科研资助机构对评估的内容、方法与实施程序进行了许多改进与调整，其中蕴涵的科技资助评估发展的新趋势值得关注，包括：①改革评估机制与针对性。通过建立针对不同类型项目、不同类型研究人员和不同学科的区别性评估机制，来增加针对潜在变革性研究及具有创造力的青年科学家的项目资助，进而促进科研机构与人员之间的竞争，明确支持国家的科研优先领域。②调整评估方法与框架。一方面对科研资助评估流程进行改革与简化，另一方面调整科研资助评估的内容与指标体系，从而强化以科技创新推动经济发展的科研项目评估导向，进而推进更加严格的科研经费管理，逐步改变传统科研评估所选取项目带来的社会经济效益低下的状况。

（执笔：中国科学院文献情报中心 李 宏 张秋菊）

参考文献

[1] NSF. CREATIV：creative research awards for transformative interdisciplinary ventures. http：//www. nsf. gov/pubs/2012/nsf12011/nsf12011. jsp [2011-11-09].

[2] 국가과학기술위원회 . 국가 R&D 사업 도전성 강화방안(안) . http：//www. nstc. go. kr [2010-10-15].

[3] UK Department for Business，Innovation & Skills. £100 million fund to boost university and private collaboration. http：//www. hefce. ac. uk/pubs/year/2012/201212/ [2012-05-16].

[4] NIH. Final draft of the NIH 2007-2008 peer review self-study. http：//enhancing-peer-review. nih. gov/index. html [2008-02-29].

[5] Canadian Institutes of Health Research. Message from the president of CIHR：research community feedback on the open and peer review reforms. http：//www. cihr-irsc. gc. ca/e/documents/analysis-of-feedback-on-the-design-discuss-on-document. pdf [2012-08-16].

[6] Editorials：Peer review reviewed. Nature，2012，449 (7159)：115.

[7] UK EPSRC. Changes to funding applications and peer review. http：//www. epsrc. ac. uk/ResearchFunding/Changes/default. htm [2009-03-12].

[8] Australian Research Council. Peer review processes consultation paper. http：//www. arc. gov. au/pdf/peer_review. pdf [2009-09-14].

[9] MCTI. MCTI implanta políticas de monitoramento e avaliação. http：//www. mct. gov. br/index. php/content/view/341711. html [2012-06-06].

[10] Research Councils UK. Research Councils UK response to HEFCE's consultation on the new Research Excellence Framework (REF) . http：//www. rcuk. ac. uk/cmsweb/downloads/rcuk/consultations/ref. pdf [2008-02-19].

[11] 姜亚洲 . 英国国家创新战略中的高校科研评估制度改革 . 全球教育展望，2012，41 (8)：51-54.

[12] 中国科学院 . 2011 科学发展报告 . 北京：科学出版社，2011：275.
[13] UK HEFCE. REF：assessment framework and guidance on submissions. http：//www. itif. org/files/2011-atlantic-century. pdf [2011-07-19].
[14] NSF. National science foundation's merit review 2010. http：//www. nsf. gov/nsb/publications/2011/nsb1141. pdf [2011-05-26].
[15] 교육과학기술부. 교육과학기술부 연구사업 선진화 방안 . http：//mest. korea. kr [2009-10-15].

第七章 科研产出

分析并正确把握国际科学发展态势，有助于我们以世界的眼光看待中国，明确与科技发达国家的差距，增强提高科技自主创新的能力和信心。从统计分析的角度上，国际上一般采用科学论文衡量基础研究水平，用专利文献衡量应用研究水平。一个国家的科学论文产出可以在一定程度上反映其基础研究状况，以及对世界基础研究的贡献及其在国际上的影响，发明专利代表了一个国家技术开发的能力和对未来潜在产品市场的开拓能力。

本章主要从科学论文与专利申请授权的角度，分析了中国与美国、日本、德国、法国、英国、韩国、澳大利亚、加拿大及俄罗斯等国家近十年来的科研产出情况。采用文献计量学方法对期刊论文与专利文献进行了若干指标的统计分析，提供了解世界主要国家科研产出的时空特征、寻找竞争对手与合作伙伴的背景数据，以便于我们把握国际科技发展的动态与发展趋势。

第一节 科学论文和国际合作态势分析

一、背景与数据来源

随着新兴大国崛起以及经济全球化，世界竞争格局的多极化趋势日益明晰。与之伴随的全球科技领域的竞争格局也在不断变化，新兴经济体的科技实力不断增强，传统科技强国更加强调科技创新，国际科技体系日益朝多极化发展。不仅如此，在当今大科学时代，以大量人力与物力支持的全球性科学研究很难由单个机构或国家独自承担，科技资源全球化流动与配置的趋势日益明显。伴随着经济和科技全球化的趋势，科学研究国际合作是决定国家未来科技实力的关键，已经成为国家科技发展战略中的一个重要组成部分。

从某种意义上说，科技合作的本质是各种科技资源——人力资源、物力资源和财力资源的交流、共享和优化重组。国家的政治、经济、社会发展水平、科学技术的能力优势、人力优势和资源优势，以及科学共同体内部的学术交流水平和自组织水平等都在不同程度地影响着国与国之间的科学技术合作，从而决定着全球科学技术合作的基本格局。在科技全球化已成为当今科技发展主要趋势的今天，国际合作作为国家科技发展战略中资源优化和配置的重要举措，在提升本国自主创新能力方面发挥着重要的支撑作用。无论是发达国家要保持在科学前沿领域的领先地位，还是发展中国家在原本较落后的起点上实现局部突破、跨越式发展，都有必要通过国际合作在全球范围整合和汲取优势科技资源，以达到资源重新配置的目标，从而求得本国科学技术最有效的发展。

科学论文是科研活动的重要产出，国际合著论文在一定程度上展现科技资源和知识资本国际扩散的有效路径，体现科学研究国际合作的基本格局。基于国际合作论文的定量分析，可以从科研合作的角度揭示出全球化条件下各国科技资源流动和组合的整体态势、描述中国在参与全球科技资源配置过程中的发展特征、比较各学科学术交流的不同特点，为全面理解和认识全球科技资源流动、配置机制提供参考依据。

本书数据取自文献数据库 SCI，时间跨度为 2002～2012 年。SCI 数据库，收录经过严格遴选的、世界权威的、高影响力的学术期刊，具有独特的引文索引功能，一般认为主要反映基础科学研究状况。本书将 SCI 论文数据划分为 12 个学科，主要依据是论文发表期刊所属的基本科学指标（Essential Science Indicators，ESI）22 学科。12 学科与 ESI 的 22 学科的对应关系如表 7-1 所示。

表 7-1　12 学科与 ESI 的 22 学科的对应关系

编号	12 学科	ESI 的 22 学科	编号	12 学科	ESI 的 22 学科
1	农业科学	农业科学	7	地球科学与环境	地球科学
					环境科学/生态学
2	生物科学	生物与生物化学	8	材料科学	材料科学
		微生物学	9	数学	数学
		分子生物学/遗传学	10	医学	临床医学
		植物学与动物学			免疫学
3	化学	化学			神经科学与行为科学
4	计算机科学	计算机科学			药理学与毒理学
5	经济与商业	经济与商业			精神病学/心理学
6	工程科学	工程科学	11	物理学	物理学
			12	空间科学	空间科学

注：12 学科的划分依据 ESI 的 22 学科。其中，多学科科学和社会科学没有纳入本书中。

本研究选择 11 个代表性国家（地区）作为重点分析对象，以其英文名称为序，分别是澳大利亚、加拿大、中国、欧盟（欧盟 15 国，包括奥地利、丹麦、德国、比利时、法国、芬兰、荷兰、爱尔兰、卢森堡、葡萄牙、瑞典、意大利、英国、西班牙、希腊）、法国、德国、日本、俄罗斯、韩国、英国、美国。这些国家（地区）既包括传统科技强国，又包括近年来处于科技较快发展时期的国家（地区），涵盖了科技发展的不同水平。

二、论文发展态势

2002～2012 年，世界发表的 SCI 论文总量稳步上升，由 2002 年的 91.12 万篇，增长至 2012 年的 149.99 万篇，增长率为 64.6%。代表国家（地区）各自发表的 SCI 论文数量也呈现不同速度的增长。从绝对数量上看，2002 年中国发表 4.01 万篇，排名第 6（不含欧盟），至 2012 年发表 17.37 万篇，排名升至第 2，仅次于美国，排在第 3 至第 5 位的分别是英国、德国、日本。从增长率来看，中国发表的 SCI 论文 2012 年比 2002 年增长 333.5%，增长势头迅猛，增长率超过 100%的还有韩国、澳大利亚（表 7-2）。

表 7-2 2002～2012 年 SCI 论文发展态势

国家（地区）	年份/万篇											2012 年比 2002 年增长/%
	2002	2003	2004	2005	2006	2007	2008	2009	2010	2011	2012	
世界	91.12	95.38	101.29	105.64	113.01	121.27	126.90	131.01	135.09	143.80	149.99	64.6
澳大利亚	2.39	2.57	2.75	2.90	3.21	3.45	3.77	4.05	4.25	4.76	4.97	107.6
加拿大	3.95	4.19	4.57	4.91	5.31	5.55	5.76	5.94	6.03	6.36	6.64	68.2
中国	4.01	4.88	5.69	6.76	8.53	9.72	11.18	12.84	14.39	16.65	17.37	333.5
欧盟	32.78	33.43	35.42	36.80	39.22	42.14	42.95	44.45	45.55	47.23	49.26	50.3
法国	5.33	5.42	5.62	5.83	6.20	6.49	6.96	7.22	7.29	7.57	7.89	47.9
德国	7.71	7.70	8.21	8.51	8.91	9.71	9.81	10.26	10.45	10.90	11.37	47.6
日本	8.17	8.46	8.52	8.55	8.95	8.90	8.89	8.96	8.69	8.92	9.30	13.8
俄罗斯	2.65	2.55	2.58	2.55	2.50	2.69	2.89	2.92	2.85	2.98	3.11	17.5
韩国	1.85	2.11	2.38	2.58	2.89	3.32	3.77	4.15	4.51	4.90	5.11	176.1
英国	8.28	8.46	8.80	9.15	9.62	10.19	10.14	10.44	10.83	11.25	11.73	41.7
美国	32.34	33.91	35.87	36.58	37.41	38.40	39.22	38.69	39.51	42.28	44.10	36.4

论文发表后被引用的情况，可以反映论文的影响。2002～2012 年，中国累计发表 SCI 论文总共被引用频次世界排名第 6，但篇均被引用频次明显低于世界平均水平。从学科上看，中国被引用频次排名进入世界前 5 位的学科有化学、材料科学、工程科学、数学、计算机科学、物理学、地球科学与环境。

三、国际合作发展态势

（一）全球国际合作的发展态势

2002～2012 年的 11 年间，跨国的科研合作活动不断加强，如图 7-1 所示。2002 年 SCI 论文的国际合作量为 15.9 万篇，2007 年、2012 年国际合作量相继增加到 23.0 万篇和 32.6 万篇，表现出科研活动中的国际合作日益频繁的发展态势。

尽管在 2002～2012 年，SCI 论文的总量也在持续增加，但国际合作科研成果占全球的份额仍表现出逐步上升的趋势。2002 年，国际合作率为 17.5%，2007 年这一比例提高至 18.9%，2012 年国际合作率继续走高，达到 21.7%。

由此可见，在全球科研成果总量不断攀升的基础上，国际合作不论从绝对数量还是从相对份额上都呈现出稳步增长的趋势。因此，全球科学研究国际合作的强度在近十余年不断加强。

这一结论从社会网络分析的角度也都能得到佐证。针对 SCI 论文国际合作网络的密度分析可以看到，2000 年国际合作网络的整体密度为 0.21，2005 年提高到 0.26，2010 年则为 0.32。这些数据表明，国际合作网络中国家之间的合作次数越来越多，而且合作的对象也越来越广泛。这种特征正好反映了科研活动中国际合作的强度处于上升态势。

从学科角度来看，空间科学的国际合作率一枝独秀，远远高于其他学科。2002～2012 年的 11 年间，绝大多数学科的国际合作研究处于一种增长态势。经济与商业的国际合作率由 2002 年的 19.2%上升到 2012 年的 32.8%，经过十余年的发展增长了近 14 百分点。相比

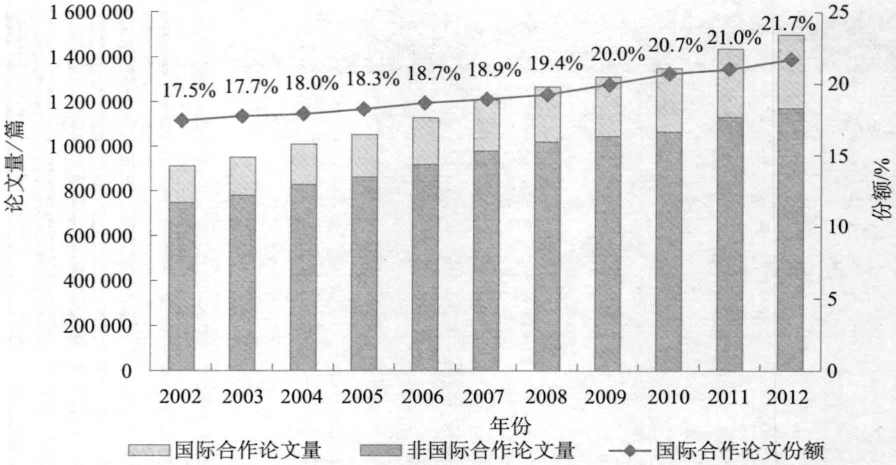

图 7-1　2002～2012 年 SCI 论文国际合作的发展态势

于其他学科，计算机科学、空间科学、地球科学与环境的国际合作率也有约 8 百分点的较大幅度增长。值得注意的是，物理学领域的国际合作率先经过缓慢下降在 2007 年降至谷底，后又开始缓慢上升，到 2012 年恢复至 2002 年的水平，可见在近十余年物理学科的国际合作总体趋稳（图 7-2）。

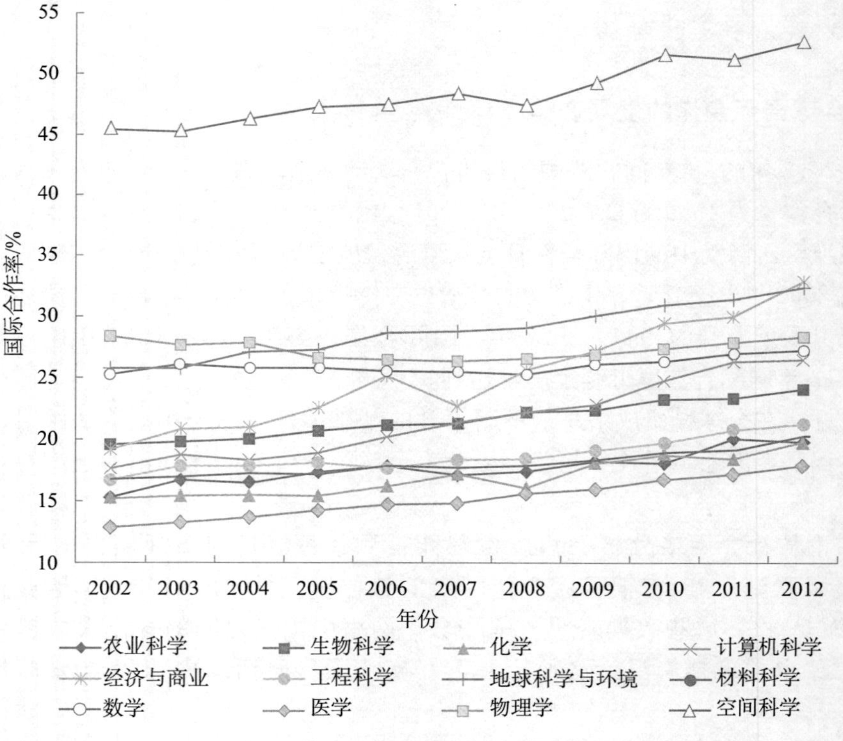

图 7-2　2002～2012 年 12 学科的 SCI 论文国际合作的发展态势

（二）代表国家（地区）国际合作的总体发展态势

澳大利亚、加拿大、中国、欧盟（欧盟15国，包括奥地利、丹麦、德国、比利时、法国、芬兰、荷兰、爱尔兰、卢森堡、葡萄牙、瑞典、意大利、英国、西班牙、希腊）、法国、德国、日本、俄罗斯、韩国、英国、美国等11个国家（地区）2002～2012年SCI论文国际合作的发展态势分别见图7-3至图7-13。

2002～2012年，对于科技传统五强而言，英法德三国均为欧盟国家。得益于欧盟经济和政治一体化的延续，欧洲国家的科技合作特征表现为国际合作率远远高于世界平均值，也普遍高于其他国家，包括传统科技强国美国和一些科技新兴国家。随着近十余年的发展，截至2012年，法国、德国的国际合作率均超过50%，英国也达到了49%。在保持高合作率的同时，英国、法国和德国还表现出国际合作率逐年上升的态势。美国、日本是传统科技五强中的非欧盟国家，尽管美日两国的国际合作率远不及欧盟国家，但在2002～2012年始终处于上升趋势，而且日本的上升走势与世界平均水平基本一致。对于科技强国澳大利亚和加拿大，虽然其SCI论文绝对数量不及科技传统五强，但其国际合作率与英法德三国具有基本相同的特征。总体而言，科技发达国家具有双高特征：一是国际合作率的走势逐年提高，二是较其他国家有较高的国际合作率。

相比于科技发达国家，中国、俄罗斯和韩国具有较低的国际合作率，三国之中，俄罗斯有最高的国际合作率。三国的国际合作具有相同的变化态势，即在2002～2012年三国国际合作率都有小幅度的波动，但整体呈现企稳状态。不仅如此，虽然三国国际合作率都高于世界平均水平，但与世界平均水平的差距越来越小。反观科技发达国家，其国际合作率与世界平均水平的差距呈现逐步拉大的趋势。

上面的分析表明，不同科技发展水平的国家的国际合作具有异质性，这或许揭示出科技发展的水平与国际合作的程度具有某种相关关系。而发展水平相近的国家的国际合作特征也不尽相同，这与各国根据本国的实际国情采取不同的国际合作战略有一定关系。

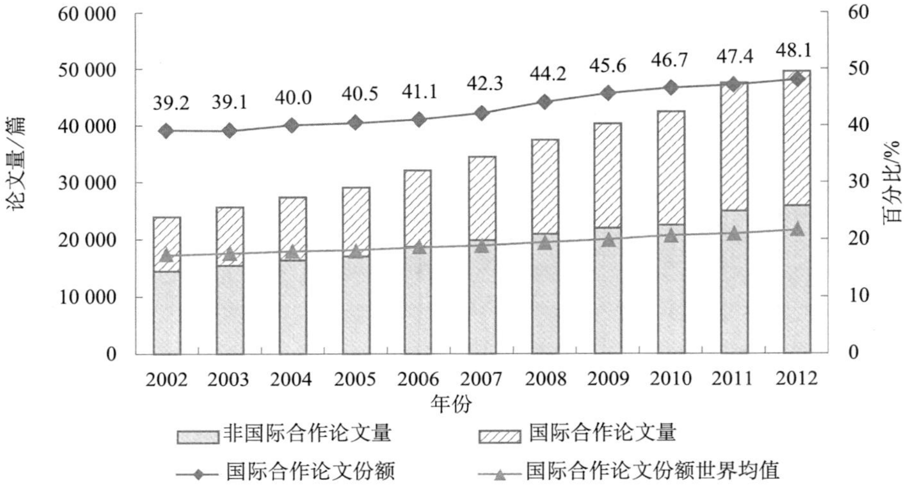

图7-3 澳大利亚2002～2012年SCI论文国际合作的发展态势

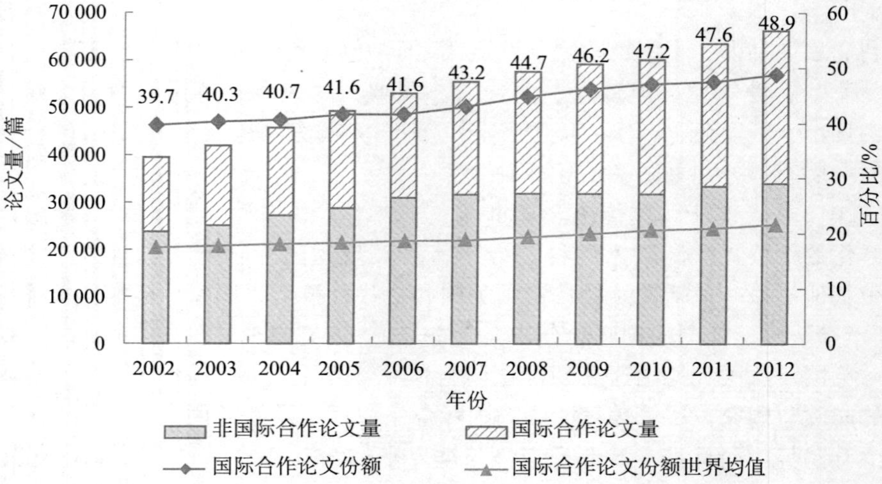

图 7-4 加拿大 2002～2012 年 SCI 论文国际合作的发展态势

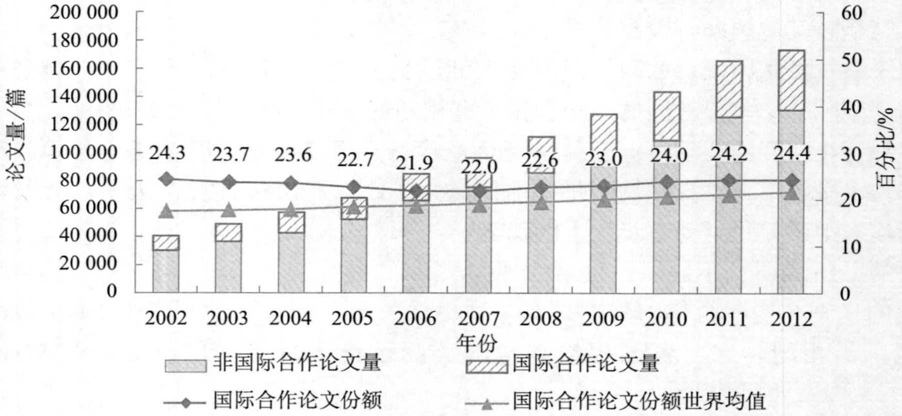

图 7-5 中国 2002～2012 年 SCI 论文国际合作的发展态势

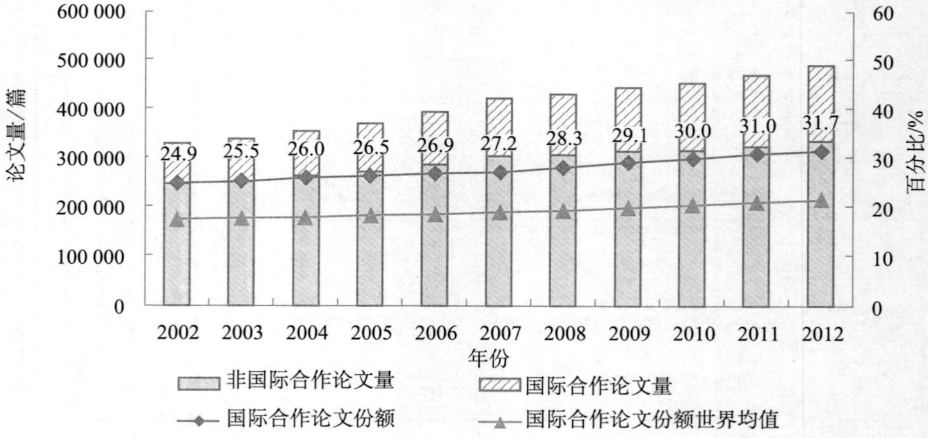

图 7-6 欧盟 2002～2012 年 SCI 论文国际合作的发展态势

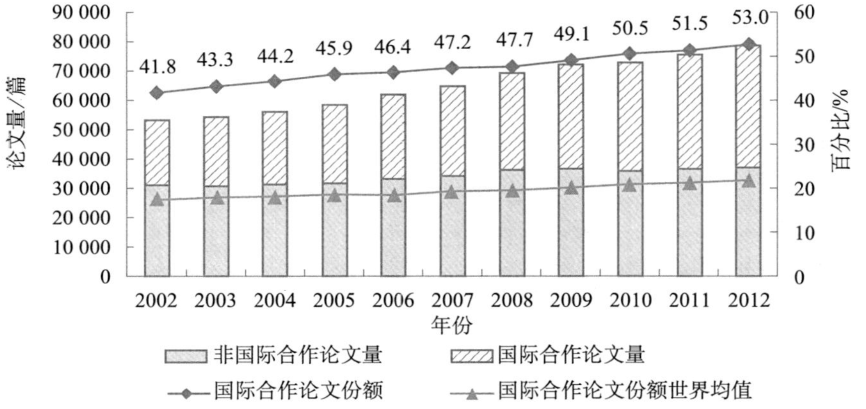

图 7-7 法国 2002～2012 年 SCI 论文国际合作的发展态势

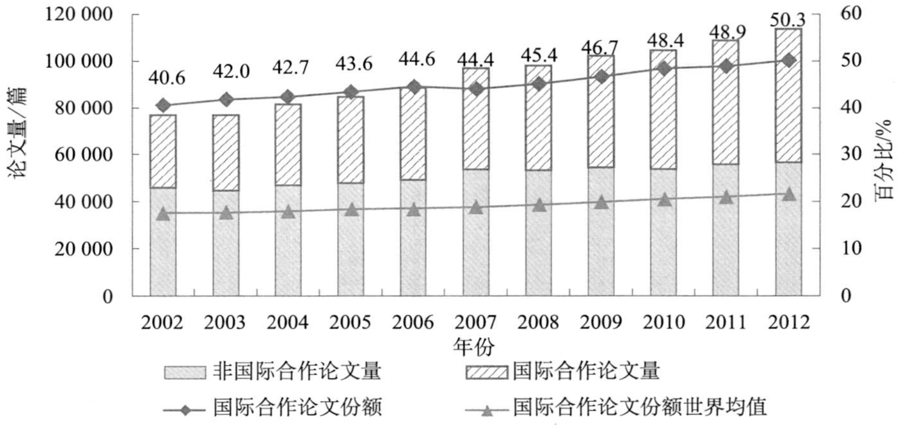

图 7-8 德国 2002～2012 年 SCI 论文国际合作的发展态势

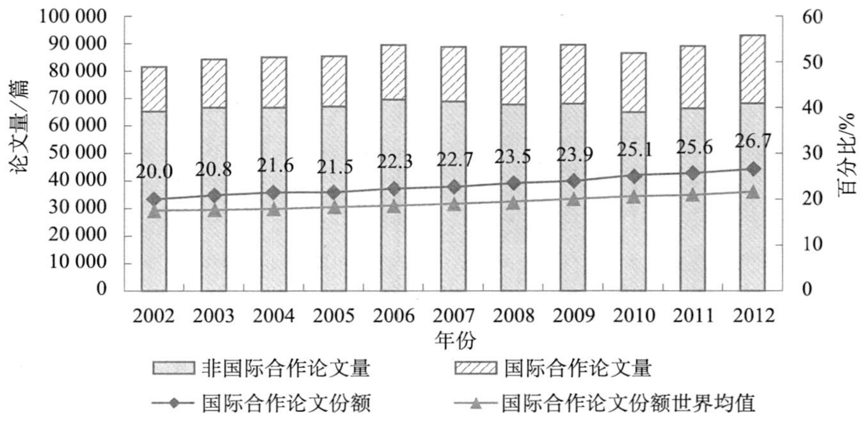

图 7-9 日本 2002～2012 年 SCI 论文国际合作的发展态势

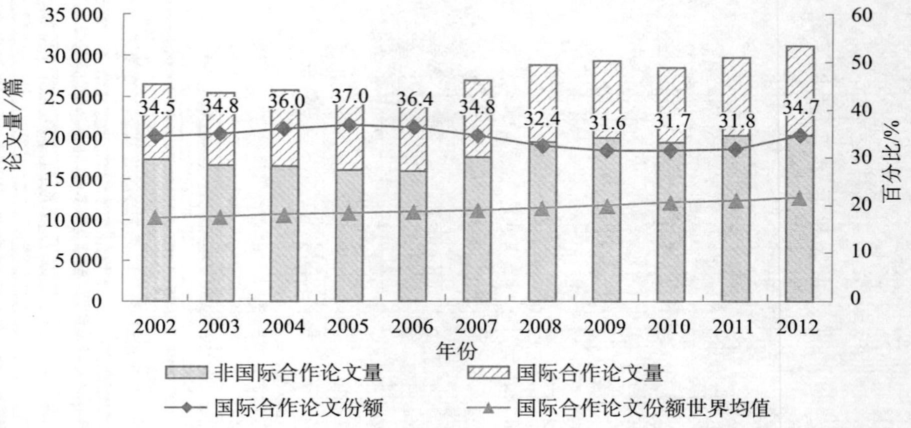

图 7-10　俄罗斯 2002～2012 年 SCI 论文国际合作的发展态势

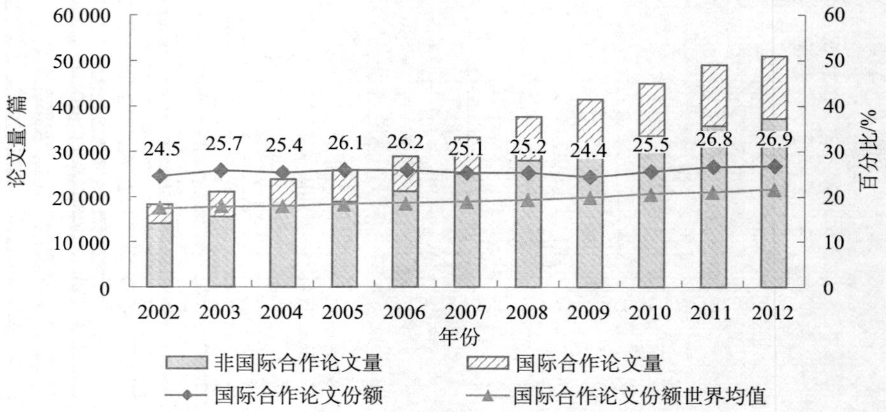

图 7-11　韩国 2002～2012 年 SCI 论文国际合作的发展态势

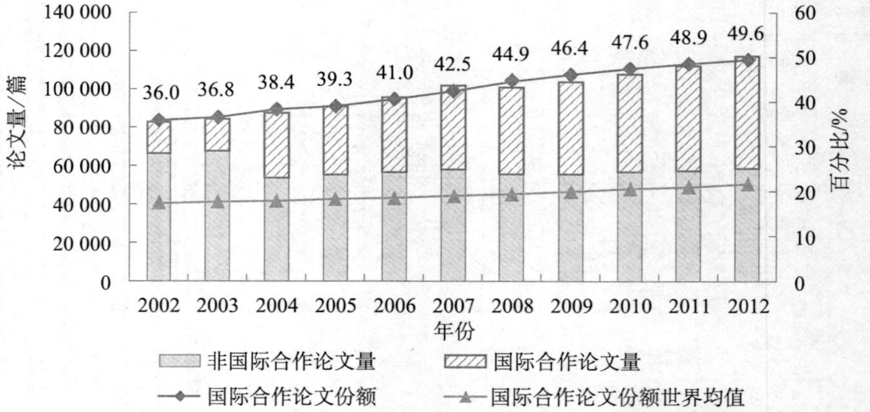

图 7-12　英国 2002～2012 年 SCI 论文国际合作的发展态势

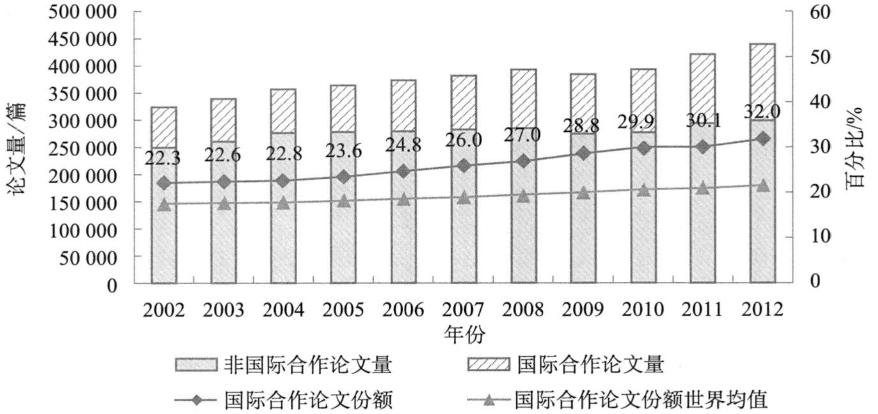

图 7-13　美国 2002～2012 年 SCI 论文国际合作的发展态势

（三）代表国家（地区）学科领域国际合作的发展态势

从学科角度看，澳大利亚、加拿大、中国、欧盟（欧盟 15 国，包括奥地利、丹麦、德国、比利时、法国、芬兰、荷兰、爱尔兰、卢森堡、葡萄牙、瑞典、意大利、英国、西班牙、希腊）、法国、德国、日本、俄罗斯、韩国、英国、美国等 11 个国家（地区）在 12 个学科上 2002、2007、2012 年 SCI 论文国际合作的发展态势见图 7-14 至图 7-24。

对于绝大多数国家，空间科学是国际合作率最高的学科，但是在中国（还有俄罗斯）这一点并不成立，其空间科学的国际合作率低于经济与商业。与其他多数国家空间科学 2012 年不低于 60％、有的高达 80％的国际合作率相比，中国在该学科仅有 40％的国际合作率，而且还低于世界平均水平。不仅如此，中国在一些其他学科，如物理学、数学、材料科学、化学，也如空间科学一样，国际合作率低于世界平均水平。这一点是中国与其他国家最大的不同。

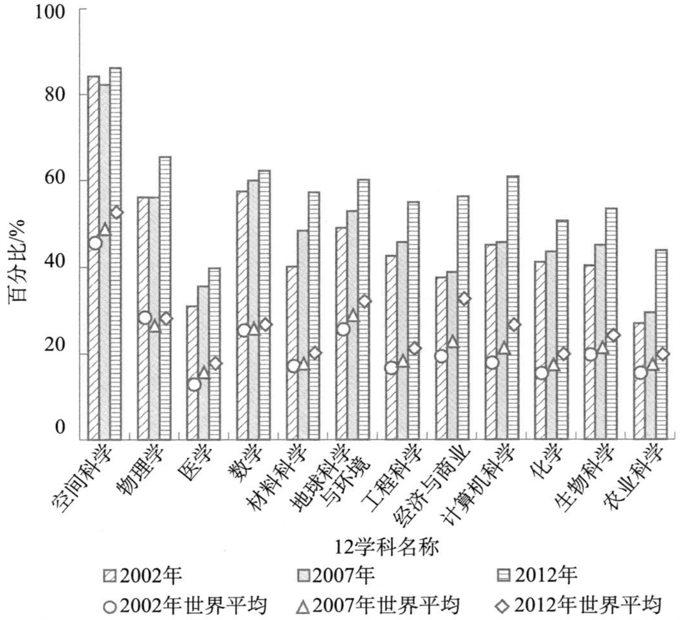

图 7-14　澳大利亚 12 学科 2002、2007、2012 年 SCI 论文国际合作的发展态势

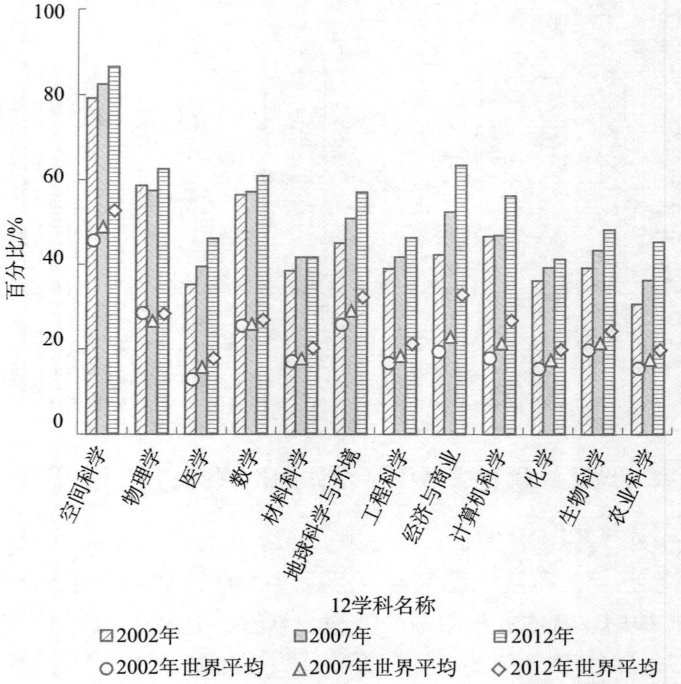

图 7-15　加拿大 12 学科 2002、2007、2012 年 SCI 论文国际合作的发展态势

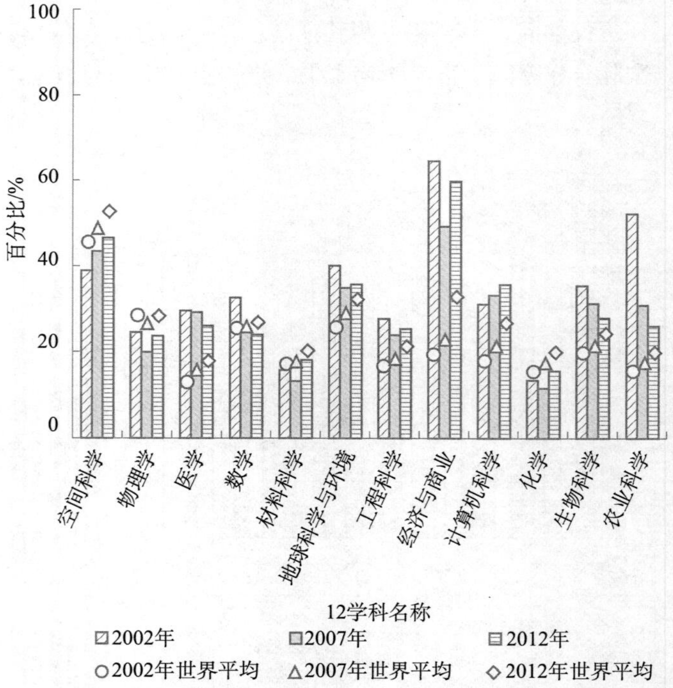

图 7-16　中国 12 学科 2002、2007、2012 年 SCI 论文国际合作的发展态势

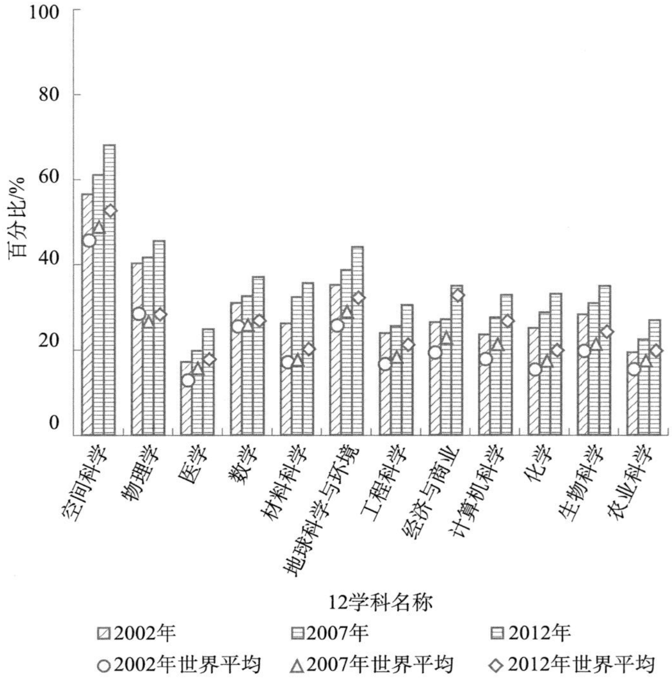

图 7-17 欧盟 12 学科 2002、2007、2012 年 SCI 论文国际合作的发展态势

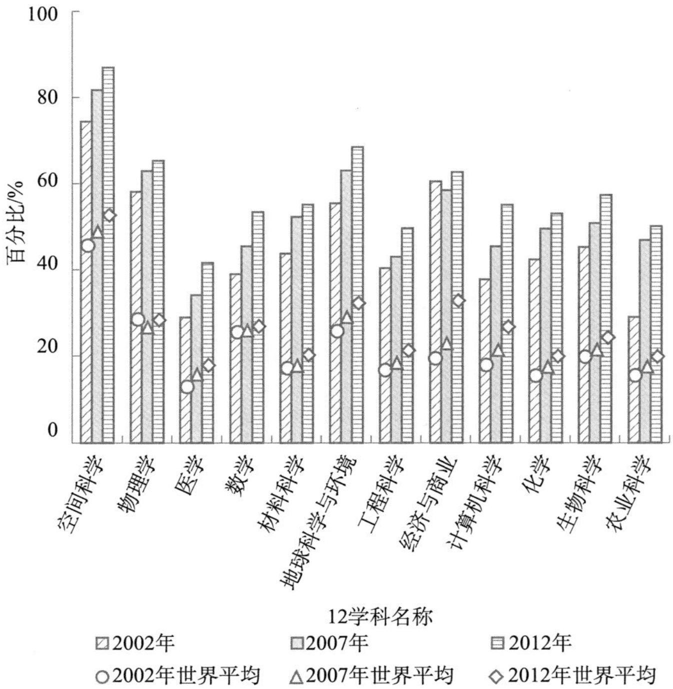

图 7-18 法国 12 学科 2002、2007、2012 年 SCI 论文国际合作的发展态势

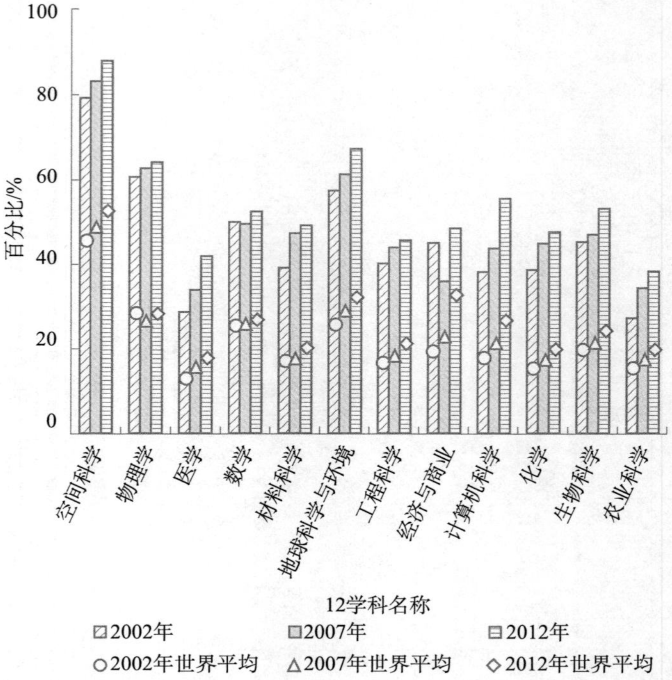

图 7-19　德国 12 学科 2002、2007、2012 年 SCI 论文国际合作的发展态势

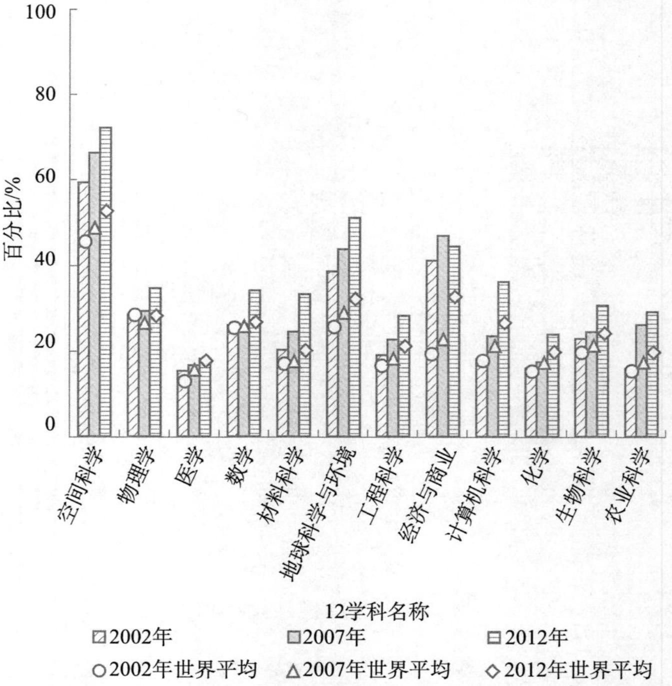

图 7-20　日本 12 学科 2002、2007、2012 年 SCI 论文国际合作的发展态势

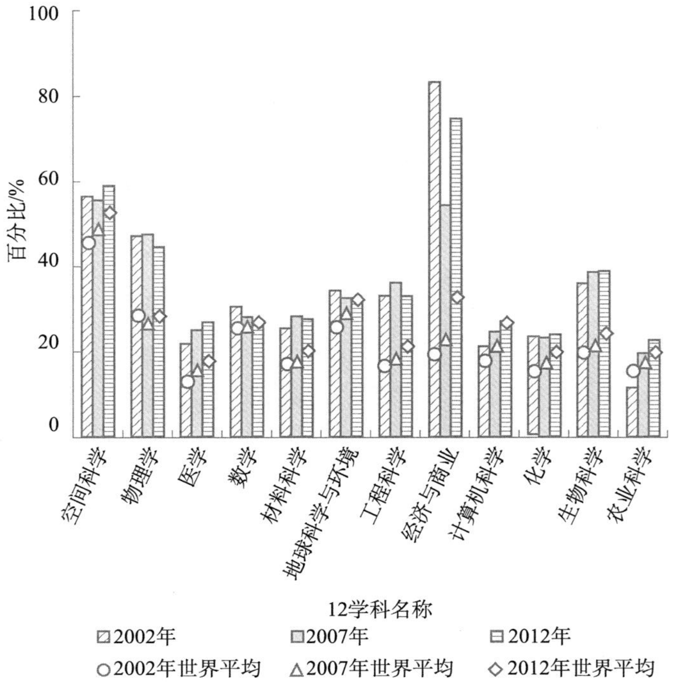

图 7-21　俄罗斯 12 学科 2002、2007、2012 年 SCI 论文国际合作的发展态势

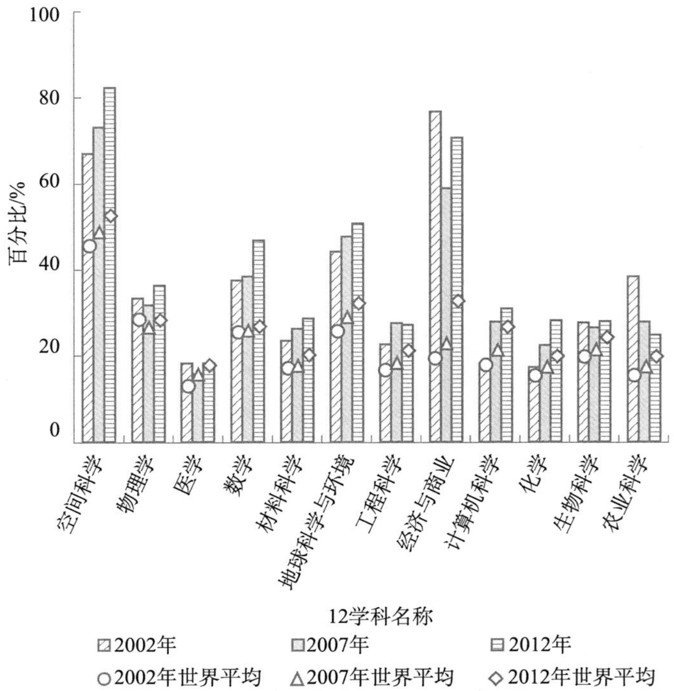

图 7-22　韩国 12 学科 2002、2007、2012 年 SCI 论文国际合作的发展态势

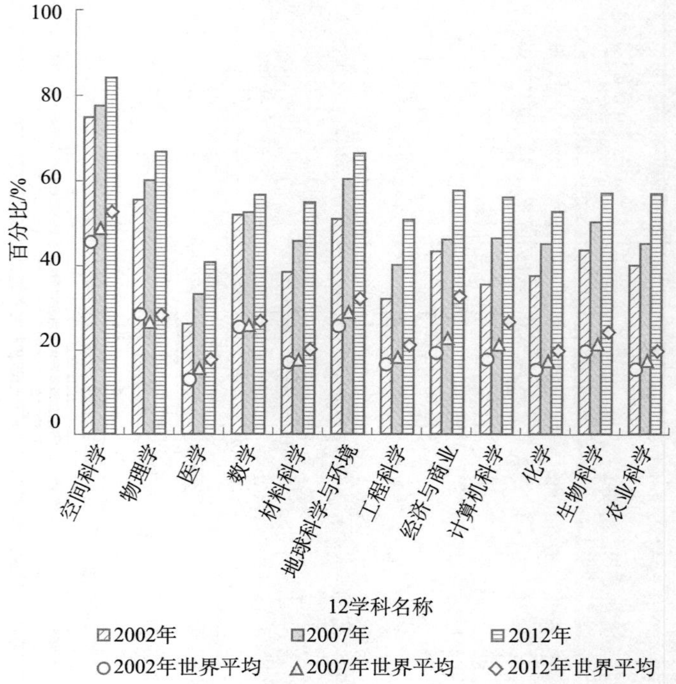

图 7-23　英国 12 学科 2002、2007、2012 年 SCI 论文国际合作的发展态势

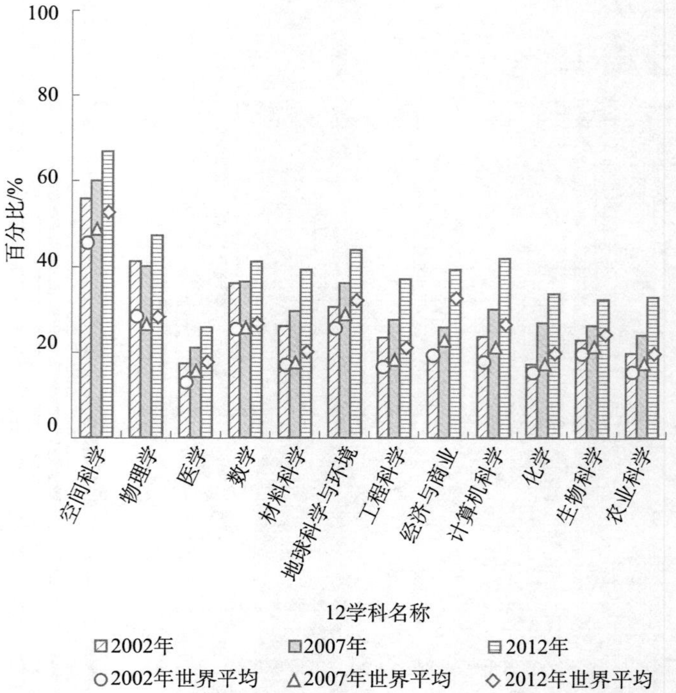

图 7-24　美国 12 学科 2002、2007、2012 年 SCI 论文国际合作的发展态势

（四）代表国家（地区）学科领域国际合作中的角色

国际合作中合作双方由于拥有智力资源的优势差异，合作双方的角色往往不是对等的，而是依据在合作中的贡献，分为主导和从属地位。通常而言，通讯作者在合作中发挥着显著的主导作用，因此，以 2012 年为例，通过 11 个国家（地区）国际合作论文份额及国际合作中通讯作者论文份额的比较（图 7-25），可以看出各国科研人员在国际合作中的角色特征。图中显示，中国、韩国虽然国际合作论文份额不高，但在国际合作中的通讯作者论文份额位于前列，特别是中国，在 11 个国家（地区）中国际合作论文份额最低，但拥有最高的通讯作者论文份额。这些数据说明，中国科研人员重视把握国际合作中的主导地位，随着中国科学技术水平的提高，与自身相比，中国科研人员在合作中的话语权正在逐步提高。

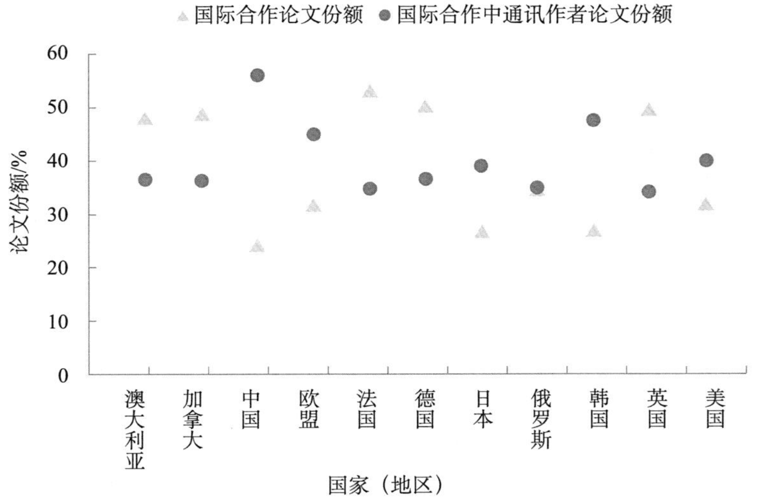

图 7-25　11 个国家（地区）2012 年国际合作角色比较

图 7-26 至图 7-37 依旧以 2012 年为例，分别在 12 个学科中对 11 个国家（地区）进行国际合作论文份额和国际合作中通讯作者论文份额进行比较。图中显示，中国在农业科学、

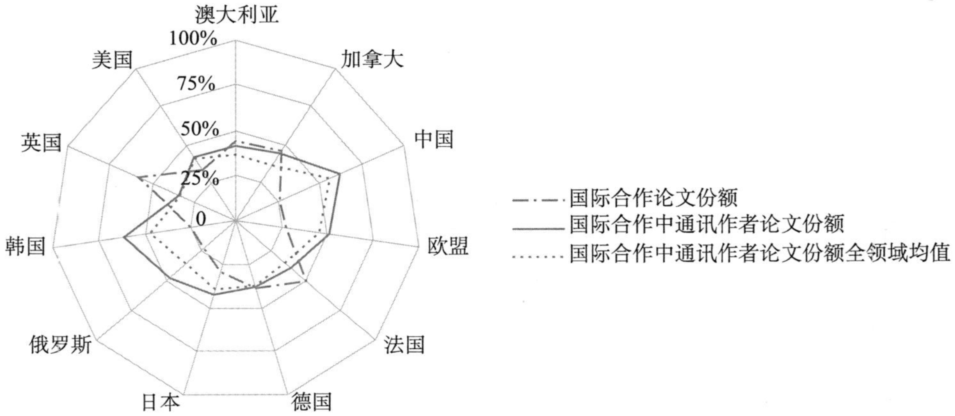

图 7-26　农业科学中 11 个国家（地区）2012 年国际合作比较

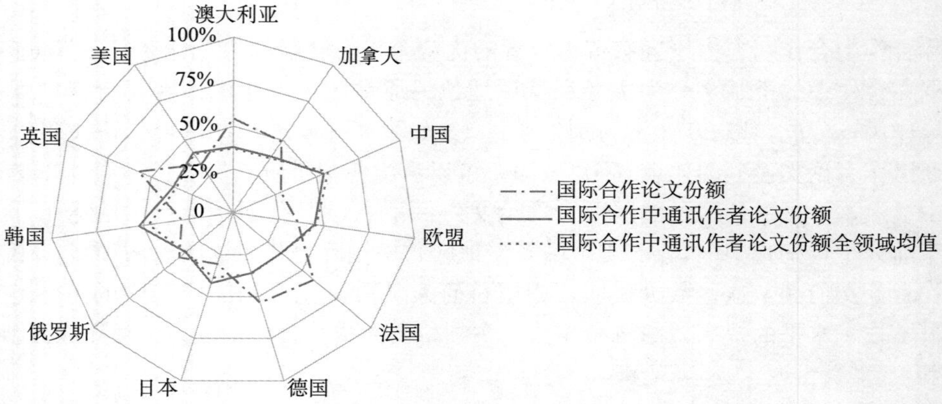

图 7-27　生物科学中 11 个国家（地区）2012 年国际合作比较

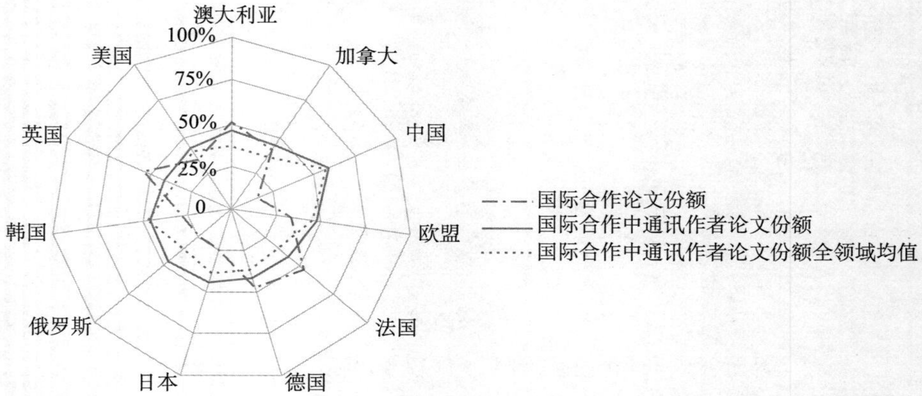

图 7-28　化学中 11 个国家（地区）2012 年国际合作比较

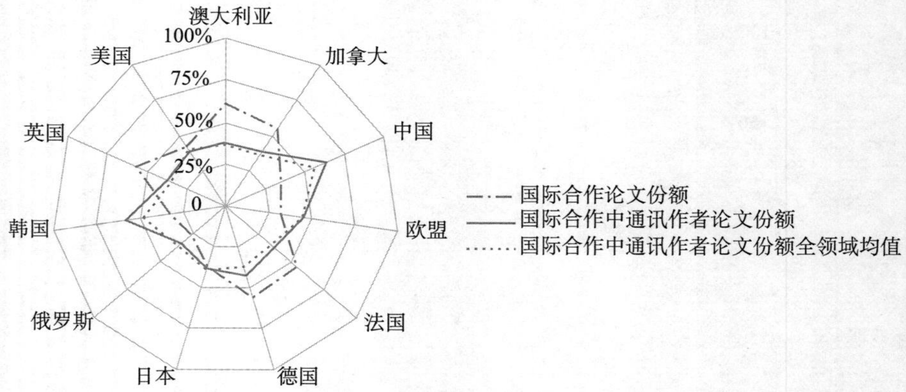

图 7-29　计算机科学中 11 个国家（地区）2012 年国际合作比较

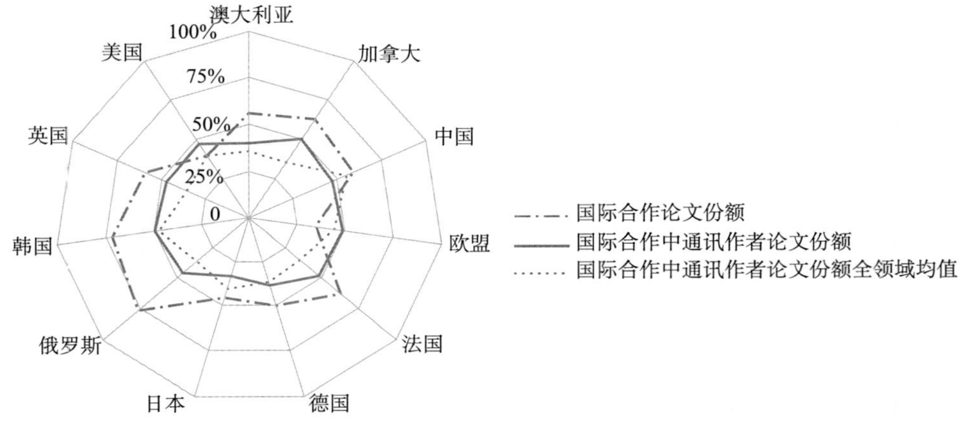

图 7-30 经济与商业中 11 个国家（地区）2012 年国际合作比较

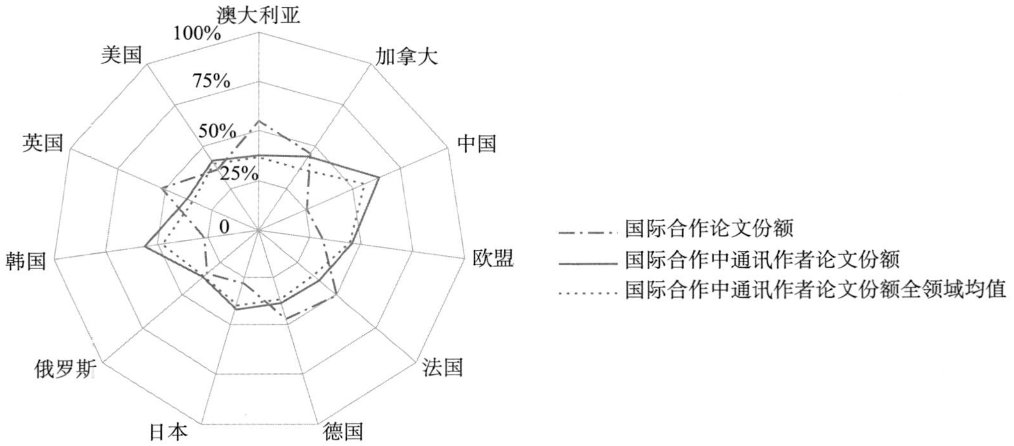

图 7-31 工程科学中 11 个国家（地区）2012 年国际合作比较

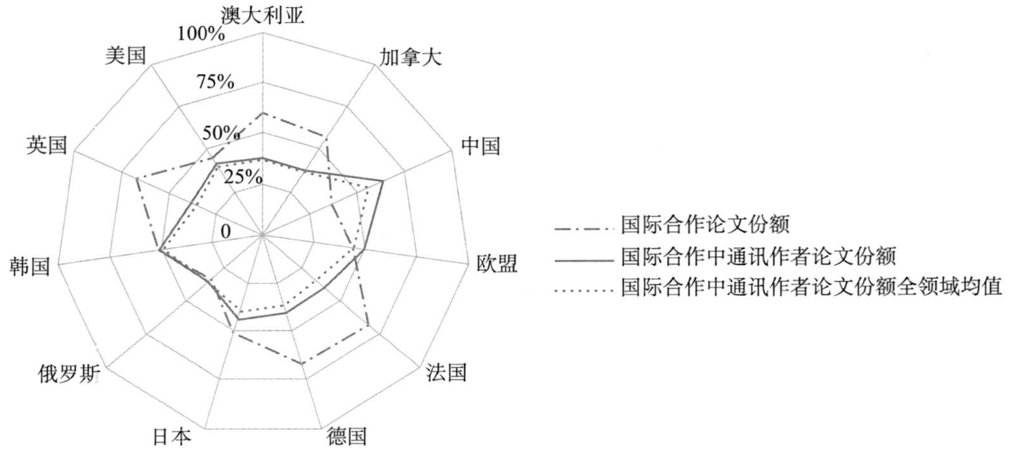

图 7-32 地球科学与环境中 11 个国家（地区）2012 年国际合作比较

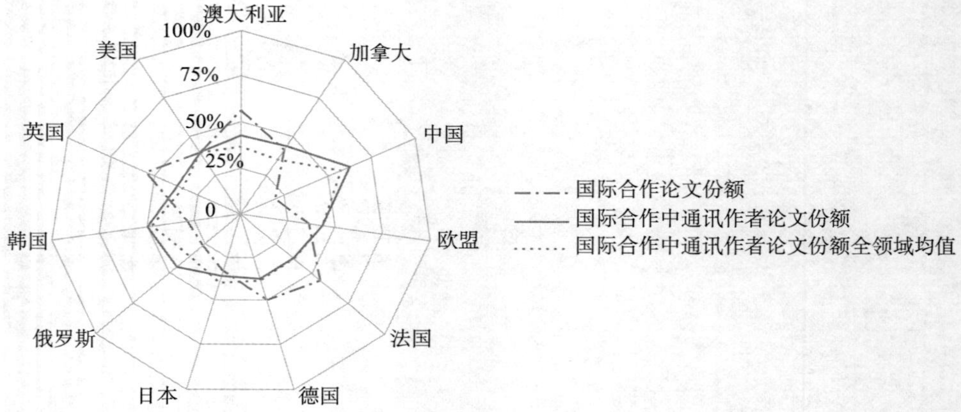

图 7-33　材料科学中 11 个国家（地区）2012 年国际合作比较

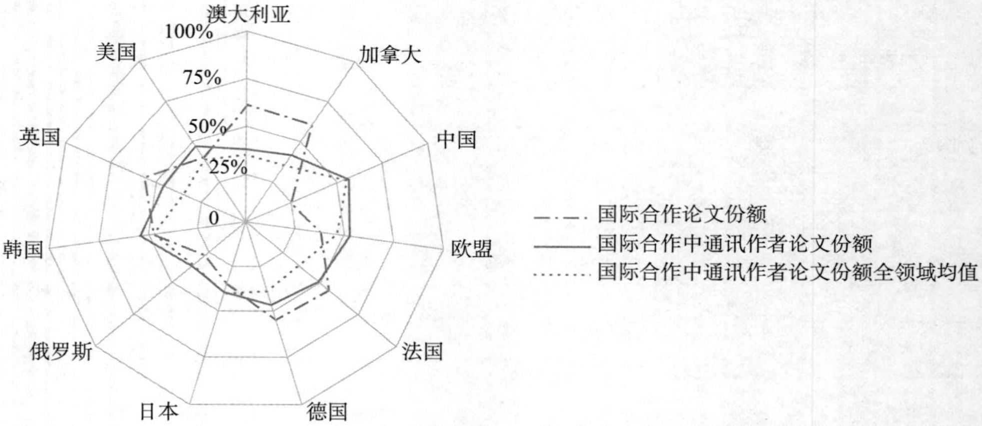

图 7-34　数学中 11 个国家（地区）2012 年国际合作比较

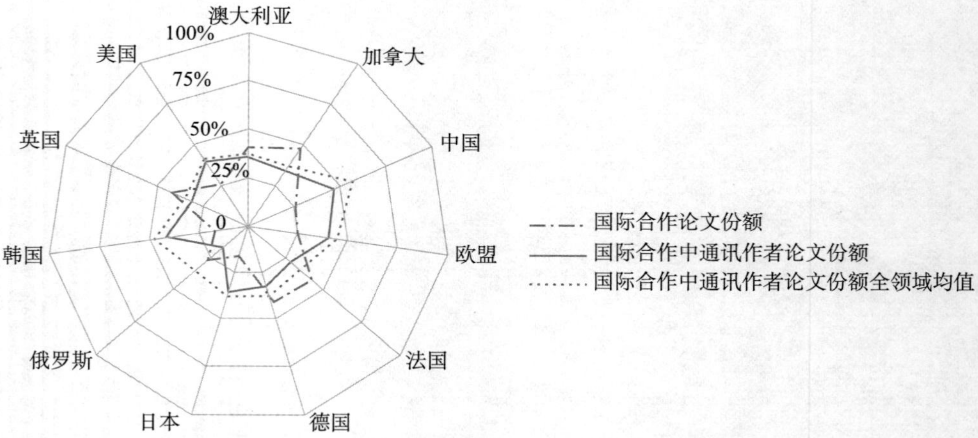

图 7-35　医学中 11 个国家（地区）2012 年国际合作比较

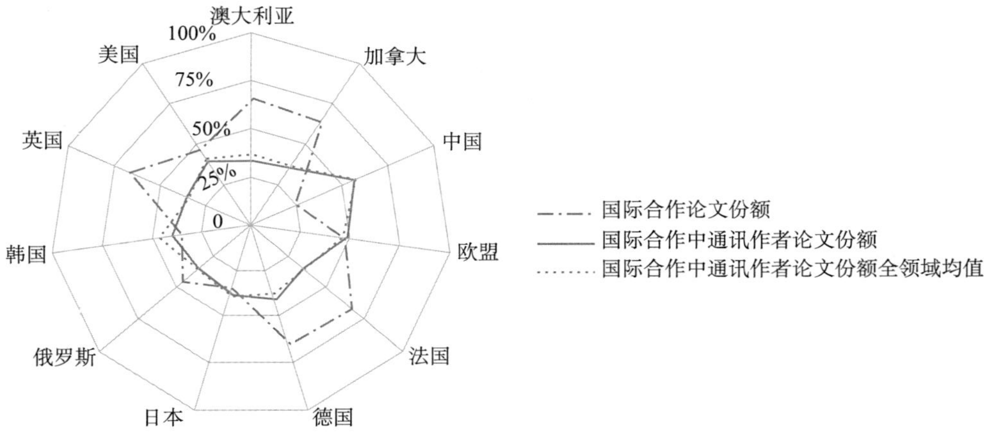

图 7-36 物理学中 11 个国家（地区）2012 年国际合作比较

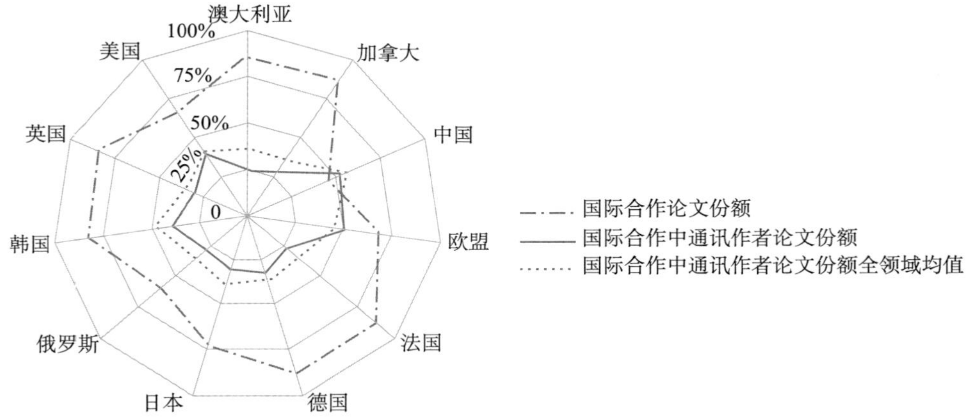

图 7-37 空间科学中 11 个国家（地区）2012 年国际合作比较

化学、计算机科学、工程科学、地球科学与环境、材料科学有高于自身平均的通讯作者论文份额，而在生物科学、经济与商业、数学、医学、物理学、空间科学有低于自身平均的通讯作者论文份额。这说明，相比于自身在其他学科的表现，中国在农业科学、化学、计算机科学、工程科学、地球科学与环境、材料科学有更多的国际合作主导地位和话语权。

四、主要结论

通过对代表国家（地区）2002～2012 年 SCI 论文及其国际合作的发展态势分析，可以得出以下主要结论。

（1）从论文产出来看，全球及代表国家（地区）的科技论文总量呈稳步增长趋势，但是传统科技强国的科技论文比重有所下降，科技新兴国家的比重有所上升。在新兴国家中，中国、韩国的增长速度非常显著。然而，从论文被引用情况来看，虽然科技新兴国家在一些学科领域的影响力有所提升，但尚难撼动传统科技强国的优势地位。

（2）在全球科研论文成果总量不断攀升的基础上，国际合作的绝对数量和相对份额都呈现出稳步增长的趋势。可见全球科学研究国际合作的强度在近十余年不断加强。从学科领域角度来看，在所有学科中，虽然空间科学的论文体量不大，但是国际合作率相比于其他学科异常高，这与各国在空天探索方面的广泛合作有密切关联。从国家角度来看，传统科技强国依旧保持较高的国际合作率，而且走势逐年升高，与世界平均水平逐步拉大差距，而科技新兴国家国际合作率有所波动，整体企稳，虽略高于世界平均水平，但差距逐步缩小。从促进科研国际合作的角度来说，科技新兴国家在这方面的工作还需加强。

（3）中国作为科技新兴国家，虽然国际合作率近年来变化不大，但随着论文总量明显而稳步地增加，国际合作的绝对数量也在增加。与其他国家相比的明显不同是，中国在一些学科的国际合作率低于世界平均水平，但不同的学科有不同的原因。比如，就自身而言，在中国的一些优势学科，如材料科学、化学、物理学，中国科研人员能够独立开展较高水平的研究，因而国际合作率低。然而空间科学就不一样了，该学科不是中国的优势学科，但该学科的优势国家可能以涉及高技术保密为由对中国实施封锁，将中国排除在科学共同体之外，从而导致中国在该学科国际合作率低于世界平均水平。因此，中国应针对不同学科的特点，针对性地采取不同策略以促进科研国际合作。

（4）值得注意和庆幸的是，虽然中国的国际合作率不高，在某些学科也受到限制，但是中国没有放弃国际合作中的主导地位和话语权，这一点从中国国际合作通讯作者论文份额达到约 56%、高于其他所有国家就能得到证明。从学科来看，相比于自身在其他学科的表现，中国在农业科学、化学、计算机科学、工程科学、地球科学与环境、材料科学有更多的国际合作主导地位和话语权。

第二节　专利申请授权趋势分析

2008 年，我国《知识产权战略纲要》开始实施，纲要提出“到 2020 年，把我国建设成为知识产权创造、运用、保护和管理水平较高的国家”的战略目标。在《知识产权战略纲要》实施近六年之际，本书基于专利文献，通过专利申请量、专利授权量、同族专利申请量、有效专利拥有量等专利分析指标，对全球专利申请授权整体态势进行分析；在此基础上，重点对五个国家（地区）（中国、美国、欧洲、日本、韩国）和关注的目标国家（澳大利亚、巴西、加拿大、法国、德国、印度、俄罗斯、英国）的专利申请、专利授权趋势进行揭示，并依据世界知识产权组织（World Intellectual Property Organization，WIPO）的统计数据，对全球专利申请的技术分布情况进行展现。

本节利用纵向趋势分析和横向对比相结合的思路展开分析。其中，纵向上分析 2000～2011 年的专利申请量/授权量变化趋势；横向上，对比中国、美国、日本、欧洲、韩国等 13 个国家（地区）的专利申请量/授权量的相对变化。分析所用的数据来源于世界知识产权组织的官方统计网站知识产权统计数据库，本报告涉及的分析数据为发明专利。

一、全球发明专利申请及授权变化趋势

（一）专利申请量变化趋势

近十年全球专利申请量整体呈现增长趋势。对全球 125 个专利受理机构的数据进行统

计，得到世界范围内专利申请量的变化趋势（图 7-38）。从整体趋势看，全球专利申请量只在 2002 年和 2009 年出现降低，其余年份申请量均在增长。2011 年全球提交的专利申请首次突破 200 万，继 2009 年受金融危机影响申请量变化率降低后，2010～2012 年申请量出现较强反弹，申请量年度变化率自 1995 年以来首次连续 3 年超过 7.0%。世界范围内 2012 年的专利申请（235 万）是 1995 年专利申请量（105 万）的 2 倍多。世界知识产权组织分析后指出，近年来全球范围内专利申请量的增长在很大程度上源于在中国和美国提交的申请量的增长。

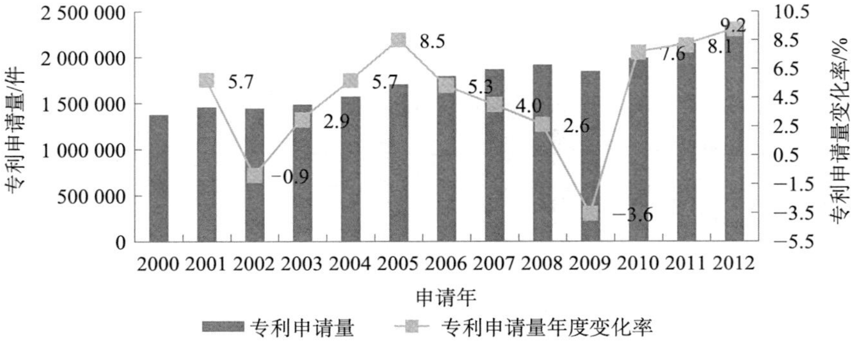

图 7-38 2000～2012 年世界专利申请量及变化率

资料来源：WIPO Statistics Database，June 2014

（二）专利授权量变化趋势

2000 年以来全球专利授权量持续增加。世界专利授权量随时间的变化趋势见图 7-39。世界专利授权量自 2001 年以来逐年增加，2012 年授权专利超过 100 万件，比上一年度增加了 13.7%。世界知识产权组织分析后指出，从授权专利来看，对世界授权专利数量起主要影响作用的是美国，其次是日本、中国和韩国。相较于中国在全球专利申请量增加中所起到的具有影响力的作用而言，其在授权量增加中所起的作用则非常小。

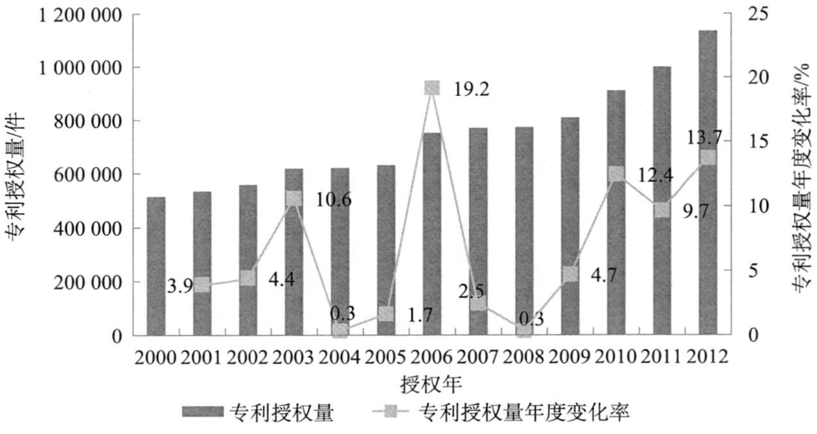

图 7-39 2000～2012 年世界专利授权量及变化率

资料来源：WIPO Statistics Database，June 2014

（三）同族专利申请量变化趋势

全球同族专利申请量整体呈增长趋势。世界知识产权组织将由具有相同优先权、同一专利合作条约（Patent Cooperation Treaty，PCT）申请进入国家阶段、续案申请、份案申请等因素联系起来的一组专利申请定义为一组同族专利。对同族专利的分析可以揭示专利技术的真实状况，避免由于一项技术多国/地区保护、分案、续案等引起的重复统计。图 7-40为世界知识产权组织统计的 2000～2012 年世界同族专利申请量随时间的变化趋势。

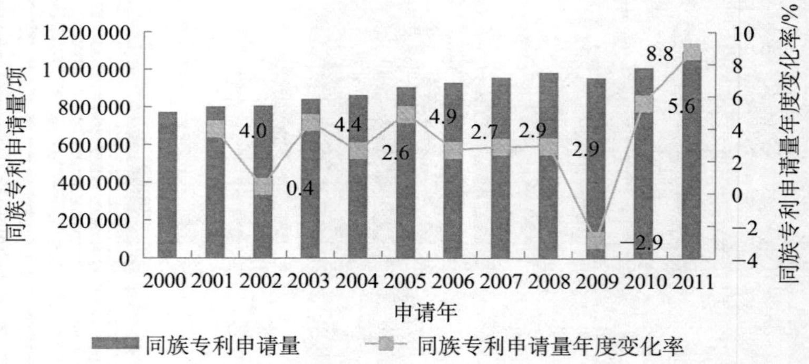

图 7-40　2000～2011 年世界同族专利申请量及变化率

资料来源：WIPO Statistics Database，June 2014

该趋势与全球专利申请量年度变化趋势总体一致，经过持续申请量增加后，2009 年由于经济危机导致申请量减小，2010 年开始反弹。2011 年全球同族专利申请总量接近 110 万项，相当于当年全球专利申请总量的一半，也就是说，2011 年全球有一半的技术方案在专利申请中首次提出，而另一半则是在之前申请专利保护的基础上，扩大保护范围或进行专利申请的分案、续案等。

二、主要国家或地区的专利活动

中国、美国、欧洲、日本、韩国在当今世界的专利格局中具有举足轻重的地位，这五个国家（地区）的专利局或组织在专利申请的受理、专利权的授予方面扮演着重要角色，五个国家（地区）提交的专利申请占全球专利申请的比例超过 75%。因此，在此将其放在同一个坐标下进行对比。

（一）专利受理趋势

中国市场对全球技术创新者的吸引力逐年提高。图 7-41 为中国、美国、日本、欧洲[①]、韩国五大局在 2000～2012 年十余年中专利受理量随时间的变化趋势。从图中可见，中国受理的专利申请量在 2010 年超过欧专局和日本特许厅的基础上，2011 年首次超过美国，2012 年超过 65.2 万件，成为全球专利受理量最多的国家。在经济全球化的背景下，知识产权成为国际经济贸易必须遵守的游戏规则，专利申请作为为市场开拓铺路的手段之一，被认为

① 这里指欧洲专利局（European Patent Office，EPO），简称“欧专局”。

是度量市场吸引力的指标之一。中国受理专利数量跃居世界第一这一事实表明，中国已成为全球备受关注的市场。

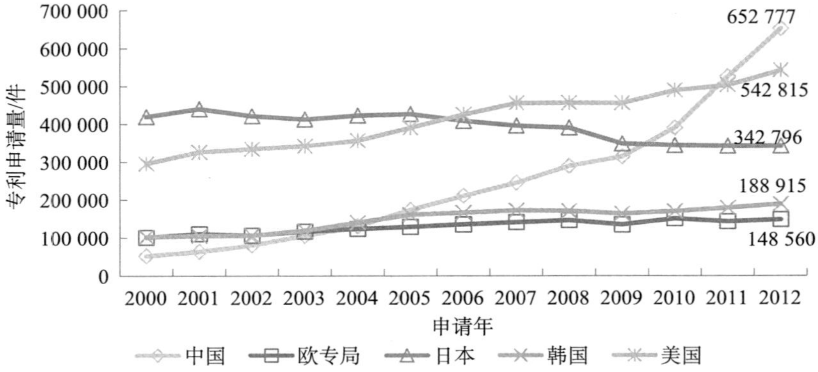

图 7-41　五个国家（地区）受理量随时间的变化（基于受理国）

资料来源：WIPO Intellectual Property Statistics，June 2014

（二）专利申请趋势

中国技术创新实力提升明显，但从专利申请量、专利授权量、有效专利拥有量分析，与美国、日本、欧洲还存在差距。

1. 专利申请量

图 7-42 为中国、美国、日本、欧洲、韩国五个国家（地区）在 2000～2012 年十余年中提交的专利申请的数量变化趋势，即基于来源国统计专利申请量的变化。基于来源国统计专利申请量，可以揭示不同国家（地区）的技术创新实力。整体来看，美国、日本、欧洲和韩国相对于中国而言，申请量随时间较缓慢地变化，其中，美国和欧洲提交的专利申请总量总体呈现增长态势，除 2008～2009 年受金融危机影响略有减少外，其他年份基本保持

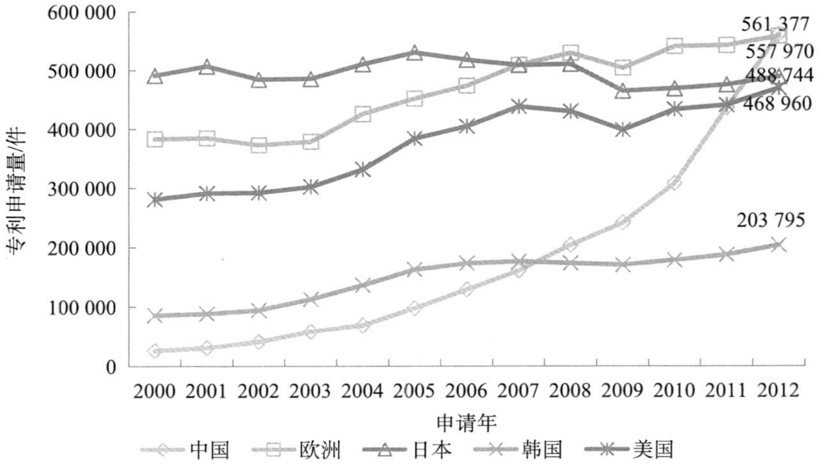

图 7-42　五个国家（地区）专利申请量随时间的变化（基于来源国）

资料来源：WIPO Intellectual Property Statistics，June 2014

增长趋势。韩国整体数量较低，增长趋势不明显。日本从 2005 年开始提交的专利申请数量呈下降趋势。与上述其他四个国家（地区）形成鲜明对比的是中国的变化趋势，中国十余年间提交的专利申请量持续迅速增加，2008 年超过韩国，2011 年接近美国的申请量，2012 年超过其他国家（地区）成为专利申请量最大的国家。

2. 专利授权量

图 7-43 为中国、美国、日本、欧洲、韩国五个国家（地区）提交的专利申请中被授权的专利数量随时间的变化趋势。从图中可见，除韩国外，其他四个国家（地区）的专利授权量均随时间呈增长态势，其中，中国和日本增幅明显，欧洲和美国趋势相近。从总量上比较，2012 年，拥有授权量专利最多的国家（地区）是日本，其次是欧洲、美国、中国和韩国。一般认为，获得授权的专利比未获得授权的专利具有更高的质量，对比图 7-42 和图 7-43 可见，尽管中国提交的专利申请数量增速明显，但中国提交的专利申请的质量提升并不突出，中国与美国、日本、欧洲技术创新实力存在明显差距。

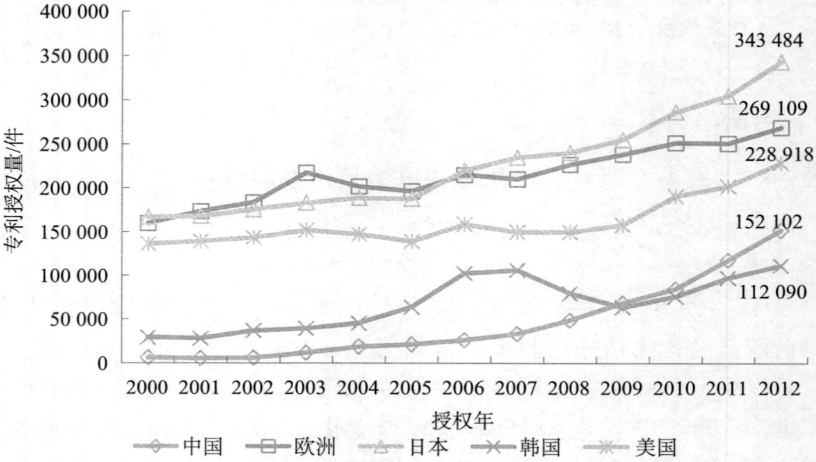

图 7-43　五个国家（地区）授权量随时间的变化（基于来源国）

资料来源：WIPO Intellectual Property Statistics，June 2014

3. 有效专利拥有量

图 7-44 为 2004～2012 年，中国、美国、日本和韩国提交的专利申请中有效专利拥有量随时间的变化趋势①。从图中可见，截止到 2012 年，拥有有效专利最多的国家是日本，共有 237.3 万件有效专利；其次是美国，拥有 168.4 万件有效专利；再次是韩国，拥有 68.0 万件有效专利；拥有有效专利数量最少的是中国，共拥有 49.9 万件有效专利。有效专利的数量反映能够为产业发展保驾护航的知识资产的多少，分析可见，中国拥有的有效专利的数量与中国市场对全球吸引力急剧上升的趋势，以及与中国提交的专利申请量的快速增加趋势均不相匹配，中国急需提高专利申请的质量，提高为产业发展保驾护航的知识资产储备。

---

① 该项统计数据中没有欧洲整体的相关数据，统计年份从 2004 年开始。

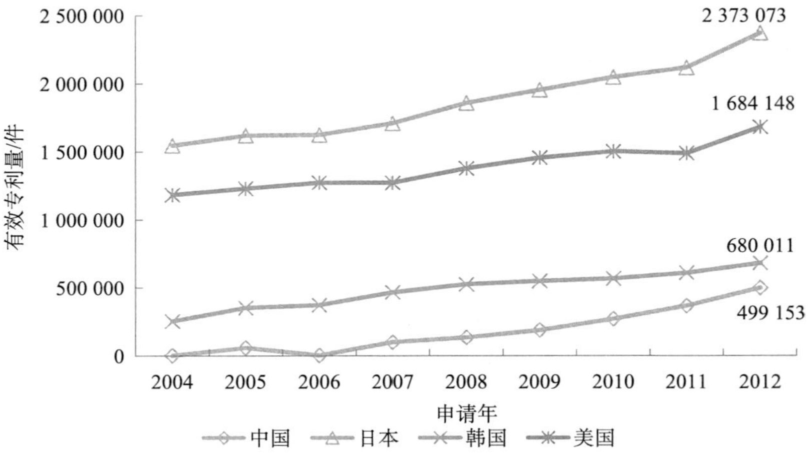

图 7-44　四个国家有效专利量随时间的变化（基于来源国）

资料来源：WIPO Intellectual Property Statistics，June 2014

三、其他目标国家专利表现

澳大利亚、巴西、加拿大、法国、德国、印度、俄罗斯、英国是全球专利申请活动第二梯队的国家，同时也是经济实力和发展速度备受关注的国家。在此，将上述八个国家的专利申请量和授权量进行分析。

（一）专利受理趋势

印度、俄罗斯、巴西等新兴经济体的市场近十年受关注程度增强，与此相对，英国市场的吸引力逐步降低。

图 7-45 为 2000～2012 年，八个国家受理的专利申请的数量随时间的变化趋势。从图中

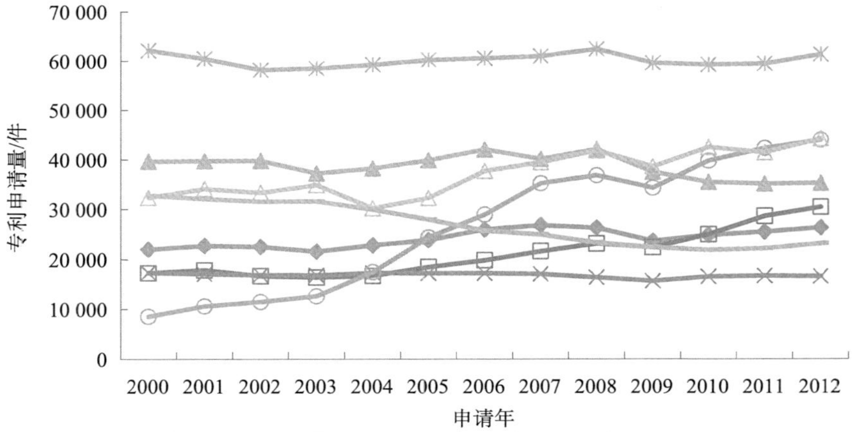

图 7-45　目标国家专利申请量随时间的变化（基于受理国）

资料来源：WIPO Intellectual Property Statistics，June 2014

可见，从受理量看，德国以每年 6 万件左右的受理量位居八国之首，其他国家年专利受理量低于 5 万件。从受理量年度变化趋势看，分为三种情况：德国、加拿大、澳大利亚、法国专利受理量年度变化相对稳定；印度、俄罗斯、巴西年度专利受理量相对呈现上升态势；英国年度专利受理量呈现下降趋势。受理量的变化反映了特定国家（地区）市场受关注的程度，分析表明，新兴经济体如印度、巴西等的市场近十年受关注程度增强。

（二）专利申请趋势

总体来讲，知识产权传统国家近十年的专利申请趋势变化较为平缓又各自有别：德国作为制造业强国，在专利申请数量和质量上均表现出色；巴西从 2010 年开始申请量增幅显著；加拿大、法国专利申请量、授权量稳中有升。上述趋势从一个角度反映了相关国家的技术创新能力。

从来源国角度分析专利申请量，可以了解不同国家（地区）技术创新实力随时间的变化。图 7-46 为八个目标国家提交的专利申请的数量随时间的变化趋势。从图中可见，德国、法国、英国申请人提交的专利申请量位居前三，巴西申请人提交的专利数量最少。从时间趋势看，德国、法国和印度提交的专利申请数量增加趋势相对最为明显，英国、俄罗斯、加拿大、澳大利亚提交的专利申请量整体缓慢增长。

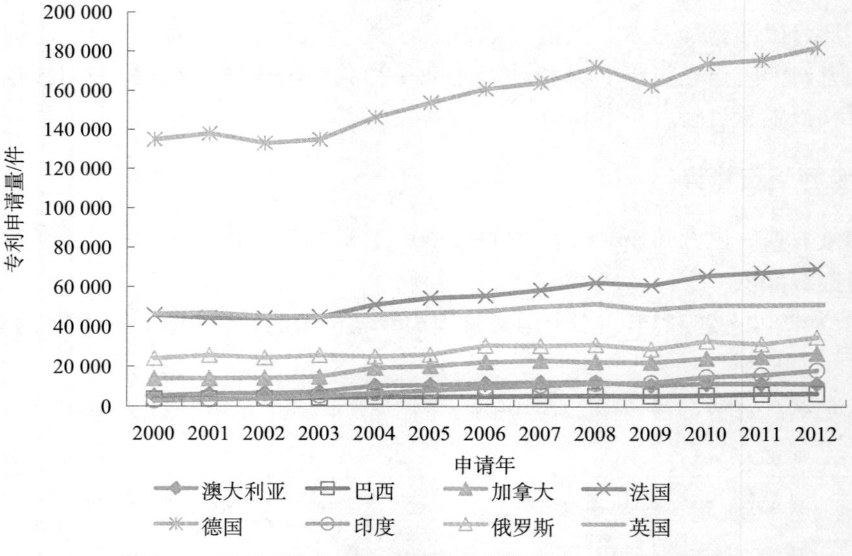

图 7-46　目标国家专利申请量随时间的变化（基于来源国）

资料来源：WIPO Intellectual Property Statistics，June 2014

在目标国家提交的专利申请中，被授权专利数量的变化趋势见图 7-47。从授权专利量看，德国、法国、俄罗斯位居前三，巴西、印度和澳大利亚最少。从时间趋势看，德国、法国、加拿大、澳大利亚、巴西总体呈增加态势；俄罗斯和印度均呈现先增后减的趋势，拐点分别发生在 2009 年和 2007 年；英国在 2004～2009 年授权专利数量降低，随后又快速增加。授权专利数量的多少从一个侧面反映了专利来源国专利申请基数和专利质量的差异，授权专利数量越多，说明该国技术的知识产权资产越充足。

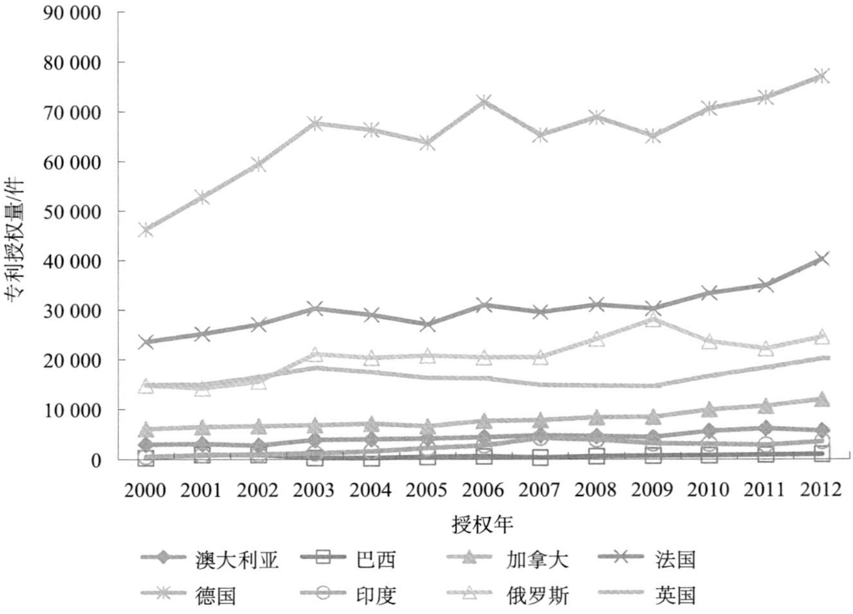

图 7-47 目标国家专利授权量随时间的变化（基于来源国）

资料来源：WIPO Intellectual Property Statistics，June 2014

四、领域分布

专利申请分布在不同的技术领域，同时，不同技术领域的专利申请量变化趋势具有领域依赖性，即不同领域的专利申请趋势表现不同。对全球范围内专利申请趋势按技术领域进行统计，见表 7-3。

表 7-3 全球专利申请的技术领域分布（2008～2012 年）

技术领域		公开年					2008～2012 年年均增长率/%
		2008	2009	2010	2011	2012	
电气工程	电子设备	107 075	112 789	117 141	123 404	145 657	8.0
	视听技术	92 358	86 217	81 079	76 158	78 654	−3.9
	电信	70 447	61 545	57 124	50 305	50 439	−8.0
	数字通信	66 713	70 562	75 388	80 072	89 803	7.7
	基础通信过程	18 218	17 504	16 852	15 715	16 110	−3.0
	计算机技术	135 816	133 934	130 671	134 862	152 923	3.0
	IT 管理方法	22 047	25 319	23 577	23 912	28 307	6.4
	半导体	81 887	79 232	78 079	80 309	86 788	1.5
仪器	光学	75 368	69 974	64 689	61 791	64 779	−3.7
	测量	73 307	77 293	77 831	77 566	94 005	6.4
	生物材料分析	11 847	12 171	11 728	11 946	12 115	0.6
	控制	29 241	29 418	29 038	27 980	32 352	2.6
	医疗技术	79 104	79 335	78 888	79 831	87 376	2.5

续表

	技术领域	公开年					2008～2012 年年均增长率/%
		2008	2009	2010	2011	2012	
化学	有机精细化学	55 049	53 785	53 211	51 814	53 654	−0.6
	生物技术	36 905	38 688	39 230	41 406	42 130	3.4
	制药	75 476	73 341	70 311	70 374	73 236	−0.8
	高分子化学与聚合物	28 953	29 241	28 996	28 915	33 597	3.8
	食品化学	23 966	27 435	28 078	31 009	34 623	9.6
	基础化学材料	41 816	42 745	44 297	45 640	53 209	6.2
	材料、冶金	34 410	35 070	37 265	38 798	47 384	8.3
	表面技术与涂层	31 250	33 066	33 497	34 061	39 280	5.9
	微结构和纳米技术	2 588	2 937	3 197	3 276	3 756	9.8
	化工	35 994	36 370	37 215	38 491	44 119	5.2
	环保技术	22 939	24 519	25 769	26 541	31 681	8.4
机械工程	处理	43 704	43 370	42 930	44 751	50 881	3.9
	机床	39 282	40 997	43 590	46 614	56 197	9.4
	发动机、泵、涡轮机	44 768	48 632	48 823	48 761	55 649	5.6
	纺织和造纸	34 811	32 969	31 218	30 662	34 503	−0.2
	其他特殊机械	47 091	48 101	49 570	51 489	60 591	6.5
	热工艺和设备	26 136	27 460	29 519	29 999	33 937	6.7
	机械元件	48 567	47 811	46 852	47 201	54 052	2.7
	运输	69 438	71 382	67 692	65 988	77 708	2.9
其他领域	家具、游戏	45 475	44 041	42 949	42 503	47 763	1.2
	其他消费品	32 593	32 459	32 498	33 602	38 398	4.2
	土木工程	53 613	55 380	56 561	58 137	66 726	5.6

资料来源：WIPO Statistics Database，June 2014。

在专利申请中，用国际专利分类（International Patent Classification，IPC）来区分技术发明所属的领域，该分类体系与常用的产业分类体系不同，为了更方便地进行各产业、行业之间的对比，世界知识产权组织制作了国际专利分类与产业分类之间的对照表，依据此对照表，表 7-3 对 2008～2012 年不同产业的专利进行统计。

世界知识产权组织的统计表明，2012 年计算机技术（152 923）和电子设备（145 657）是申请量最多的两个技术领域，两个领域的申请占到全球总申请量的 15.1%。

在所有技术领域中，2008～2012 年，微结构与纳米技术领域的专利申请量增长率最高，达到 9.8%；其次是食品化学领域和机床技术领域，增长率分别为 9.6%和 9.4%。此外，环保技术和材料、冶金等领域的专利申请量增长率也较高，分别为 8.4%和 8.3%。同期，电信相关的专利申请量有大幅降低，增长率为−8.0%；视听技术和光学仪器领域的专利申请量也出现较大降低，2008～2012 年申请量的变化率均仅略高于−4.0%。

五、主要结论

本书依据世界知识产权组织的统计数据，参考《世界知识产权指标报告 2012》《世界知识产权指标报告 2013》等，对近十年以来全球专利申请与授权趋势进行了分析，并分别对中国、美国、欧洲、日本、韩国五个国家（地区），以及英国、德国、法国、加拿大、俄罗斯、澳大利亚、加拿大、印度、巴西八国的专利申请与授权趋势进行了对比。此外，对全球专利申请的技术领域分布进行展现。

近十年来，全球范围内专利申请量、授权量、同族专利申请量整体呈现增长态势。在经历了 2009 年全球金融危机的短暂影响而小幅降低后，2010～2012 年全球专利申请量、授权量，以及同族专利申请量均出现反弹，持续近十年的增长大势。

对 13 个国家（地区）专利申请量、授权量，以及有效专利拥有量等指标的分析可见，美国、日本、韩国技术创新实力雄厚，有效专利拥有量位居世界前列。印度、俄罗斯、巴西等新兴经济体市场也受到越来越多的关注，表现为专利受理量呈现上升态势；德国、加拿大、澳大利亚、法国专利受理量年度变化相对稳定；英国年度专利受理量呈现下降趋势。尽管印度、巴西、俄罗斯等受到持续关注，但这些国家面临着和中国类似的问题，即专利申请量大、授权量偏低，需要持续提高专利质量、增加专利技术储备，为本国经济发展保驾护航。

近十年来，中国市场持续受到高度关注，国内外创新者来华申请专利保护的意愿持续高涨，中国已成为全球备受关注的市场。与此同时，中国的专利申请数量大幅增加，但专利质量与美国、日本、欧洲、韩国相比还存在差距。中国拥有的有效专利的数量与中国市场对全球吸引力急剧上升的趋势，以及与中国提交的专利申请量的快速增加趋势均不相匹配，中国急需提高专利申请的质量，提高为产业发展保驾护航的知识资产储备。

在全球范围内，不同技术领域的专利申请表现各异，2008～2012 年，微结构与纳米技术、食品化学领域和机床技术领域专利申请增长率较大。相对而言，电信、视听技术和光学仪器领域的专利申请量出现较大降低。

（执笔：中国科学院文献情报中心　韩　涛　赵亚娟　王学昭　胡智慧）

参考文献

［1］中国科学技术信息研究所．2013 中国科技论文统计结果．http：//www.istic.ac.cn/tabid/640/default.aspx.［2014-03-10］.

［2］Adams J. The rise of research networks. Nature，2012，490：335-336.

［3］Katz J S，Martin B R. What is research collaboration? Research Policy，1997，26（1）：1-18.

［4］Wagner C S，Leydesdorff L. Network structure，self-organization，and the growth of international collaboration science. Research Policy，2005，34（10）：1608-1618.

［5］Laudel G. Studying the brain drain：can bibliometric methods help? Scientometrics，2003，57（2）：215-237.

［6］OECD. The measurement of scientific and technological activities. Proposed guidelines for collecting and interpreting technological innovation data：Oslo manual. http：//www.oecd.org/dataoecd/35/61/2367580.pdf［2014-03-10］.

［7］Archibugi D. Patenting as an indicator of technological innovation：a review. Science and Public Policy，1992，19（6）：357-368.

［8］van der Drift J. Statistics of European patents on legal status and granting data. World Patent Information，1988，10（4）：243-249.

［9］Ernst H. Patent information for strategic technology management. World Patent Information，2003，25（3）：233-242.

下篇 科技政策发展态势的国别考察

第八章　美　国

2002～2012 年，美国经历了布什总统与奥巴马总统当政时期。为进一步提高国家竞争力，布什总统在任期间制订了 10 年期美国竞争力计划；奥巴马总统在任期间政府积极应对全球金融危机，制定了美国创新战略，从而确保国家优先领域取得进展。为促进联邦资助科研成果的技术转移与商业化发展，美国探索了多种形式的产学研合作机制与政策，为创新注入了新的活力。本章将重点从美国近十年的战略规划、科技政策、研发投入与基础研究重点等方面分析美国的科技创新态势。

第一节　科技与创新战略

从布什总统到奥巴马总统，为保持美国的技术竞争力与国际竞争力，科技与创新战略都受到政府的高度重视。布什总统在任期间政府制订了美国竞争力计划以加大联邦政府对物质科学与工程的研发投入，增强对科学、技术、工程与数学领域的教育支持。奥巴马总统当政期间政府在应对国际金融危机的背景下，提出了美国创新战略，以促进国家优先领域的突破、推动基于市场的创新。

一、美国竞争力计划

应国会评估美国技术竞争力的要求以及维持和提高竞争力的建议，2005 年 10 月中旬，美国国家科学院发表了《站在正在聚集的风暴之上》报告，要求通过加强美国的研究和教育系统以确保国家经济的健康发展，其中，培养更多更优秀的科学和数学教师的任务位居榜首。报告同时呼吁联邦政府加大对科学研究特别是物质科学和工程学的投入，增加对有志成为科学家的年轻学生的支持。

2006 年 1 月，美国总统布什在国会发表的国情咨文中宣布了“美国竞争力计划”。同年 2 月，白宫科技政策办公室国内政策委员会发布了一份题为“美国竞争力计划”的文件，提出今后 10 年美国为进一步提高其国家竞争力而在促进研发、创新和教育方面所要采取的行动。

2007 年 8 月，国会参众两院以绝对优势通过了《美国竞争力法案》（2007）（全称为《为有意义地促进杰出技术、教育与科学创造机会》）[1]。《美国竞争力法案》（2007）被誉为美国未来几年科学事业的路线图，它涉及美国联邦政府六个机构。这是一份旨在通过加大对物质科学研发的投入力度和促进创新而提高国家实力的中长期计划，对其后十年乃至更长时间内美国的科技发展都将产生影响。其重点是研究、创新和教育，根本目的在于通过保障美国在创新方面的世界领导地位，从而使美国在科技领域保持领先，以保障美国的强大与安全。

2011 年 1 月，奥巴马总统签署了《美国竞争力法案》(2010)[2]。从 2011 财年开始的 3 年内，国家科学基金会、国家标准与技术研究院、能源部科学办公室的预算将继续增加：国家科学基金会将分别获得 74 亿美元、78 亿美元和 83 亿美元；国家标准与技术研究院将获得 9.19 亿美元、9.71 亿美元和 10.4 亿美元；能源部科学办公室将获得 53 亿美元、56 亿美元和 60 亿美元。此外，法案还在 3 年内为美国能源部能源先进研究计划署分别提供 3 亿美元、3.06 亿美元和 3.12 亿美元的资助。法案鼓励国家标准与技术研究院与私营部门合作，在绿色制造、高性能绿色建筑、云计算、医疗信息技术、智能电网等重要产业建立标准。

二、美国创新战略

早在 2008 年 9 月，作为美国民主党总统候选人的奥巴马就已公布了他的“科学与创新规划”[3]，并获得了 61 位诺贝尔科学奖得主的联署支持，提出如竞选成功将领导美国的科技创新进入一个新纪元。从就职开始，奥巴马总统就在奠定未来创新经济的基础方面迈出了历史性的步伐。

2009 年 9 月，美国总统奥巴马、白宫科技政策办公室和国家经济委员会联合发布了《美国创新战略：推动可持续增长和高质量就业》的报告[4]。其创新战略的主要内容包括三方面：投资美国创新的支撑基础；促进有利于刺激创新企业家精神的竞争性市场；催化在国家优先领域的可能突破。

2011 年 2 月，奥巴马政府发布了《美国创新战略：确保经济增长与繁荣》[5]，对 2009 年《美国创新战略：推动可持续增长和高质量就业》进行深化，进一步明确美国的创新目标和战略措施。新创新战略提出了三大行动：①促进国家优先领域的突破。发动清洁能源革命；加速生物科技、纳米科技和先进制造的发展；推动空间应用的突破；推动健康科技的突破；促成教育技术的飞跃。②促进基于市场的创新。通过研发税收减免加速企业创新；通过知识产权政策促进对创造力的投资；鼓励高增长性和创新性企业发展，促进创新性、开放和竞争性的市场。③投资美国创新基础。使美国人掌握 21 世纪的技能，建立世界一流的劳动力；强化美国在基础研究领域的领导作用；建设一流的物理基础设施；建设先进的信息技术生态系统。

第二节　科技政策与措施

一、规范联邦机构科研诚信、研发协调与监管

2010 年 12 月，美国科技政策办公室发布了关于政府部门与机构制定科研诚信政策的高级指南，提出了科研诚信规章的最低标准，要求各部门与机构在 120 天内制定自己的科研诚信规章。

2011 年 3 月，美国白宫跨部门新兴技术政策协调委员会发布了联邦部门层面新兴技术监管指导原则备忘录[6]，以指导各部门协调与监管纳米技术、合成生物学与遗传工程等新兴技术的研发。

二、促进先进制造创新的跨机构合作

2011 年 6 月，美国总统奥巴马宣布了一项超过 5 亿美元的“先进制造业伙伴关系”计划（AMP）[7]，以期通过政府、高校及企业的合作来强化美国制造业。

2012 年 3 月，奥巴马宣布，由美国国防部、能源部、商务部与国家科学基金会联合投资 10 亿美元发起制造业创新国家网络计划。在全美建立由 15 个制造业创新研究所组成的创新网络，使企业、大学、社区学校、联邦机构、州政府联合起来对企业相关制造技术进行投资，从而为基础研究与产品开发之间的鸿沟搭建桥梁，为企业提供可共享资产，尤其是向中小企业提供前沿技能与设备，并为教育和培训拥有先进制造技能的学生与工人提供优越环境。

2012 年 5 月，美国政府商务部经济发展署、国家标准技术研究院、能源部、劳工部、小企业署和国家科学基金会启动了总投资为 2600 万美元的跨机构“先进制造就业与创新加速挑战计划”[8]。该计划的主要目标是：制定和执行能够支持先进制造及其集群发展的区域驱动经济发展战略，促进创新拉动的就业增长。该计划将通过跨机构竞争资助程序选出 12 个项目，资助期为 3 年，其意义在于，研究人员仅提交一份申请即可得到多家联邦机构对项目的互补性资助，从而有利于全面支持先进制造业及其集群发展。

三、加速能源技术创新

2009 年 10 月，能源部能源先进研究计划署向由大学、企业与国家实验室组成的 37 个研究团队提供资助，支持他们开展能源前沿技术变革性研究[9]。每个项目平均获得资助经费 400 万美元，最长资助周期为 3 年，资助规模远高于能源部普通的能源基础研究与应用研究项目。

2009 年 12 月，能源部宣布计划投资 3.66 亿美元新建 3 个能源创新中心，以加快 3 个重要能源领域的研发[10]。每个能源创新中心 5 年内将获得 1.22 亿美元的支持，从而集聚多学科研究团队，以加快具有潜力的能源相关技术的研究进度，并缩短从科学发现到技术开发与商业化示范的时间。

四、美国国家科学基金会的资助政策与计划

（一）制订新的战略规划

2011 年 5 月，美国国家科学基金会发布了名为“通过发现与创新壮大美国——美国国家科学基金会 2011～2016 年战略规划”的报告[11]，为美国国家科学基金会未来 5 年的优先领域和投资确立了路径，并对美国国家科学基金会的远景做了精炼的概括：①转变前沿，注重研究与教育的无缝集成、研究基础设施与科学发现的紧密结合：加强革新性研究；培养造就多样化的科学、技术、工程与数学劳动力；通过加强国际合作增强美国在知识前沿

领域的国际竞争力；通过加强基础设施建设和方便数据访问，支持研究人员和教育人员的能力建设。②创新服务于社会：使投资有益于社会；通过科学与工程建立美国公民应对社会挑战的能力；支持创新型学习系统的开发。③作为一个模范组织：通过领导、机构问责和个人责任实现卓越管理；强调职业发展和个人成长，使学习成为美国国家科学基金会文化中的重要因素；鼓励和维持创造与创新文化。

（二）制定可使研究人员灵活选择工作地的新政策

2011 年 9 月，美国白宫科技政策办公室发布其与美国国家科学基金会共同制定的新的工作场地灵活性政策[12]，以方便美国科学家照顾家庭。

主要内容包括：①对于有照顾新生婴儿或收养婴儿需求的获资助者，允许他们将资助期限往后推迟最多一年；②获资助者有休育婴假需要的可以将资助期限延长而无须承担任何损失；③当首席研究员因家庭休假而暂离岗位时，可以申请用以支付技术人员的津贴，以维持实验室运转；④开展对鼓励妇女留在科学、技术、工程与数学岗位相关政策的有效性研究与评估；⑤扩大美国国家科学基金会与学术机构之间的合作伙伴关系，鼓励延长获得终身职位所需的任期时间（tenure clock）；⑥参加项目评审的研究人员可采取虚拟评估而不一定到实地考察；⑦美国国家科学基金会将修订目前的计划，使其以更加友好的方式接纳有资格的资助获得者。

（三）资助高风险前沿项目

为推进科学和工程领域的最前沿研究，2007 年 8 月，美国国家科学基金会在工程委员会下成立了“研究与创新新兴前沿办公室”（the Office of Emerging Frontiers in Research and Innovation，EFRI）[13]，专门资助那些高风险、跨学科的项目。研究与创新新兴前沿办公室是推动美国国家科学基金会关注重要新兴领域的关键性机构，将在每一年度遴选并资助若干工程领域的新兴前沿跨学科项目。

（四）促进产学合作的新计划

2010 年 6 月，美国国家科学基金会推出了“加快创新研究”（AIR）计划[14]，该计划会资助两类不同性质的活动，总的目的是通过支持研究与合作以克服创新路径中的障碍，加快创新步伐，强化美国的创新生态系统。一类名为“技术转化规划竞赛”，主要促进美国国家科学基金会研究人员将无数具有技术潜能的基础研究发现转化为商业成果，同时鼓励研究人员及学生的创新思索和创业精神。另一类名为“研究联盟竞赛”，主要强化美国国家科学基金会现有研究联盟同其他机构之间的联系，促进将研究和技术成果更快地转化为新企业或使其在现有公司得到实现；发展大学研究人员和其他机构之间的联系网络，促进其向创新生态系统的转化；借助创新生态系统实现就业增长；让学生有机会了解创新与创业。

2010 年 8 月，美国国家科学基金会出台了产学合作中心基础研究计划[15]。该计划针对产学合作中心推出，主要支持来自这些中心的产业基础研究项目提案，以此拓宽这些合作中心承担项目的范围和视野。项目首席研究员必须是某一产学合作中心的主任。其他合作中心参与者可以作为联合首席研究员。每个中心只能提出一项申请。这些项目必须有可测度的工业界参与和合作，必须证明所提议的工业界合作能够将这些中心的能力拓展到那些单凭它们自身力量难以企及的项目和领域。项目未要求成本分担。

2011 年 7 月，美国国家科学基金会宣布与考夫曼基金会、德什潘德基金会联合发起新的产学合作伙伴关系计划——“创新团队”（Innovation Corps，I-Corps）计划[16]。这是一项鼓励公私合作的奖项计划，目的是使美国国家科学基金会所资助的研究能够与技术、企业与商业群体建立联系，使科学发现与技术开发和社会需求相结合，从而促进国家创新生态系统的建设，以增强美国的全球竞争力。

2012 年 11 月，美国国家科学基金会发布了“学术与工业联系重大机会计划”（GOALI），意在通过项目资助和培训来促进大学与工业界的合作，资助工业界不支持的变革性研究[17]。该计划以高风险、高回报研究为主要目标，重点支持领域包括基础研究、解决一般性问题的新方法、发展创新性的大学-工业界合作教育计划、新知识在大学和工业界之间的直接转移。

2012 年 7 月，美国国家科学基金会公布了名为“创新合作伙伴关系：建设创新能力”的新计划[18]。瞄准具有坚实科学或工程基础的研究发现，通过学术界与小企业建立合作伙伴关系，将这些发现转化为具有潜在市场价值的产品与方案，并提高合作各方的创新能力。计划包括两项子计划：一项重点是早期创新能力建设；另一项旨在加速后期创新研究。

（五）资助新的跨学科交叉中心

2008 年 9 月，美国国家科学基金会宣布投资 1600 万美元在田纳西大学建立国家数学与生物学综合研究中心（NIMBioS）[19]，以促使生物学家和数学家共同寻求这两个学科疑难问题的创造性解决方案。企业合作伙伴包括 IBM 和美国环境系统研究所公司（ESRI）。田纳西大学和橡树岭国家实验室的高性能计算专家也将同该中心的科学家合作解决有关高性能计算动力方面的难题。预计每年会有 600 多名研究人员来到这里参加该所举办的会议研讨。

2008 年 10 月，美国国家科学基金会宣布资助第三代工程研究中心，投资约 9250 万美元建立 5 个新的工程研究中心（ERC）[20]，以同工业界合作开展跨学科研究与教育计划。2011 年 8 月，美国国家科学基金会宣布投资 7400 万美元创建 4 个新的工程研究中心[21]，以促进在跨学科研究和教育领域与工业界建立伙伴关系。这些工程研究中心的共同目标是创造知识和在重大社会问题解决方面的创新，如健康和可持续发展的挑战，同时推动美国企业的竞争力。第三代工程研究中心更加强调创新和创业，强调同小型研究型公司的合作，强调国际合作和文化交流，其目的在于促进创新过程，并使富有创新精神和创造力的工程领域毕业生懂得如何在一个工程人才已遍及全球的环境中去发挥更大的作用。目前，美国国家科学基金会已在生物技术、医疗保健、能源、可持续发展、基础设施、微电子技术、传感、信息技术等领域创建了 17 个工程研究中心。

五、美国国立卫生研究院的资助政策与计划

（一）针对青年研究人员的新计划

2007 年 3 月，美国国立卫生研究院启动了针对新创新者的研究资助计划——院长创新奖（New Innovator Award）[22]。该计划的目标是刺激高度创新性的研究和支持有希望的新研究人员。“新研究人员”是指在 1997 年以后获得博士学位且从未在研究项目中担任过首

席研究者或领导人的研究人员。美国国立卫生研究院计划在 2007 年至少资助 14 位新研究人员，为每位新研究人员提供为期 5 年的直接成本至少为 150 万美元的研究资助。

2010 年 9 月，美国国立卫生研究院与阿尔伯特和玛丽·拉斯克基金会联合发起“拉斯克临床研究学者计划”[23]，该计划拟为医学博士提供临床研究项目资助，使临床研究人员在早期生涯期间获得在美国国立卫生研究院临床中心 5～7 年的临床研究机会，以搭建临床研究与改进医疗护理之间的桥梁。在成功完成第一阶段的研究实践后，临床研究人员将获得作为高级临床研究科学家留在美国国立卫生研究院工作的机会，或者在大学和其他外部研究机构申请为期 4 年的独立财政支持。

2010 年 10 月，美国国立卫生研究院公布了名为“早期生涯研究者”的政策[24]，其目的是改进同行评议过程，以达到“支持由最优秀的科学家承担最好的科学，同时最大限度地减轻管理负担”的目的。新政策规定：新研究人员获得资助的成功率应与已获得一定地位的科学家相近；早期生涯研究者应包括大多数受资助的新研究者；早期生涯研究者申请应尽可能放在一起进行评审，以便与处在同一生涯阶段的科学家相比照，从而使评审更加有效。

2011 年 8 月，美国国立卫生研究院宣布将于 2012 年 9 月联合辉瑞公司与霍华德·休斯医学研究所共同支持一项新的医学研究学者计划[25]。该计划把霍华德·休斯医学研究所和美国国立卫生研究院共同发起的研究学者计划与美国国立卫生研究院的临床研究培训计划（CRTP）结合起来，既不同于前者主要重视基础科学研究，又不同于后者主要聚焦于临床与转化研究。该计划会为学生提供与美国国立卫生研究院院内各基础科学实验室的研究人员共事、合作，以及在美国国立卫生研究院临床中心参与临床与转化研究的机会。

2011 年 9 月，美国国立卫生研究院宣布设立可加快杰出年轻研究人员进入独立研究岗位的“美国国立卫生研究院院长早期独立资助计划”[26]。该计划将由美国国立卫生研究院共同基金提供支持，由美国国立卫生研究院院长办公室和各研究所（或中心）共同管理。美国国立卫生研究院计划在未来 5 年里对该计划投入 1930 万美元。在该计划的支持下，受资助人在完成博士学业后一年内即可向机构提出申请，批准后即可成为该机构员工（但不一定进入终身职位）并开始独立研究的生涯，从而充分发挥他们的创造性、自信心和动能。

（二）可加速生物医学取得重大突破的新计划

2009 年 4 月，在美国经济复兴法案的拨款支持下，美国国立卫生研究院宣布设立研究与研究基础设施方面的高额资助计划——“重大机遇”计划[27]。“重大机遇”计划项目选取的原则是应能加速重大突破，促进前沿技术的早期和应用性研究，以及有利于增进多学科与跨学科研究团队之间的协同和互动的新途径。

2011 年 9 月，美国国立卫生研究院宣布其共同基金支持下的 3 个创新性研究计划：美国国立卫生研究院主任先驱资助、新创新者资助和转化研究项目，共资助了 79 个项目[28]。该计划资助的不是常规与渐进式的研究项目，其目的是促进生物医学研究各领域出现大的飞跃，以使研究人员可以进入全新的研究方向和领域，旨在激励创新性科学思想，以推进学科前沿，促进研究转化，增进国民健康。

（三）促进创新成果商业化的新计划

许多成功的生物医疗产品都是来源于美国国立卫生研究院获得早期技术许可的生物制

药和生物技术公司。2007 年 7 月，美国国立卫生研究院启动了一项基于网络资源的新计划(Pipeline to Partnerships，P2P)[29]，其主要目的是使美国国立卫生研究院能够将其通过小企业创新研究计划（SBIR）和小企业技术转移计划（STTR）所资助的项目研究成果尽快商业化。借助该计划所建立的网络平台，美国国立卫生研究院受许可人以及小企业创新研究计划和小企业技术转移计划资助项目获得者可以在这里展示他们的技术和产品，进而得到被潜在的战略合作伙伴和投资者赏识的机会。潜在合作方将在一大批产品和技术开发中发现所希望的美国国立卫生研究院受许可人，从而可以在研究与发展过程和后续阶段的临床试验中分摊成本、共享基础设施，以及分享经验。

2012 年 5 月，美国国立卫生研究院启动了“为旧化合物寻找新用途”的计划[30]，以促进制药企业与学术界共同合作加快新药物开发。美国国家转化科学促进中心（National Center for Advancing Translational Sciences，NCATS）已经与辉瑞、阿斯利康、礼来三家著名制药公司签署合作协议，接手这些公司已经研发出的旧化合物，使参加该项目的研究人员可以在线浏览三家公司已开发药物的基本信息。如果研究人员的项目申请获得成功，这些公司还将向研究人员提供药物安全性、药动力学、剂量等方面的详细数据。这些化合物只占三家公司所拥有产品的极少部分。美国国立卫生研究院还希望能够有更多的公司参与该计划。美国国立卫生研究院为这些试点项目制定了合作协议模板以处理各项目在执行过程中使用与开发的知识产权问题。协议指出：制药公司保留对原药物的所有权，研究人员拥有该研究项目的新发现知识产权，并有权发表研究成果，此外制药公司有申请使用许可的优先权。

第三节 科技经费投入

一、研发经费投入来源

美国研发资金主要包括联邦研发资金、企业研发资金及其他来源研发资助。

（一）联邦研发资金

联邦研发资金的总量在过去几年中一直呈现稳定增长趋势，尽管有些年涨幅较小，而1993～2003 年由于美国国立卫生研究院研究经费的加倍出现了更大上涨，但联邦研发支持在美国整体的研发支持中的比例已经变小。在 20 世纪 80 年代早期到中期，联邦研发资金占所有研发资金的 45%，但过去几年中，该比例已经下降为约 26%。受《2009 年美国复苏与再投资法案》影响，2010 年联邦研发投入比 2009 年整体增长 4.20%，达到 1141 亿美元，2009 年为 1095 亿美元（图 8-1）。

（二）企业研发资金

2010 年企业对研发的支持资金达到 2603 亿美元，比 2009 年的最终估计值 2531 亿美元资金上涨了 2.84%（2009 年资金比 2008 年降低了 5.5%）。2008 年发生经济危机时，2009 年研发预算已经编制完成，而 2010 年研发预算正在制定的时候，经济就开始恢复（或者至少看到一些希望），尽管在有些行业还可能出现下降，但是 2009 年的整体下降会成为过去

（图 8-1）。

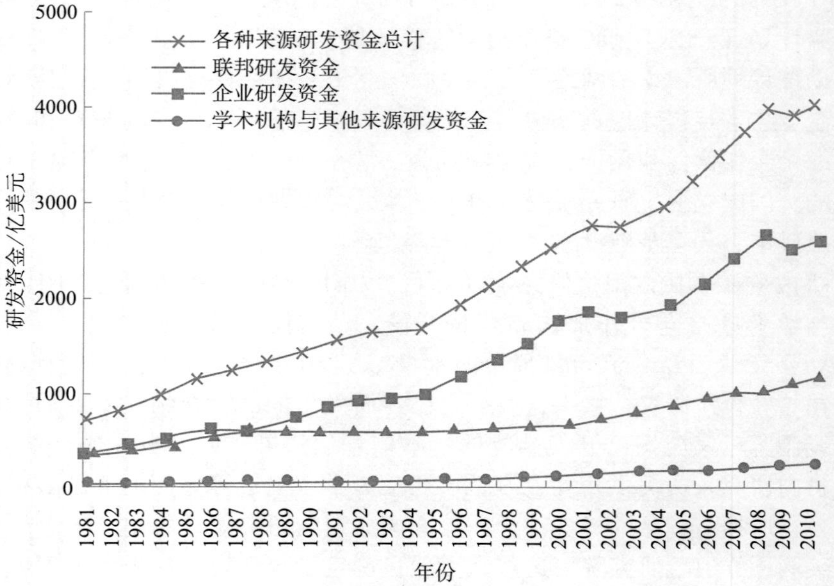

图 8-1　1981～2010 年美国研发资金的主要来源

资料来源：R&D Magazine

（三）其他研发资金

总体来说，联邦政府和企业提供了美国所有研发资金的 93%。另外三个资金来源（非营利性机构、学术机构和其他）虽然是研发资金总数的一小部分，却仍然很重要。它们将资源提供给特殊的需求，或者为研发执行者所在区域提供潜在的经济效益。

学术机构的资金（尤其是通过一般性机构支持、赠予，以及知识产权收入）在 2010 年达到 117 亿美元，比 2009 年的 111 亿美元增长了超过 5%。这个增长率也受到了 2008～2009 年经济危机的影响。因严峻的财政压力，其他政府（即州和地方政府）研发支持在 2010 年比 2009 年降低 1.35%（图 8-1）。

二、研发经费执行情况

分析来源-执行者矩阵的情况可以使我们更具体地了解企业、学术界、非营利性机构在美国研发中的作用。

（一）联邦政府

联邦政府研发执行者所获得的联邦资金（内部研究）在 2010 年增长 1.70%，达到 283 亿美元（按照 2010 年的美元价值），但联邦政府研究占美国研发资金的比例已经多年持续下降。联邦政府研究只占了 2009 年所有研究经费的 7%。由于通过《2009 年美国复苏与再投资法案》向某些联邦研究活动与设施提供了资金，其比例在 2009 年和 2010 年有稍许上升，可超过 7%。需要注意，虽然这种联邦政府研究非常重要，但是从资金的角度来看，它们仅占联邦年度研发投资总额的不足25%。

（二）企业部门

整体而言，美国企业研发执行者通过所有资源在2010年获得的资金达到2387亿美元，相较于2009年增长了2.8%（增长超过77亿美元），但比2008年还是下降了2.1%。这表示，从执行的角度来看，虽然我们在2009年看到一些回升，但是即使按照现在的美元价值衡量，要赶上两年前的水平仍然需要一年多的时间。

尽管开放创新很重要，企业与外界的联合研究活动机制也越来越常见，但事实是，企业在投资研发时，主要关注自身或者其他公司。超过98%的企业研发资金都保留在企业内部，这一水平在过去10年非常稳定。企业执行其自身的研发活动或者为其他公司进行的合同研发在2010年达到2559亿美元，相较于2009年上涨了2.85%，但是相对于2008年来说下降超过5.5%。企业支持和进行的研发推动了美国的整体研发活动，因为2560亿美元的研发水平占了美国研发资金的将近64%。

（三）学术机构（大学和学院）

学术界的研发在2010年达到583亿美元，相较于2009年的548亿美元上涨6.39%。关于学术研发最令人惊讶的一点是其资金分配的稳定性。学术研发的投资组合每年很少有变动，其中60%来自联邦资金，20%来自内部资金（大学和学院），还有20%来自企业、州政府、地方政府和非营利性机构。

（四）联邦资助的研发中心（国家实验室）

目前39个联邦资助的研发中心（FFRDC）虽然由企业集团、大学或非营利性组织管理，但是其研发经费几乎完全来自联邦政府。2010年，联邦资助的研发中心获得160亿美元的联邦资金，相较于2009年的154亿美元上涨3.90%。上涨主要由于通过能源部科学办公室划给联邦资助的研发中心大约16亿美元的《2009年美国复苏与再投资法案》资金。

（五）非营利性机构

整体上看，非营利性机构执行的研发在2010年达到163亿美元，相较于2009年159亿美元上涨了2.51%。非营利性机构来自自筹渠道或者其他非营利机构的研发资金大约占其所有研发资源的51%。联邦政府是非营利性机构第二大支持者，联邦支持资金在2010年达到64亿美元，占了非营利性组织研发经费的39%。最后，非营利性研究机构会在2010年执行价值15亿美元的企业研究。

三、联邦研发总经费的构成特点

2000～2004年，联邦研发经费投入快速增长；2004年以后，联邦研发经费投入大体稳定在1400亿美元。从研发经费的构成来看，开发经费呈大幅增长态势，而研究经费基本稳定在600亿美元，设施经费变化不大（图8-2）[31]。

由 2010 年联邦国防与非国防研发预算分析可以看出（图 8-3）[32]，国防研发经费远高于非国防研发经费投入。2010 年国防研发经费 800 余亿美元（其中开发经费约 750 亿美元），非国防研发经费约 650 亿美元（其中基础研究经费约 300 亿美元、应用研究经费约 200 亿美元、开发经费约 100 亿美元）。

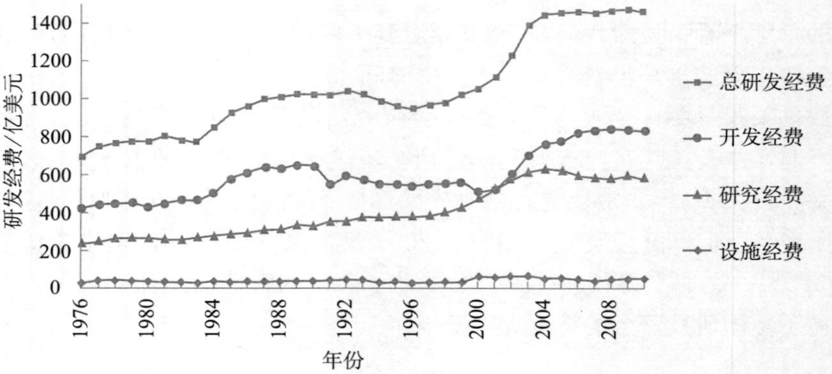

图 8-2　1976～2010 年美国联邦研发经费构成

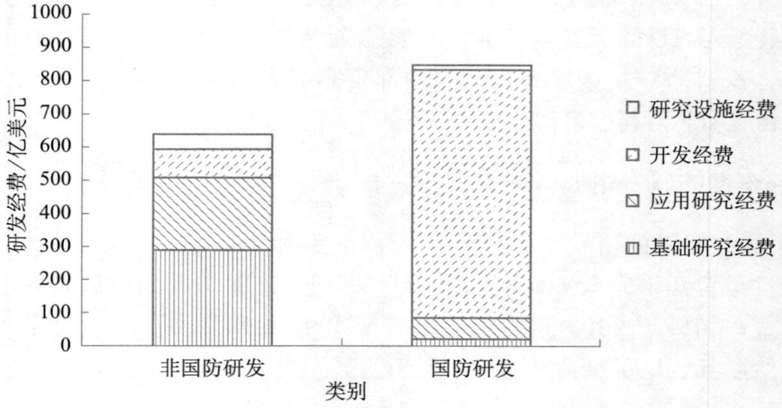

图 8-3　2010 年美国联邦国防与非国防研发经费构成

四、联邦研发经费各领域的变化特点

分析主要联邦机构的研发经费情况可从一个侧面反映出各领域研发经费的变化特点（图 8-4）[32]：2000 年以来，国家科学基金会研发经费总体呈上升态势；2000～2004 年，国立卫生研究院研发经费快速增长，2005 年之后基本保持稳定；2000～2005 年，国家航空航天局经费快速增长，2005 年之后逐渐下降。

主要领域研发经费情况显示（图 8-5）[32]：2000 年以来生命科学领域的研发经费一直远高于其他领域，年度预算经费长期保持在 300 亿美元左右；其次是工程学领域，2000 年以来工程学领域年度研发经费从起初的 75 亿美元增加到 100 亿美元左右；再次是物质科学领域，年度研发经费保持在 60 亿美元左右。

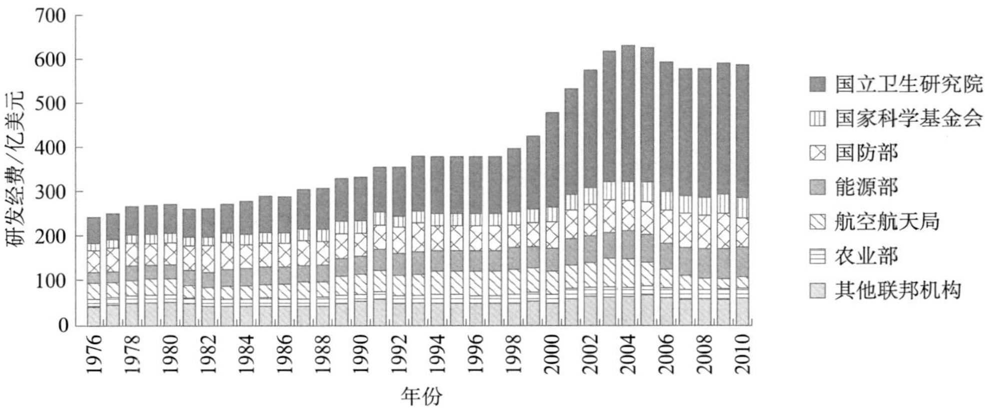

图 8-4 1979～2010 年美国主要联邦机构研发经费变化

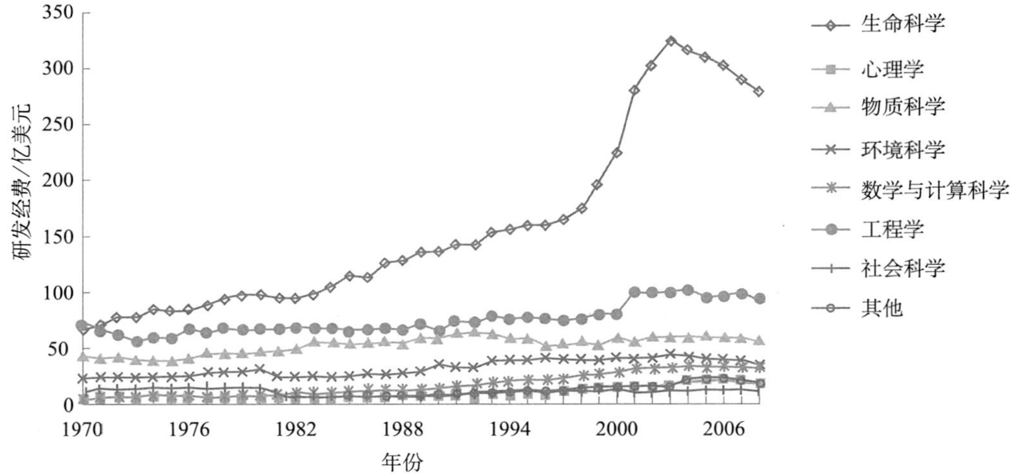

图 8-5 1979～2008 年各领域联邦机构研发经费变化

第四节 优先领域的确定

一、联邦政府优先领域的确定

美国没有单独的、整体的研究预算。研究活动不得不与同部门或机构内的其他活动竞争经费（只有美国国家科学基金会和美国国立卫生研究院以科学研究为唯一使命）。研究经费在美国财政预算中属于弹性预算部分，比固定预算部分小很多。因此，在美国经济状况良好和整体预算增加的情况下，研究投入增加的可能性较大，但还受到总统财政预算规定限额所限。

美国科学优先领域的确定机制可以描述如下：部门、机构向政府提供详细的预算建议，如提交到白宫科技政策办公室和管理与预算办公室（真正具有实权）。优先领域的确定实际上是各部门、机构高层领导和管理与预算办公室之间长达几个月的相互妥协的谈判过程。

在这个过程中管理与预算办公室对各项目是否列入预算以及资助水平具有决定权。

（一）政府层面科技优先领域的确定机制

白宫科技政策办公室通常在具体财政预算年度的前两年对各部门与机构的优先领域给出总体的指导意见。美国国家科学技术委员会在设置研究议程、协调联邦政策、协调跨机构科技研究项目中具有战略作用。

白宫科技政策办公室就包括预算在内的一系列问题向总统提出建议，协调各联邦机构及其他组织的协作。白宫科技政策办公室的负责人也是总统的科学顾问。管理与预算办公室会根据国家预算上限调整各部门与机构的预算申请。在管理与预算办公室与科技政策办公室审议预算申请时，部门与机构之间会进行一些商讨和谈判。几个月后，最终的政府预算议案被提交到国会。

总统科技顾问委员会是由许多顶尖科学家和工程师组成的顾问小组，负责向总统和副总统提供建议，并负责制定各种对加强美国经济有关键作用的科学、技术和创新政策，以及为美国公民制定政策。

美国国家科学理事会是另一个由总统任命的科技顾问委员会，其职责主要是负责监督美国国家科学基金会，还必须向总统和国会提出国家科学优先领域建议。另外，美国国家科学院和专业科学学会的宣传游说机构在提供国家层面的科学技术优先领域建议中也具有重要作用。

（二）国会层面科技优先领域的确定机制

美国国会在优先领域确定体系中发挥着特殊的重要作用，不同部门与机构的研究经费由不同的授权和拨款委员会及其下属分委会处理。财政预算在众议院和参议院都要进行讨论，不同的委员会及其分委会（如众议院科学与技术委员会研究与科学教育分委会处理美国国家科学基金会的预算议案）对白宫所提交议案的内容进行处理和审批。每个委员会都包括一些科学家。知识丰富的国会研究服务部人员帮助委员会成员完成所需工作。委员会最终决定是否同意经费申请。在国会审议期间，各部门与机构的负责人会被要求参与某个或某些具体问题的听证。国会的审议过程经常持续很久，有时在下一个财年开始时还没有决定该财年的预算计划。如果出现这种情况，国会将授权各部门与机构按照上一年的预算水平执行。

二、美国国家科学基金会优先领域的确定

美国国家科学基金会的使命包括：促进科技进步；提高国民健康、国家繁荣程度和社会福利；增强国防安全等。美国国家科学基金会是唯一以支持除医学外的全部基础科学和工程研究为任务的联邦机构。

美国国家科学基金会优先领域的确定始于向美国国家科学基金会提交研究申请的研究人员。美国国家科学基金会的核心计划是由研究者主动提交申请的学科计划。由于这些申请是非征集的，研究者需要自己确定研究方向、研究趋势和新的优先领域。因此，美国国家科学基金会资助的大多数研究项目自下而上地受科学界选择的影响。估计美国国家科学基金会资助项目约有85%来源于这种自下而上的选择。此外，其他一些学科这种自下而上

的资助方式体现得更明显。例如，天文学研究通常需要大量的基础设施，因此该领域通常提前 10 年做规划。领域之外很少有人能够对技术需求和研究潜力进行评估。同时，对于计算科学和数学，学术价值是唯一的评价标准。

尽管大多数美国国家科学基金会研究资助评审是自下而上的过程，但最终决定并非完全基于同行评议。尽管美国国家科学基金会通过专家小组对项目申请书进行评估，但最终决定还要基于申请项目的潜在的广泛影响。这也是美国国家科学基金会为什么使用“价值评议”这一术语的原因所在。所谓广泛影响包括：如何对教育做出贡献，如何实现某个具体社会目标，如何影响少数民族招聘，等等。尤为重要的是项目如何促进教育和培训，因为教育是技术转移的最好形式。

三、美国国立卫生研究院优先领域的确定

美国国立卫生研究院的战略规划和优先领域的确定是一个高度协商的进程，需要对公共卫生需求和现有研究的不足、机遇与优先事项等方面进行广泛的讨论。美国国会通过美国国立卫生研究院的授权和拨款程序，设定研究所和研究中心的资助级别、确定部分研究所和研究中心的任务、引导美国国立卫生研究院关注特定研究领域。

美国国立卫生研究院的多数战略规划都由不同的研究所和研究中心共同提出。每个美国国立卫生研究院研究所或中心都有独特的程序用以确定和发布其战略规划。这些规划对研究所和研究中心选择拨款对象会产生影响。许多研究所和研究中心也有疾病和特定项目的战略规划及研究议程。

美国国立卫生研究院的战略规划和优先领域的确定是一个非常复杂的过程。通过专门委员会、工作组、会议、征集活动等选择建议后，再进行优先领域的确定。此过程需要在研究人员个人、研究团队和学术团体、患者、研究所和研究中心的内部顾问组织、美国国立卫生研究院主任的顾问委员会，以及美国国立卫生研究院内部人员之间进行磋商。政府（特别是国会）是优先领域确定的主要影响因素，其重要性也许要远远超过其他国家对优先领域确定的影响。在美国，另一个独一无二的特点是患者群体在优先领域确定中起到很大的影响力。尽管如此，获得资助的项目基本是一个自下而上的过程。

美国国立卫生研究院前主任 Elias Zerhouni 博士公布了美国国立卫生研究院路线图，这是整个机构的战略规划。从 2002 年开始，通过与众多利益相关者的磋商，来确定并识别医学研究领域所面临的最紧迫的问题。主要依据以下方面评估新的想法或提议：是否有潜力转变医疗研究的方式；是否可以促进研究所和研究中心的各项任务间的协调，以确保与其他机构或实体的研究活动不重叠；以及是否会对公众健康产生影响、成果是否可能广泛地应用于公共领域。

在美国国立卫生研究院共同基金的支持下，美国国立卫生研究院大范围地征集路线图计划。2007 财年之前，这些计划是通过研究所、研究中心和主任办公室进行拨款的，但从 2007 年开始只通过主任办公室进行拨款。这些计划将在 5 年或 10 年的过渡期后转交研究所与研究中心，或者结束。共同基金占美国国立卫生研究院全部预算的 1.7%，这项基金由国会单独拨款。共同基金可以比作风险投资基金：高风险、高影响。投资可能会失败。

2006 年夏季至秋季，美国国立卫生研究院向院内外的科学团体、患者游说团体和一般大众征集创意，从中选择并规划下一代路线图计划。在全面审议提案并在美国国立卫生研

究院内部进行广泛讨论后，确定了两个新的主题：微生物组（Microbiome）与表观遗传学（Epigenetics）。

第五节 基础研究重点

一、纳米技术

2001 年，美国制订了国家纳米技术计划（the National Nanotechnology Initiative，NNI），国家纳米技术计划确定了八个计划构成领域（Program Component Area，PCA）。计划构成领域是主要的主题领域，它们提供了一个国家纳米技术计划分类活动的组织框架。这八个计划构成领域是：基础纳米现象与过程；纳米材料；纳米器件与系统；纳米技术仪器研究、度量衡学和标准；纳米制造；新型研究设施和仪器；环境、健康和安全；纳米技术对教育和社会的影响。

随着国家纳米技术计划的公布，2001 年美国国家科学基金会启动了优先资助领域“纳米科学与工程”。该领域在美国国家科学基金会中是一个跨学部资助项目，涉及工程学部，生物科学部，计算机和信息科学与工程学部，教育与人力资源学部，地球科学部，数学与物理学部，社会、行为与经济科学部，以及国际科学与工程办公室等，由 23 位来自相关学部的计划官员组成的审理小组来专门管理。美国国家科学基金会在优先领域“纳米科学与工程”中设立了如下八个主题：纳米生物系统；纳米结构、新现象与量子控制；纳米器件与系统组装；硅纳米电子学；环境中的纳米过程；纳米尺度多维多现象的理论、模型与模拟；纳米制造工艺；纳米科学技术进展的社会与教育意义。

二、信息技术

2007 年 8 月，美国总统科技顾问委员会发布《美国的领导地位面临挑战：竞争世界中的信息技术研发》报告[33]。报告重新确定了一些优先研究主题，其中四个是需要保持的原有优先主题：高端计算、网络安全与信息保障、人机交互、网络信息技术与社会科学。四个新增优先领域是嵌入式系统、软件、数字化数据（开发大规模数据资源）和网络（提升网络和无线网络技术研发，增强网络安全性与可靠性），这四个领域的资助额度会有不同程度的大幅增加。

2012 年 7 月，美国国家科学技术委员会发布了“网络与信息技术研发计划 2012 战略规划”[34]，呼吁为保持美国在数字领域的持久领导地位，要提高 IT 研发领域的基础能力：①强大的计算能力。包括：扩展人机伙伴关系，建立更加强大、易用和经济的系统；为人们带来更加强大的数字工具；以及建立新的人机合作形式。②设计和建造具有较高安全性、隐私性、可靠性和预见性系统的能力。确保数据资源和系统能够可靠地用于预期目的。

美国国家科学基金会主要通过计算机及信息科学与工程部和网络信息技术设施办公室对网络与信息技术研发计划进行支持，具体资助项目领域包括[35]：大规模网络、网络安全与信息安全保障、高端计算研发、高端计算技术设施与应用、高可信软件与系统、人机交互与信息管理、软件设计与信息管理。

三、气候变化

2012 年 4 月，美国国家科学技术委员会发布美国全球变化研究计划（USGCRP）未来十年战略研究规划——《国家全球变化研究计划 2012—2021：美国全球变化研究计划的战略规划》[36]。美国全球变化研究计划通过四大战略目标协调联邦政府机构的研究工作：①推进科学。推动对地球系统自然与人类综合组成部分的科学认识。②支持决策。为支持适应与减缓的及时决策提供科学依据。③开展持续评估。建立持续的评估能力，提高国家理解、预测和应对气候变化影响与脆弱性的国家能力。④交流与教育。推动交流与教育，拓宽公众对全球变化的认识，发展未来的科学劳动力。

美国国家科学基金会设立的全球变化研究优先领域包括：研究全球变化所需的数据收集与信息管理；优化模型，以增进对地球系统过程的理解，改进对生态系统与物理气象间联系的反馈；开发新型的、创新的地球观测仪器和平台；开发先进的分析研究方法。2011 财年该计划的核心主题包括气候变异和变化、水循环、碳循环、土地利用与覆被、陆地与海洋生态系统、人类对气候变化的影响与应对等[35]。

四、海洋科技

2007 年 1 月，美国国家科学技术委员会海洋科学与技术联合委员会（JSOST）公布了一份海洋研究规划[37]。该规划中的“海洋”不仅指大洋，还包括海岸、沿海河流和五大湖区。规划指出，这些区域对经济发展、国家安全和全球气候变化都有着重要的意义。

该规划列举了美国的 20 项长期（7～10 年）海洋研究优先领域，分别属于六大主题：有效管理自然与文化类海洋资源；增强回应海洋自然灾害的能力；提高海洋作业的能力；海洋对气候的影响；改善海洋生态系统；利用海洋增强人类健康。

该规划还规定了海洋研究的 4 项近期（近 2～5 年）优先领域，包括：预测海岸生态系统如何响应长期气候趋势和极端气候事件；比较分析海洋生态系统的组织机制；研制海洋生态系统探测器；研究经向翻转环流的变化及其对气候快速变化的含义。

五、能源科技

2002 年，美国能源部科学局基础能源科学处咨询委员会发表了一份报告，广泛涵盖了各个能源议题所需要的基础研究。在此报告的基础上，基础能源科学处发起并召开了基础研究需求的系列研讨会。10 次研讨会中，每次关注一个不同的特定领域，如超导或电能储存等，并明确该领域中在科学基本认识上存在的差距和挑战。2008 年基础能源科学处咨询委员会发布总结报告确定了社会所面临的最关键的科学问题和技术挑战，包括：太阳能、风能、绿色建筑、节能照明、新一代生物燃料、防扩散核反应堆、能源储存、碳捕获和储存等。

六、生命医学

2009 年 8 月，著名遗传学家 Francis S. Collins 宣誓就任美国国立卫生研究院第 16 任院长，他提出了美国国立卫生研究院未来的五个优先发展重点领域[38]，包括：①大型生物学项目，如推进基因转录和孤独症等研究中所能用到的高通量技术；②转化型研究，如为开发稀有疾病的药物提出新的美国国立卫生研究院计划；③卫生保健改革，包括对不同疗法的对比性研究；④全球医疗卫生合作；⑤增强生物医学研究界的研究能力，包括：持续资助、鼓励青年研究人员，资助创新性研究。

七、空间科技

2011 年 2 月，美国国家航空航天局发布 2011～2020 年战略规划，该规划确定了美国空间科技研究的重点，包括[39]：①扩展并维持人类在太阳系的活动。维持国际空间站（ISS）的运行并充分利用它，努力将国际空间站用作国家的科学、技术、外交和教育，以及人类空间探索未来目标的实验室；为超越近地轨道的安全飞行和运载任务发展统一的结构和能力。②拓展对我们所生活的地球和宇宙的科学理解。推动地球系统科学发展，满足气候和环境变化的挑战；理解太阳及其与地球和太阳系之间的相互作用；探知太阳系的内容、来源和演化，以及其他星球存在生命的可能性；探索宇宙如何运转，如何起源，以及如何发展演变，并寻找与地球类似的星球。

第六节　科研评估

一、联邦政府的绩效管理措施

2010 年 5 月，白宫科技政策办公室会同美国国家科学基金会和美国国立卫生研究院联合资助和领导了一项旨在测度联邦研发资助影响的计划，即“美国再投资中的科学与技术——测度研究在创新、竞争力及科学上的影响”（Star Metrics）计划[40]。该计划将帮助联邦政府以过去从未达到的程度客观记录其研发投资的价值，以便对投资执行情况进行严格、透明的评估。该计划分两个阶段，第一阶段是利用大学的有关管理记录计算联邦科学投资对就业的影响，第二阶段是测度科学投资在经济增长、劳动力成果、科学知识、社会成果四个重点领域的影响。其中经济增长将通过诸如专利和新创企业来测度；劳动力成果将通过学生进入劳动力队伍情况和就业市场来测度；科学知识将通过出版物和引文来测度；社会成果将通过投资的长期健康和环境影响来测度。

2011 年 4 月，美国联邦首脑备忘录“政府计划问责和 GPRA 执行改革方案”提出联邦绩效管理框架的改革要点[41]，包括：①加强评估。要求各机构首脑和首席运行官在公共信息官的协助下就近阶段优先领域目标实现情况至少每季度开展一次评估。②机构战略规划与预算进程相互配合。要求联邦各机构与 2013 财年预算进程配合，包括每两年设定一次优先领域目标，在 2013 财年预算发布的同时更新该机构的战略规划，将联邦跨部门及机构优先领域目标纳入新的战略规划。管理与预算办公室将提供关于执行这一要求的具体指导等。③整个政府战略规划与预算进程相互配合。管理与预算办公室应同联邦各机构协作，在有限数量的跨部门政策优先领域就结果导向的优先目标及政府范围的管理优先目标制订联邦政府绩效规划。④加强透明性。包括对机构和联邦跨部门优先领域目标进行季度更新，要使机构战略规划、年度规划、年度报告等相关绩效信息可以以标准的、机器可读的格式通过中心网站获得等。

2012 年 5 月，美国联邦管理与预算办公室发表备忘录，要求联邦机构以证据与评价结果为依据制定 2014 年预算申请[42]。备忘录指出，联邦预算将优先考虑分配给那些运用证据的联邦机构。备忘录呼吁各联邦机构开展以下行动：①利用现有行政数据（如工资、就业与就学人数等）或新技术，低成本地开展新的评估，并扩大对现有计划的评估工作。②利用可比较的成本效率数据来分配资源。③基金资助机构在资助计划设立过程中要考虑已有证据。④增强各机构的评价能力，制定和管理各机构的研究议程；监督并执行严谨客观的评价研究活动；为各机构的资源分配决策者与项目管理者提供独立的外部意见；吸引和留住杰出科技评价人员，完善项目绩效评价指标。

二、联邦机构的绩效评估

美国国家科学基金会的绩效评估是以项目评估为基础的，遵循美国国家科学基金会的项目评估等级工具（Program Assessment Rating Tool），主要考虑项目的成本、成果和时间是否达到要求。每年由美国国家科学基金会的外部专家委员会（COV）负责评价该年度 1/3 的项目，并提出报告。年底则由更高一级的外部专家组成的绩效评估咨询委员会（AC/GPA）根据外部专家委员会提出的所有项目评价报告来负责评估该年度的“战略成果目标”（由美国国家科学基金会“五年战略规划”规定）和“年度绩效目标”（由“年度绩效规划”规定）的达标情况。以上每一项绩效目标是否达标都有严格的规定：某项目标中有超过 10%的项目被外部专家委员会判定为不合格，则该项目标即为不达标。2007 年 1 月，美国国家科学基金会公布了“2006 年度绩效报告”的要点[43]，从前沿成果、绩效评价和财政状况等方面评述了美国国家科学基金会在 2006 年的工作成就。

三、科技计划的绩效评估

除了机构层面的绩效评估之外，美国联邦政府还十分重视联邦跨部门科技计划的绩效评估。例如，从 2001 年联邦政府设立国家纳米技术计划以来，通过年度跨机构报告和外部咨询团体的评估定期对国家纳米技术计划进行评估。年度跨机构进展分析在《NNI 的总统预算追加》（The Supplement to the President's Budget）中提供，并作为法案要求的年度报告。特别是要分析国家纳米技术计划目标和优先领域在以下方面取得的进展：协调和交叉活动，包括纳米科学、工程和技术分委会的活动，以及与国家纳米技术计划的四个目标相关的活动。外部咨询团体的评估包括国家纳米技术计划跨机构活动；机构内的国家纳米技术计划活动；国家纳米技术计划与外部团体的合作；国家纳米技术计划外部的纳米技术相关活动。

国家纳米技术计划建立了两种外部咨询团体评估机制。一种是总统设立国家纳米技术咨询团（NNAP），向总统和国家科学技术委员会就国家纳米技术计划的相关事项提供咨询建议。而且国家纳米技术计划咨询团至少每两年对国家纳米技术计划评估一次。总统科技顾问委员会被任命为国家纳米技术咨询团。其成员都是来自企业、学术研究机构的资深代表，在管理大型科技组织方面具有丰富的经验。总统科技顾问委员会在评估时会组建一个工作组，其中约 1/5 的成员来自总统科技顾问委员会，其余 4/5 是纳米技术专家，属于非政府人员，在工作组评估期间负责就科技问题提供输入和反馈。另一种机制是：国家科学院研究理事会（NRC/NA）每三年对国家纳米技术计划进行一次评估。国家科学院研究理事会评估小组由广泛的、具有纳米技术专门知识的跨部门技术专家构成。国家科学院研究理事会向政府提供独立的科学、技术和健康政策建议。

2012 年 4 月，美国总统科技顾问委员会发布了国家纳米技术计划第 4 次评价报告[44]。报告指出，尽管国家纳米技术计划有其战略规划，但机构在怎样执行规划中所建议的行动方面并不清晰，机构之间缺乏统一的总体性框架，国家纳米技术计划战略规划与单个机构的使命目标也没有明确的关联。报告针对战略规划、计划管理、计量，以及环境、健康与安全四个方面提出了建议，包括：国家纳米技术计划协调办公室和白宫科技政策办公室应与各参与机构共同制订实现战略规划目标的行动计划；参与机构应确保具有资助决策能力的高层官员进入到规划行动中；指定国家纳米技术计划协调办公室主任为国家科技委员会纳米科学、工程与技术分委员会副主席；改变国家纳米技术计划协调办公室主任必须来自联邦政府部门的做法，允许非联邦部门的外部专家领导国家纳米技术计划协调办公室；纳米技术签名计划（NSI）应在国家纳米技术计划预算中得到充分支持，建议管理与预算办公室增加对其资助；国家纳米技术计划协调办公室应开发一套定量评价方法体系用于国家纳米技术计划产出评估。

四、科研项目的评估措施

（一）美国国家科学基金会改进项目资助的评议标准

美国国家科学基金会在价值评议程序中体现了对变革性研究与创新领域的支持，包括建立发现和支持潜在变革性研究的多种不同机制："探索性研究早期概念资助"主要支持早期未经测试但具有潜在变革性的研究思想和研究途径，并可能带来新的学科或跨学科视角；"基于成就的再支持"主要支持过去因美国国家科学基金会资助（或与美国国家科学基金会资助密切相关）取得重要成果的研究；"创造性扩展"旨在给最富创意的研究人员延长项目周期的机会。

2011 年 5 月，美国国家科学基金会公布了 2010 财年价值评议报告[45]，报告指出，美国国家科学基金会通过修订价值评议程序来实现支持变革性研究的目标：除了一般的评审小组外，还专门成立影子评审小组来发现变革性研究项目提案；另外一项改革是"二维评审"，即由专家小组对变革性研究项目提案做出综合评审以外的第二次独立评估。

2011 年 6 月，美国国家科学基金会公布价值评价原则与标准改革意向。价值评价原则包括[46]：美国国家科学基金会所有项目都应具有最高的学术价值，能推动前沿知识进展；美国国家科学基金会所有项目都应有助于推动一系列重大国家目标的实现，包括提高美国的经济竞争力，发展具有全球竞争力的科学、技术、工程与数学劳动力，增强学术界与产业界间的伙伴关系，改善科学、技术、工程与数学本科教育，提高公众的科学素养与公共的科技参与，增强国家安全，提高研究与教育基础等；通过研究项目自身、项目直接相关的活动，或者由研究项目支持的其他相关活动，对推动重大国家目标的实现产生广泛影响。研究项目的学术价值评价标准包括：是否能促进自身学科或其他领域的理解与进步；在多大程度上能建议和提出有创造性、新颖性或潜在变革性的概念；所申请的研究是否有良好的设计与组织；是否具有胜任研究的个人与团队；是否能获得充足的研究资源。研究项目的广泛影响评价标准包括：能够满足哪项国家目标，以及首席研究员对如何推动项目目标实现的介绍是否令人信服；研究活动的计划是否合理；所选的研究方法是否合理，是否包括其他创新性；承担广泛影响活动的个人、团队与机构是否能够胜任；首席研究员或承担机构是否具有充足的资源推动活动进行。

（二）美国国立卫生研究院加强同行评议系统

2008年之前，美国国立卫生研究院的绝大多数项目申请人在其第一次申请遭拒绝后都被允许继续提交第二次申请，而且这种情况非常普遍。执行美国国立卫生研究院外部项目评议的外部工作组联合主席 Keith Yamamoto 指出，该制度会引发“交通拥塞”，这“在很大程度上惩罚了新来者”[47]。

2008年2月，美国国立卫生研究院发布了关于改进同行评议的最终报告，报告对美国国立卫生研究院同行评议系统所面对的七大挑战提出相应解决措施[48]：①减少申请人、评议人和美国国立卫生研究院工作人员的管理成本。建立“不推荐再次申请”目录，对所有申请给予打分和反馈，取消补偿性申请，缩短申请摘要和申请书的总长度。②改进评级系统。在评级中增加明确的打分和排序程序，每项申请都要参加总排序，每项申请都要给予反馈，改进申请程序以适应新的评级标准。③提高评议过程和评议人的质量。增加评议人数量，预先纠正评议失误，实行匿名评议，加强培训，奖励评议人，将评议与评奖挂钩，建立评议人柔性参与机制，允许病人参与评议。④合理支持处于不同职业生涯阶段的研究者。给予青年研究者更多的资助，给予青年研究者特别的评议标准和单独的排名，给予高产研究者多种奖励和资助。⑤合理支持不同领域、类型的项目。多渠道鼓励变革性研究，让美国国立卫生研究院各研究机构参与临床性研究评议，保证足够的临床科学家参与评议，对跨学科研究采取编委会模式与二次评议。⑥减少对科研支撑系统的压力。减少对在研项目人员的占用，分析美国国立卫生研究院的资助对美国生物医学系统发展和生物医学研究人力资源优化的贡献。⑦使美国国立卫生研究院同行评议系统能够持续工作。建立周期性数据驱动的同行评议程序，加强收集基础数据，开发新的数据库。

2008年6月，美国国立卫生研究院主任宣布了加强和改进美国国立卫生研究院同行评议系统的实施措施。主要优先方向和要点包括[49]：①任用最好的评估人员。为评估人员提供灵活的服务，对评估人员所付出的时间和精力提供正式的补偿和感谢，加强对评估人员的培训并使之标准化。②改善评估的质量与透明度。缩短和改进申请程序，突出考虑研究项目的影响，按照五条明确的评估标准来调整申请和评估工作，修改评分排序机制。③在不同科研领域、不同科研职业生涯阶段间寻求平衡与公平。支持一定数量的早期职业生涯阶段和新进入美国国立卫生研究院的研究人员，对有经验的研究人员着重看其历史成就；鼓励和发展革新性研究途径；增加新的由研究人员发起的革新性 R01 资助项目；继续支持和扩大“先锋”“EUREKA”和“新创新者”等三项资助计划。④制订不断对同行评议工作本身进行评价的长期方案。

（执笔：中国科学院文献情报中心　张秋菊）

参考文献

[1] The Senate of the United States. An act to invest in innovation through research and development, and to improve the competitiveness of the United States. http://www.gpo.gov/fdsys/pkg/PLAW-110publ69/pdf/PLAW-110publ69.pdf [2007-08-01].

[2] The Senate of the United States. America COMPETES Act. http://www.gpo.gov/fdsys/pkg/BILLS-111hr5116enr/pdf/BILLS-111hr5116enr.pdf [2011-01-15].

[3] Obama B. Barack Obama and Joe Biden's plan for science and innovation. http://www.barackobama.com/pdf/issues/FactSheetScience.pdf [2008-09-30].

[4] National Economic Council. President Obama, OSTP, and National Economic Council launch strategy for American innovation. http://www.ostp.gov/ [2009-09-30].

[5] National Economic Council. A strategy for American innovation: securing our economic growth and prosperity. http://www.whitehouse.gov/innovation/strategy [2011-02-28].

[6] Emerging Technologies Committee. Emerging technologies committee lays out principles for guidance. http://www.whitehouse.gov/blog/2011/03/16/emerging-technologies-committee-lays-out-principles-guidance [2011-03-16].

[7] 文汇报. "先进制造业伙伴关系"计划. http://news.hexun.com/2012-04-17/140472836.html [2012-04-14].

[8] National Science Foundation. Obama administration launches $26 million multi-agency competition to strengthen advanced manufacturing clusters across the nation. http://www.nsf.gov/news/news_summ.jsp?cntn_id=124330&org=NSF&from=news [2012-05-30].

[9] Kintisch E. Energy research: DOE gives $151 million to "out-of-box" research. http://www.sciencemag.org/cgi/content/full/326/5953/651 [2009-10-30].

[10] Department of Energy. Department of Energy to invest $366M in energy innovation hubs. http://www.energy.gov/news2009/8409.htm [2009-12-28].

[11] National Science Foundation. Empowering the nation through discovery and innovation—NSF strategic plan for fiscal years (FY) 2011-2016. http://www.nsf.gov/news/strategicplan/nsfstrategicplan_2011_2016.pdf [2011-05-26].

[12] The White House. The White House and National Science Foundation announce new workplace flexibility policies to support America's scientists and their families. http://www.whitehouse.gov [2011-09-30].

[13] National Science Foundation. New approach encourages engineers to pursue paradigm shifts. http://www.nsf.gov/news/ [2007-08-27].

[14] National Science Foundation. Accelerating innovation research (AIR). http://www.nsf.gov/pubs/2010/nsf10608/nsf10608.htm?org=NSF [2010-06-10].

[15] National Science Foundation. Fundamental research program for industry/unive rsity cooperative research centers (FRP). http://www.nsf.gov/pubs/2010/nsf10601/nsf10601.htm?org=NSF [2010-06-07].

[16] National Science Foundation. I-Corps: to strengthen the impact of scientific discoveries. http://www.nsf.gov/news/news_summ.jsp?cntn_id=121225&org=NSF&from=news [2012-12-25].

[17] National Science Foundation. Grant opportunities for academic liaison with industry (GOALI). http://www.nsf.gov/pubs/2012/nsf12513/nsf12513.htm?org=NSF [2012-11-16].

[18] National Science Foundation. Partnerships for innovation: building innovation capacity. http://www.nsf.gov/pubs/2012/nsf12578/nsf12578.htm? org=NSF [2012-07-30].

[19] National Science Foundation. NSF funds new center to bring together biologists, mathematicians. http://www.nsf.gov/news/ [2008-09-29].

[20] National Science Foundation. NSF launches third generation of engineering research centers with awards totaling $92.5 million. http://www.nsf.gov [2008-10-26].

[21] National Science Foundation. NSF launches new engineering research centers with awards totaling $74.0 million. http://www.nsf.gov/news/news_summ.jsp? cntn_id=121042&org=NSF&from=news [2011-08-19].

[22] National Institute of Health. NIH director's new innovator award. http://grants2.nih.gov/grants/new_investigators/innovator_award/index.htm [2007-03-30].

[23] National Institute of Health. NIH to offer new clinical research opportunity. http://www.nih.gov/news/health/dec2010/od-09.htm [2010-09-27].

[24] National Institute of Health. New NIH policy establishes goals to support scientists early in their careers. http://www.nih.gov/news/ [2010-10-29].

[25] National Institute of Health. NIH launches medical research scholars program. http://www.nih.gov/news/health/aug2011/cc-30.htm [2011-08-30].

[26] National Institute of Health. NIH program allows junior investigators to bypass traditional post-doc training. http://www.nih.gov/news/health/sep2011/od-30.htm [2011-09-30].

[27] National Institute of Health. New NIH *Recovery Act* opportunity seeks to fund high impact, large-scale, accelerated research. http://www.nih.gov/news/health/apr2009/od-13.htm [2009-04-27].

[28] National Institute of Health. NIH announces 79 awards to encourage creative ideas in science. http://www.nih.gov/news/health/sep2011/od-20.htm [2011-09-20].

[29] National Institute of Health. NIH announces new resource for advancing innovative technologies toward commercialization. http://www.nih.gov/news/pr/jul2007/od-11.htm [2007-07-30].

[30] National Institute of Health. NIH launches collaborative program with industry and researchers to spur therapeutic development. http://www.nih.gov/news/health/may2012/od-03.htm [2012-05-03].

[31] Advancing Science Serving Society. R&D in FY 2010 appropriations. http://www.aaas.org/spp/rd/rdreport2010/ch02.pdf [2011-05-02].

[32] Advancing Science Serving Society. R&D in FY 2010 appropriations. http://www.aaas.org/spp/rd/rdreport2010/ch01.pdf [2012-07-20].

[33] Office of Science and Technology Policy. Leadership under challenge: information technology R&D in competitive world. http://ostp.gov/pcast/ [2007-08-30].

[34] Office of Science and Technology Policy. The networking and information technology research and development program 2012 strategic plan. http://www.whitehouse.gov/sites/default/files/microsites/ostp/nitrd_strategic_plan.pdf [2012-07-26].

[35] 王钰，郑永和，汪寿阳，等. 国际科学基金资助战略研究. 北京：科学出版社，2012：14－17.

[36] National Science and Technology Council. The national global change research plan 2012-2021. http://downloads.globalchange.gov/strategic-plan/2012/usgcrp-strategic-plan-2012.pdf [2012-04-27].

[37] Natinonal Science and Technolgoy Committee. Charting the course for ocean science in the United States for the next decade: an ocean research priorities plan and implementation strategy. http://ocean.ceq.gov/about/docs/orpp12607.pdf [2007-01-26].

[38] JOCELYN KAISER. Collins sets five themes for NIH. http://blogs.sciencemag.org/scienceinsider/

2009/08/collins-sets-fi. html [2009-08-17].

[39] National Aeronautics and Space Administration. 2011 NASA strategic plan. http：// www. nasa. gov/pdf/516579main_NASA2011StrategicPlan. pdf [2011-02-28].

[40] Office of Science and Technology Policy. STAR METRICS：new way to measure the impact of federally funded research. http：//www. whitehouse. gov/ [2010-05-28].

[41] Office of Science and Technology Policy. Delivering on the accountable government initiative and implementing the GPRA modernization act of 2010. http：//www. whitehouse. gov/omb/memoranda_default [2011-04-14].

[42] Office of Science and Technology Policy. Memorandum to the heads of executive departments and agencies：use of evidence and evaluation in the 2014 budget. http：//www. whitehouse. gov/sites/default/files/omb/memoranda/2012/m-12-14. pdf [2012-05-18].

[43] National Science Foundation. National science foundation FY 2006 performance highlights. http：// www. nsf. gov/pubs/2007/nsf0711/nsf0711. jsp [2007-01-16].

[44] Office of Science and Technology Policy. Report to the president and congress on the fourth assessment of the national nanotechnology initiative. http：//www. whitehouse. gov/sites/default/files/microsites/ostp/PCAST_2012_Nanotechnology_FINAL. pdf [2012-04-27].

[45] National Science Foundation. National science foundation's merit review 2010. http：//www. nsf. gov/nsb/publications/2011/nsb1141. pdf [2011-05-26].

[46] National Science Foundation. NSB/NSF seeks input on proposed merit review criteria revision and principles. http：//www. nsf. gov/nsb/publications/2011/06_mrtf. jsp [2011-06-14].

[47] National Institute of Health. NIH weighs big changes in peer review. http：//www. sciencemag. org/cgi/reprint/318/5857/1708b. pdf [2007-12-14].

[48] National Institute of Health. Final draft of the NIH 2007-2008 peer review self-study. http：//enhancing-peer-review. nih. gov/index. html [2008-02-29].

[49] National Institute of Health. NIH director announces enhancements to peer review. http：// www. nih. gov/news/health/jun2008/od-06. htm [2008-06-06].

第九章　日　本

近十年，日本的科技创新战略与科技政策发生了巨大转变，在科技投入、科技政策等方面进行了一系列变革，提出了若干重大科技战略与计划。这不仅对日本的科技、教育等相关领域产生了深远影响，而且还对日本的经济复苏产生了不可估量的推动作用。

第一节　科技与创新战略

一、制订和实施国家科技基本计划

日本为了继续保持经济大国和科技大国的地位，进一步强化了对科技政策与战略的调整。根据国内外形势变化和经济社会发展需求，日本政府每五年推出一期新的科技基本计划，以推动日本科学技术领域不断向前发展。

（一）第二期和第三期科学技术基本计划的比较

根据《科学技术基本法》（1995 年），日本政府于 1996 年制订了第一期科学技术基本计划，其目标是改善日本科技活动的环境，提高科研机构的研发能力。2001 年，日本开始实施科学技术第二个五年计划，并明确了科技立国的国家战略，计划五年内政府投入 24 万亿日元的科技经费。2006 年开始执行第三期基本计划，显示了政府依托于科技解决重大的社会问题、促进经济增长的决心。

第三期基本计划对第二期计划的实施做了总结，认为日本的研究水平获得了稳步提高，同时也巩固了工业、大学、政府之间的合作关系。另外，研究的发现也多用于了经济增长和社会进步领域，如日本所利用的太阳能总数占全球总量的近 50%。所以未来科学技术努力的方向应是促进新的科学发现和技术发明以产生新的社会和经济价值，增强产业竞争力，解决广泛的社会问题，如安全和健康，确保日本经济的持续繁荣等。计划给出了发展科学技术的两个基本的立场：一是科技的发展应获得公众的支持并造福于社会；二是强调培养人力资源以及有竞争力的研究环境，也就是从“硬环境”向“软环境”的转变。为了完成这些目标，日本必须保证研发投入的稳步增长，以增强日本的国际竞争力。第三期基本计划时期日本研发投入占 GDP 的比例至少应该保持到同美国和主要的欧洲国家相似的水平，政府研发投入的总数估计从 2006 年开始到 2010 年会达 25 万亿日元[1]。

第二期基本计划中列举了研发投入的四个重要的领域：生命科学、信息和通信技术、环境科学和纳米与材料技术。第三期基本计划中除提出要继续资助上述四大领域外，还提出以下要求：对科技、经济和社会有较高贡献水平；必须符合公众的期望和需求；必须考虑其他国家的科技战略。除此之外，第三期基本计划还列出能源、制造技术、社会基础、前沿等优先领域。

报告尤其提到科学研究的人才培养功能以及保持全球竞争力对于人力资源的依赖。报告提出了科学研究中具体的资助计划，如鼓励年轻研究人员踊跃申请竞争基金资助，并计划要支持1万名年轻研究人员从事科学研究，甚至明确提升外来研究者的活力以及充分发挥那些有才能的高龄研究人员的能力。政府希望把科学研究与人才培养的目标结合起来，发展各类人才，担当运用知识并反馈知识给社会的责任。

为达到这些目标，强调基础研究成为第三期基本计划的重要特点。而为了完成第二期基本计划中设定的50年中培养30个诺贝尔奖金获得者的目标，第三期计划中期望继续推动基础科学研究。计划中甚至认为“大学在培养有才能的研究者方面负有义不容辞的责任，必须把提高基础研究作为大学的首要任务”。[2]而对于基础研究，认为必须支持建设国家大学和公共研究机构的基础设施。因为实验室设施的建设对于促进基础研究非常重要，所以政府必须从长期的视角承担起该责任。

总之，虽然没有具体的在每一个重点资助的学科上的分配方案，但第三期基本计划除了给出计划资助科技的金额之外，还体现了发展科技和重点领域的资助必须以日本社会的发展和人民的生活为目标的理念，而且非常关注科技人才培养的目的。同时指出日本在基础研究方面投入的不足和加强基础研究的愿望，并认为这是解决日本科技发展的关键所在。表9-1是第二期和第三期科学技术基本计划的内容的比较。

表9-1　日本第二期和第三期科学技术基本计划的比较

项目		第二期科学技术基本计划	第三期科学技术基本计划
基本理念	主要目标	建设一个依靠知识创造和灵活利用技术为世界做出贡献的国家 建设一个具备国际竞争力的可持续发展的国家 建设一个国民安居乐业且具有高质量生活水平的国家	发现和创造重要知识 突破科学的界限 环境保护和经济发展 依靠创新实现日本发展的国家 生活质量水平高的国家 世界上最安全的国家
	政府科研经费投入	5年共投入24万亿日元的科研经费	5年共投入25万亿日元的科研经费
重要政策	科技战略重点设计	促进基础研究，通过公正、透明的科技评估活动提升研究质量 和国家/社会目标相对应的重点领域：生命科学、信息通信、环境、纳米科学与材料	促进基础研究 优先领域：生命科学、信息科学、环境科学、纳米科学与材料、能源、制造技术、基础设施、前沿科学
	科技活动国际化	国际科技合作活动 增强对国际信息的宣传 国内科研环境国际化	系统推进国际合作活动 与亚洲国家合作、改善促进国际合作活动的环境，促进海外优秀研究人员的接收
	科技体制改革	研究开发体系改革 强化产业技术、改革产学研合作体系 促进地区科技发展，建立知识集群 科学伦理与社会责任 加强科研基础设施建设，改善一流大学研究设备	确保人力资源 发展竞争性环境 大学竞争力 增强制造业创新体系 促进大型公共研究设备的共享 保护知识产权

（二）第四期科学技术基本计划的主要目标与政策内容

2011 年 8 月，日本通过了第四期科学技术基本计划[3]。该计划兼顾了延续性和创新性，在目标导向的原则下，更加强调推进计划的落实和操作。

1. 提出五大国家目标，旨在塑造日本的未来形象

一是推进灾后复兴与重建，实现未来可持续增长与社会发展的国家。基本计划提出，推进日本科技发展，加快日本从震灾到完成复兴、重生的进程，率先解决资源、能源、安全和人口老龄化等世界面临的共同问题，并积极与新兴产业般配于和促进就业联系起来，打造实现未来持续增长与社会发展的国家。

二是实现安全、富裕、高质量的国民生活的国家。进一步实现国民物质上、精神上的富裕，是一个国家的义务，也是科技发展的责任。为此，基本计划提出，要通过科技的发展，加快日本实现未来安全且富裕的高质量国民生活，使其成为国民引以为豪的国家。

三是成为率先致力于解决大规模自然灾害等全球性问题的国家。针对全球变暖、海啸和新兴传染病等全球性重大灾害，日本要通过自主的知识产权与创新为世界做贡献，成为率先解决这些问题的国家。

四是继续成为以科技为立国之本的领先国家。对第三期科学技术基本计划进行的评估结果显示，日本科技仍面临一系列挑战。表现在：基础研究方面虽然涌现出世界顶尖水平的论文，但整体上论文占有率却呈下降的趋势，论文被引次数国际排名也低于各发达国家；青年人正远离理工科，优秀的研究与技术人才也逐渐到了退休年龄；企业创新已逐渐不适应创新体系的变化；科技投资对未来的投资的理念还没有被国民认同和理解等。为此，基本计划强调日本要坚持以科技为立国之本，成为探索未知、探明新知识的前沿国家。

五是成为把科技作为文化来培育的国家。基本计划将科技创新定义为“基于科学发现、发明等产生知识以及新文化价值的创造活动，并与经济、社会、公众价值创造相联系的创新”。基本计划明确指出，日本在持续创造出多样且独创性的最先进“知识”财富的同时，要将科技创新的人才、研究机构和创新环境上升为文化培育，要让科技创新成为一种国家文化。

2. 明确日本科技发展及相关政策的指导方针

一是注重科技创新政策的整体性。面向新价值的创造，拓展科技政策的范围和视野。致力于整体化、系统化推进。二是更加重视人才及团队的作用。在自然资源、人才资源相对紧缺的条件下，加强在交叉学科和重点领域优秀人才的保障，培育复合型人才、引领世界的人才和肩负培养下一代的人才。三是实现与社会同步的科技进步政策。在深化社会和科技创新关系的同时，要更加明确实施主体、目标、成果等，并致力于获取国民的理解、信赖与支持。

3. 实现总体目标的三大重点任务

一是灾后复兴计划。重点包括：灾区产业振兴；社会基础设施的重建；加快灾区的安居进度。二是绿色创新计划。通过绿色创新技术，促进环境保护、能源技术进一步创新，构建长期稳定的能源结构和世界领先的低碳社会，实现环境、能源领先世界的目标，建设可持续的、富裕的社会。三是民生创新计划。

4. 未来亟须突破的五个方向

实现丰富与高质量的国民生活，强化日本产业竞争力，为解决温室效应等全球化问题做出贡献，维持国家发展的基础计划以及强化科学与技术的共同技术。重点在信息通信、纳米技术等既有优势领域进行布局，并强调外太空、海洋探测等方面的创新突破，以保障国家安全。

5. 为目标提供保障的举措

一是深化科技管理体制改革。基本计划提出，要按照目标导向改革现有日本科技体制，以建立高效的创新机制，形成公正、开放的创新平台。

在强化现有体制方面，成立“科学技术创新本部”，以强化政府对政策从规划、立案到推进的职能；改组日本综合科技会议，确定战略协商制度，针对重要课题设立战略协议委员会，在产学官广泛参与的基础上进行决策；将研究开发系统的职能分为决策制定、决策实施、资金分配、研究开发实施四个阶段。构建产学官之间的知识网络，由大学及科研机构提供研究开发成果，政府参与强化与产业界和技术转移机构的合作；政府改革知识产权保护相关合作条例；鼓励企业或大学成立研究开发中心；完善评价机制，增加对市场贡献、成果普及、促进就业等定性评价指标；推进联合研究开发与人才培养的基地和尖端交叉领域创新基地的建设。

在构建新体制方面，优化高端技术成果产业化环境以促进成果转化；制定新的促进创新的规章制度，验证现行规章制度的可行性；构建区域创新体制，政府重点支持地方建立研究开发网络、培养创新人才，保护知识产权；推进知识产权与国际标准化战略。

二是完善科技创新政策。基本计划着力强调深化社会与科技创新之间的联系。改革科研经费审查和分配制度，规范资金使用制度；改革竞争性资金制度，对以科研补助金为主的竞争性资金进行基金化，力争间接经费达30%的目标；改革资金审查评价体制，改革大学和公立科研机构的资金监管体制，明确审查方法和标准，公开审查的结果；强化研究开发体制，改革科研管理体制，建立职业培训机制，调整科研人员评价体制；实施质量循环管理，并将结果运用到政策的调整和制定中，对研究开发评价体制进行完善和充实。到2020年，政府与民间投资占GDP的4%以上[4]。

日本力图通过科技基本计划的实施，增加研发投入，提高日本科研人员的创造力，在基础研究、应用研究和试验发展间建立更为协调的平衡关系。希望通过科学技术基本计划的修订，再次强化科技立国的立场，向世人展示一个新生的日本[5]。

二、制定和实施《创新25战略》

2007年日本内阁通过的《创新25战略》对于日本近几年的科技政策走向产生了重要的影响。该方针立足于创新能力的问题，围绕着建设美好社会这一根本问题，阐述了科技发展、人和社会之间的关系，并给出了发展科学研究的几个主要需要突破的领域，显示了日本政府立足于科技发展社会的态度。

（一）基本理念

日本长期战略方针《创新25战略》[6]，勾画了日本未来20年的社会发展目标，阐释了以科技创新为主要驱动力的战略选择。该战略对近几年包括基础研究政策在内的科技政策产生了重要影响。该文件中显示了一个重要思想，即用科技创新引领其他相关领域的发展，同时也体现了为了达到此目标对于科学研究寄予的厚望。而“创新 25”的理念即是在科技发展的规划之下将视野扩展到了整个社会发展的图景之中。

报告中首先对于日本未来 20 年的世界形势和所面临的问题做了一个基本的判断，表达了日本 2025 年的前景，并分析了“创新”所面临的问题和实现设想过程中的地位与必要性。报告提出了包括科技在内的创新发展的五个基本理念：①设定高远目标，预见未来的挑战；②及时有效地应对全球化和信息化的进展；③重视民众生活的视角；④为变化提供多样性，变革为一个充满可能性的社会；⑤培养具有创造性思维的人才最重要。

资源问题是日本一直以来面临的一个非常严峻的问题，作为一个资源贫乏、自然灾害频发的国家，日本对于资源和环境问题的危机是颇为敏感的。《创新 25 战略》中描述了日本政府在发展科技乃至整个社会发展中立足于国民的五幅图景，即终生健康的社会、安全安心的社会、多样化人生选择的社会、对全球性问题有所作为的社会、面向世界开放的社会，非常明确地表明了创新发展的根本目的是提高国民的生活水平和生活质量。

（二）政策措施

该政策文件的主体部分从社会系统的改革战略和技术革新战略两条路径提出了一系列的政策措施。表 9-2 列出了急需着手的短期课题和政府未来着重关注的中长期课题。

表 9-2　急需着手的短期课题与政府未来关注的中长期课题

课题			具体内容
急需着手的短期课题	整备社会环境以利于促进科技创新	对于服务创新的制度以及行政规定等环境的整治	
		建立鼓励创新的制度以及行政制度	推进数码式内容（digital contents）的流通，引入能提高食品安全与信赖的系统
		建立新的劳动与生活的结构	推进 Telework（在家工作），扩大就业机会
		关于知识产权以及标准化的新动向	强化大学知识产权的战略，强化对于仿造品与盗版的对策
		建立对世界开放的商业互动环境	航空、港湾、贸易手续的简化
		促进人才的流动	大学以及科研机构与企业之间的人才流动
		强化对提高服务行业效率的支援	
	强化与充实下一代的投资	进行改革，积极向年轻研究者的开拓性研究提供研究经费	为年轻研究者提供经费资助，改善研究设备与环境
		创建可以汇集世界一流人才的科研中心	
		培养造就既有多样性又有个性思维的人才	培养具有创造力的企业家，提高博士课程学生的生活方面的补助
		培养造就从事科学技术创新的理工科人才	
	大学改革	强化大学研究与教育	重新考虑文理区分，改善大学入学考试
		建立面向世界的大学	双学位，建立研究奖励资金
		利用大学的资源为所有的高年龄层提供学习机会	
	日本的科学技术的发展与对世界的贡献	强化科技外交	增进与各国的科技文化交流，发挥日本在环境技术上的优势
		强化环境产业	能源的合理使用，生物能源的普及
	促进国民的意识改革	奖励制度	
		通过一些活动来强化国民对科技的意识	

续表

课题			具体内容
中长期课题	终生健康的社会	伴随信息通信技术的发展完善社会生活环境	电视诊疗
		卫生医疗体系的改善	从重视治疗转到重视预防与增进健康的医疗体系
		生命道德与安全性和医疗技术政策的调和	再生医疗等，按照需要制定一些有关规则
	安全安心的社会	高科技道路交通系统（ITS）的普及	
		促进新型汽车的普及	超小型汽车等
		高科技跟踪技术的规则制定	GPS等的卫星测位技术等
	多样化人生选择的社会	伴随走向高龄化社会的制度的改进	重新考虑国民的工作方式与社会保障制度，促进企业、学校、政府之间的人才流动
		为落实 Telework 整备相关制度	在短期目标达成之后也需继续研究相关制度
		加强与促进志愿活动、社会贡献活动，以及社会事业活动等	
	对全球性问题有所贡献的社会	推进对全球变暖问题的国际合作	Cool Earth 50，“日本模型”
		积极推广低能耗的社会方式	生物能、地热、太阳光、风力等的自然能源
		创建向海外介绍日本信息的体制	
		支援在日外国人的就业与生活	
	面向世界开放的社会	改善工作与生活环境以吸引各国的高级人才	
		积极参加国际标准化活动，整备国际知识产权战略	缩短专利审查时间，国际标准的提案件数倍增
	共性项目	建立密码技术与个人认证技术的相关制度	
		民用机器人的普及制度	整备个人信息的保护环境，制定机器人使用上的标准
		新技术普及方面的国民同意	基因改造技术，医疗试验的国民合作
		制定最尖端科技的国际规则	最尖端医疗技术、纳米技术、宇宙空间等各个领域的国际规则的制定
		探讨国家与地方的职权范围	

资料来源：作者根据日本《创新25战略》报告整理，2007[6]。

技术革新战略则试图从以下方向推进：加速推进回馈社会的项目；促进各个领域的战略性研究开发；促进基础研究与创新；加强研究开发的组织体制创新。其计划重点资助的研究项目见表9-3。

表9-3 技术革新战略路线图计划资助的研究项目

推进方向	主要内容	
加速推进回馈社会的项目	进行官产合作示范项目，实现国家创新体系	灾害情报信息系统 高速公路交通系统 家庭医疗保健等
促进各个领域的战略性研究开发	生命科学	改进癌症治疗技术，提高传染病防治技术
	通信	Ubiquitous Network，世界各国的信息交流
	环境	利用卫星监测全球二氧化碳排放量
	材料与纳米技术	先进的纳米生物科技与医疗技术
	能源	太阳能发电的技术改进与降低成本
	生产技术	生产阶段的新技术
	基础设施	适应社会需求的交通与运输系统
	新领域	提高人造卫星的可靠性与功能

续表

推进方向	主要内容
促进基础研究与创新	支持开拓性的研究 支持年轻研究者
加强研究开发的组织体制创新	为加强独立研发机构的研发力量进行体制改革 促进民间研发活动

资料来源：作者根据日本《创新 25 战略》报告整理，2007[6]。

日本《创新 25 战略》生动地展望了 2025 年日本社会生活的前景，并给出了两条实现它的具体路径：一是进行社会系统的改革，二是进行以科学研究推动的技术革新战略，并列举了政府的重点投资领域。从中可以看出日本的规划中对于科技、社会和人之间的紧密关系的强调。报告中所列出的政府计划资助的项目和课题则体现了这种发展思路，一是技术的创新和突破离不开对于基础研究项目的支持，所以促进各个基础领域的战略性研究项目的开发是保证创新能力和可持续发展的重要保证。比如，纳米技术的资助、新能源的开发、生命科学的研究、信息通信基础设施的建设等是建立好的医疗体系、交通设施等生活环境的重要保障。二是科学研究和技术创新的突破归根结底是要促进人的发展和人的幸福，所以必须加强对于交叉学科和前沿学科的研究资助，并注意在自然科学研究的过程中重视社会科学的研究。

第二节 科技政策与措施

一、科技人才政策与措施

（一）培养科技人才

进入 21 世纪后，随着经济全球化进程的不断加快，科技人才已成为世界各国提高竞争实力、增强创新能力和保持可持续发展的基本条件。日本相继提出了“培养世界顶级研究人员”、“培养与确保提升国际竞争力的研究人才”、“形成青年研究人才多样化的职业路径”、促进牵引知识社会的人才的培养的人才战略与政策，通过每年制订的“科技人才综合培养计划”逐步付诸实施。

2003 年 10 月，日本文部科学省提出了《关于科学技术相关人才培养与使用的意见》，该文件围绕科技人才的培养与使用，就教育体制改革、科技体制改革、公务员制度改革、社会保障制度改革和分配制度改革等提出了一系列积极而切实的政策建议，力主扶植本土高科技人才，引起国际社会的高度关注。该文件的主要观点是：科技人才的培养必须从中小学生抓起；深化高等教育改革，提高大学的科技人才培养能力；通过研究生教育改革的推进，构筑高层次科技人才的培养基地；根据科技事业发展的需要，加强管理型科技人才的开发；通过科技体制和人事制度的全面改革，促进年轻科技人才健康成长；有效利用各类社会科研资源，积极发挥女性和高龄科技人才的作用。[7]

2004 年，日本文部科学省制订了科技人才综合培养计划，目标是培养富有创造性的世界顶尖级研究人员；培养社会产业所需人才；创造能吸引各种人才并使他们充分发挥才能的环境；建设有利于科技人才培养的社会。计划从 2004 年至 2008 年，建设具有国际竞争力的研究基地，重点资助被选中的基地，集中优秀人才，扩充设备；给予有潜力的博士生经济支持，为保证优秀学生专心致志搞研究，实行生活费补助制度；为了给青年科学家以动力，派他们到海外一流研究机构从事长期研究，派出时间从两年延长到三年。[8]

2009 年，日本文部科学省发布“科学技术人才综合计划 2009”。该计划预算为 1975.63 亿日元，并提出了新阶段的政策要点：①充实下一代承担理科和数学教育的青年教师。扩大对数理有兴趣的学生的视野；增加理科教师的编制；增加理科教育设备的经费；加强提高数理教师能力的培训事业；扩展对数理感兴趣的学生的能力。②加强大学培养人才的功能以及培育产学合作人才。有组织地促进研究生院教育的改革；促进全球卓越中心项目；促进原子能人才培育项目；促进产学合作人才的培养；促进先进信息技术项目；促进培养地方的管理人员；促进青年研究人员风险事业项目。③加强对承担创新活动的青年和女性研究人员的支持。充实特别研究员事业；推进青年研究人员体制改革项目；促进培养青年创新人才项目；充实战略性创新研究事业；增加青年人员研究项目经费；加强海外特别研究员制度；增加青年研究人员国际研讨等机会；促进培养女性研究人员的体制改革；促进外国研究人员在日的研发。④加强国民对科学技术的理解与科学意识。加强地方科学馆建设；加强科学技术信息的发布；加强国立科学博物馆的管理与运营；加强日本未来科学事业的管理与运营。[9]

2012 年 4 月，为应对日本正面临的科技人才和劳动力的双重短缺问题，文部科学省发布“人力资源开发计划 2012”，目的是培养和支持青年科技人员的成长，以从质和量两个方面确保科技人才的供应，维持日本的国际竞争力，保持其持续创新的势头，进而构筑安全的、高品质的生活环境。该计划由四大板块及多层次的具体执行计划构成：①培养青年科技人员独立主持科研项目，提升创新研究能力。在任期制度方面，顶尖研究人才的待遇要优于其他研究人员；对于独立行政法人聘用的符合一定条件的任期制研究人员，可以不将其作为行政改革削减人事费的对象。战略性创造研究方面，面向经济社会需求和日本重要课题，开展新技术研发，推进基础研究；在特别研究员方面，设立卓越研究奖励资金。②充实理科与数学教育，培养科技创新人才。实施科学教师培养计划、理科教师指导能力提升计划、未来科学家培养讲座等系列计划。③强化国际合作的人才培养，推进产学合作的人才培养制度。实施海外特别研究员计划，增加到海外访问研究两年的青年科技人员的数量。加强培养产学合作领域实践型人才的制度。④培养创新人才。发挥青年、女性及外国研究人员的作用，吸纳国际顶尖人才，促进人才的流动，施行按成果定报酬的工资制度。国立科研机构必须制定具体的人才培养、使用和引进目标，促进研究机构向世界领先研究基地发展，并以此为平台吸引更多的世界顶尖研究人才。[10]

（二）吸引优秀科技人才

目前，日本社会正面临严重的老龄化和随之而来的人口减少问题。在这样的背景下，日本政府认为，从长远来看，吸引海外优秀人才是促进日本经济发展的关键因素之一，拥有不同教育、文化等背景的外国人才独有的想象力和策划能力，能够提高日本经济社会的活力和国际化程度。为改变在吸引海外人才尤其是高级人才方面的相对劣势，日本从推动海外人才就业、改善其生活环境等方面入手，采取了诸多切实可行的措施。

2007 年 10 月，日本经过修订的《雇佣对策法》开始生效，这部法律明确将促进留学生等具备高级专业知识和技术的外国人在日本就业提升到国家级雇佣对策的高度，规定雇主有义务改善雇佣管理，使海外人才获得适当的受聘机会，并能够发挥自己的能力。此外，日本政府还就雇主应采取适当措施以改善外籍劳动者雇佣管理制定了指南。指南要求，雇主在外籍员工的考评、待遇、安置等人事管理方面实现透明化，努力营造人尽其才的环境。[11]

日本 2008 年起开始执行《关于通过推进研究开发体系改革，强化研究开发能力、提高研究开发效率的法律》（简称《研究开发力强化法》）[12]。该法在充分肯定第三期科学技术基本计划以来形成的各种政策和措施的同时，围绕人才战略，从不同侧面对完善创新环境、提高研究开发效率做出了具体规定。法律规定，国家科研机构（研发型独立行政法人）必须采取切实措施，制订具体计划，构筑招聘外国研究人员的体制和灵活运用外国人才智力的具体计划。同时，各研究机构必须通过制定具体的人才培养、使用和引进目标，促进研究机构向世界领先研究基地发展，并以此为平台吸引更多的世界顶尖研究人才。

二、国际科技合作政策

（一）提出科技外交国际战略

2007 年，日本出台《强化科学技术外交报告》[13]，首次提出强化科技外交政策，对外科技交流与合作被赋予科学技术外交新视点的内涵。2008 年，日本综合科学技术会议发表的《科技外交报告》中阐述了推进科技外交的基本方针和相关措施，以及外交在科学技术中的地位。包括：①聚集世界上优秀的人才在日本开展研究。其措施包括改善研究环境、生活环境；为吸引外国研究人员制定相应政策；调整留学生出入国境的管理制度；实施招聘外国博士后的制度。②推进国际活动战略。解决全球性的共同课题，提高世界对日本的信赖度；制定对科技相关的国际标准及规则并做出贡献；为世界培养综合型的研究人才，积极吸引优秀研究人员，增强国际科技竞争力[14]。

2010 年 6 月，日本综合科学技术会议发布了科技外交战略特别工作组报告，提出日本必须制定科技国际战略，以利用海外优秀研究资源，强化日本研究开发体系，促进科技成果的海外转移。日本提出针对欧美发达国家，重点加强在高技术的合作；针对亚洲国家，重点区分合作与竞争；针对非洲发展中国家，重点进行科技援助，解决传染病、贫困等问题。

值得注意的是，日本提出的科技外交政策，已上升到国家外交的战略层次，并纳入日本长期国家战略。其根本着眼点在于充分利用国际话语权。主要特点是强调对外的技术输出，推广日本模式；对象是以发展中国家为中心；手段是强化人脉和情报网络；以环境等热点问题为重点，通过项目合作、人才培训，树立良好对外形象[15]。

（二）制定国际科技合作措施

科技外交战略特别工作组报告中提出了科技国际战略的具体措施。包括：①强化对外科技合作网络，建立全球人才网络；出台配套制度措施，营造吸引优秀人才的研究和生活环境。②推进尖端研究设施的开放与共享，促进与顶尖机构和人才开展合作研究，以及在纳米、生物技术等高技术领域开展国际合作。③加强人才的培养，在发展中国家进行人才开发。④实施以日本为主导的国际合作研究，开展多边或多国间的共同研究；先进研究设施的调整与共享。⑤加强科技外交的基础建设。加强科技相关的人才网络建设；利用数据库积极开展标准化活动；向海外国家提供日本的相关科学技术。

第三节 科技经费投入

日本是把科技创新作为国家发展战略的创新型国家，每年对科技的投入都占到了GDP的3%之上。2011年，日本政府科技预算3.6万亿日元，比上年增长0.1%。2011年地震，科技投入预算并未明显减少，仍保持了基本稳定。从预算的投入领域来看，日本政府2011年科技预算，重点向绿色科技创新和生命科技创新领域倾斜。日本经济产业省科技预算主要用于节能环保领域，其中推进低碳相关产业的国内布局预算总额为1.474亿日元，文部科学省用于绿色科技创新的研究开发预算总额为133.57亿日元，比2010年增加23.4%，用于生命科学创新的研究开发预算总额为644.5亿日元，比2010年增加6.7%。从预算的支出主体来看，日本的大学、特别是国立大学获得的政府科技预算拨款显著增加，由2010年1.2265亿日元增至1.3330亿日元，增幅为8.7%。日本在研究开发方面的大量基础性投入，直接推动了企业进行自主创新投资的积极性，使企业成为创新的主体，政府主导的研究开发经费筹集模式已转变为企业主要筹集模式，企业研究开发资金占全部研究开发资金的比重达70%左右。

一、科技经费投入政策

（一）日本政府制定科技预算的基本依据

日本政府的科技预算是根据国家科技发展战略来制定的，而国家科技发展战略主要通过《科学技术基本法》和“科技基本计划”来体现。内阁府的综合科学技术会议每年6月针对下一年度的科技预算提出“科技预算资源分配指南”，主要包括预算编制要求、经费的分配方针、追加预算的具体要求等内容。相关省厅参照该指南的方针，决定科学技术相关政策的先后顺序，评估国家的重大研究开发项目，并决定本部门下一年度的“科学技术相关预算编制”等，随后财务省汇总各省厅预算并编制总预算方案，调整后提交内阁审议，最终由国会在第二年的3月审议通过。

（二）持续的高比例研发投入

20世纪80年代以来，日本国内研发经费总额一直呈现明显的上升趋势，是全球研发经费数量仅次于美国的国家，近年达到约1500亿美元，研发经费投入占GDP的比例自1998年以后一直高于3%，2008年研发中预算（GERD）与GDP的比为3.44%，高于大多数经济合作与发展组织的发达国家。2009财年，日本政府科学技术预算为3.55万亿日元，其中文部科学省占65.9%。科技支出方面的第二大部门是经济产业省，占总量的15%，其很大一部分是用于能源专项任务的。其他3个部门厚生劳动省、农林水产省和防卫厅各占约4%[16]。

（三）以政府的稳定支持为主

日本的国立科研机构主要是以国家的科技政策为依据来设置的，分别隶属于内阁府、各省厅，其经费主要来自政府预算，按照国家经济和社会的总体发展需求来确定研发工作。公共科研机构的经费配置以稳定性事业费为主要方向。日本政府主要通过两种方式向高校和公共科研机构提供研究经费：①运营费补助金（相当于事业费），主要用于支付研究人员及辅助人员的工资、最低限度研究经费、研究基础运营费（保养、维护设施费用、设备费）等，这类经费是高校和科研机构的主要经费来源，大约占到总经费的 90%（直接财政预算拨款）。②竞争性研究资金，即所谓的竞争申请的课题费，主要由文部科学省、经济产业省、总务省、农林水产省、厚生劳动省、环境省、国土交通省及内阁府 8 个省府来支配，如“科学研究费补助金”、“科学技术振兴调整费”（文部科学省）、基础研究推进事业（厚生劳动省）、产业技术研究支持事业（经济产业省）、地球环境研究综合推进费（环境省）。目前，竞争性研究资金中的 80%左右流向大学，15%左右流向公共科研机构（包括国立、公立和独立行政法人研究机构）[17]。

（四）竞争性经费占科技投入的比例

竞争性经费根据性质不同又分为“补助金”和“委托费”两类。“补助金”采用的是自下而上的模式，研究人员根据自由研究兴趣提出研究费申请，经费分配机构审查采纳后进行支持，包括个人补助和机构补助，文部科学省和厚生劳动省的科学研究补助金均属于此类经费。而“委托费”采用的是自上而下的模式，资金分配机构对特定的研究课题进行公开招标，审查采用后进行支持，文部科学省的“科学技术振兴费”即为此类经费。根据日本政府的科技预算，1995～2006 年竞争性研究经费预算一直在增加。但竞争性经费占政府科技投入的比例一直在 10%以下。在中央政府各部门中，文部科学省掌控的竞争性经费最多。例如，“科学技术振兴调整费”作为“政策任务导向的竞争性经费”，由文部科学省负责申请管理，并委托日本科技振兴机构（JST）具体操作。[18]

对于竞争性研究经费，各资助机构有着严格的细则规定。文部科学省根据经费用途的不同将进入研究机构账户的竞争性经费分为直接经费和间接经费：直接经费是直接面向研究人员的科研补助，只限用于与研究相关的事宜，如差旅费及其他费用；间接经费是指面向接受资助的研究人员所属研究机构的科研补助，可用于改善研究人员的研究环境，不但可用作研究成果专利申请的相关费用，还可用于支付研究人员和辅助人员的薪酬。

二、政府科技预算的变化趋势与分配依据

（一）自 2003 年以来科技预算停滞不前

日本非常重视科技经费投入。2001 年以来，日本政府科技相关经费总额一直保持 4 万亿日元左右的水平，从 2003 年开始保持平稳，变化不大。日本政府科技相关预算总额包括初始预算和追加预算。图 9-1 表示了 1991 年以来日本政府科技预算的情况。

20 世纪 90 年代，日本科技预算的增长速度相当稳定，大多数年份的年增长率为 4%～6%。进入 21 世纪后，情况发生了改变，常规预算保持稳定或有微小变化。2003～2011 年

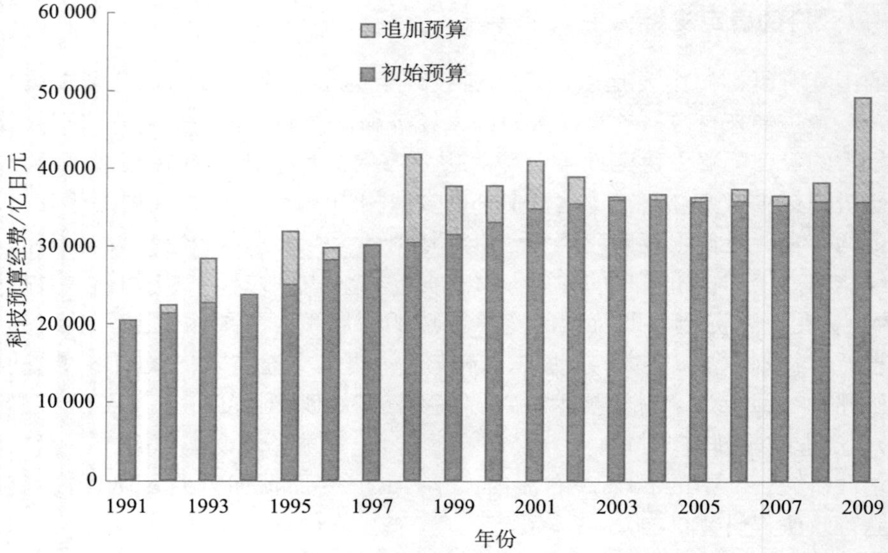

图 9-1　日本 1991～2009 年科技预算变化

日本科技预算基本稳定，反映出整体科技投入政策的变化。

（二）科技预算分配的依据

日本政府科技预算相关分配以其出台的科技政策和计划为依据，适时制定相应的资源分配指导方针，以便有效地推进各项政策和计划的实施。

日本综合科学技术会议编制《科技预算》的一个重要依据是日本政府颁布的科技基本计划。《第二期科学技术基本计划》提出，政府研究开发总额要达到 24 万亿日元。《第三期科学技术基本计划》提出更高的目标，即研究开发总额要达到 25 万亿日元，这意味着日本政府需要努力增加科技预算，以确保实现其研究开发投资目标。

日本政府认为，必须依靠科技创新来提升国家的竞争力和增长力。2006 年，日本启动《第三期科学技术基本计划》，根据“选择与集中”的指导方针，从 273 项国家重点研究开发课题中遴选出 62 项战略重点课题，以便发展得到社会和国民的支持。

2008 年，日本重点战略项目预算总额为 4420 亿日元，比 2007 年增长 14%，其中包括五大国家支柱技术项目——下一代超级计算机 145 亿日元；X 射线自由电子激光 110 亿日元；空间运输系统 405 亿日元；海洋地球观测勘探系统 320 亿日元；高速增殖核反应堆循环技术 333 亿日元。

日本综合科学技术会议制定的《2009 年科技预算资源分配方针》，主要依据《创新 25 战略》，要求将资源优先分配给亟待解决的问题，加强基础研究，促进战略重点科技的发展，以确保《第三期科学技术基本计划》的稳步实施。

许多迹象表明，《第三期科学技术基本计划》的制订者感到迫切需要说明国家的资源投入会给社会带来相称的利益。前两期基本计划已用去了 10 年，关于基本计划产生了什么结果的问题会越来越多。因此，第三期基本计划必须致力于产生可见的成果。

日本政府根据“重要研发主题”，确定了战略科技优先研究领域的最重要政策目标，为科技预算优先研究领域的制定提供依据。表 9-4 是 2009 年日本政府科技预算中最重要的政策问题[19]。

表 9-4 2009 财年科技预算中“最重要的政策问题” （单位：亿日元）

年份	2008	2009
变革性技术	405	523
低碳技术	1408	1640
科技外交	450	467
通过科技促进地区发展	622	693
可促进社会回馈的探索项目	166	195
总计	3051	3518
去除重复计算外的总额	2862	3277

2011 年 7 月，日本综合科学技术会议发布“2012 年科技重点政策行动计划”，并以此作为最重要的政策工具，推进预算编制制度的改革。该科技重点政策行动计划由此成为 2012 年日本政府配置科技预算的重中之重。其中灾后重建和防灾减灾、绿色科技创新、生命科技创新，以及振兴基础研究和加强人才培养都是日本政府重点支持的对象。综合科学技术会议最终从各省厅提交的 251 件政策提案中遴选出 147 件予以资助和实施。

第四节 优先领域的确定

为全面推进 21 世纪“创新立国”的战略构想，日本政府在其 2001～2005 年的科技基本计划中明确提出，要把生命科学、信息科学、环境科学和材料科学等列为今后研究开发的重点领域，采取多项措施以确保重点领域所需人才、资金、设备等战略资源的落实。

一、优先领域设置的过程

优先领域的设置是直接影响到一个国家未来经济增长主导力的战略选择，因此可以从科技决策制定过程的视角来考察日本优先领域的设置过程。日本是科技治理结构较向集中制的国家，其优先领域的设置是以自上而下的方式进行的，政府一般采取较为明确的策略或计划。

以日本首相为主席的科技政策委员会（Council for Science and Technology Policy，CSTP）获得了更强有力的授权，它负责领导总体的科技政策制定工作，包括起草并完成科学技术基本计划。科技政策委员会通过数个专家委员会和工作组展开工作。

《第二期科学技术基本计划》从 2001 年开始到 2005 年结束，其中确定了四大优先研究领域：生命科学、信息通信技术、纳米技术与材料和环境。针对上述领域，还制定了综合的推进战略，并部署了其他四大领域：能源、制造、社会基础设施和前沿领域（宇宙和海洋)。《第三期科学技术基本计划》使用了一个大范围的规划程序，并提出了 62 个战略科学技术优先领域，在这 62 个领域中，有 24 个项目（其中 14 个属于能源领域）不属于《第二期科学技术基本计划》所定义的四大优先领域。因此，启动新的项目就不再局限于《第二期科学技术基本计划》所定义的四大优先领域。

科技战略优先领域的确定与科技政策的目标有关，其目标是：①增强日本的科学技术实力；②强化日本现有的或潜在的强势领域的产业竞争力，同时，应对气候变化带来的挑战和提高资源利用效率的需要；③为日本的社会需求贡献力量，尤其是和健康及安全相关的社会需求。

《第三期科学技术基本计划》详细区分了两种类型的基础研究："第一类基础研究是基于研究者的自由探索，其中包括人文科学和社会科学；第二类基础研究则是面向以政策为基础的未来应用。"这种区别的主要意义在于：第一类基础研究被认为不属于主题优先选择系统。在预算问题上，政府科学技术支出的42%都被划分为第一类基础研究，这主要包括了政府对大学的基础资金和自下而上的、基于同行评议的研究基金。主题性优先选择适用于接近半数的中央政府科学技术支出，这部分的预算被称为"以政策任务为导向的研发"。剩下的10%是关于改革的措施以及其他支出，它们很难按照主题进行分类。余下的48%为第二类基础研究，即未来应用。

尽管自20世纪90年代中期以来，科学技术基本计划是日本制定科技政策的主要框架，但其中的优先领域会有所调整，因为在过去的五年中，科学技术基本计划所涉及的条件发生了变化。在近期的科学技术基本计划中，这一点尤为突出。因此，日本综合科学技术会议界定了许多最高优先的政策问题，作为新层次的优先领域，它与战略科技优先领域有重叠的部分，并推出了新要素。在2009财年预算中，综合科学技术会议确定了五个最高优先政策问题：变革性技术、低碳技术、科技外交、以科技促进区域发展、可促进社会回馈的探索项目。这五个最高优先政策问题反映了一个公众日益关心的问题，即需要把对科技的投资转化成为能够解决社会问题、创造经济增长的创新。[20]

二、作为优先领域设置主要工具的科学技术预见

日本2005年的第八次技术预见和2012年的第九次技术预见将预测对象扩大到了科学领域，其技术预测方法和组织实施日渐规范和成熟，为政府科技政策和科技发展战略提供了良好的支撑。总的来说，日本科技预见项目的目的是帮助日本内阁科技政策理事会确定未来的国家科技发展战略，制订与实施科学技术基本规划，为国家和产业界选择科学技术研究开发优先领域、制订预算计划及人力资源政策等战略决策提供支撑。第八次技术预见在保留德尔菲调查内容的同时，增加了基础科学快速发展领域研究、社会经济需求调查、情景分析三方面的内容。[21]

开展德尔菲调查的目的是识别未来30年若干重大技术能够实现的可能性，通过对日本的重要程度、日本与竞争对手相比较而言所处的地位、日本应该优先选择的若干重要技术群等进行分析，帮助日本政府制定需要的政策措施。

开展基础科学快速发展领域的目的是，识别日本在基础科学研究的高增长性前沿领域中与竞争对手相比较而言所处的地位、优劣势，帮助政府制订科学发展战略和规划。

开展情景分析的目的是推演若干重大科学技术的未来发展情景，扩展人们对科学技术未来发展的认识，更好地服务于国家科学技术战略决策和规划。

第九次技术预见出现的重要变化主要包括两方面。在方法上，除德尔菲调查方法外，采用了社会经济需求调查、根据学术文献和资料挖掘新兴领域等多学科交叉方法。在内容上，融入了更广阔的视野，开始关注未来社会发展态势的分析以及科技能够为未来社会发展做出的贡献。[22]

开展社会与经济需求调查的目的是识别未来社会经济发展的重大需求、这些需求引发的对科学技术的需求，了解科学技术对社会经济发展的贡献程度，以及现行科技政策的实施效果，更好地制定未来的发展战略和战略规划。

可以看出，进行技术预见的目的主要是服务于国家科技发展战略和规划，选择科学技术优先发展领域。

第五节 基础研究重点

日本在科技立国政策的支撑下，一直探寻强化基础科学实力，以创新促进经济复苏之路。2008 年，4 位日本学者获得诺贝尔科学奖，日本在 21 世纪前 50 年培养 30 位诺贝尔奖获得者的目标重新被提上了日程。日本政府指出，要想在国际人才争夺日益激烈的形势下，培养出具有独特个性、有丰富的创造力、有毅力、勇于挑战、能担负起基础科学重任的人才，就必须构筑新的体系，形成能够让青年人才发挥才能的、有伸展空间的人才培养机制和富于创造力的研究环境。[23]

一、国家层面的基础研究政策

2009 年 8 月，日本推出《基础科学强化综合战略》[24]，希望通过人才队伍建设，构筑有创造力的研究环境，提高日本的国际竞争力。提出的政策措施包括：①加强对青年研究人才的培养，通过为青年研究人才提供发展的机会和良好的环境，提高当前青年研究人才的研究能力，确保青年研究人员尽早自立。主要措施包括：加强研究系统改革，形成有利于博士、博士后等青年研究人员参与各类卓越研究活动的、集研究推进和人才培养于一体的研究体系；为青年研究人员提供充足的科研经费，鼓励并赋予机会让他们承担具有挑战性和创造性的研究工作，投入 300 亿日元设立“青年研究人员国外派遣基金”，鼓励青年研究人员赴海外学习和与海外研究机构进行交流，到 2013 年前派遣 1.5 万～3 万名青年研究人员到海外进修等。②充实研究生院教育，加强国际化人才培养。重点推进国际一流水平的研究生院建设，开展英语授课，积极吸引海外留学生，推进与国外机构进行战略性合作，构建合作培养人才的机制，致力于高级人才培养。另外，政府还会加强对研究生院的资金投入，保障教师、博士研究生等能够潜心开展研究；增加奖学金发放名额，减免学生学费负担，采取和学生家庭情况相符的细致的减负措施等。③从基础抓起，培养学生对数学和科学的兴趣。加强和充实从小学到大学各个阶段的数理教育和科学兴趣活动，将所有活动连成一体，构建具有丰富创造力的人才培养机制。④构建一切以研究人员为中心的资金分配制度。着眼于科学技术活动的整体发展，对研究资金的分配采取研究人员优先的弹性分配制度。例如，经费使用科目可由研究人员自由裁量，用于人员费、设备费、会议费，或是赠予研究团队成员；经费使用不再像过去那样受财政年度限制，允许跨年度使用。2009 年，日本政府投入 2000 亿日元重点推进的“最先端研究开发计划”（FIRST）[25]，即贯彻了“一切以研究人员为中心”的思想，灵活使用了资金分配制度，研究人员获得了极大的自主性。⑤加强对科研辅助人员的培养。加强项目主管等科技相关辅助人员的配置，以更好地支撑科研工作。

2010年1月，日本综合科学技术会议发表强化基础研究的长期方针与政策报告，提出基础研究支撑体制的改革方案。主要措施包括：①改革面向基础研究的研究资金。削减运行费；增加科学研究费补助金等竞争性资金；引入首席科学家制度；调整竞争资金体系；排除不合理的重复项目；完善评价体制；公开研究成果；构建研究的支撑体制，配置研究支撑助手等。②面向基础研究的研究人员培养。对青年研究人员加大支持力度；建立新的青年研究人员聘用制度，向青年研究人员提供独立的研究条件和环境；确保青年研究人员的年薪制度。③以强化国际竞争力为目标形成世界研究中心。建设卓越研究中心和具有特色的多样化的研究中心；研讨研究中心体制改革。[26]

二、日本学术振兴会的基础研究政策

日本学术振兴会（JSPS）隶属于日本文部科学省，是日本国家资助基础研究的机构之一。目前在日本政府出资的科学研究基金中，资助金额最大、资助范围最广、资助项目数量最多的是由文部科学省负责拨款，由日本学术振兴会资助管理的科学研究补助金。

（一）资助的重点项目

日本学术振兴会非常重视有创造性的、前沿尖端的研究项目。用于基础研究的竞争性科研经费主要包括以下方面。

（1）科学研究补助金。日本竞争性基金的40%以上是通过这个项目提供的。为了促进日本的科技进步，该宪法提供科研基金，范围涵盖所有学术领域，以推动高质量的研究活动。资助在日本各大学及研究机构中从事具有高度创造性及前沿性基础研究的研究人员。科学研究补助金的特点为：科研费资助研究人员自由探索引发的研究计划；最大限度地放宽对科研费的使用限制；增加新的科研费种类以帮助新的研究人员开始其职业研究生涯。

（2）研究生院教育。设置“21世纪卓越中心计划”，旨在建立世界级研究与教育基地，强化大学的国际竞争力和体制特性；设置“独具魅力的研究生院教育”项目，有助于培养富有创造力的青年研究人员。

（3）培养下一代研究人员。加强博士和博士后研究基金的支持力度。具体措施包括：建立从选拔审查到资助项目结束后追踪反馈的一整套评价机制；对青年科学家设立“特别研究员”项目。

（4）促进国际科学合作。为了迅速提升日本基础科学研究在国际上的地位，日本学术振兴会自2004财政年度开始实施一项新的国际合作计划，旨在建立与加强日本高水平的大学和研究机构同15个科学发达的西方国家在科学前沿领域的国际合作。这15个发达国家是：美国、加拿大、奥地利、比利时、芬兰、法国、德国、意大利、荷兰、西班牙、瑞典、瑞士、英国、澳大利亚和新西兰。日本学术振兴会将该计划称为强强合作计划（Core-to-core Program）。该计划包括两部分，即“战略研究网络”与“整合行动动议”。前者的目标在于建立并加强日本与这些国家的研究网络，在相对较长的时间内保持和提高日本的大学和研究机构与其他科学先进国家的合作水平；后者则在于支持国内外研究人员的短期合作，为建立国内外合作研究网络奠定基础。对通过后者支持的短期合作的效果还将适时进行评估，评估结果满意的项目将整合进“战略研究网络”项目中。[27]

（二）资助的科研费类别

基于研究的目的和性质，日本学术振兴会制定了各种类别不同的科研费。目前由文部科学省和日本学术振兴会分担各科研经费的管理工作。

由日本学术振兴会资助的“开发性研究”科研费属于“青年研究”类别，是2006年新设立的项目。设置该项目科研费旨在资助新任职的、公认具有实力的青年研究人员在其事业的关键阶段的研究工作。表9-5列举了日本学术振兴会资助的科研经费类别。

表9-5 日本学术振兴会资助的科研费类别[28]

研究类别	目的与内容	职能划分	
		审查	支付
特别促进研究	获得国际赞誉，有可能取得突出成果的研究项目： 3～5年；单项课题5亿日元	文部科学省	文部科学省
特定领域研究	针对迫切的社会需求所进行的、需要全球合作的有影响的研究： 3～6年；单一领域每年2000万～6亿日元	文部科学省	文部科学省
基础研究	前沿研究： 5年；单项课题5000万～1亿日元 创造性研究： 1～4年；A. 单项课题2000万～5000万日元；B. 单项课题500万～2000万日元；C. 单项课题500万日元以下	日本学术振兴会	日本学术振兴会
萌芽研究	处于萌芽阶段的研究： 1～3年；单项课题500万日元以下	日本学术振兴会	文部科学省
青年研究	37岁以下的研究人员单独进行的研究： 2～3年；A. 单项课题500万～3000万日元；B. 单项课题500万以下 由新任职的研究人员进行的开发性研究： 2年；每年150万日元以下	日本学术振兴会 日本学术振兴会	文部科学省 日本学术振兴会
奖励性研究	由学前教师、中小学教师或公民个人进行的研究	日本学术振兴会	日本学术振兴会
特别研究促进费	资助紧急重要的研究课题	文部科学省	文部科学省
研究成果公开发表	科研成果的出版（出版物及数据库的建立）	文部科学省	文部科学省
学术期刊	国际性学术期刊的出版	日本学术振兴会	日本学术振兴会
学术书籍	研究成果书籍	日本学术振兴会	日本学术振兴会
数据库	数据库的建立及联网	日本学术振兴会	日本学术振兴会
特定奖金	就社会课题由指定的学术研究团体进行的研究	文部科学省	文部科学省
特别研究员奖金	由日本学术振兴会资助的博士及博士后研究员（日本与海外）进行的研究： 3年以内	日本学术振兴会	日本学术振兴会
学术创建研究费	进一步推进科学研究补助金资助项目中极富创造性的研究： 5年	日本学术振兴会	日本学术振兴会

日本学术振兴会是日本政府资助自然科学与社会科学研究的重要资助机构，在实施日本政府的科技计划中发挥着重要作用。在日本政府《第三期科学技术基本计划》中，更加强调了日本学术振兴会管理的科学研究补助金作为资助科学研究、培养杰出研究人员，以

及加强国际交流的政府竞争资金应发挥的重要作用。

第六节　科研评估

科研评估是科技评估机构运用科学、合理和指标性的操作方式，对科技政策、科技计划、科技项目、科技机构、科技发展领域、科技人员、专有技术，以及与科技活动有关的行为进行专业化评判活动。2004 年，日本科学技术白皮书指出，21 世纪，日本要振兴科技首先要加强基础科学研究，基于自由探索对重大基础理论进行前瞻性的研究，达到世界先进水平，带来技术革命和经济的增长。同时力争要在高科技领域实施重点突破，占领世界的制高点。特别是在生命科学、信息通信、环境和新材料与纳米科技增加投入。与此相对应，日本希望通过完善和加强科技评估制度以在这些科技领域取得领先。

一、出台《关于国家研究开发评价的大纲性指针》

日本科学技术基本计划（1996～2000 年）提出将建立研究开发评价制度作为制度改革的重要内容。1997 年，日本推出《关于国家研究开发评价的大纲性指针》，其中提出将项目评估、机构评估纳入评价对象。根据大纲指针，日本与研发管理相关的各政府部门，如科学技术厅、文部科学省等制定了相应的科技评价指针，而其他政府部门所管辖的研究机构，也根据上级部门的评价要求，相应建立与完善本机构的评价制度。

2001 年，日本开始实施《第二期科学技术基本计划》（2001～2005 年），作为其配套措施，对原大纲指针进行修订，推出新的《关于国家研究开发评价的大纲性指针》，规定除进行项目评价、机构评价以外，增加了制度评价和研究人员评价。根据新大纲指针的要求，日本文部科学省和经济产业省等主要科技管理部门出台了新的科技评价指针。

2005 年，为配合《第三期科学技术基本计划》的实施，日本再次修订了《关于国家研究开发评价的大纲性指针》和相应的部门科技评价指针。新的大纲指针特别强调了重视事前评价和评价结果的充分利用，增加了评价系统的运作与考评等内容[29]。至此，日本基本上形成了以科学技术基本法、大纲指针、政策评价法和独立行政法人通则法为主线的、较全面完整的科技评价法规框架体系。

二、新修订的《关于国家研究开发评价的大纲性指针》

2013 年，为配合 2011 年制订的《第四期科学技术基本计划》，日本发布了新修改的《关于国家研究开发评价的大纲性指针》[30]。日本政府认为，经济危机和地震使日本经济陷入停滞，如何确保经济增长成为日本高度优先的政策，如何将研究开发成果与创新结合，是实现经济增长的重要课题。本次修改大纲指针的意义重大。

日本《第四期科学技术基本计划》提出了从研究开发到利用研究开发成果整体推进研究开发政策和在全社会普及其研究成果的创新政策。大纲指针修改的主要内容包括：科技政策方向发生了重大转变。指出从以往的“推动种子型研究开发”向“解决课题型的研究开发”转变。解决课题型的研究开发就是事先设定应解决的课题，整体推进研究开发政策和在全社会普及其成果的创新政策。在这种政策转变的同时，本次修改大纲指针还反映出对于包括研究开发评估在内的整个体系是否促进创新进行了反思。以往对国家研究开发进行评估的目的是履行解释责任（accountability），包括：中期评估，研究开发项目是否按计划推进；事后评估，研究开发项目是否取得预定的成果。本次强调了是否促进创新更为重要。

本次新修订的关键点主要包括以下几个方面：

（1）引进项目评估的制度，强调必须建立项目评估制度，包括促进成果普及内容。经济产业省率先进行了探索，但目前距离政策范围还相当的遥远。

（2）明确结果。结果（outcome）是表示研发成果带来效果的指标，如制定研发成果的实用化产品的销售额和规格等。产出（output）是表示活动水平的指标，如学术论文的数量和专利的申请数量等。因该指标易掌握，迄今评估时主要使用产出作为指标。

（3）加强事前评估。就是在实施研究开发项目前对该项目进行评估。中期评估或事后评估均有评估对象，如中期有进展情况，事后评估有具体的研究开发成果，而事前评估的最大不同是没有这样的数据。鉴于此，事前评估的内容可以是研究开发的意义、期待的结果，以及向社会普及的方法等。在实施事前评估时，对期待的结果进行评估是最重要的内容，这是因为通过明确该项目研究开发期待的结果，可以整理期待同类结果的其他项目，或整理与其他政策的关系，有助于有效和高效地实现结果。

（4）加强跟踪评估。跟踪评估是在研究开发结束并经过一定时期以后，综合性掌握并评估其成果有无实用化，对市场规模和产业竞争力产生的影响，该领域培养人才的效果以及给国民生活带来的影响等。由于收集和分析基本数据等需要时间和成本，所以迄今跟踪评估只限于大型研究开发项目。跟踪评估正是力图掌握结果的方式，通过积累跟踪评估等的经验，为今后日本制定科技创新政策提供重要的启示。

（执笔：中国科学院文献情报中心　胡智慧）

参考文献

[1] 日本综合科学技术会议．第 2 期科学技術基本計画．http：//www8. cao. go. jp/cstp/kihonkeikaku/kihon. html [2013-02-06].

[2] 日本综合科学技术会议．第 3 期科学技術基本計画．http：//www8. cao. go. jp/cstp/kihonkeikaku/kihon3. html Science And Technology Basic [2013-02-06].

[3] 日本综合科学技术会议．第 4 期科学技術基本計画．http：//www8. cao. go. jp/cstp/kihonkeikaku/index4. html [2013-02-06].

[4] 日本综合科学技术会议．第 4 期科学技術基本計画骨子（案）．http：//www8. cao. go. jp/cstp/tyousakai/seisaku/haihu06/siryo2. pdf [2013-02-08].

[5] 日本综合科学技术会议．第 4 期科学技術基本計画の再検討について. http：//www8. cao. go. jp/cstp/siryo/haihu93/haihu-si93. html [2013-03-16].

[6] 日本内阁．イノベーション25. http：//www8. cao. go. jp/cstp/sogosenryaku/index. html [2012-10-08].

[7] 日本综合科学技术会议．科学技術関係人材の養成に関する. http：//www8. cao. go. jp/cstp/tyousakai/seisaku/haihu03/siryo2 [2013-02-05].

[8] 日本文部科学省．研究者の多様なキャリア開発支援システムの導入と研究機関における人材活用のサポート. http：//www. mext. go. jp/a _menu/02 _b. htm [2013-02-10].

[9] 文部科学省．戦略科学技術関係人材総合プラン2009. http：//www. mext. go. jp/a _menu/jinzai/seisaku/08082716/001. pdf [2013-02-15].

[10] 文部科学省．成長を牽引する若手研究人材の育成・支援プラン2012. http：//www. mext. go. jp/component/a _menu/_icsFiles/afieldfile/2012/04/06/1309115 _1. pdf [2013-02-09].

[11] 日本外务省．在外公館の名称及び位置並びに在外公館に勤務する外務公務員給与に関する法律の一部を改正する法律案の概要．http：//www. mofa. go. jp/mofaj/annai/shocho/kokkai/houan/166. html [2013-02-08].

[12] 乌云其其格，袁江洋．日本科技人才政策的国际化转向．自然辩证法通讯，2009，(3)：21.

[13] 日本综合科学技术会议．研究開発力関する法. http：//www8. cao. go. jp/cstp/siryo/haihu108/haihusi108. html [2013-06-08].

[14] 文部科学省．科技外交报告．http：//www8. cao. go. jp/cstp/sonota/kagigaiko/1kai/siryo2-1. pdf [2013-08-18].

[15] 内阁府．2008 年度独立行政法人、国立大学等科技相关活动的调查 2009. http：//www. kantei. go. jp/jp/kakugikettei/index. html [2013-06-05].

[16] 内阁府．平成 21 年度科学技術関係予算案に. http：//www8. cao. go. jp/cstp/budget/h21yosan _1. pdf [2013-01-08].

[17] 王玲．2007. 浅析日本独立行政法人研究机构研究资金的来源和用途．世界科技研究与发展，29 (4)：21-25.

[18] 日本学术振兴会．日本研讨科技基金资助体系的现状与问题．http：//www. jst. go. jp/crds/pdf/2013/WR/CRDS-FY2013-WR-06. pdf [2013-12-09].

[19] 日本综合科学技术会议．2009 年科学技術関係予算に関する概算要求の概要．http：//www8. cao. go. jp/cstp/siryo/haihu108/haihu-si108. html [2013-05-09].

[20] 日本综合科学技术会议．科学・技術関係予算の重点化・効率化に向けた取組について（アクション・プラン）2009. http：//www8. cao. go. jp/cstp/budget/action. html [2013-05-09].

[21] 日本科学技术政策研究所．科学技術の将来社会への貢献に向けて一第 9 回予測調査総合レポート-. http：//www. nistep. go. jp/research/science-and-technology-foresight-and-science-and-technology-trends [2013-07-04].

[22] 日本科学技术政策研究所．将来社会を支える科学技術の予測調査：第 9 回デルファイ調査科学技術・学術政策研究所．http：//www. nistep. go. jp/research/science-and-technology-foresight-and-science-and-technology-trends [2013-05-23].

[23] 中华人民共和国科学技术部．国际科学技术发展报告 2010. 北京：科学出版社，2010：52.

[24] 日本综合科学技术会议．基础科学强化综合战略．http：//www8. cao. go. jp/cstp/project/kiso/haihu11/siryo3-1. pdf [2013-02-05].

[25] 日本综合科学技术会议．最先端研究開発支援プログラム. http：//www8. cao. go. jp/cstp/sentan/sentanshiensuishin. html [2013-02-13].

[26] 日本综合科学技术会议．基礎研究強化に向けて講ずべき長期的方策について. http：//www8. cao. go. jp/cstp/project/kiso/haihu11/siryo3-1. pdf [2013-02-05].

[27] 日本学术振兴会．中期目標を達成するための計画．http：//www. jsps. go. jp/ [2013-10-20].

[28] 日本科学技术振兴会．科研費パンフレット2013. http：//www. jsps. go. jp/j-grantsinaid/24 _pamph/

index. html [2013-12-20].

[29] 日本综合科学技术会议.「国の研究開発評価に関する大綱的指針」の改定について. http://www8. cao. go. jp/cstp/index. html [2013-12-06].

[30] 日本综合科学技术会议.「国の研究開発評価に関する大綱的指針」(改定案). http://www8. cao. go. jp/cstp/siryo/haihu106/haihu-si106. html [2013-12-20].

第十章　德　　国

对于德国这样经济高度发达但又缺乏原材料的国家，科技创新是德国经济得以继续发展、保障国家和公民安康、创造更多就业岗位的有效途径。本章从科技与创新战略、科技政策与措施、科技体制改革、科技经费投入、科技优先领域的确定、基础研究重点和科研评估七个方面介绍德国在 2002～2012 年的科技政策发展态势。

第一节　科技与创新战略

一、创新伙伴关系 9 点纲领

2004 年，联邦政府的主要任务是实现科技、教育和职业培训的创新。其于同年年初发表了“创新伙伴关系 9 点纲领”，确立了目标，明确了工作机制，提出了创新伙伴七个方面的任务。

创新伙伴关系的目标是加强德国的创新体系、消除妨碍创新的障碍、唤起全社会对德国创新能力的信心。其工作机制是定期举行会晤，为此建立了创新办公室。

创新伙伴七个方面的任务是：①确定德国未来的市场，通过法律规范和面向创新的需求政策，支持经济界在未来的市场保持技术领先的地位；②确保“德国制造”的品牌，要为“德国制造”这一品牌注入新的活力，使其在知识经济社会仍然是世界公认的质量标志；③建设新的创新文化，利用联邦政府开展的科学年活动，唤起全民对科学研究的理解和热情，让公众意识到科学和社会彼此的责任；④创新从娃娃抓起，通过开展面向青少年的项目，尽早唤起他们对自然科学和技术的兴趣，努力扭转自然科学和工程科学人才后继乏人的局面；⑤投身教育改革，改革的一项特别任务是提高护理儿童的能力，促进儿童早期发展；⑥充分发挥人力资源特别是妇女的潜力，通过改善外部条件，让家长们能兼顾职业和家庭，同时要充分利用年龄较长雇员的知识和经验；⑦争取欧盟政策的配套支持[1]。

二、德国高技术战略

2005 年 11 月，默克尔总理领导的新一届政府上台。新政府非常重视科学研究和创新，将其置于最优先发展的领域，并明确提出，“到 2020 年使德国成为世界上最适于研究的国家，确保德国科研水平和经济竞争力在世界处于领先地位”。为实现这一目标，德国联邦政府于 2006 年发布了首个国家性战略总纲领——《德国高技术战略》，计划从 2006 年到 2009 年投资近 150 亿欧元来提高德国的创新能力，将德国建成“创意之国”，并使德国在未来最重要的市场领域居于世界领导地位。高技术战略确定了三大创新目标，将纳米技术、生物技术、微系统技术、光学技术、材料技术、航空技术、信息与通信技术、制造技术、能源技术、环保技术、运输工具与交通技术、航天技术、海洋技术、健康研究、植物研究、安全研究、服务业等 17 个领域作为重点资助和优先发展领域[2]。

三、科研国际化战略

2008 年 2 月，德国联邦内阁通过了“联邦政府科研国际化战略”，以加强德国在科技全球化社会中的角色。战略确定了四个优先目标：①密切加强与全球最具创新性的科学家和最好的科研团队的合作，同时使德国成为世界一流科研人员和大学生的首选目标国；②在国际范围内挖掘创新潜力，确保德国企业是世界领先的高技术区和研发中心的合作伙伴；③持续加强与发展中国家在教育和研发领域的合作；④承担国际责任，应对全球在气候、资源、健康、安全和人才外流方面的挑战。

为了实现以上目标，联邦政府制定了面向国际的政策措施：①通过国际项目和在德国运营的大型研究基础设施使德国科研人员也能进入其他国家的研究基础设施、大型仪器和联合项目。②对国家、地区和国际资助计划进行更好的协调，并在取得共识的情况下做出相应的调整与补充。进一步优化德国吸引国际研究与发展投资的框架条件及公共研究机构、高等院校和企业之间的知识转移，使德国在海外的投资为德国带来尽可能高的利润。③不断丰富或完善经济发展合作和科学技术合作的方式。④加强人文与社会科学领域的国际合作。⑤通过设在国外的德国科研协调机构加强国际化战略，借由它们向德国经济界和科学界介绍国外的科学与创新活动，并有目的地为德国大学、研究与创新区位做宣传。⑥欧洲战略和具体国家战略的制定应遵循国际化战略的目标[3]。

四、高技术战略 2020

2010 年，德国经济实现复苏，并率先走出危机成为带动欧洲经济增长的火车头。为了加大创新力度，保持国际竞争优势，2010 年 7 月，德国联邦政府内阁通过了联邦教研部提出的《德国高技术战略 2020：思路、创新、增长》。该战略是高技术战略的继续发展，为德国未来 15 年科技研发规划了新的发展路线。

战略认为，伴随着危机，全球新知识竞赛的速度将不断加快，面向专利、技术和市场引领地位的国际竞争将继续加剧。科学技术在未来必须为支撑德国经济发展发掘潜力，开辟增长点。面对气候变化、人口增长、常见疾病传播、世界粮食安全、资源紧缺等全球性挑战，需要依靠科研、技术和创新寻求面向未来的解决方案。

为此，“高技术战略 2020”重点关注气候与能源、健康与营养、交通、安全和通信五大需求领域，并从各个需求领域中最重要的挑战着眼，确定了十个“未来项目”作为联邦政府的重点创新项目，同时也作为落实创新政策的重要手段。“高技术战略 2020”也明确了各领域的行动计划。

在气候与能源领域，德国将实施《联邦政府第六能源研究计划》《可持续发展研究框架计划》和《生物经济框架计划》，着力保持核能技术领域的竞争力，提升煤化学技术，在非洲设立气候变化和土地管理研究与服务中心，进行气候系统研究和对地观测。在该领域，战略确定的未来项目包括“碳中和、高效节能且适应气候的城市”“作为石油替代品的可再生原料”“能源供给的智能化改造”。

在健康与营养领域，德国将实施新的健康研究计划，进行个性化医学研究，加强对常见疾病的研究，推进疾病预防、营养和人口老龄化的研究，把医学基因组学和医学系统生物学作为新的战略课题，保持并增强德国医疗技术及相关服务业的市场主导地位，制订系统资助医疗技术发展的行动计划。该领域确定的未来项目有“个性化医疗”“疾病预防和饮食健康”“高龄人士自主生活”。

在交通领域，德国将实施“第三个交通研究计划”，加强电动汽车的开发，制订未来电动交通的整体方案，实施国家航空研究计划和国家海洋技术总体计划，支持明显降噪轨道货运研发项目。该领域确定的未来项目有“开发可持续性交通”。

在安全领域，德国将加强民用安全研究，实施“联邦政府民用安全研究计划 2011”，开发保护现代民主社会的解决方案，形成特色鲜明的技术能力，开发防范危害与保护重要基础设施的民用安全解决方案，把德国打造成民用安全解决方案的主导市场。该领域确定的未来项目有“网络身份安全识别”。

在通信领域，德国将继续执行信息技术安全研究计划，资助云计算，推进智能电网和智能实体的研发，加强电子身份识别的支持，制定嵌入式系统国家路线图，加强通信基础设施建设，增强卫星光通信能力，选择一些技术将其发展为世界标准。该领域确定的未来项目有“网络服务”“物联网条件下的工业”[4]。

五、新创新纲领“促进技术利用——勇于创新、加强增长、塑造未来”

2012 年 5 月，德国联邦经济技术部部长公布了名为“促进技术利用——勇于创新、加强增长、塑造未来”的德国新创新纲领。纲领中，德国制定了 3 个目标，即希望德国到 2020 年成为全球技术与创新最友好的国家、到 2020 年把研发企业和创新企业的数量从现在的 3 万和 11 万分别提高至 4 万和 14 万、继续保持并扩大德国技术出口世界第一的地位。为此，德国主要在以下三方面采取了相应措施。

在提高对新技术的接受度方面：①给予解决具体技术难题的企业或联合研究组新的创新奖励；②扩大中小学校与企业、研究机构间的合作，将更多关于企业和技术的知识带到学校，激发青少年对技术行业的兴趣；③启动新一轮的信息宣传活动，激发民众对技术创新的兴趣。

在营造更加有利于创新的环境方面：①加强行业竞争，消除官僚主义；②继续为研发活动提供税收优惠，使研发型企业受益；③持久保护知识产权并要求其通过欧盟专利，打击盗版产品；④大力主张在国际上使用全球统一的标准、规范与技术规则；⑤通过形式多样的创新方法提高知识和技术的转移，除传统手段，如专利、研发合作外，还将使用规范和标准，把研发成果及早引入市场；⑥降低外国专业人才移民德国的难度；⑦在中型企业内建立人才保证中心，为企业在吸引人才方面提供咨询；⑧保护敏感数据和智能基础设施，建立全面的信息通信安全和数据保护战略。

在加强中小企业技术创新方面：①对参与创新型新生企业的私人投资者提供新的风险资本投资补贴；②与欧洲投资基金一同设立总额为 6000 万欧元的新“欧洲天使基金”；③继续实施“中小企业创新促进计划”，并向较大规模的中型企业开放；④给予由企业发起的创新集群专业知识的支持；⑤为政府采购创新产品和服务设立新的激励机制[5]。

第二节 科技政策与措施

进入 21 世纪，德国研究与创新政策承担着塑造国家研究与创新体系、解决社会重大问题、开辟未来前景、为知识的创造和使用确定稳定的框架条件等重要任务。

一、联邦和州政府的三大改革计划

2005 年 6 月，德国联邦和各州政府通过了“精英大学”计划和针对高校外科研机构的“研究与创新公约”。联邦教研部前任部长布尔曼称，由联邦政府发起的这两项计划是德国创新政策的一大成就，为今后 10 年的科学与研究创造了可信赖的条件。2006 年联邦和州通过的“高等教育公约”则旨在扩大德国高校的新生就学名额。

（一）“精英大学”计划

为打造德国一流大学，提高德国高校从事尖端科研的水平，2005 年 6 月，施罗德总理启动了“精英大学”计划。该计划旨在建设 10 所世界一流大学、40 个博士研究生院和 30 个精英集群。默克尔总理上台后，对“精英大学”计划持积极态度，并在 2009 年决定，将该计划延续至 2017 年。

“精英大学”计划的资助领域有 3 个，分别是：针对大学科研后备力量，为其创造最佳科研条件的研究生院；加强大学与科研机构、企业和高等专科学校间合作的精英集群；扩大德国大学顶尖科研的未来纲领。德国政府为“精英大学”计划第一阶段（2006～2011 年）提供的资助总额为 19 亿欧元，第二阶段（2012～2017 年）为 27 亿欧元[6]。

（二）研究与创新公约

研究与创新公约的目的是持续加强高校外科研机构在德国科研体系中的地位。德国联邦和州政府在公约中允诺，从 2006 年起至 2010 年，每年为德国五大高校外科研机构（马普学会、弗劳恩霍夫协会、亥姆霍兹联合会、莱布尼茨科学联合会、德国科学基金会）增加 3%的资助经费。五大科研机构在有力的财政保障下也承诺在开辟新研究领域、科研合作、研究成果转化与使用、国际化，以及争取科研后备力量等方面做出更好的成绩。2008 年，德国政府决定，将公约的执行期延续到 2015 年，并在第二执行阶段（2011～2015 年）对上述科研机构的资助经费每年增加 5%[7]。

（三）高等教育公约

根据 2006 年联邦制改革后的新形势，德国联邦和州政府在 2006 年就资助大学的高等教育公约达成共识，并于 2009 年 6 月决定将公约延长至 2015 年。

公约的一个目的是为年轻人提供足够的就读大学的位置。公约实施的第一阶段（2007～2010 年）共创造了 185 024 个新学习位置，大大超出了目标规定的 91 370 个，联邦政府为此提供了大约 5.66 亿欧元的资助经费。公约实施的第二阶段（2011～2015 年）的一个重要目标是再创造 27.5 万个大学学习位置，为此，仅联邦政府就计划投入至少 47 亿欧元，联邦和州政府则将平均为每个大学学习岗位提供 2.6 万欧元。

公约的第二个内容是资助大学的科学研究。大学在德国科学基金会获得批准的项目将得到项目成本 20%的额外补助。联邦政府为此将在 2015 年前提供约 17 亿欧元。

公约的第三个内容是到 2020 年以前，联邦政府将投入 20 亿欧元帮助 16 个联邦州的 186 所高校改善学习环境[8]。

二、科技立法进展

（一）修订《基本法》

德国没有专门的科技法，《基本法》是德意志联邦共和国的治国大法。《基本法》第 91b 条规定了联邦和各联邦州在科研领域的共同任务。

2006 年，德国通过了联邦制改革法案，重新调整和明确了联邦与各联邦州的管辖权限。依据联邦制改革法案对 91b 条的修改，德国联邦和各联邦州只共同资助高校重大的科研项目（如“精英大学”计划）和科研建筑。除此之外，德国高校受联邦州政府的资助。

2012 年 3 月，德国联邦政府联盟委员会决定，扩大联邦政府和州政府在科研领域的合作，对第 91b 条进行相应修改，使联邦政府对德国高校的资助将不再局限在项目上，而是与资助高校外科研机构一样，对其进行长期、稳定的机构式资助。德国希望通过此次修改，大力加强德国高校在本国科研体系中的核心地位，帮助在高校内从事的尖端研究在世界上产生影响，从而使德国科研体系更加国际化[9]。

（二）通过《科学自由法》

2012 年 10 月，德国联邦议会通过了《科学自由法》。按照该法，受国家资助的德国高校外科研机构，如马普学会、弗劳恩霍夫协会、亥姆霍兹联合会、莱布尼茨科学联合会、德国科学基金会等将在预算、人事、投资和建筑施工四个方面享有更多的自主权与灵活度，以达到更有效地使用经费、提高科研机构行为能力和竞争力的目的。预算方面，科研机构可掌管其用于人员、实物和投资的全部预算；人事方面，科研机构可以通过使用第三方经费，即非国家经费来源来增加其雇佣的科研人员的薪水，使科学家的待遇优于其他工作人员，以此来吸引或留住高水平科研人才；投资方面，联邦财政部要在三个月内对科研机构投资企业的申请做出决定，加速审批过程；建筑施工方面，科研机构在具有充足的专业知识和相应的内部监管且遵守联邦政府相关要求的前提下，有权在没有国家专业管理部门的参与和检查下进行建筑施工。此外，法案也增加了科研的透明性。科研机构的经营管理将伴有适当的监管，资源的使用以及科研机构取得的科研进步和成果将更加透明可见[10]。

（三）通过《干细胞法》

2002 年 7 月，德国联邦政府正式通过了《干细胞法》。法案对德国科学家在该领域的工作做出了明确规定。按照法案规定，德国原则上禁止进口和使用胚胎干细胞。以研究为目的进口和使用胚胎干细胞只适用于 2002 年 1 月 1 日前获得的干细胞，只允许用于高级别的研究计划，并且需要国家批准和干细胞研究中央伦理委员会的事先审查。干细胞法案保证了德国在该领域的研究与国际水平接轨，从而使法律规定与伦理价值在保护胚胎和研究自由之间达到和谐统一[11]。

三、科技人才政策

为了解决国内人口老龄化日趋严重、专业技术人才短缺的问题，德国联邦政府推出了一系列政策和措施，加大对专业技术人才的培养和引进力度。

（一）人才培养政策

德国政府培养青年人才的战略目标是创造最佳条件使年轻人得以发挥其最佳潜力，同时为青年人才提供更多能使其事业获得成功的机会。近年来德国政府在加强青年人才培养方面采取的措施主要有以下几方面。

除 2007 年实施“高等教育公约”扩大大学就学名额外，2011 年夏季学期开始，德国向公立大学和国家认可的大学发放了首个“国家奖学金”，它是除联邦助学金资助条例、教育贷款、青年人才奖学金外，德国第 4 个资助学业的手段。德国希望通过对青年人才的长期支持为未来德国争取高水平的专业人员、克服专业人才匮乏的问题，确保德国未来的创新力和国际竞争力。奖学金获得者每月可得到 300 欧元的资助，资助期限最少为两个学期，最多可到法定学习年限的结束。2011 年总共有 1 万名学生获得该奖学金，占学生总数的 8%[12]。

2011 年，德国联邦政府实施了《职业培训协议》，目标是将德国企业培训岗位数量提升到在职职工人数的 7%。根据该培训协议，德国联邦政府将有针对性地向各类中学派遣 1000 名“入职陪伴”，帮助在校学生做好进入职业教育前的准备工作。同时，联邦政府与退休专家组织合作，向各类职业培训学校派遣 1000 名退休专家，帮助学校提高职业技术培训水平[13]。

（二）人才吸引政策

在培养本国人才的同时，德国政府也致力于吸引外国尖端人才到德国工作，从而提高德国的科研水平。

自 2001 年起，德国政府投入了上亿欧元的资金，启动了“赢取大脑”工程，目的是挽留德国本土人才和吸引外国人才来到德国[14]。该工程为各国高水平的研究人员提供数目可观的特别研究基金，供他们独立组建研究小组。近几年德国基因工程研究的巨大发展，就受益于“赢取大脑”工程。

为了使德国对国内外的优秀青年科学家更具吸引力，德国联邦政府自 2001 年起引入了“青年教授计划”，使年轻人才从 30 岁开始就能独立从事教学和研究工作。每聘请一位年轻教授，联邦政府会为其提供最高 6 万欧元的启动经费，并准备在全德国聘用 3000 名。为实施该项计划，联邦政府拨出了 1.8 亿欧元的专款。截至 2004 年，联邦教研部共批准了 65 所大学设立的 933 个年轻教授职位，其中 14%来自国外[15]。

为争取在国外工作的德国高级人才回国，德国于 2003 年成立了名为“德国学者组织”的机构，专门致力于为有意回国发展的德国人才联系企业或单位。此举不但留住了大量德国籍研究人员，还招徕了美、英等国一批高水平的研究人员。

德国政府还通过修订法律，吸引、留住青年科技人才。2006 年，联邦教研部制定了新的《科研人员定期聘任合同法》，将公立科研机构科研人员的定期聘任合同的最长期限放宽至 12 年或 15 年，并将照料孩子时间考虑在任期内。法案还规定，科研人员的聘期可与横向科研经费的支持时间挂钩，科研人员争取到的横向经费支持时间多长，他们的聘期就可多长。2011 年 3 月，德国联邦政府通过了《外国人居留法》草案。根据新草案，德国联邦政府将给予在德国从事科研工作的外国人配偶充分的就业权，以加强对外国人赴德工作的吸引力。2012 年 4 月 1 日，德国联邦议会表决通过的《改善国外职业资格认证法》正式生效。该法旨在通过简化和加快对国外职业资格和文凭的认证和等值认定程序，吸引更多专业人才赴德工作，改善外国人在德国的就业情况，促进移民更好地融入德国社会，从而解决德国已出现的专业人才短缺问题。根据该法的规定，各行业协会将在各自行业范围内鉴定国外职业资格和文凭。德国工商会、手工业协会、医生和律师协会等都将承担本行业的外国职业文凭审核任务。德国联邦经济部也在网上建立了信息中心，使得对国外职业资格的认证过程标准统一、迅速和透明[16]。

德国政府自 2000 年起就大力实施宽松的技术移民政策，为外国高级人才“开绿灯”。2005 年 1 月 1 日，《移民法》正式生效。该法的一个重要内容是给予来德国工作的外国高级专业人士无期限居留许可。2009 年年初，德国政府下调了外国高级专业人才获得德国无期限居留许可的年收入标准，从 8.64 万欧元/年减少到 6.48 万欧元/年。德国联邦政府还计划进一步放宽技术移民政策门槛，将长期居留签证年收入的限制降至 4.2 万欧元/年。2012 年 8 月，德国通过发放“蓝卡”吸引非欧盟国家的专业人才来德国工作。非欧盟国家的高校毕业生只要在德国找到一份年薪超过 4.48 万欧元的工作就可获得“蓝卡”。医学和工程学这些人才匮乏的专业只需年薪达到 3.5 万欧元。持“蓝卡”21 个月后，就可得到德国的永久居留许可。德国毕业的外国学生在德国找工作的时间也扩大至 18 个月，外国学者拥有 6 个月在德国找工作的权利[17]。

2012 年 6 月，德国三个政府部门联合发起了一项旨在长期确保德国专业人才的“人才进攻”行动。该项行动的核心为建立两个互联网平台，即一个国内平台“www.fachkräfte-offensive.de”和一个国外平台“www.make-it-in-Germany.com”。国内平台对准德国国内潜在的专业人员、企业及广大民众，系统地为企业和潜在专业人员提供最好的咨询和建议，为他们如何从人口变化中获益指明具体出路，目的是提高国内人员，特别是妇女和老年人的从业潜力。国外平台将首先用德语和英语宣传在德国生活和就业是有利的，吸引外国高水平的年轻人来德国开展事业，同时为外国专业人才提供具体的职位和帮助，引导他们在德国开展工作[18]。

四、科技体制改革

（一）优化调整科研机构

继2001年联邦教研部把信息技术研究中心并入弗劳恩霍夫协会，形成了欧洲最大的信息技术研究中心。此后，2002年联邦教研部又将弗劳恩霍夫环境研究所划归到卡尔斯鲁厄研究中心。此项合并是联邦教研部重新调整德国研究机构工作的一部分，合并后两个机构各自的研究重点不变，同时实现了优势互补。2002年11月，柏林赫兹通信技术研究所并入弗劳恩霍夫协会，此项合并对于改善德国IT研究又迈出了重要一步[19]。

2004年，联邦政府在以下几个方面对政府资助的科研机构进行了深化改革：①加强各研究机构的协调合作：联邦政府按照科学委员会的建议，加强了研究执行单位和研究资助者之间的协调配合，在项目资助上向跨机构跨学科的研究项目倾斜。②强化科研资助的竞争机制：通过在科研机构内设立战略基金，并采用招标、公开竞争和专家评审的机制将这些经费分配给项目。③简化高风险创新研发项目的资助程序。④推广和完善对科研机构的评估：继2002年对联邦技术物理研究院评估之后，2004年，联邦政府又请科学委员会对联邦各部直属的研究机构就自主研究的必要性和科研质量进行评估，并决定各部直属的研究机构也要引入竞争机制[20]。

2012年1月，原属德国莱布尼茨科学联合会的GEOMAR海洋学研究所正式并入德国亥姆霍兹联合会，成为亥姆霍兹联合会的第18个科研中心，这意味着联邦政府和所在州政府对GEOMAR海洋学研究所事业费共同资助的比例从原来的5∶5变成了9∶1。GEOMAR海洋学研究所的加入加强了亥姆霍兹联合会关于地球系统的联合研究[21]。

（二）政府机构调整

2006年年初，联邦教研部进行了结构性调整，目的是提高工作能力和创新力，使教育与研究之间的交接点更为紧密地结合在一起，并在结构上进一步突出新的和重新调整的课题重点。调整后的教育与研究部分为8个部门（原来为9个部门）：中央部为服务部门，主管人事、组织、基础设施、预算、调控和资助程序；部门1负责战略和原则问题；部门2负责教育与研究领域的国际合作；部门3的工作为职业教育；部门4负责高校科研和高校外科研领域内科学体系的发展与促进工作，推进文化科学；部门5负责所有关于关键技术的计划、项目，如纳米技术、电子学、光学技术、微系统技术等；部门6负责生命科学领域的研究；部门7负责基础研究和可持续发展研究。

2010年，政府对联邦教研部的职能再次进行了调整，把一些贴近应用的高新技术划入经济技术部，教育与研究部的职能更加侧重教育和基础研究。

第三节 科技经费投入

一、研发经费增长态势

2002～2010年，德国的研发投入从533.64亿欧元增长到了近700亿欧元，研发投入占国内生产总值的比例从 2.49%增长到 2.82%（表 10-1）。在此期间国内生产总值也在增长，因此这意味着德国研发支出的显著提高[22]。

表 10-1　2002～2010 年德国研发投入

年份	2002	2003	2004	2005	2006	2007	2008	2009	2010
国家和非营利私有部门/亿欧元	73.33	73.07	75.14	78.67	81.56	85.4	93.46	99.32	103.54
高校/亿欧元	90.80	92.02	90.89	92.21	94.75	99.08	111.12	118.08	126.65
企业/亿欧元	369.50	380.29	383.63	386.51	411.48	430.34	460.73	452.75	469.29
总计/亿欧元	533.64	545.39	549.67	557.39	587.79	614.82	665.32	670.15	699.48
占 GDP 的比重/%	2.49	2.52	2.49	2.49	2.53	2.53	2.68	2.80	2.82

与欧洲其他国家相比，德国的研发投入处于领先地位。2010 年，只有芬兰（3.87%）、瑞典（3.42%）和丹麦（3.06%）的研发支出占国内生产总值的比例高于德国。相比法国（2.26%）、英国（1.77%）和意大利（1.26%），德国大大领先。目前欧盟的平均值仅达到 2%[23]。

二、德国政府（联邦和州）研发经费增长态势

德国联邦和州政府分别在各自负责的领域内资助研发活动。2002～2012 年，德国联邦和州政府的研发支出从 172 亿欧元增长到 237 亿欧元，约占公共预算总额的 2.9%。仅联邦政府的研发经费就从 2005 年的 90.35 亿欧元增长到 2012 年的 134.75 亿欧元[24]（图 10-1）。

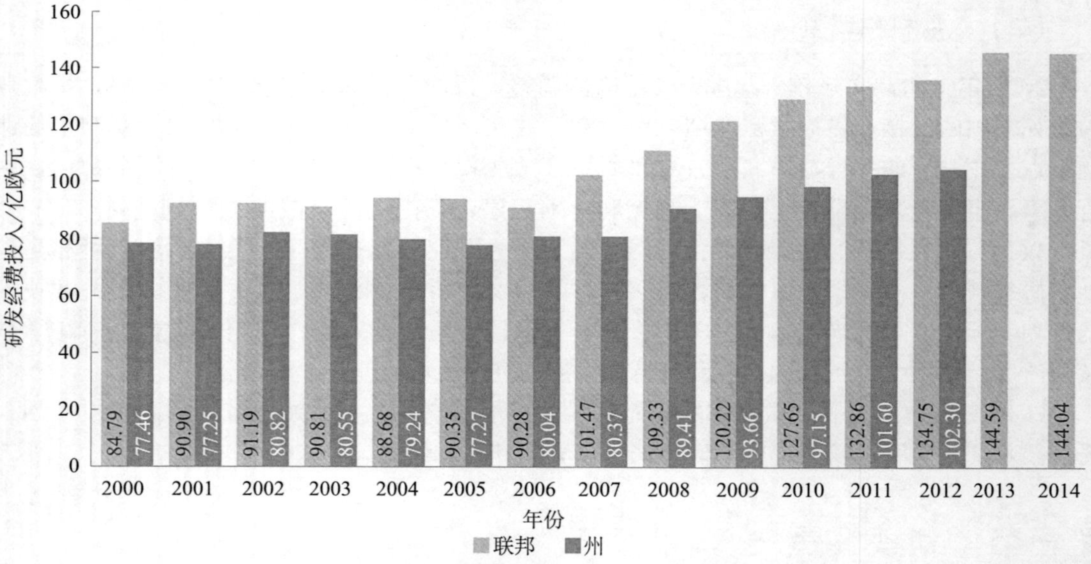

图 10-1　德国联邦和州政府的研发经费投入情况

注：2012 年州政府的研发支出为估测值

三、联邦政府研发经费在各部门的分配

2012年，联邦政府的研发投入为134.75亿欧元，联邦政府投入在不同政府部门的分配情况见图10-2。由图10-2可以看出，联邦教研部管理50%以上的研发经费（58.4%），其次是联邦经济技术部（20.3%）和联邦国防部（7.1%），三个部门的研发支出共占联邦政府研发投入总额的85.8%[24]。

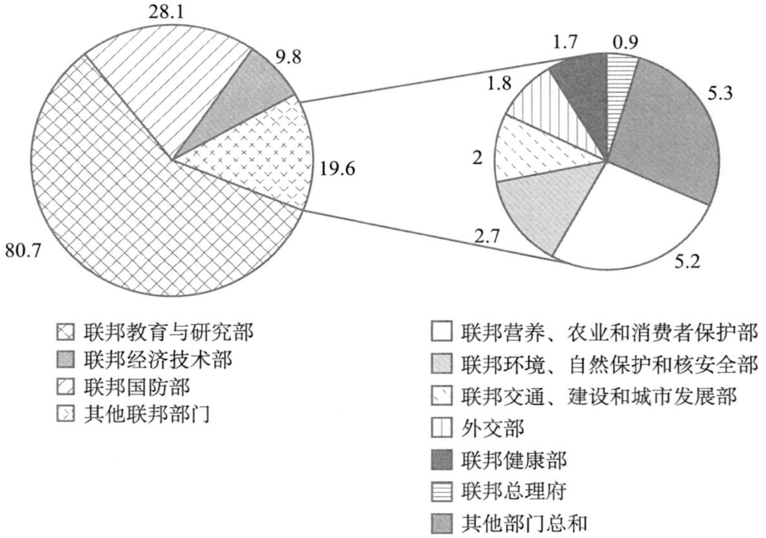

图10-2 2012年德国联邦政府研发投入在各部门的分配（单位：%）

四、国家研发投入重点

民用研究一直是德国联邦政府研发投入的重点。2010年，联邦政府用于民用研究的经费占其总研发支出的91%，该比例在近几年一直缓慢增长，2012年为93%。民用研究中，航空航天技术、大型基础研究设施、健康医疗、气候、能源、信息和通信技术，以及农业领域是联邦政府的资助重点[24]。图10-3显示了2009～2012年德国联邦政府在上述重点领域的研发投入金额。

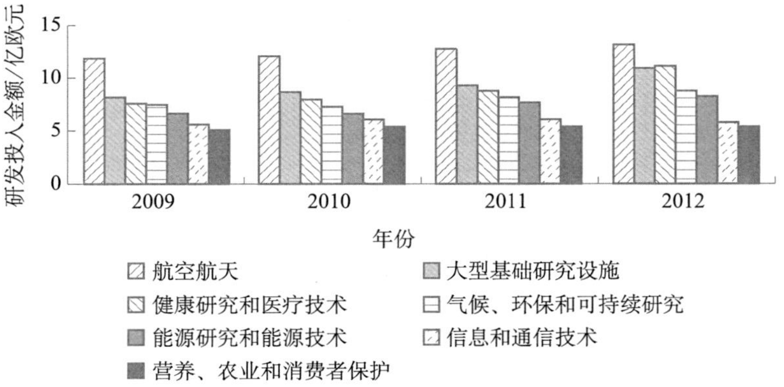

图10-3 2009～2012年联邦政府在重点领域的研发投入金额

第四节　优先领域的确定

早在 20 世纪 90 年代初期，德国联邦教研部就开展了技术预测活动。2007 年开始的联邦教研部技术前瞻过程则是联邦教研部作为技术预测、确定社会未来研发需求的新战略手段。

技术前瞻过程把目光投向未来 10～15 年的研究与技术，在所获取的信息基础上及时推导出德国研究与创新政策的定位和优先领域，并将它们转变为政策和课题加以落实。技术前瞻过程遵循以下四个目标：①识别研究和技术领域里的新重点；②确定研究与创新领域的重大行动措施；③分析在哪些技术与创新领域有可能建立战略伙伴关系；④推导研发活动的优先行动领域。

一、优先领域的选择基础

多数技术创新源于两种动力——“技术推动”和“需求拉动”。技术推动的创新是科学进步的结果，它通常基于基础研究的成果，起初并未以市场应用为目的。从供给的角度看，技术驱动型创新可能产生出全新的市场，引发社会发展，如互联网技术的应用，但这种类型的创新存在与实际需求相脱离的风险。

需求拉动的创新则从一开始就致力于解决市场的特殊需求，它不仅为现有市场的既定需求提供创新性解决方案，更从重大挑战，如人口结构转变、自然资源匮乏中推导出具体需求，并对此开发长期持久的解决方案。但这种类型的创新有可能会忽视原始的创新潜力。

联邦教研部的技术前瞻过程则是在一个循环过程的模式中将上述两种方法结合。在以技术推动为主导的技术前瞻过程后跟随着的是以需求拉动为主导的技术前瞻过程。

二、优先领域的选择程序

联邦教研部的技术前瞻过程是循环进行的，每个周期确定下来的结果都将反复地被应用在下一周期并不断得以完善。每个周期都是一个独立的项目，并且由三个阶段组成，即遴选与分析、转化，以及对下一周期进行准备（图 10-4）。每个周期持续约两年的时间。

遴选阶段专注于对国家和全球有重大影响的未来挑战，追寻显性和隐匿的趋势。2007～2009 年技术前瞻过程第一周期共遴选出 14 个未来领域，分别是：①健康研究；②交通；③能源；④环境保护和可持续发展；⑤信息和通信技术；⑥生命科学和生物技术；⑦纳米技术；⑧物质/材料与其生产工艺；⑨光学技术；⑩神经学与教学研究；⑪光学技术；⑫服务学；⑬系统与复杂性研究；⑭水力和基础设施。随后，通过与国内和国际专家讨论并根据既定标准评估，对这 14 个领域中各种研究课题进行了分析，最终在 2009 年确定了 7 个发展迅速且有高需求度的未来领域：①生产消费 2.0；②人—科技—合作；③老化破译；④未来生活空间；⑤跨学科模式与多尺度模拟；⑥时间研究；⑦未来能源解决方案。

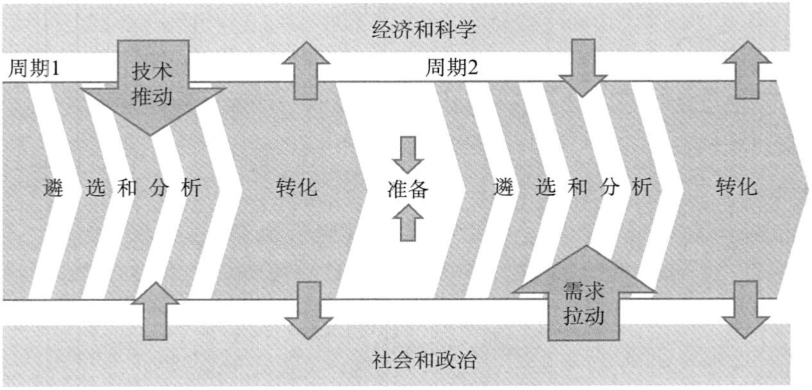

图 10-4 技术前瞻过程

转化阶段则是将遴选结果带进联邦教研部的工作进程，如创新政策项目的长期规划。除联邦教研部外，其他联邦政府部门也会利用技术前瞻过程的结果。此外，技术前瞻过程也对准德国研究资助机构、各联邦州的科技部门，以及私营企业。

每个展望周期都是以对下一个展望周期的准备而结束的。在遴选与分析以及转化阶段都伴有评估，通过对评估结果进行分析来完善对下一个周期的设计。

三、优先领域的选择方法

在技术前瞻过程第一周期的遴选阶段（2007～2009 年），联邦教研部将各种方法组合在一起。在技术预测的传统方法上增加了创新要素（如时间旅行），同时将定量方法，如数据挖掘、文献计量学分析，与定性方法，如政策分析、文献调查、研讨会及专家深入讨论相结合[25]（图 10-5）。

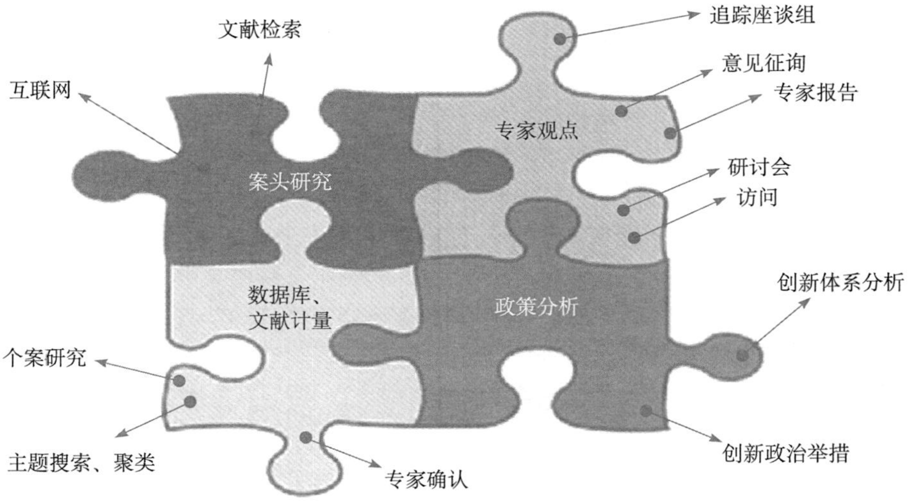

图 10-5 优先领域的选择方法

第五节　基础研究重点

一、马普学会基础研究重点的变化

马普学会是德国最大的从事基础研究的机构。它拥有 86 个研究所及若干分支机构，致力于新兴且有创新意义和前瞻性的基础研究。马普学会的研究领域归纳为三个学科：①生物学和医学；②化学、物理和工程学；③人文学、社会学和人类学（表 10-2）。

表 10-2　马普学会的学科及其研究领域　（单位：个）

学科	研究领域	从事该领域研究的研究所数目
生物学和医学	发育与进化生物学、遗传学	18
	免疫生物学与传染病学、医学	12
	认知生物学	4
	微生物与生态学	6
	神经生物学	13
	植物研究	5
	结构与细胞生物学	21
	生理学	5
化学、物理和工程学	天文与天体物理	9
	化学	13
	固态研究与材料学	13
	地球科学与气候研究	3
	高能物理、等离子体物理和量子物理	13
	信息学	3
	数学	2
	复杂系统	4
人文学、社会学和人类学	文化学	7
	法学	9
	社会学	7
	语言学	4
	认知研究	6

马普学会在《2005 年科研路线展望》报告中确定了未来几年的研究重点，包括宇宙形成、生物多样性、现实社会发展（如人类衰老、阻止国际恐怖主义蔓延等）、老龄化、新生肿瘤疾病、大脑研究和干细胞研究等。马普学会为此新建了老年生物学培养基研究所，部署了与神经科学研究相关的重点课题。

2009 年，马普学会通过任命 14 位国际顶尖科学家，扩大、新辟了以下 14 个研究领域：①粒子宇宙学；②大因特网系统；③量子信息处理；④近代早期法律史；⑤经济法；⑥文化人类学；⑦环境微生物学；⑧语言制造和语言理解；⑨程序分析和软件工程；⑩社会神经学和神经经济学；⑪实验仿星器物理；⑫冷凝物质论；⑬高能光谱学；⑭系统神经生物学。

2010年10月，马普学会公布了其未来最重要的36个研究课题。研究课题分为三大部分：①生命科学（生物学与医学）部分，包括现代精神病学，生态基因组学，视觉蛋白质组学，生物学领域的自组织，老龄化和老年疾病，复合大分子，感知、学习和记忆，蛋白质折叠，植物与其环境的相互作用，生物多样性模型及其维护，光遗传学，高等灵长类动物的比较基因组学等；②化学、物理和技术部分，包括材料科学领域的多尺度模拟，复杂系统，量子多体关联的控制，多模态计算和相互作用，纳米科学和纳米技术，生物材料科学，光与物质的相互作用与其未来研究方向，地球系统的碳循环，能源前沿，多维度的时空，关于“永恒”物质和力量等；③人文、道德与社会科学部分，包括关于全球化世界的法律秩序，行为发展探索，经济界的管理制度与控制，语言与遗传学，海洋科学，文化领域，人脑的可塑性和多样性，知识的全球化等。36个研究课题中涉及生命科学领域的有15个，并且这36个研究课题中的老龄化研究、生物多样性、能源前沿、纳米技术也是德国明确的重点科研方向[26]。

二、德国科学基金会基础研究资助重点的变化

德国科学基金会成立于1952年，是欧洲最大的科研资助机构，负责资助德国高等院校和公共研究机构的科学研究。2011年，德国科学基金会的财政经费为25亿欧元，其中联邦政府资助占67%，州政府资助占32.7%。

图10-6显示了2006～2011年德国科学基金会对生命科学、自然科学、工程学和人文社会科学四个学科领域在各年度的资助金额。可以看出，每个领域的资助金额都有增长[27]。德国科学基金会在2008～2011年对各专业领域的资助金额见图10-7。

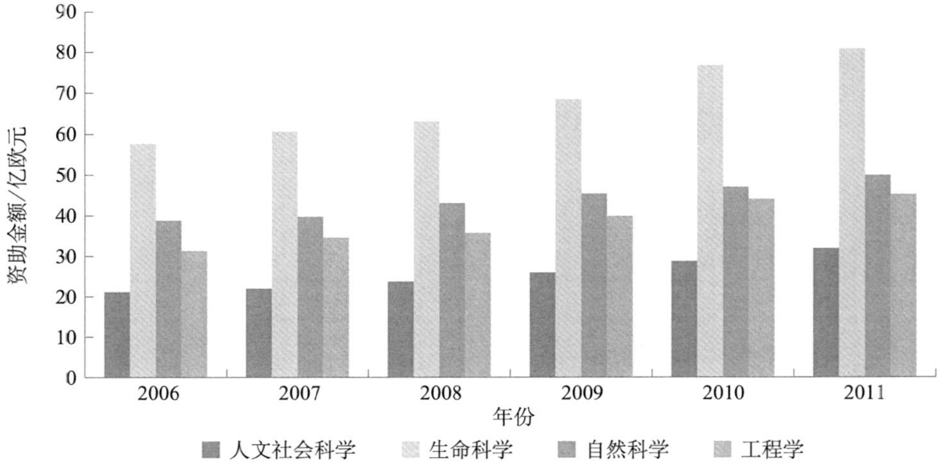

图10-6 2006～2011年德国科学基金会资助各学科领域的金额

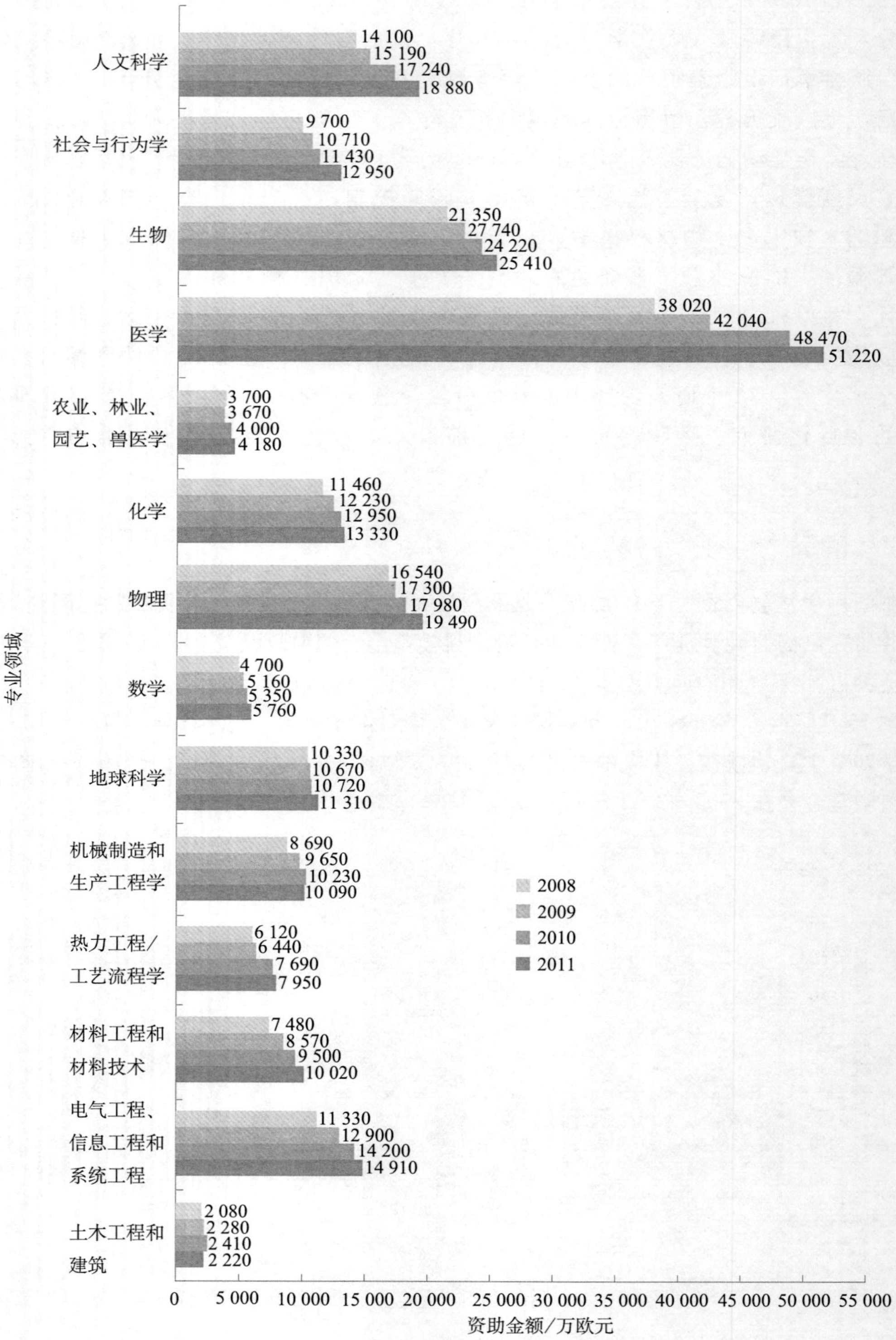

图 10-7　2008～2011 年德国科学基金会对各专业领域的资助金额

第六节 科研评估

一、项目评估

基于同行评议的科研评估是项目管理主体（一般是联邦或州政府）对项目进行全程监控的重要工具。科研项目评估分为事前评估、监控评估和事后评估。德国科研项目评估一个显著的特征在于重视事前评估，即不仅重视项目本身的可行性、选题质量、资源的可获取性，还对项目可能带来的机遇与风险进行全方位考察。德国同行评议活动中的专家大部分来自国外[28]。

二、机构评估

在 2005 年德国联邦和州政府与德国马普学会、弗劳恩霍夫协会、亥姆霍兹联合会、莱布尼茨科学联合会、德国科学基金会签订的“研究与创新公约”中规定，上述五大科研组织每年要按照联邦和州政府定义的指标向德国科学联席会（GWK）汇报所取得的进步，在此基础上，德国科学联席会每年撰写“研究与创新公约进展监测报告”。联邦和州政府定义的评价指标有：①科研体系的动态发展，包括：开辟新研究领域；资源竞争——机构内的竞争、机构间的竞争、欧洲竞争；研究基础设施。②科研体系内的联结，包括：人员合作；研究课题合作；地区合作。③国际合作，包括：国际化战略；欧洲合作；科研人员的国际化；评估的国际化。④科学和经济，包括：知识和技术转移战略；区域创新体系；创造经济价值；企业管理人员的培训。⑤科技人才，包括：科研奖项；科研管理人员；女性科研人员；青年科研人才；非学术人员。⑥创造框架条件[29]。

（执笔：中国科学院文献情报中心　葛春雷）

参考文献

[1] 中华人民共和国科学技术部．国际科学技术发展报告 2005. 北京：科学技术文献出版社，2005：123-124.

[2] Bundesministerium für Bildung und Forschung. Die hightech-strategie für deutschland. http：//www. bmbf. de/pub/hts_2020. pdf [2013-7-15].

[3] Bundesministerium für Bildung und Forschung. Strategie der bundesregierung zur internationalisierung von wissenschaft und forschung. http：//www. bmbf. de/pub/Internationalisierungsstrategie. pdf [2012-06-17].

[4] 中华人民共和国科学技术部．国际科学技术发展报告 2001. 北京：科学技术文献出版社，2011：16.

[5] Bundesministerium für Wirtschaft und Techologie. Rösler legt neues Innovationskonzept v or. http：//www. bmwi. de/BMWi/Redaktion/PDF/I/innovationskonzept，property＝pdf，bereich＝bmwi，sprache＝de，rwb＝true. pdf [2012-07-05].

[6] Bundesministerium für Bildung und Forschung. Exzellenzinitiative für spitzenforschung. http：//www. bmbf. de/de/1321. php [2014-03-14].

[7] Bundesministerium für Bildung und Forschung. Pakt für forschung und innovation. http：//www. bmbf. de/de/3215. php [2014-03-14].
[8] Bundesministerium für Bildung und Forschung. Hochschulpakt 2020 für zusätzliche studienplätze. http：//www. bmbf. de/de/6142. php [2014-03-14].
[9] Bundesministerium für Bildung und Forschung. Bundesregierung plant grundgesetzänderung. http：//www. bmbf. de/press/3243. php [2013-03-12].
[10] Bundesministerium für Bildung und Forschung. Mehr spielräume für die wissenschaft. http：//www. bmbf. de/press/3268. php [2012-10-12].
[11] 中华人民共和国科学技术部．国际科学技术发展报告 2003. 北京：科学技术文献出版社，2003：109.
[12] Bundesministerium für Bildung und Forschung. Deutschlandsstipendium. http：//www. bmbf. de/de/14295. php [2011-02-28].
[13] 中华人民共和国科学技术部．国际科学技术发展报告．北京：科学技术文献出版社，2012：194.
[14] 白春礼．人才与发展：国立科研机构比较研究．北京：科学出版社，2011：18-20.
[15] Bundesministerium für Bildung und Forschung. Juniorprofessur. http：//www. bmbf. de/de/820. php [2014-03-14].
[16] 中华人民共和国驻德国大使馆教育处．德国新法规简化国外文凭认证程序，吸引专业人才．http：//www. de-moe. edu. cn/article_read. php? id=12016-20120513-1202 [2012-12-07].
[17] 新东方留学．德国移民：2012 年德国技术移民政策解读．http：//germany. xdf. cn/201205/1246952. html [2013-06-25].
[18] Bundesministerium für Wirtschaft und Techologie. Fachkräfte entscheiden den künftigen wohlstand deutschlands. http：//www. bmwi. de/BMWi/Navigation/Presse/pressemitteilungen，did=491360. html [2012-06-06].
[19] 中华人民共和国科学技术部．国际科学技术发展报告 2003. 北京：科学技术文献出版社，2003：108-109.
[20] 中华人民共和国科学技术部．国际科学技术发展报告 2005. 北京：科学技术文献出版社，2005：126.
[21] Gemeinschaft H. Kieler meeresforschung bricht zu neuen ufern auf. http：//www. geomar. de/news/article/kieler-meeresforschung-bricht-zu-neuen-ufern-auf/ [2012-02-24].
[22] Bundesministerium für Bildung und Forschung. Bundesbericht forschung und innovation 2012. http：//www. bmbf. de/pub/bufi_2012. pdf [2014-03-14].
[23] Bundesministerium für Bildung und Forschung. Deutschland investiert mehr denn je in forschung und entwicklung. http：//www. bmbf. de/press/3187. php [2011-12-10].
[24] Bundesministerium für Bildung und Forschung. Bundesbericht Forschung und Innovation 2012. http：//www. bmbf. de/pub/bufi_2012. pdf [2014-03-14].
[25] Bundesministerium für Bildung und Forschung. Der foresight-prozess. http：//www. bmbf. de/de/12673. php [2014-03-14].
[26] Max-Planck-Gesellschaft. Max-Planck-Gesellschaft stellt forschungsfelder mit zukunft vor. http：//www. biotechnologie. de/BIO/Navigation/DE/root，did=117710. html [2012-04-10].
[27] Deutsche Forschungsgesellschaft. Jahresbericht 2012 aufgaben und ergebnisse. http：//www. dfg. de/download/pdf/dfg_im_profil/geschaeftsstelle/publikationen/dfg_jb2012. pdf [2014-03-14].
[28] 陈强，鲍悦华，程好，等．重大科技项目的过程管理及协同机制研究．北京：化学工业出版社，2009：4.
[29] Gemeinsame Wissenschaftskonferenz. Pakt für forschung und innovation monitoring-bericht 2010. http：//www. gwk-bonn. de/fileadmin/Papers/GWK-Heft-13-PFI-Monitoring-Bericht-2010. pdf [2014-03-14].

第十一章　法　国

2002～2012 年，法国经历了三届不同的政府，在科技经费上的投入稳定增长，制定了第一个国家层面的科研战略，进行了大刀阔斧的科技体制改革，新建了公共科研资助机构与各种形式的产学研合作主体，为法国的研究与创新局面带来了新的气象。本章将着重从法国近十年的科技战略规划、科技政策措施、科技体制改革、科技经费投入、优先领域确定与科研评估机制等方面就法国的科技政策发展态势进行介绍与分析。

第一节　科技与创新战略

一、法国国家研究与创新战略

2009 年 7 月，法国高等教育与研究部制定了“法国国家研究与创新战略”（SNRI）[1]，这是法国第一份在国家层面的科技发展规划战略，旨在确定法国未来 4 年的科研发展方向与思路，明确在研究与创新领域中面临的挑战，设立科研优先领域，协调所有参与者的行动，更好地分配公共资金，加强法国的竞争力和吸引力。600 多名来自科研界、企业及相关领域的研究人员分成 9 个工作组，经过 6 个多月的酝酿和协调，就应对当今社会和经济挑战确定了 5 项原则与 3 个优先研究领域。5 项原则包括：①基础研究对于知识经济社会至关重要，国家要继续加大投入；②面向社会和经济的开放式研究是经济增长和增加就业的关键，公共科研机构要与企业加强中长期合作，促进科研成果的转移和转化；③把风险管理和增强安全性作为一项社会需求纳入所有研究计划中；④人文和社会科学不能被边缘化，相反应纳入优先领域各个层次的研究活动中；⑤跨学科性是现代研究创新的基础。

三大优先研究领域及其主要内容见表 11-1。

表 11-1　法国国家研究与创新战略优先研究领域

优先研究领域	健康、福利、食品安全和生物技术	环境、自然资源、气候生态、能源、交通运输	信息通信、纳米技术
重要内容	促进生命科学知识的进步，如研发生命模型等	更好地掌握气候与生态环境的变化原理	发展未来互联网、物联网新技术，加强信息安全
	关注公共健康重大问题，如神经代谢退行性疾病、爆发性传染病、开发自动化援助设备等	合理利用四大关键能源：核能、太阳能光伏、二代生物燃料、海洋能源	发展软硬件集成，如微型化技术、开发智能产品等

续表

优先研究领域	健康、福利、食品安全和生物技术	环境、自然资源、气候生态、能源、交通运输	信息通信、纳米技术
重要内容	开发符合公民期待的多元化食品，确保食品安全	发展可持续的城市与交通服务	有责任地发展纳米技术，包括纳米电子学、纳米材料与纳米生物技术
	促进生命工程学、生物技术与合成生物学在企业创新中的发展	发展生态技术与生态理念，如绿色化学等	发展软件产业

作为纲领性的国家研究战略，法国政府围绕"法国国家研究与创新战略"中确定的优先领域，进行了一系列部署，包括发布"数字法国 2020 计划"，发布绿色技术发展路线图，发表《核能 2050》报告等，有计划、有目的地进行具体落实。同时，法国政府组建了生命科学与健康等五大科学联盟，协调同领域内的科研主体共同为该领域的发展出谋划策。

二、未来投资计划

未来投资（Investissements d'avenir）计划[2]是法国近年来推行的大型综合性科技计划，原名大型国债（Grand Emprunt）计划，于 2009 年 12 月由法国总统萨科齐正式宣布并于 2010 年启动，以摆脱金融危机，促进就业，增加法国竞争力。

该计划通过发行国债的方式募资 350 亿欧元，投入五大优先领域：高等教育与培训、研究、工业与中小企业、可持续发展、数字化（图 11-1），将建设与完善具有世界一流竞争力的高校，推动成果转化，重点发展航空航天、汽车、铁路与造船、环保、高速宽带等领域，力求从长远考虑，进行战略性投资，全面提升法国科研影响力，增强其在国际竞争中的表现。350 亿欧元的国债中，220 亿欧元将通过金融市场募集，130 亿欧元由银行偿还经济危机时国家给予的资助，此外，预计将带动私人投资、地方行政机构参与及欧盟补助，使未来投资计划的规模达到 700 亿欧元。

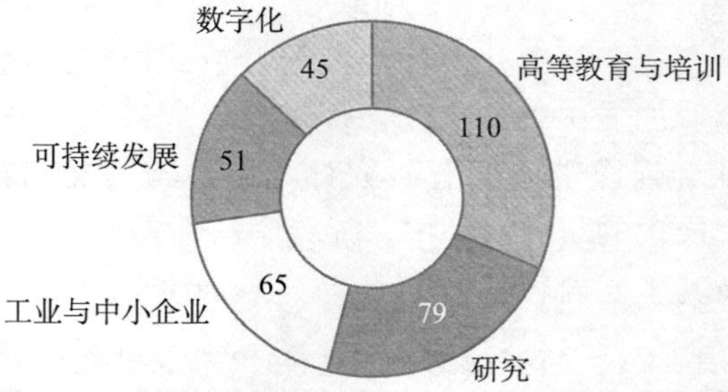

图 11-1　法国未来投资计划优先领域布局（单位：亿欧元）

未来投资计划的子计划分为两大类，一类为专项计划，包括航空航天、空间、核能等领域，由计划与项目实施机构签署协议并审核通过后直接拨款；另一类为公开竞争性计划，高等教育与研究部起草招标书，由总理府召开部际联席会议讨论通过后由法国公共科研资助机构进行公开招标。

未来投资计划设立了投资总专员与监督委员会负责计划的管理与实施，他们都由法国总理直接领导[3]。其项目遴选由法国国家科研署、法国创新署、法国环境与能源署（ADEME）等重要公共科研资助机构与研究机构负责[4]。其中，法国国家科研署作为最重要的项目遴选机构，主要负责计划中公开竞争性项目的遴选。

未来投资计划的组织实施过程如图 11-2 所示。

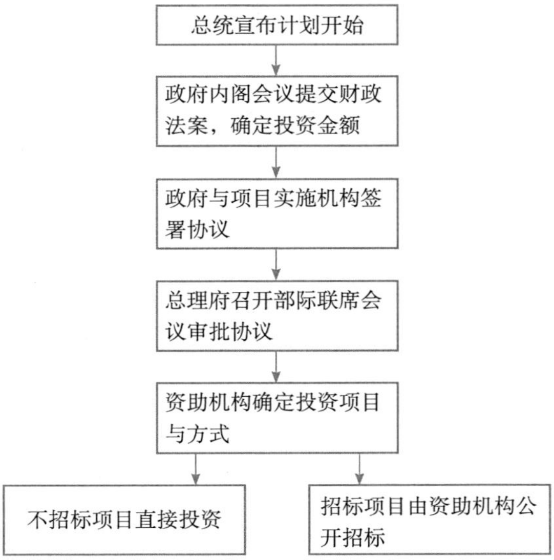

图 11-2 未来投资计划组织实施流程

截至 2012 年 4 月，未来投资计划已就近 3000 个投资项目举行了 100 次公开招标；已遴选近 900 个投资项目，涉及投资金额 250 亿欧元；与中标方已经签署超过 100 亿欧元的项目协议，80%的首批中标方已经获得首批资金[5]。在科研与高等教育领域[6]，卓越实验室计划已投入 1 亿欧元资助首批 100 个实验室；卓越设备计划投资 3.4 亿欧元[7]；卫生领域投入 8.5 亿欧元支持 6 个医疗教学中心[8]；航天航空领域投入 5 亿欧元，进行重大应用卫星与下一代运载火箭的开发[9]；能源领域投入 2.5 亿欧元支持 7 个脱碳能源卓越研究院[10]等。计划的公开竞争性项目均由法国国家科研署进行招标与项目遴选。除上述计划外，还对健康-生物技术分类下的生物技术与生物资源、纳米生物技术、国家生物技术健康基础设施等计划，以及转移和转化分类下的加快技术转移公司、技术研究院等计划展开了项目招标与遴选[11]。

三、竞争力集群计划

2005 年，法国发起竞争力集群（Pôle de Compétitivité）计划，希望通过整合优势、突出重点、以点带面的方式促进某一特定区域法国企业的技术创新，提升法国工业的高新技术含量，进而推动法国经济的发展[12]。

竞争力集群是指在特定的地理范围内，企业与公立科研机构、培训机构以合作伙伴的关系相互协同、共同开发创新项目的创新集群。这种合作一般以共同的市场或科研领域为基础，对各自的资源和优势实现最大范围的整合与互补，从而形成完善的区域创新体系，提高竞争力，以在国际上产生一定的影响力。该计划根据各区域历史发展所积累的优势与资源特征，加强创新资源的积聚和集中，把科研机构、大学、企业连成有效的创新网络，同时激活地方创新潜力。

竞争力集群中，各创新主体主要分为三大部分：企业、教育培训机构与科研机构。其中企业承担主要的产业活动；教育培训机构为集群培养相应的人才，进行人员的培训；科研机构主要通过在当地的实验室与企业的研发中心共同进行研发，提供相应的平台、技术支撑，向教育培训机构提供教员，将科研成果进行转移和转化，作为孵化器等。这三方协同进行创新，从而产生创新产品与服务，并促进竞争力集群的经济增长与就业增加[13]。竞争力集群计划由原法国国土整治和发展部际委员会（CIADT，后改为法国国土规划部 DIACT）负责。法国全境共有竞争力集群 71 个，分为 3 个不同的等级面向国内与国际挑战。截至 2012 年，集群内有包括创新型中小企业在内的 5000 家企业，超过 1 万名研究人员，竞争力集群已进行到第 15 轮招标，实施创新项目 2000 多个。集群建设所需的经费主要来自国家财政拨款、税收减免、地方财政与法国信托投资银行（CDC）。这些经费每年根据一定的比例分配到实验室、企业与其他机构以支持创新项目的运行。

2009 年，法国竞争力集群第二期计划开始实施，该阶段投资 150 亿欧元（主要是因为来自未来投资计划的投资增加），用于三个方面：通过绩效合同加强集群领导和战略调整，通过各种创新平台来资助研发项目，通过促进私有资本和地区融合建设良好的集群创新生态系统。第二期计划的 71 个竞争力集群，涉及汽车、航空航天、农业、主要消费品、生物资源、生物医学、化学、能源、材料、微型工艺学、光学、生态技术、通信技术和现代交通等 14 个领域，集群在法国境内的地理分布如图 11-3 所示。

在集群的三个等级中，面向国际挑战的全球领先集群与“全球使命计划”集群代表了竞争力集群的重点发展领域，主要包括：新型陆地交通、工农业资源、未来交通工具、海岸带开发、园艺开发、航空航天、纳米技术与机载系统、生物、服务电子化、医疗与健康（表 11-2）。

表 11-2　竞争力集群的三个等级

等级	2005 年 67 个集群	2010 年 71 个集群
第一等级	6 个全球领先的集群	7 个全球领先的集群
第二等级	9 个“全球使命计划”集群	10 个“全球使命计划”集群
第三等级	52 个“国家使命计划”集群	54 个“国家使命计划”集群

2011 年竞争力集群[6]进行了两次招标，项目主要涉及环境、运输、能源、航空、卫生与生物技术、信息通信技术等领域。这些项目入选的基本条件是要注重建立合作，并至少建立两个竞争力集群间的联系，特别注重应对当前关键问题和创新面临的挑战。

四、工业创新计划

法国工业创新计划（ISI）于 2006 年开始实施，为公共部门与私立部门合作研发的具有战略性工业意义与商业化前景的项目提供科研经费。该计划以 250 人以下的中小企业及规模在 250～5000 人的过渡型企业为主要资助对象，项目需由两家以上企业与公共实验室合作进行工业开发。计划最初由原法国工业创新署负责，自 2008 年法国工业创新署并入法国创新署后，改由后者全面负责。

在该计划实施中，法国创新署通过帮助企业在欧洲或国际市场上投放创新产品，从而

图 11-3　法国竞争力集群地理分布[14]

促进创新型企业成长，为未来的科技发展提供条件。获支持项目的特点为：需要公共投入支持的高风险高收益项目；5～7 年的长期项目；以扶助创新型中小企业为主要任务。资助过程从新产品的前期可行性分析开始，包括研发试验、工业化生产直至投入市场（图 11-4）。

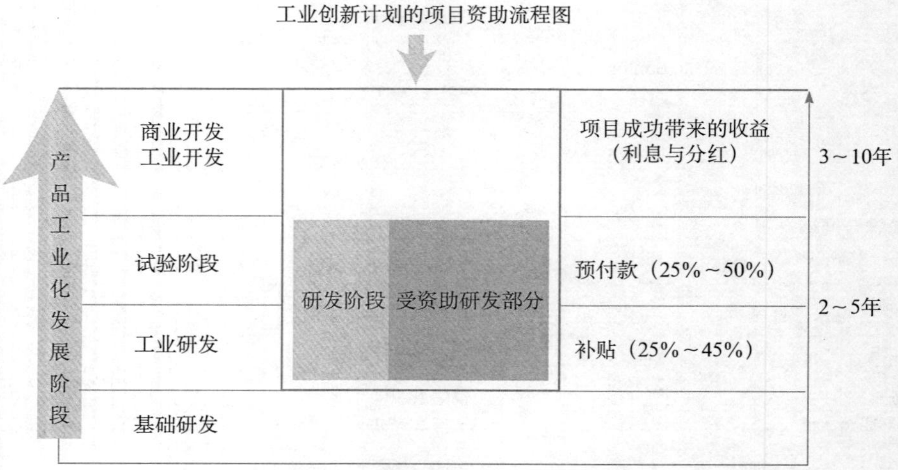

图 11-4　工业创新计划项目资助流程图

2011 年 10 月法国创新署发布的法国工业创新计划 5 年报告[15]显示，2006～2010 年共有 73 个法国工业创新计划项目获得 14.77 亿欧元的资助，涉及 356 家企业与 198 个公共研究机构。该计划的资助对象中，中小企业获资助金额的比例最高，达 70%。5 年来，法国工业创新计划资助的重要项目包括：纳米结构材料的工业化；减少汽车碳消耗与排放；室内能源使用；搜索引擎中多媒体及多语言数字内容的提取、分析、分类与开发技术等。此外，2009～2010 年的数据显示，法国工业创新计划项目正在向健康与福利改善、信息通信技术、可持续发展与工业领域倾斜（图 11-5）。

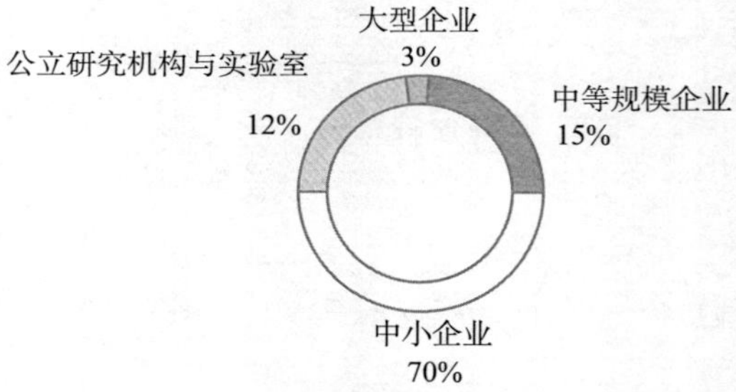

图 11-5　工业创新计划资助对象分布

第二节　科技政策与措施

一、出台科技指导新法规

（一）出台新《科研指导法》

为针对法国科技创新体系中存在的弊端进行改革，解决 20 世纪 90 年代以后法国科技水平出现下滑的问题，法国于 2006 年重新制定了《科研指导法》[16]，作为法国政府统筹科技发展的基础和法律依据。

该法令明确提出构建战略思路清晰、机能运转高效的国家创新体系，以及通过增强原始创新能力来提高法国国际竞争力的战略思路：①协调基于科技发展自身需求的基础研究和基于经济社会发展需求的应用科学研究，确保科研总体均衡发展；②加强科研机构、高校及企业间的合作，形成充满活力的研发体系；③着眼全球和从长远战略考虑集成中央和地方的力量，提高整体竞争能力。

该法还就未来法国科研发展手段提出了主要目标与具体措施。主要目标包括：加强战略性原始创新能力建设，对优先领域加强前瞻布局；建立严格、透明、一致的科研评估体系；营造富有吸引力和良性发展机制的科研环境；提高创新活力，构建公共科研机构与企业更加紧密的合作关系；加强法国科研体系与欧洲研究区的集成，最大限度地利用外部科技资源[17]。

在该法的指导下，法国政府确定采取以下重大措施，主要包括：成立总统主持的国家科学与技术高等理事会，新建独立的评估机构——法国科研及高等教育评估署，大幅增加科研投入，增加科研岗位等。

（二）颁布《大学自由与责任法》

2007 年，法国通过《大学自由与责任法》，决定实行大学自治改革。根据该法令，法国大学可以在微观层面上完全自主地进行财务管理与人员聘用。截至 2012 年 1 月，法国《大学自由与责任法》监督委员会发布的数据[18]显示，90％的法国大学（73 所）已实现自治，在管理经费、聘用人才、制订培养计划上获得更大的自主权，有效提高了其在国家科研创新体系中的地位。

2011 年，法国大学自治改革的新举措主要为：实施“校园计划”（Plan Campus），以建设世界一流大学为目标，遴选 12 所大学，改善其校园建设；将校园内不动产的所有权由国家移交至大学，赋予大学自由实施不动产规划、配合教学科研计划的权力。2012 年其改革重点主要体现在巩固成果、完善管理模式上，包括：①强化外部专家、行政委员会、学术议会等在大学决策中的多元化咨询作用；②围绕国家战略合作项目（科研与高等教育集群、先进研究主题网络等）落实政策，促进机构间合作，实现资源共享；③强化自治改革成果，完善法国科研及高等教育评估署及学生对教师和研究员的评估，公布预算执行文件以实现信息公开化等；④参考学生需求，促进教师分享成功经验，提升教学质量，培养学生的就业能力；⑤完善国家与大学间的目标合同制定，使国家在高等教育工作中的角色转变为重大问题的战略决策者与调控者，给予高校充分的治校自主权。

（三）修订《科研指导法》和《大学自由与责任法》

2012 年 5 月，法国新一届政府在奥朗德成功竞选总统后组成。奥朗德总统对上届政府在高等教育与科研方面的改革举措及其影响持有不同意见，尤其是科技体制调整与大学自治改革。因此，在 2012 年 7 月，法国教研部宣布召开自下而上、多层次的“全国高等教育与研究大讨论”[19]，旨在重新确定高等教育与科研相关政策，并修订《大学自由与责任法》及《科研指导法》。

此次会议把提高科学研究与培训的水平作为应对法国社会、文化、经济挑战的核心和促进经济增长的杠杆，并对法国高等教育与研究的三大优先发展目标进行讨论：①将促进学生尤其是本科生的成功就业作为首要目标。②推进科研体系的重组，重新定义法国科研机构的国际战略、其在经济发展中的作用，以及在社会、卫生、环境方面的影响等。对高校、国立科研机构、新近成立的国家科研资助机构与国家领域联盟进行重新定位。③调整高等教育机构的管理模式，主要针对高校自治模式与高校间合作形式进行调整。

会议在全国范围内吸取来自社会各界的意见，召开反复的咨询与讨论。从收集意见到法案实施会经过四个不同的阶段[20]（表 11-3）。

表 11-3　法国修订高等教育与研究相关法令的各阶段

时间	阶段	相关主体
2012 年 7 月至 11 月	收集意见	教授、研究人员、学生、公民、研究机构、企业等
2012 年 12 月	撰写报告	会议指导委员会主席与主报告撰写人
2013 年年初	修订并提交法案	教研部、议会
2013 年春	实施法案	政府

2012 年 12 月，会议提交最终报告，从预算投入、机构定位、人才保障等方面提出 135 条具体建议。例如，根据社会发展重大需求，制定高教和科研战略。加强公共科研与私营科研之间的合作，增加对实验室的基本支持，确保政府研发投资为国内生产总值的 1.15％以上。

二、推进科技体制改革

（一）改革科技管理体制

政府科研主管部门重组。2002 年至今，法国共经历了三届政府，主管科研的政府部门也随着新总统的上任与新政府的组成进行了相应的调整（表 11-4）。

表 11-4　2002 年至今法国科研主管部门变化表

时期	2002～2007 年	2007～2012 年	2012 年至今
总统	希拉克	萨科齐	奥朗德
科研主管部门	青年、国民教育与研究部	高等教育与研究部	高等教育与研究部

2002 年，希拉克连任总统，将上届政府研究部的职能纳入到新设的青年、国民教育与研究部，设专门的副部长负责研究部分。

2007 年，萨科齐总统上台后，重组科研主管部门为高等教育与研究部，专门负责国家的高等教育与科研工作，大学与法国国家科研中心等多数公共科研机构均由教研部直接管理，部分国立科研机构由于其职能属性由教研部与其他相关政府部门共同管理。教研部通过政府部门、地方部门、科研机构及大学的共同协助，吸取由科学家、经济学家所带领的工作团队的建议意见，制订出符合国家要求的规划方案。

2012 年，新上任的奥朗德总统虽然保留了高等教育与研究部的设置，但对上届政府在高等教育与科研方面的相关举措，尤其是科研体系的调整、大学自治改革等持有不同意见。2012 年 7 月，现任教研部部长 Geneviève Fioraso 宣布召开“法国高等教育与研究大讨论”，就法国科研体系与高等教育体系进行全面的改革。

新建国家咨询机构——国家科学与技术高等理事会。2006 年 9 月，法国成立该理事会，由总统亲自主持。核心任务为做好国家科技管理的顶层设计，负责向政府指出科研发展与技术创新领域的重大趋势，在确保与欧洲研究区的政策保持一致的基础下，以年终报告的方式对国家科研战略提出建议，帮助政府确定优先发展领域与主要目标。

新建全国科研评估机构——科研及高等教育评估署。2006 年 4 月，法国新建科研及高等教育评估署，负责对由政府资助的所有科研计划和项目进行评估并向社会公布评审结果。科研及高等教育评估署建立独立、公开、透明的评价程序，按照通用的国际标准，在完全独立于主管部门和评审对象的前提下开展同行评议（领域专家评价项目）、质量评估（国际知名专家和标准办法）、透明评估（根据公开标准）和“真实评估”（以无可争辩的事实为依据）。

法国政府对公共科研机构的系统评估也由科研及高等教育评估署负责，以科研机构与主管部门签订的四年合同为基础。主管部门在科研机构每期合同结束后，委托科研及高等教育评估署对机构上一期合同的执行情况进行评估，并根据其报告结果与科研机构签订下一期的合同。

（二）调整科研机构

法国国家科研中心结构重组。2008 年，法国国家科研中心根据国家的 2009～2013 年目标合同的规定，将原有学部改组成自主权更大的研究院。法国国家科研中心将原有的六大学部拆分为 8 个研究院，加上两个国立科学研究院，共形成 10 个研究院。研究院发挥科研活动组织者和科研经费资助机构的双重作用。每个研究院都有义务落实执行国家任务，依靠下属研究单元作为组织科研实施的责任者。

通过以上调整，法国国家科研中心试图使中心内部各学科领域得到真正的管理和协调，具有更好的能见度与对外开放度，消除各科研单元之间的隔阂，避免重复浪费，使科研经费和手段发挥最大效益，同时加强法国国家科研中心的领导层作用（图 11-6）。

（三）新建或重组国家公共科研资助机构

成立法国国家科研署。2005 年，法国成立公共科研资助机构——国家科研署。国家科研署以大型科研项目为导向，其主要任务是加强对重点科研项目的高强度投入，支持与开展创新活动，促进公共与私立科技部门之间的合作伙伴关系，为公共科技研究成果技术转化和走向市场做努力。成立国家科研署是法国在科研体制中引入竞争机制的尝试，突破了科研经费主体按人头投入的传统模式，局部采取以项目引导的方式，支持基础研究、应用研究等创新活动。国家科研署主要采取两种方法进行项目招标：非专题项目为自由申请、不受任何限制的研究提案，专题项目为由政府引导集中发展的国家重点项目。重点关注法国环境、社会与经济发展面临的重大课题，主要支持信息通信科技与纳米技术、生物-健康、可持续能源与环境、生态系统与可持续发展、工程与工艺、人文与社会科学六大领域的研究课题。其与欧盟科研机构共同执行工作，按政府制定的多年制合同进行，并由专业评估人员鉴定审核。

2012 年 1 月，法国科研及高等教育评估署评估国家科研署已成为法国科研与创新体系

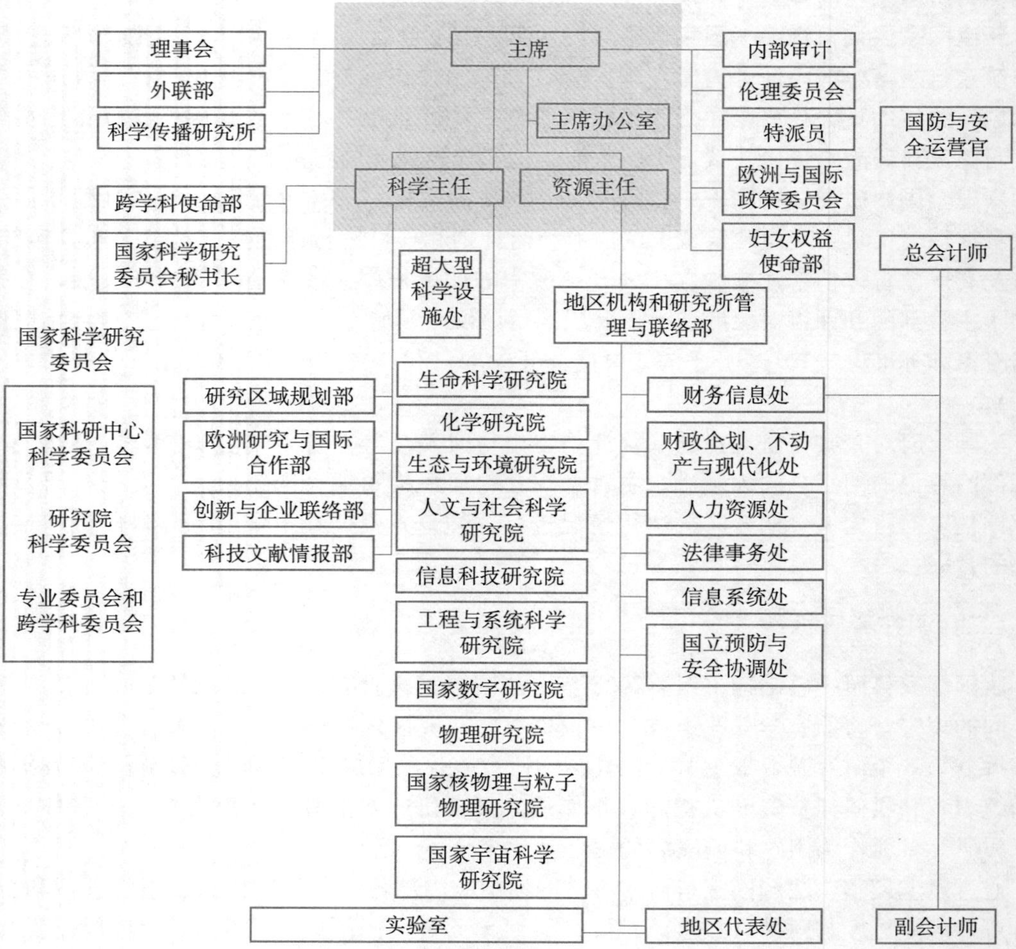

图 11-6　法国国家科研中心改组后组织结构图

资料来源：世界主要国立科研机构概况[21]

的重要组成部分。从 2005 年至 2010 年，国家科研署共资助了 7103 个项目，提供了 37.93 亿欧元的资金。每个基础研究项目平均获资助金额增长了 52%，公私合作研发项目增长了 105%。国家科研署全力支持了未来投资计划等国家级大型计划（重点包括高等教育与科研跨学科卓越集群、卓越实验室、技术研究院等子计划），并和公共与私立研究部门、竞争力集群及大型国际研究机构等建立了坚实的合作关系。未来 5 年，国家科研署将致力于：①优化运行机制，完善项目设计与遴选过程，促进其领域科学委员会与指导委员会的工作方法研究；②加强与不同研究主体（大学、国家与地方投资者、欧盟国家）的合作伙伴关系，扩展项目类型、完善项目跟踪监测流程、简化行政与财务手续流程；③加强科技预见工具与方法论的拓展研究，向公众普及转基因产品等有争议的研究课题的相关知识，促进社会对科学界研究工作的理解[22]。

成立工业创新署。2005 年，法国成立工业创新署，旨在促进工业投资和增加就业，使科学研究成为未来社会和经济发展的主要动力。工业创新署重点支持大型企业的创新性行动、大型企业与小型企业的合作项目，以及具有工业前景的应用研究项目。项目的申请条件为：瞄准欧洲和国际市场，以开发技术创新度高的项目为目标；由一家企业牵头并有资金保证、联合多家企业和研究机构共同展开，为期5～10年、投入上千万欧元。工业创新署以资助款或借款的形式承担不超过一半的经费并监督评价。2005年8月，由总理直接主持，工业经济财政部、国防部、高等教育与研究部、交通设备部、卫生部部长组成部际委员会，其主要任务为引导、界定和遴选大型工业创新项目，直接参与投资，进行阶段性评估，调控执行。

重组法国创新署。2005年，法国政府科技成果推广署（ANVAR）、中小企业局和中小企业发展银行合并成法国创新署，与法国国家科研署一起构成法国两大公共科研资助机构。法国创新署通过研究与创新合同制，针对创新型企业进行特殊贷款，支持中小企业的技术发展。其使命为：支持创新；担保银行贷款与股权投资；以合作伙伴关系进行资助。自建立至今，法国创新署资助了大量的企业，以2011年为例，法国创新署共支持84 000家企业（同比增长5%），提供310亿欧元的资助（同比增长7%）。

2012年法国创新署的工作已有拓展：①建立产业部，募集超过200亿欧元资金以支持法国的产业部门，尤其会重点促进过渡型规模企业的产生；②3.5亿欧元的地方战略投资基金将直接为企业提供资助，地方战略投资基金将在法国创新署各地方司安排工作团队，以加强地方网络，为企业提供全方位支持；③将发布修订后的税收优惠借贷条令以使更多的中小企业与过渡型企业获得支持[23]。

三、实施多样化产学研合作

（一）组建卡诺研究所

卡诺研究所（Institiut Carnot）致力于促进公共科研机构与社会经济伙伴尤其是企业之间的合作，促进技术和知识转移，并推进研究与创新的发展。从2005年至今，通过两次招标评比，在法国全境共有33家研究所获得“卡诺研究所”称号。该称号有效期为4年，可以重新投标。法国国家科研署根据研究所上一年度与企业开展研究的收入来确定对其的资助金额。截至2012年年底，该计划充分利用了法国公共科研的力量，约2万名科研人员与7500名博士。其利用法国公共实验室15%的研究与技术人员，完成了与企业自主合作研究的50%的合同，有效地推进了公共科技成果向企业转化。仅2012年一年，卡诺研究所就与超过5000家企业签订了价值4.2亿欧元的研究合同。同时，卡诺研究所参与了法国绝大部分的竞争力集群，是众多技术平台的主要成员[24]。

（二）组建技术研究院

2011年5月，法国政府宣布在未来投资计划的框架下设立技术研究院[25]，由高等教育机构、科研机构和企业在当地竞争力集群的基础上联合组建一定数量的技术创新联合体，推动制造业与服务业的科技成果转移和转化，促进就业。法国在研究成果转移和转化方面一向比较薄弱，公立与私立科研机构之间的联系也不够紧密。而德国与美国通过高等教育机构、科研机构与技术开发转移和转化机构之间的合作建立了卓越的创新系统，拥有大量专利。

该计划总预算为20亿欧元，目标是使技术研究院成为世界著名技术创新园，支持法国战略产业向朝阳市场转移，增加就业机会。技术研究院将通过研究、培训和创新方面的公私战略合作，促进知识向企业的转移，在各种高级平台上培训大学生，发展合作，并增强法国对企业和更优秀的国际研究人员的吸引力。技术研究院的建立采用公共与私立部门的共同投资，也将促进竞争力集群的发展。首批组建成的 6 个技术研究院涉及领域为纳米电子、航空航天与载荷系统、生物技术、冶金与处理、铁路基础设施、复合材料。

（三）建立五大领域联盟

法国在“国家研究与创新战略”的指导下，将多个科研机构联合，建立了五大科学联盟：生命科学与健康研究联盟、国家能源研究协调联盟、数字科技研发联盟、环境研发联盟、人文社科研究联盟。设立研发联盟旨在对法国科研版图重新布局，以消除研究创新主体间的隔阂，促进伙伴关系，协调相关领域内各主体。各联盟在国家科研署的指导下，制订相关领域的科技规划，针对国家重要问题共同研究提供咨询意见，作为统一的整体参与国际会议等。

2012 年 7 月，最先成立的生命科学与健康联盟（Aviesan）发布 3 年工作总结及对未来的展望[26]。生命科学与健康联盟主要成员包括法国原子能署、高校附属地区医院中心、国家科研中心、法国大学校长会议等。该联盟自 2009 年成立后，有效推动了法国该领域各大科研机构与高校之间的协同创新。生命科学与健康联盟采用跨机构专题研究院（ITMO）形式协调组织与研究工作。该形式集合成员单位研究人员针对 10 个具体的研究方向建立，带领各机构科研人员组建团队，实施组织会议、展开科研任务、向政府提供分析与咨询报告、与法国国家科研署共同制订领域规划等，并在欧洲重要会议中提出统一意见。今后，其决策分析与战略咨询功能将更为凸显，有助于协同国家共同制定领域政策，简化成员单位合作开展研究工作的程序，加强专业知识的大众普及与传播，促进法国在欧洲乃至世界生命与健康领域的认知度。

四、加快科技成果转移和转化

（一）创建法国国家专利基金

法国国家专利基金[27]（France Brevets）于 2010 年 3 月在未来投资计划的框架下成立，是法国第一个针对专利建立的国家基金。它拥有 1 亿欧元资金，由法国政府与法国信托投资银行平均提供。其宗旨在于资助公立与私立科研活动，以在国际上发挥其专利集的价值。

该基金重点关注信息通信技术、航空航天与空间技术、新能源技术、化学、材料、生命与环境科学等尖端技术领域，采用财政、法律、技术与商业手段对具有战略意义的专利进行保护与价值化，从而为进行以上技术研究的中小型企业与公共科研机构解决其在申请国际专利时所面临的资金与人才方面的困难。

法国国家专利基金采用多种方式来促进科研成果的价值化，主要包括：组织与管理专利池，促进资源与权力的分摊；资助与评估专利授权；积极参与标准化机构的工作以促进专利的价值化等。

（二）组建加快技术转移公司

2010 年，法国组建加快技术转移公司[28]（SATT），这类公司由一个或多个机构创建，资金由地方政府和国家共同负担，以促进公共科研部门与工业界的联系。其主要使命为将公共机构的科研成果介绍给产业部门，同时把工业界的需求转达给公共科研机构。主要工作内容为专利申请、技术转移、公共与私营科研项目、创建新兴企业等。2011 年已遴选出 5 个项目用于成立 5 个加速技术转移公司，这将有效地加强法国的技术转化能力，并在产业领域积极创造就业机会。

第三节　科技经费投入

一、研发经费增长态势

进入 21 世纪以来，法国的研发经费投入始终处于稳定增长的状态。即使在金融危机的影响下，也并未削减预算，反而加大了科技研发投入，以带动经济的复兴（图 11-7）。

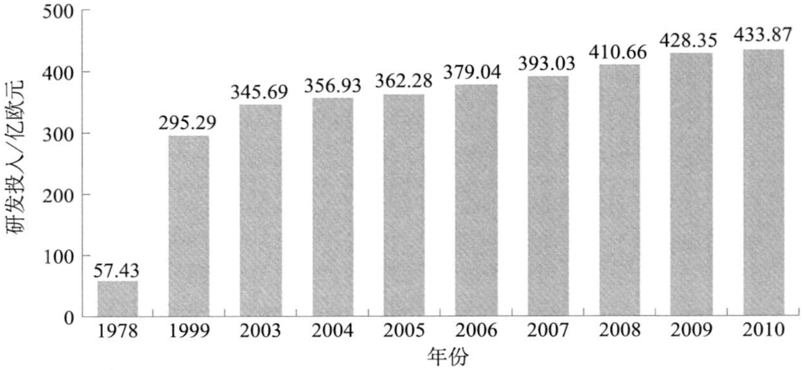

图 11-7　1978～2010 年法国总研发投入

资料来源：法国高等教育与研究部 2012 年统计报告[29]

法国的研发经费占 GDP 的比重基本保持稳定，约占 2.1%，低于经济合作与发展组织国家的平均水平。该比例在 2003～2007 年呈略微下降的趋势，但在 2008～2009 年的经济危机时期，有较大幅度的提升，展现了法国欲以科技救经济的立场（图 11-8）。

图 11-8　法国国内研发支出占 GDP 的比重

资料来源：法国高等教育与研究部 2012 年统计报告[29]

二、研发经费国际比较

受 2008 年金融危机影响，经济合作与发展组织大部分成员国均在 2009 年出现削减研发投入的情况，平均比例为－1.6%。其中，日本与芬兰最为严重，分别削减了8.6%与2.9%；美国与平均比例持平；英国与德国最少，分别为0.6%与0.4%；法国是少数几个增加投入的国家，在2008年与2009年分别增长了1.9%与3.5%。从2010年开始，这些国家（除加拿大、西班牙、英国外）的研发投入重新上升[30]（表11-5）。

表11-5 经济合作与发展组织主要成员国与重要新兴国家国内研发投入年增长率（单位：%）

年份	2005	2006	2007	2008	2009	2010
加拿大	1.7	1.1	−0.3	−4.0	0.3	−3.4
芬兰	3.7	4.4	5.2	7.7	−2.9	2.3
法国	−0.4	2.4	1.1	1.9	3.5	1.4
德国	0.8	5.1	2.9	7.4	−0.4	3.6
意大利	0.4	6.1	5.8	1.6	−0.9	1.3
日本	7.0	4.5	3.6	—	−8.6	—
韩国	8.2	13.4	—	7.1	6.3	11.5
荷兰	0.8	2.3	−0.2	−0.6	−0.5	2.1
西班牙	9.3	11.3	9.3	—	−1.4	−0.9
英国	4.9	3.8	4.6	−0.4	−0.6	−3.1
美国	5.1	4.3	4.6	4.6	−1.6	—
经济合作与发展组织成员国	4.9	5.0	4.7	3.6	1.6	—
中国	19.9	18.1	14.8	15.4	26.5	—
俄罗斯	−1.3	8.7	12.9	−1.5	10.5	−3.3

资料来源：经济合作与发展组织科学与技术主要指数，2011年6月。

三、各创新单元研发经费比较

法国近十年的国内研发投入保持稳定增长，其中来自公立机构与企业的投入基本呈增长状态，企业研发投入占总投入的比例保持在60%以上，为国内研发投入的主要来源。该比例在2008～2009年受金融危机影响后有所下降，但在2010年恢复了原有水平（表11-6）。

表11-6 法国各创新单元研发投入

年份	1978	1999	2003	2005	2007	2008	2009	2010
国内研发投入/亿欧元	57.43	295.29	345.69	379.04	393.03	410.66	428.35	433.87
公立机构研发投入/亿欧元	23.13	108.73	129.23	139.94	145.50	153.05	164.09	159.84
企业研发投入/亿欧元	34.30	186.55	216.46	239.11	247.53	257.61	264.26	274.03
企业研发投入所占比例/%	59.70	63.20	62.60	63.00	63.10	62.70	61.70	63.20

资料来源：法国高等教育与研究部2012年统计报告。

第四节 优先领域的确定

一、国家战略优先领域的确定

2008年，法国《国家研究与创新战略》作为法国第一个全国性的科研战略，就应对当今社会和经济挑战确定了五项原则和三个优先研究领域。为能有效指导法国今后的科研方向，法国高等教育与研究部召集了600多名来自科研界、企业及相关社会团体的专家分成9个工作组，经过6个多月的时间起草了这一战略。这种对未来科学进行展望的战略研究在法国科技发展过程中是史无前例的。

法国《国家研究与创新战略》在起草过程中采用了多种方法[31]来确定战略的优先领域，主要包括以下五种方法。

诊断分析： 该战略对法国公共与私立研究的优劣势、对欧洲与国际网络创造的机遇进行了诊断分析，并基于此在每一个大的研究方向中对社会经济挑战、民众需求、经济界需求、公共政策需要进行思考（表11-7）。

表11-7　法国研究与创新的优势与劣势

优势	劣势
世界第五大科技力量	法国的研究与高等教育体系在机构间协同不足
在优势领域（农业、核能、空间、数学、考古）拥有高质量的科研机构与大学研究力量	公共科研机构、大学与企业联系较少
在航空、交通、能源、环境服务、农业食品、竞争力集群等领域为世界工业发展领军力量	私立部门在研发上的投入不足，在新兴产业上表现较弱
在国际科研项目与大科学装置中占有优势地位	与亚洲的新兴国家缺少合作
公共研发支持力度大，尤其是科研税收优惠政策的支持	在多数公共科研机构中对人才的管理过于死板，在职业生涯、研究人员流动与吸引国外研究人员中缺乏竞争力

资料来源：法国《国家研究与创新战略》。

指导委员会： 由教研部任命指导委员会，负责围绕经济社会挑战、多学科知识挑战、研究与创新体系挑战来组织起草战略、分析与建议工作。指导委员会由研究人员、企业负责人与官员组成，保障战略撰写过程中的科研伦理与跟踪管理，并最终向教研部提交报告。

专家咨询： 该战略围绕9个主题召集了来自科学界、经济界（新创企业、中小企业、大型集团等）与非营利性机构、社会团体等方面的专家，形成了9个工作小组（表11-8）。

表11-8　法国国家研究与创新战略专家咨询工作小组

学科领域的挑战	研究创新体系方面的挑战
生命科学	欧洲研究环境
环境科学	法国科研在全球的地位
材料创新技术	创新环境研究
数字化、超级计算机与数学	研究、创新与社会的关系
气候变化下的人类与社会	

工作小组通过梳理法国科研的优劣势、面临的机遇与威胁，对法国当前面临的社会与经济挑战进行系统的分析，从而寻找解决方法，提出目标与实现途径作为战略性的指导纲领。

公开咨询： 由工作组起草的阶段报告将在法国高等教育与研究网站上公布以公开征询意见。收集的意见将汇总至各工作组，并在最终报告中体现。

机构咨询： 总体战略报告最后由教研部邀请法国《国家研究与创新战略》指导委员会、议会科学技术选择评估局（OPECST）、法兰西研究院、法国技术科学院、国家科学与技术高等理事会、法国研究与技术高级理事会（CSRT）等国家级的咨询评议机构提出意见与建议。

二、国家计划优先领域的确定

2009 年，法国总统萨科齐提出大型国债计划（原名未来投资计划）的设想。为考察该计划的可行性并确定计划的优先研究领域，总统在 2009 年 8 月宣布成立大型国债委员会，由前总理于贝和罗卡尔主持，成员包括 22 名经济学家、科学家、高级官员与企业负责人。任务为鉴定国家需求，确定大型国债的战略优先领域、发行金额与具体发行方法。

总统提出参考意见。总统要求委员会在讨论计划目标时考虑知识经济、加强创新和出口企业（中小企业）、列出需进行战略投资的“明日学科”清单（如太阳能、海洋能源、光纤、纳米技术、生物技术）等。就国债的金额与具体发行办法提出建议，但不作明确决断。

举办听证会与接收书面建议。委员会在选择优先领域时，努力在过于宽泛的领域与过于具体的项目中保持平衡。经过三个月的时间，委员会举办了十余场听证会，吸取了 200 多名专家的意见，并接收了超过 300 份书面建议。最终在 2009 年 11 月，委员会向总统提交题为“向未来投资”的研究结论报告，确定了五大优先发展领域[32]。

三、发展优先领域的举措

近年来，法国根据《国家研究与创新战略》、未来投资计划确定的优先研究领域，制定并实施了一系列的战略、路线图与计划（表 11-9）。

表 11-9　法国近期重要科技战略部署

研究领域	战略部署
生命科学与生物技术	2011～2020 年生物多样性国家战略[33]（2011 年 5 月）
能源、环境、交通与可持续发展	成立核领域委员会（2011 年 7 月），发布《法国核能的未来》（2011 年 12 月）、《能源 2050》（2012 年 2 月）等报告，肯定核能的地位，表示将向可再生能源过渡 发布绿色技术路线图（2012 年 1 月），促进生态工业发展；建设生态城市等 振兴汽车工业计划（2012 年 7 月），支持清洁能源汽车发展
信息通信	数字法国 2020 计划[34]（2011 年 11 月）
航空航天	发布空间战略（2012 年 3 月）

第五节　基础研究重点

法国的基础研究主要由大学与公共科研机构来承担。自 1999 年开始，基础研究占总研发投入的比例保持在 20%以上，并呈现稳定上升的趋势（图 11-9）。

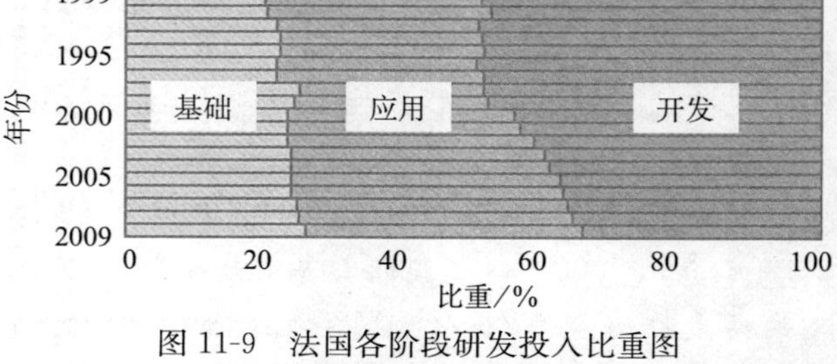

图 11-9　法国各阶段研发投入比重图

资料来源：日本科学技术指标 2012

法国主要通过提出战略规划、依靠公共资助机构投入项目等方式来支持基础研究的发展。

一、支持基础研究与大科学装置

2008 年，法国出台了《国家研究与创新战略》，为之后四年的科研发展确立了优先发展领域与基本原则。五项基本原则中，第一条即为加强基础研究。"基础研究在所有知识社会中都不可或缺。应在各个层面予以加强，尤其是在大科学装置上。这是一个政治选择。"在法国科研体系中保证基础研究的中心地位与学术自由性是法国政府的强烈意愿与《国家研究与创新战略》的指导性纲领之一。大科学装置在支持基础科学研究方面起着重要的作用。依托大科学装置实现的观察与试验使得研究人员认识、制造或模拟科学现象，获取高质量的数据，并拓展知识与能力。

二、法国国家科研署资助基础研究项目

2005 年，法国成立了法国国家科研署，作为最重要的公共科研资助机构，面向以高等教育与科研机构为主的公共研究主体以及公私合作研究主体提供经费支持。法国国家科研署通过对重点科研计划进行招标与遴选，引导法国科学研究的发展方向。其专题项目为由政府引导集中发展的国家重点项目，主要支持信息通信科技与纳米技术、生物—健康、可持续能源与环境、生态系统与可持续发展、工程与工艺、人文与社会科学六大科研领域；非专题项目则为自由申请、不受任何限制的研究提案，以基础研究为主。

法国政府通过加强法国国家科研署的非专题项目与支持法国参与欧洲研究理事会的活动这两大途径来资助卓越的基础研究项目。自法国国家科研署建立以来，非专题项目占法国国家科研署资助项目的比例从最初的 30%增加至 2010 年的 50%，体现了国家对基础研究项目的重视。

2005～2010 年，法国国家科研署共资助项目 368.91 亿欧元：其中非专题项目投入 114.86 亿欧元，专题项目投入 254.05 亿欧元[23]。具体领域分布见图 11-10。

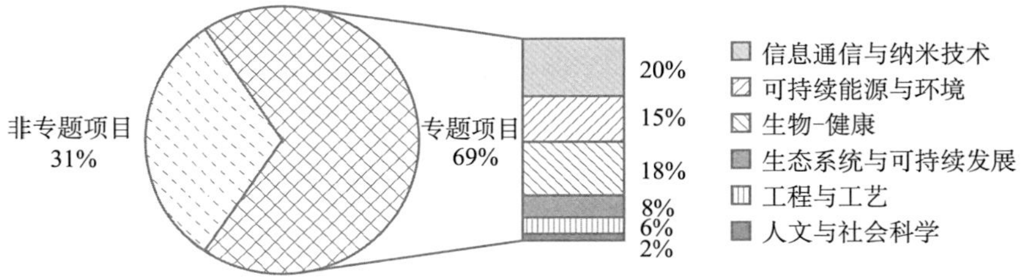

图 11-10　法国国家科研署 2005～2010 年资助项目领域分布

资料来源：法国国家科研署自评估报告（2011 年）

第六节　科研评估

一、国家科研项目评估方法

法国国家科研署主要负责法国大型公共科研项目的遴选与资助。作为国家最为重要的公

共科研资助机构，其对选中项目的评估机制[23]如图 11-11 所示。

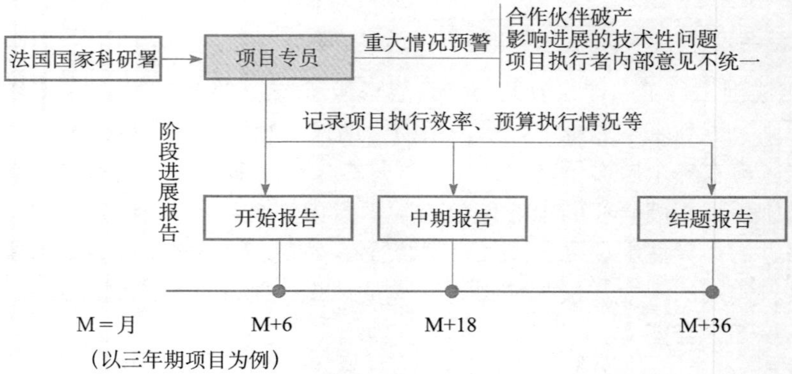

图 11-11　法国国家科研署项目跟踪评估机制

法国国家科研署为每一个项目设置项目专员，对项目进程中发生的重大情况及时进行预警，并在项目的不同阶段提供阶段进展报告，包括开始报告、中期报告与结题报告。

每个项目的负责人需要在项目的第三年提供总结报告，内容包括：项目基本信息（主题、战略方向等）；重要数据（资助情况、企业份额、专题分布、专利、论文发表、新创企业建立等）；科技层面上的重要成果等。该总结报告的公开版本由以上信息精炼而成，递交法国国家科研署领域科学委员会与行政委员会审核。

二、国立科研机构评估机制

法国科研及高等教育评估署作为独立的第三方评估机构，负责对法国的国立科研机构进行评估。评估署在完全独立于科研机构主管部门和评审对象的前提下开展同行评议，以科研机构与主管部门签订的四年合同为基础。在四年期的合同中，包含科研机构当期战略规划中的战略目标、为实现这些战略目标拟采取的举措，以及根据举措设定的定量定性监测指标。此外，合同中还包括为了实现战略目标主管部门应提供的政策支持和经费支持。评估署每两年开展一次外部专家评估，外部专家评估参考科研机构定量定性的年度报告并进行现场考察。合同中期为诊断性评估，主要目的是对科研机构的中期发展情况进行总结并对未来两年的发展提供诊断性意见；合同期满时进行验收评估，对本期合同执行和落实情况进行验收性评估并公开提交评估报告，评估报告包括目标实现度、因果分析、进一步发展方向。根据评估署的评估结果，主管部门与科研机构签订下一期合同。

国立科研机构的内部评估通常由机构内相关委员会负责，主要进行研究单元与研究人员的评估。以法国国家科研中心为例，其内部评估由法国国家科研中心国家科学研究委员会（CoNRS）组织，该委员会由 1 个科学委员会（CS）、10 个院级科学委员会、40 个专业学科委员会与 5 个跨学科委员会（CID）组成，向法国国家科研中心提供层级明确、行之有效的评估结果。国家科学研究委员会每两年对科研中心直属或联合研究单元和科研人员进行一次评估，每四年对科研项目进行总结评估[35,36]。法国国家科研中心科学委员会是展开评估与咨询的最重要主体。院级科学委员会主要对院研究项目与活动、研究单元的建立与撤销等内容提出建议。专业学科委员会的主要工作职责为：参与研究员的招聘、评估研究员、审核研究员的晋升与调动；对研究单元的建立与撤销提供建议；对其负责领域的所有相关问题提供建议等。每个研究人员均与某一个专业学科委员会相对应，由该专业学科委员会对其进行评估。每个研究单元由一个或多个专业学科委员会进行评估。

法国国家科研中心国家科学研究委员会每两年对中心直属或联合单元和科研人员进行一次评估，内容包括向实验室的创建、重组和撤销，研究单位的经费和人力资源需求，以及科研人员的招聘、晋升、科研成效等方面提出建议等。该项工作具体由专业学科委员会与跨学科委员会执行。评估工作通常采取同行评议制，征求国内外同行专家的意见。评估过程通常是评估专家组首先审阅研究人员或研究单元提交的研究活动报告，然后进行实地考察（评估报告人通过现场访问考察来补充完成学术档案的分析）和座谈会，随后专家组进行封闭讨论形成评估报告提交。

法国国家科研中心国家科学研究委员会还负责对中心的科研项目进行总结评估。每年，专业学科委员会根据项目的完成情况，重点评估其是否达到预期结果。同时，它对进行中的研究工作进行跟踪评估，根据进度等各种因素分析该项目是否能在结题时实现合同目标。在进行中期评估工作时，专业委员会与有关研究人员和实验室或研究单位见面，并提交详细的考察、评估和建议报告通知其学部。在评估结果受到质疑时，需加以说明，使受评者理解和接受。

（执笔：中国科学院文献情报中心　陈晓怡）

参考文献

［1］MESR. Stratégie national de recherche et d'innovation. http：//media. enseignementsup- recherche. gouv. fr/file/SNRI/69/8/Rapport _general _de _la _SNRI _-_version _finale __65698. pdf ［2011-09-01］.

［2］Premier Ministre. Les investissements d'avenir. http：//investissement-avenir. gouvernement. fr/content/action-et-projets ［2011-08-03］.

［3］Direction de l'information légale et administrative. Journal officiel de la République francaise-N° 19 du 23 janvier 2010. http：//investissement-avenir. gouvernement. fr/sites/default/files/user/D% C3% A9cret% 20de%20cr%C3%A9ation%20du%20CGI. pdf ［2013-02-27］.

［4］Premier Ministre. INVESTIR POUR L'AVENIR. Priorités stratégiques d'investissement et emprunt national. http：//investissement-avenir. gouvernement. fr/sites/default/files/user/Rapport%20%20JUPPE%20ROCARD. pdf ［2013-02-27］.

［5］驻法国使馆经商处．法国“未来投资”计划进展显著．http：//www. mofcom. gov. cn/aarticle/i/jyjl/m/201204/20120408092596. html ［2012-04-26］.

［6］MESR. Pôles de compétitivité：résultats du 12e appel à projets. http：//www. enseignementsup-recherche. gouv. fr/pid24688-cid57133/poles-de-competitivit e-resultats-du-12e-appel-à-projets. html ［2011-08-06］.

［7］MESR. 340 millions d euros pour les 52 laureats de la premiere vague de l appel à projets equipex. http：//www. enseignementsup-recherche. gov. fr/cid54722/340-millions-d-euros-pour-les-52-laureats-de-la-premiere-vague-de-l-appel-a-projets-equipex. html ［2012-04-06］.

[8] MESR. 850 millions d euros pour les laureats de l appel ȧ projets ihu. http：//www. enseignementsup-recherche. gov. fr/cid55607/850-millions-d-euros-pour-les-laureats-de-l-appel-ȧ-projets-ihu. html [2012-04-06].
[9] MESR. investissements d avenir annonce des trois projets laureats de de l action espace. http：//www. enseignementsup-recherche. gov. fr/cid55538/investissements-d-avenir-annonce-des-trois-projets-laureats-de-de-l-action-espace. html [2012-04-06].
[10] MESR. investissements d avenir. http：//www. enseignementsup-recherche. gouv. fr/pid24578/investissements-d-avenir. html [2012-04-06].
[11] ANR. Rapport d'activité 2011 de l'ANR. http：//www. agence-nationale-recherche. fr/magazine/documents/rapport-d-activite/ [2012-12-11].
[12] 邱举良．法国近年来的科技发展战略//中国科学院．2008 科学发展报告．北京：科学出版社，2008：217.
[13] Les pôles de Compétitivité. Un écosystème des pôles pour favoriser l'innovation et la croissance. http：//competitivite. gouv. fr/un-ecosysteme-des-poles-pour-favoriser-l-innovation-et-la-croissance-303. html [2012-06-04].
[14] 《创新集群建设的理论与实践》研究组．创新集群建设的理论与实践．北京：科学出版社，2012：130.
[15] OSEO. OSEO publie le bilan de 5 années de projets ISI. http：//www. oseo. fr/a_la_une/actualites/oseo_publie_le_bilan_de_5_annees_de_projets_isi [2011-11-06].
[16] Legifrance. Loi n99-587 du 12 juillet 1999 sur l'innovation et la recherche. http：//www. droit. org/jo/19990713/MENX9800171l. html [2011-08-06].
[17] 周晓芳，冯瑞华，姜山．法国国家科研中心与国家创新．全球科技经济瞭望，2007，(3)：37-39.
[18] MESR. Remise du rapport 2011 du Comité de suivi de la loi relative aux libertés et responsabilités des universités. http：//www. enseignementsup-recherche. gouv. fr/cid59205/remise-du-rapport-2011-du-comite-de-suivi-de-la-loi-l. r. u. html [2013-03-06] .
[19] MESR. Assises de l'enseignement supérieur et de la recherche：une ambition partagée pour l'avenir de notre pays. http：//www. enseignementsup-recherche. gouv. fr/cid60901/assises-de-l-enseignement-superieur-et-de-la-recherche-une-ambition-partagee-pour-l-avenir-de-notre-pays. html [2012-08-06].
[20] MESR. Assises de l'enseignement supérieur et de la recherche. http：//www. assises-esr. fr/ [2012-12-17].
[21] 白春礼．世界主要国立科研机构概况．北京：科学出版社，2013：281.
[22] ANR. Evaluation de l'ANR par l'AERES—Le rapport d'auto-évaluation. http：//www. agence-nationale-recherche. fr/magazine/actualites/detail/evaluation-de-l-anr-par-l-aeres-le-rapport-d-auto-evaluation/ [2012-02-16].
[23] OSEO. OSEO：bilan 2011，engagements 2012. http：//www. oseo. fr/a_la_une/actualites/bilan_2011_engagements_2012 [2012-03-06].
[24] MESR. Une nouvelle ambition pour les instituts Carnot. http：//www. enseignementsup-recherche. gouv. fr/cid75288/instituts-carnot-construire-l-avenir-pour-notre-systeme-de-recherche-et-d-innovation. html [2013-12-16].
[25] MESR. Reindustrialiser notre pays par la recherche et l'innovation. http：//www. enseignementsup-recherche. gouv. fr/cid56017/reindustrialiser-notre-pays-par-la-recherche-et-l-innovation. html [2011-06-16].
[26] Aviesan. 3 ans d'Aviesan：bilan des actions et perspectives. http：//www. aviesan. fr/fr/aviesan/accueil/toute-l-actualite/3-ans-d-aviesan-bilan-des-actions-et-perspectives [2012-07-06].

[27] Premier Ministre. Valorisation de la recherche. http：//investissement-avenir. gouvernement. fr/content/action-projets/les-programmes/valorisation-de-la-recherche [2011-12-19].

[28] 汪凌勇，胡智慧，黄群，等 . 2011 年世界主要国家科技与创新战略新进展//中国科学院 . 2012 科学发展报告 . 北京：科学出版社，2012：229.

[29] MESR. Repères et références statistiques 2011. http：//cache. media. enseignementsup-recherche. gouv. fr/file/2011/69/1/DEPP-RERS-2011 _190014 _191691. pdf [2012-07-08].

[30] Centre d'analyse stratégique. L'évolution récente des systèmes de recherche. http：//www. strategie. gouv. fr/content/levolution-recente-des-systemes-de-recherche-note-danalyse-275-avril-2012 [2012-04-25].

[31] MESR. Le processus de concertation. http：//www. enseignementsup-recherche. gouv. fr/cid23536/le-processus-de-concertation. html [2011-08-19].

[32] Premier Ministre. INVESTIR POUR L'AVENIR：Priorités stratégiques d'investissement et emprunt national. http：//investissement-avenir. gouvernement. fr/sites/default/files/user/Rapport% 20% 20JUPPE %20ROCARD. pdf [2011-08-19].

[33] Premier Ministre. La nouvelle stratégie nationale pour la biodiversité sous le signe de la reconquête. http：//www. gouvernement. fr/gouvernement/la-nouvelle-strategie-nationale-pour-la-biodiversite-sous-le-signe-de-la-reconquete [2011-12-11].

[34] MEF. Frame Numérique 2012—2020. http：//www. economie. gouv. fr/france-numerique-2012-2020-bilan-et-perspectives [2011-12-11].

[35] CNRS. Le comité nationale de la recherche scientifique. http：//www. cnrs. fr/comitenational/doc/BrochureCoNRS/BrochureCo-NRS2011. pdf [2012-01-20].

[36] CNRS. Décision relative au suivi et à l'évaluation des unités et des chercheurs relevant du centre national de la recherche scientifique. https：//www. dgdr. cnrs. fr/daj/textes/reglementation/textes/dec _ 050043. htm [2012-09-17].

第十二章　英　国

近十年是英国的科技创新活动和科技政策发生巨大转变的十年。此前，工党从 1997 年借助世界经济繁荣的形势开始了其历史上最长的执政期，先后历经布莱尔和布朗两届政府，其主要科技战略与政策的目标是给科学和创新以明确的定位和不断增长的经费保证，从而确保科学和创新活动纳入政府引导的长期稳定的轨道之中。

但是，2008 年以后开始持续的全球经济萧条打乱了工党的政策赖以存在和繁荣的经济基础。同时，工党政府的政策调整也未能奏效。因此，在 2010 年 5 月大选后上台的保守党与自民党联合政府宣布要履行其参选誓言，大幅削减对高校和科研的财政预算，并收紧对科研人员的签证政策。这表明，英国已经进入了财政紧缩的新时期，过去十多年工党政府对创新与科技相对倾斜的预算政策已经结束了。

第一节　科技与创新战略

英国的科技战略规划素以重实效而闻名于世。这是由于英国是一个科学与技术发展相对不平衡的国家，它的基础研究水平很高，但应用研究及产品市场化水平较低。因此，历届政府都围绕这一主题制定了自己对应于当时实际情况的科技战略与规划（图 12-1）。

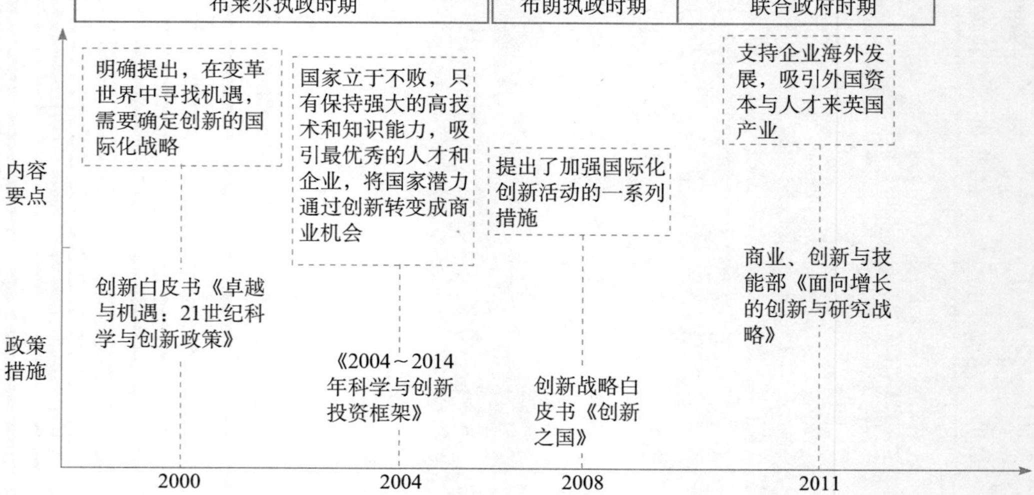

图 12-1　2000 年以来英国科技战略与规划发展历程

英国过去实行的是典型的分散型科技管理体制，多年不设科技部，国家不制定统一的科技政策和规划，政府各部的科技政策和规划由该部的首席科学顾问负责制定。但是21世纪以来，英国政府逐步加强了对科技的宏观指导和调控。为了加强对英国科技战略决策的规划、优先领域的确定，在2004年财政部、贸易与工业部和教育与技能部联合发布的《英国10年（2004～2014）科学和创新投入框架》中首次提出，将由政府的首席科学顾问、英国研究理事会、首相的战略资源办公室，以及政府各部门的首席科学顾问们一起建立一个单独的科学技术横向分析卓越中心。其实质上就是将政府各部门作为一个整体来进行科技战略规划的顶层设计。2007年、2009年先后成立的创新、大学及技能部和商业、创新与技能部更是确立了统一进行国家科技管理部门的地位，并先后制定了自己的科技战略与规划。近十年来，英国的主要科技战略与规划包括以下四个。

一、《英国10年（2004～2014）科学和创新投入框架》

2004年7月，英国三个科技关键部门：财政部、工业与贸易部、教育与技能部联合发布了《英国10年（2004～2014）科学和创新投入框架》。英国政府历史上是不做中长期科技发展计划的，每三年变更一次的短期科技计划一直是英国的传统做法。这一次由三个内阁主要部门共同编制的10年尺度的中长期科学和创新投入计划，是当时英国政府深思熟虑和面向未来的重大举措。[1]

（一）总体目标

《英国10年（2004～2014）科学和创新投入框架》的前言指出：国家要在竞争高度激烈的全球化经济中立于不败之地，只有保持强大的高技术和知识能力，吸引最优秀的人才和企业，将国家潜力通过创新转变成商业机会。这是21世纪繁荣的源泉，也是历史变迁中的一次新机遇。英国决心抓住这次机遇。经验告诉英国，短期抓住机遇是容易的，但往往因为不能保持持续的投入而最终流于失败。因此，英国政府决心改变过去的一贯做法，从中长期的角度，给科学和创新以明确的定位和经费保证，从而确保科学和创新活动纳入政府引导的长期稳定的轨道之中。培育一批最优秀的科学家和工程师，通过合理的投入和更好的管理完善科学基础设施建设，增加对企业研发投入的支持，使政府支持的研究成为最优秀的研究，特别在医学研究领域。使英国成为全球经济的关键知识枢纽，同时成为将知识转换成新产品和服务的世界领先者。

（二）科技投入目标

该框架指出，英国决心将科学和技术置于其他投入之上，承诺对科技投入的增长高于预计的经济增长速度（当时预测英国经济未来10年的增长幅度为每年平均2.5%）；并且宣布，政府通过贸易与工业部和教育与技能部对科学和技术的投入，平均每年实际增长率在10年中保持5.8%。对英国全国来说，研发的总投入（民口）将从2004年的165亿英镑增加到2014年的225亿英镑（以2004年为基准），增长幅度为36%。英国的目标是，增加对研发的投入，从2004年的研发占GDP的1.9%增加到2014年的2.5%，为了实现这一目标，政府将起到至关重要的作用，但仅是政府的投入是远远不够的，政府必须要与其他的资金机构一起联手，建立投入的伙伴机制，才能达到具有挑战性的目标。

（三）具体行动

在框架计划的总结部分，还将以上的战略目标分解成更为具体的行动。概括起来，这些具体行动包括以下几方面。

（1）将英国卓越的研究中心建设成为世界最优秀的研究中心。在研究能力上，继续保持仅次于美国的世界第二大研究强国，领先于其他经济合作与发展组织的国家。在那些英国处于第三或更低位置的研究方面，缩短与领先国家的差距，保持英国在生产能力上领先的地位。

（2）继续加大公共投入的研究机构对经济需求和公共服务的反馈能力。各研究理事会的计划要与研究的最终用户建立更紧密的伙伴关系，并与最终用户的需求相结合。继续改善大学和研究机构知识转移和产业化的能力，并把这种能力作为世界的衡量示范。

（3）增加企业对研发的投入，把企业与科学研究中心的互动联系作为新思想和新人才的来源。10 年期间内，将企业对研发的投入从 2003 年占 GDP 的 1.25%提高到 1.7%。在各个领域，缩小英国企业研发投入与美国和欧盟领先国家企业对研发投入的差距。

（4）为培养一流的科学家、工程师和技术人员提供强大的支持，并且有较大的改观。提高大学、学院和中小学校中教育科学的教师的素质，提高学生研究科学的兴趣和积极性，鼓励 16 岁以上青年选择科学的志向，增加具有研究能力的高素质的研究生比例，提高妇女和少数裔选择科学的比例。对从事科学教育的师资，打破过去工资封顶的做法，使大学教育科学的教师能够获得不少于 4 万英镑的年薪。

（5）为英国一流大学和国家实验室提供持续的财政支持。为保持大学和国家实验室的先进研究能力，为其提供持续的研究经费。

（6）增加英国社会对科学研究和创新应用的信心和理解。要采用各种方式改善公众对科学的认识和理解，加大媒体宣传，扩大科学家和科技决策者与大众的沟通和交流，引导公众对科学的态度，建立对科学的信心。

（四）10 年优先发展领域

投资框架对随后 10 年内可能具有国际重大影响的多学科研究主题进行了阐述。框架中列出的六个领域包括了英国目前具有世界级水平、可以发展为世界领先角色的主题，或者是具有迫切需求、需要英国投入更多相关研究的主题，它们是：可持续地球系统（地球系统科学）、系统生物学（生命复杂性）、可持续能源、认知系统、电脑安全机制与电脑犯罪防治和认同与文化。这些主题的确定主要依据研究理事会的评估和前瞻计划的预测。

二、《创新国家》白皮书（2008 年）

2008 年 3 月，当时的英国创新、大学与技能部向英国议会提交并公布了名为《创新国家》的白皮书，确立并较全面地阐明了英国创新政策的宏大目标。[2]

根据白皮书，英国的创新政策将由过去的强调高技术制造转变为更广泛的产品、服务、商业过程、模式、营销和使能（enabling）技术。这将导致政府抛弃过去将创新简单视为一个分离的对基础研究进行投资进而导向商业化的过程的观点，认识到创新来自多种源泉。

创新在发生变化，这需要政府政策相应的转变以适应这种变化。目标之一是利用政府作为英国经济最大客户的这种力量来创造新的市场和需求。为此，每个政府部门都需要拿出一个创新采购计划，并将其作为自身商业战略的一部分，通过采购和创新采购实践来促进创新。白皮书承诺，一切相关因素，如对风险的态度、预算与审计、绩效度量，以及人员招聘等，都必须有利于创新这一共同目标。

根据白皮书，政府计划制定国际创新战略，将出台提高英国企业的能力以在欧盟第七框架计划的竞争性资助中取得更有利地位；白皮书承诺进一步加强私有部门和政府之间的创新知识与技能转移；企业和高校之间的知识转移伙伴关系数量也将增加一倍。

白皮书还建议，在未来3年时间里建立5个新的“创新平台”，以协调政府对为应对气候变化等全球性挑战而开发新产品和寻找解决方案的公司和机构提供支持和资助；并建立机构来帮助研究和落实有关政策，如建立公共服务创新实验室，由创新、大学与技能部和技术战略局、经济与社会研究理事会等机构联合建立新的创新研究中心。

三、《英国研究愿景》(2010年)

为了应对2008年开始的全球经济衰退，2010年3月，英国科学技术委员会发布了题为“英国研究愿景”的报告。在报告中，英国科学技术委员会探讨了如何确保英国的科学研究基础能够保持高水平的研究表现、生产率和产出，并在经济和社会影响方面实现最大化；如何继续保持英国科学研究的国际地位、优化商业拉动和研究推动；如何招聘、培训、奖励和留住优秀人才。该报告建议政府关注科学研究对英国的价值，并将科研成果转化为经济和社会价值。[3]

报告指出，英国在科学研究领域是仅次于美国的、具有世界领先地位的国家，并且因此获得了明显的经济和社会效益。世界在迅速变化，英国的地位正受到来自新兴经济体的威胁，而且，全球经济危机和英国的财政紧缩状况使得研究同其他财政需求之间的竞争更激烈。美国作为世界上科学研究最强大的国家，也正在密切地关注由中国和印度研究实力不断增长所带来的全球竞争格局的深刻变化。英国必须同样理解这一威胁的严重性，并采取行动来解决这一问题。

未来十年的公共开支将远远紧缩于过去的十年。尽管用于科研的公共支出可以更大限度地回报纳税人，英国的研究经费还是必将受到相当大的压力。该报告对需要额外重视的领域都提供了建议，英国科学技术委员会认为有必要就如何利用有限的资源做出艰难的决定。

为了在日益严峻的全球科研竞争中保持英国的地位，政府应制定一个明确而长远的愿景目标，即支持科学研究基础，并希望从该投入中获取经济和社会效益。

为此，报告提出了若干重要建议：①规划并阐释英国的研究愿景。应通过以战略性和跨学科的方式合理配置卓越研究并进行跨行业的安排，使英国在解决一些全球性挑战问题中发挥领导作用。②发现、吸引和培养最好的研究人才。要延揽、培养并留住本土和海外的专家，英国的教育体制也必须做到使人人能够适应于一个科学与研究已深深植根于文化之中的社会。③必须重视建设强大、繁荣、世界级的研究基地，并使英国在某些领域处于全球领先位置。④确保研究成果的利用（包括利用自产的和他人的研究成果），促其转化为经济和社会效益。⑤资助卓越研究并鼓励合作，大学必须制定相关的战略以维持卓越研究的多样性。⑥政府必须确保各部门具有其所必须的研究能力，并且该种能力在各部门之间有很好的联结。⑦政府必须继续将公众参与和同公众开展对话作为其政策制定的重点和优先领域。

可以说，《英国研究愿景》报告是英国对科技的投入转入财政紧缩时期的一个重要标志，开启了强调通过科技投入促进经济增长的政策思路。

四、《增长计划》与《面向增长的创新与研究战略》（2011 年）

（一）《增长计划》

为应对持续的全球经济衰退，2011 年 3 月，英国新的联合政府发布了旨在使英国经济实现强大、可持续和平衡增长的《增长计划》（*Plan for Growth*）[4]。该计划包含了四方面的总体目标，并辅有一系列量化指标：①建立 G20 中最具竞争力的税收制度，指标包括：使公司税率在 G7 和 G20 中最低、成为欧洲最佳的企业总部选址地、建立更加简洁明确的税收体系。②使英国成为欧洲最适合创业、融资和企业成长的地区之一，指标包括：提高英国在主要世界竞争力指标中的排名、降低国内监管负担、为企业创业和业务拓展提供更多融资、提高按时审批和处理规划申请的比例。③鼓励投资和出口，促进经济的平衡发展，指标包括：保证英国继续成为外商直接投资的最佳地点之一、提高对关键市场的出口额、提高私营经济的就业水平、增加对低碳技术的投资。④建立欧洲最灵活的职业培训体系，指标包括：为学徒岗位制度提供有史以来最多的支持、成为美国以外世界级名校最多的国家、提高 16～24 岁人口的就业或学习比例、缩小教育程度差异以便让每个人都能实现自身的潜力、成为欧盟成员国中就业监管负担最小的国家。

（二）《面向增长的创新与研究战略》

为了配合《增长计划》，2011 年 12 月，英国商业、创新与技能部发布了英国政府《面向增长的创新与研究战略》[5]，力图通过资助全英国的研究与创新活动，规划促进英国的经济增长。该战略提出的主要行动内容包括：①由政府对英国技术战略委员会（TSB）增加 7500 万英镑投资，提供给技术创新型企业，资助或提供设备帮助它们进行产品开发和商业化；②对企业直接提供 2500 万英镑，帮助它们建立大型展示平台或产品原型，以便向潜在的投资者展示自己的创意；③引导英国技术战略委员会建立新的“创新代付款计划”，保障中小企业有机会获得来自大学的免费学术支撑；④将支持中小企业的“设计需求计划”的资助额由一年 65 万英镑增加到一年 130 万英镑，帮助中小企业推出新产品、新服务、新品牌，以加强它们的增长潜力；⑤每年投入 25 万英镑，与英国国家科技艺术基金会（NESTA）合作建立一个专门的中心，运行一项新的创新奖励基金——“创新鼓励奖”。

该战略以英国政府现有的经济增长规划为基础，包括刚刚推出的投资 1.8 亿英镑的《生命科学战略》和新增 1.58 亿英镑用于 e-基础设施建设的计划，目标是推动对复杂技术的创新，以刺激经济增长。

第二节　科技政策与措施

作为传统的科技强国，英国政府历来重视科技在经济和生活中的重要作用。英国政府的政策制定者认为，科学以及由此产生的创新在超过一个世纪里都是现代生活的驱动力，认为创新是一个包括许多部分的复杂的循环过程，在这个创新循环中只注重一个方面的政策必将失败。因此，英国历届政府都力图从思想的产生与获得开始、经过知识转移和消化，到最后重视公众对新技术的信心和新技术的应用市场，构建一个立体型的创新网络。

一、21 世纪之初的英国科技政策与措施

2008 年世界经济危机爆发之前，英国的科技政策主要目标是要保障科学和工程基础适应新世纪开端时的需求，故加强科学和工程基础的实力是英国政府优先考虑的重点。在政府不断增长的预算中，科研预算获得的增长比任何其他部门都要多。而且各研究委员会首次获得连续三年确定的经费拨款，使他们得以制订确定的长期科研计划。

此外，英国十分重视科技人才的培养，认为英国科研的重要实力之一就在于其博士生大学奖学金制度，该制度不仅为未来造就关键人才，而且完成高水平的研究工作。为此英国在大力提高对大学研究员基金的资助力度。

英国政府还非常重视作为科研成果的知识转移，认为必须加强英国公司与科研基地的联系，以保证英国公司具有很高的竞争力，并保证公众对科研的投入能实现最大的价值。为此制订了一系列促进工业界和科学界之间合作的计划，鼓励人才流动，增强科研人员与商业机构之间的接触。

二、世界经济危机之后的英国科技政策与措施

2008 年以后，随着金融危机的不断扩散和蔓延，英国越来越多的人把目光投向了科技。一方面，希望科学技术在应对当前这场危机中能够发挥重要作用；另一方面，经济危机也给科学技术的跨越式发展带来了新的契机。为此，英国颁布了一系列促进科技创新的政策与措施，将其重点集中在通过研发与创新促进经济增长上，并加大力度推动企业的研发活动以及对技术的转移和转化工作。[6]

（一）通过创新转变经济增长模式

2011 年 3 月，英国政府发布了全面的《增长计划》，指出英国在世界经济中的地位已经开始下降。要改变这一情况，英国必须在高技术经济领域中占据领导地位，必须创建新的经济增长模式。同年 8 月，英国政府又发布了《推进向绿色经济转型：政府与企业共同合作》的政策文件，对气候变化、资源节约、水保护、碳捕获与储存、海岸风力发电、绿色交易等领域在 2020 年以前的发展路线图及政府行动规划进行了展望。

在这些政策文件的指导下，2011 年 12 月，英国商业、创新与技能部发布了《面向增长的创新与研究战略》，力图通过资助全英国的研究与创新活动，推动对复杂技术的创新，以规划促进英国的经济增长。

2012 年 9 月，英国商业、创新与技能部部长凯布尔进一步就英国的产业战略发表讲话，并提出以下战略重点：

（1）建立支持企业创新的金融机制。启动贷款资助计划，帮助银行增加针对新创企业的低息、无抵押投资和金融担保项目；通过 12 亿英镑的企业金融伙伴关系计划推动银行业

以外的金融服务；各大银行启动总额为25亿英镑的企业增长基金。

（2）促进重点行业与政府合作。政府通过税收、监管和自由市场等政策吸引各行业建立与政府的长期战略性合作伙伴关系，重点关注先进制造、航空、汽车和生命科学等行业。

（3）支持发展新兴技术。英国技术战略委员会将着重支持能在今后10年为英国创建新产业的新突破性技术，继续建设国家技术与创新中心网络以支持创新商业化。

（4）建立培训工人技能的机制。强化企业学徒培训计划并启动雇员身份实验计划，帮助企业为雇员提供专业培训。

（5）以政府采购促进创新链的发展。未来5年，政府将为13个行业提供700亿英镑的政府采购机会，以培养中小企业的创新能力。

（二）建设技术与创新中心网络，促进技术转移

2011年1月，英国技术战略委员会公布了投资额为2亿英镑的国家技术与创新中心网络建设计划，目标是与大学、企业合作，促进特定领域研究成果的商业化，推动未来的经济增长。这些中心将为企业提供最好的技术专家、基础设施、设备及相关支持。这些中心的投资将由技术战略委员会提供1/3的核心资助，另外有1/3来自竞争性拨款，1/3来自企业合同。按照该计划，到2013年英国将建立6～8个世界级技术与创新中心，其领域包括：高附加值制造、节能与资源节约、运输系统、卫生保健、信息通信技术、电子学、光子学与电子系统等。

2012年10月，凯布尔进一步发表讲话指出，英国正在建设的创新与技术中心网络是推动英国企业创新商业化工作的关键力量。

凯布尔指出，英国在创新方面需要向德国、美国、韩国和其他国家学习，其中一个要点就是建设此类中心所构成的网络，创新与技术中心将推动英国今后20年的关键技术研发及商业化工作。此外，凯布尔还希望英国的创新与技术中心与其他国家的同类中心加强国际合作，共同解决面对的社会挑战。

目前，英国已建成的创新与技术中心包括高附加值制造业中心、细胞疗法研究中心、卫星应用中心、海洋可再生能源中心、网络数字经济中心、交通系统与未来城市中心，它们将在未来推动英国的创意与创新，极具发展前景。

此外，英国的创新与技术中心还希望与其他国家的同类中心加强国际合作，共同解决所面对的社会挑战。

（三）鼓励产业创新活动

2011年5月，英国商业、创新与技能部发布了《英国产业创新活动的分布》报告，分析了英国创新活动的“热点”与地理分布，以高技术创新集群为基点，俯视了英国产业创新活动的全貌。报告指出，近年来英国最成功的产业创新活动集中医药品制造业、视听设备制造业、软件服务业、电脑相关产业等领域，而最成功的产业创新集群在剑桥和伦敦西北地区。

2011年7月，英国著名智库DEMOS发布《创业之邦》报告，提出了促进英国创业活动的相关建议，包括：减免对小企业的税收及遗产税，刺激对创业的投入；增加对小企业研究计划的资助额度；调整研发减免税措施，保证企业投资真正用于创新活动；建立创业活动优惠区，提供相应的税收优惠政策，刺激创业与创新活动；对绿色技术创新给予更多

的规划与资助；促进私人投资创新活动。

为了鼓励产业界的创新活动。2012 年 5 月，英国商业、创新与技能部负责大学与科学事务的部长戴维·威利茨（David Willetts）提出了 10 项具体措施，包括：建立 7 个创新与技术中心，联合企业共同支持新的研究项目；实施全球最慷慨的研发税收鼓励政策，抵免率最高可达 225%；在新创企业投资或兼职工作的科研人员仍享有个人税收减免；取消对合作研究组共同申请政府资助的限制；由英国国家科技艺术基金会设立新的创新奖；通过政府采购支持小企业的研发；帮助新创企业进行概念验证与市场试验，获得商业投资；政府在今后 4 年内投入 2 亿英镑的风险投资；提高公共研究资助项目的申请成功率；投入 7000 万英镑促进研究与创新集群的发展。

（四）促进产学研合作

近些年，随着研究与企业界的合作从小小的辅业变为了大学的核心使命之一，英国大学里的文化发生了变化。英国近年来积极促进产学研合作，目的是支持科学研究跨越的创新“死亡之谷”。2012 年 4 月，英国技术战略委员会宣布启动资助总额为 1.8 亿英镑的“生物医学催化计划”，以帮助创新型中小企业和学术界开发医学领域的创新性实用技术。该计划的目的是推动英国在生物医学方面的突破性研究和商业化活动，使医学领域中有前景的创意和研究成果能够跨越创新活动的“死亡之谷”。

2012 年 5 月，英国商业、创新与技能部也宣布启动年度投资总额为 1 亿英镑的“英国研究伙伴投资基金”资助计划。这是一项面向所有英国大学开放的长期投资计划。按照规定，“英国研究伙伴投资基金”对每个单项的资助额度为 1000 万～3500 万英镑。此外，每个项目还要求大学必须能够从参与合作的企业或慈善机构获得 2 倍以上的资金匹配，预计整个计划将带动总计 10 亿英镑的研发投入。英国政府希望以此来拉动企业对高校研发活动的更多投资，强化大学的研究基础设施建设。同年 10 月，英国政府宣布将“英国研究伙伴投资基金”增加到 2 亿英镑资金，目前这 2 亿英镑发放已初步获得批准的 2 轮共计 14 个合作项目。

同时，英国还计划建立由产业界领导的新型知识产权中心。2012 年 7 月，英国知识产权办公室发布《知识产权工作：提高数字时代的知识产权交易效率》报告，建议英国建立国家级的、主要由产业界资助并领导的、新型非营利性知识产权中心，并组建负责规划该中心未来发展方向及监管其运行的指导小组。报告指出，产业界应在该中心扮演核心角色，使该中心成为容纳数字化知识产权交易的市场和促进知识产权创造者、持有者及用户交流互动的场所。

（五）加强国际科技合作

2011 年 3 月，英国皇家学会发布了《知识、网络与国家：21 世纪的全球科技合作》报告，指出全球的科技发展呈现为多极化趋势。同时，全球科技界的合作更加紧密。国际科技合作已经造就了自下而上的跨越国界的全球科技网络，改变了各国和全球的科研模式。为共同解决各种全球性的重大科技挑战，必须建立所有国家都参与的跨国性科技战略及资助机制。

英国最重要的国际科技合作伙伴是美国和欧盟。2011 年 5 月，英国首相卡梅伦与美国总统奥巴马发表联合声明，指出两国将采取措施进一步加强在科技创新与高等教育方面的合作，主要包括：由美国公司对英国最优秀的 6 所大学进行投资，支持神经科学前沿研究；

强化两国卫星信息及太空天气预报研究方面的共享；由英国研究理事会向美国科学家提供健康领域联合研究资助；举办两国高等教育政策论坛会议；推进研究生和研究人员交换项目等。同时，英国也积极参与欧盟正在规划的2014～2019年共同研发框架。2011年，英国商业、创新与技能部发表文件建议，欧盟未来的研究与创新资助应重视竞争力项目，向绿色及可持续发展领域倾斜，并以新的风险投资机制来支持中小企业的研发。

2012年7月，凯布尔进一步发表了《科学、开放性与国际化》讲话。他指出，促进科技人员的国际流动将提升他们的研究能力与水平，例如，与国外科研机构长期合作的英国科学家的研究绩效比其他人要高出75%。英国需要吸引外国学生来英学习科学、技术、工程与数学专业，英国的高技术产业也需要科学家之间的合作交流，以及随之而来的海外投资与国际贸易活动。由于英国现行的移民政策阻碍了对海外人才的吸引，政府将进一步调整专门针对科研人员的移民法规，承认皇家学会等著名科研机构对外国科学家提供的担保，加快审核流程。同时，将解除对来自外国的博士学历以上人才在英工作设立的工资限制和聘用限制，通过强化基础设施投资和国际合作项目建立良好的科研环境，进一步提高英国科研机构对外国科学家的吸引力，强化英国科学研究工作的开放性与国际化。

（六）促进公众科学参与及人才培养

2011年6月，英国政府科学办公室发布了《分享经验：改进科学咨询委员会各秘书处的参与》报告，展望了独立科学咨询的前景和未来。报告指出，在参与方面，科学咨询委员会应当制定一套相关政策，以便有利于将其工作向公众和其他利益团体传达并回收反馈。多种机制可帮助实现这一目标，如开放式会议、公共咨询、同相关利益团体的对话、召集外部专家开会讨论等。

根据以上政策文件的要求，2011年12月，英国9家主要科研资助机构联合其他30家重要的学术机构共同发布了一项新的《促进公众参与科研的协议》。该文件阐述了英国主要科研资助机构促进公众参与科研工作的责任，提出了未来促进公众参与科学研究的四项主要原则：英国的研究机构应对公众参与给予战略性承诺；投入公众参与活动的研究人员应得到价值上的承认；将通过培训、支持和提供机会来鼓励研究人员投入公众参与活动；协议签署机构将定期监测和评估自己推进公众参与活动的进展情况，并总结优秀工作经验。

紧接着，2012年1月，英国创意产业委员会（CIC）发布了人才培训行动报告，指出英国需要培训创意产业从业人员的技能，提升创意产业的发展潜力。为此，报告提出了强化创意产业人才培训的相应建议，主要包括：①为创意产业的从业人员建立专业的学习网络，实施跨领域的管理和指导计划，并建立虚拟的专家团队，为创意产业的新创企业和中小企业提供支持和指导；②改革学校的信息技术课程内容，将计算机科学、艺术学科与创意主题（包括音乐、电影、媒体、摄影）纳入国家的核心课程，允许在中学毕业会考中选择这些课程；③为创意产业建立统一的职业生涯资源门户，其内容包括权威的就业信息、丰富的媒体资源，以及网络咨询顾问的在线支持；④为创意媒体、时尚、服装业建立团体学徒（group apprenticeship）制度，允许创意产业的从业人员以团队的形式集体参加学徒实习，并将这一制度逐步发展为针对整个创意产业的学徒实习推进计划；⑤建立跨部门的质量认证机制，对质量合格的培训和继续教育课程给予认证，并提供实习机会，为有潜力的学生和从业人员提供专门指导等。

2012年4月，英国皇家工程院也发布了《强化工程教育，推动创新经济》报告。要求推动进一步的变革，在教学中包含如何进行创新的内容，确保工程领域的学生和职业工程师们能够在英国的创新经济中充分发挥作用。要达到这一目标可以通过两种方式：第一种是鼓励学生去解决现实生活的实际问题，如能源与水安全、人口老化等；第二种是给予学生机会去研究开发突破性新技术，如氢燃料电池、对微波加热技术的新应用等。报告认为，应该大力推广各类有效性已经在实践中被广泛认可的教育计划与项目，促使它们成为全英国高等教育机构的主流课程。例如，由工程领域的研究生小组与企业的实习生和员工共同解决社会问题这一方式就显示出了很高的效率和发展潜力；同样，与创业园区合作办学的跨领域硕士课程也很有效，能让工程领域的研究人员学习到如何更好地使新的研究成果商业化。应该进一步扩大这类互动交流活动的规模与范围。

（七）强化研究诚信准则

2012年7月，英国大学联合会、研究理事会、高等教育拨款委员会联合签署了新的《英国研究诚信协议》[7]，目的是为英国的科研工作提供诚信标准及执行框架，其主要内容包括以下几方面。

（1）在所有研究领域维持诚信高标准。无论在哪一个领域进行的科研活动都必须遵守严格的诚信标准，其主要准则包括：①诚实。在研究目标的发布与结果公布、研究方法与过程的报告、研究数据的采集、对其他研究人员成果的引用与致谢等方面都必须保持诚实。②严谨。在研究实施过程与方法采用、拨款协议、研究结论提出与解释、结果通报等方面都必须与主导性的学科研究标准及规范保持一致。③开放与透明。在处理不同利益冲突、报告研究数据采集方法、分析和解释研究数据、推广与共享研究成果、向其他研究人员和公众发布研究工作时都必须保障公开交流与透明性。④爱护和尊重所有的研究参与者。包括人、动物、环境和文化主体。在研究管理与资助中要体现这种爱护与尊重。

（2）保障研究过程遵循伦理、法律和职业标准。减少科研活动，特别是人类的侵入，对环境和动物的伤害。研究人员必须遵守研究界共同确认的最低标准，防止犯罪行为，维护公众的信任。英国研究诚信办公室等研究界和研究资助机构必须保证不断根据新的情况改进相应的科研伦理、法律和职业工作标准。

（3）建立诚信文化、管理机制、执行规范，形成良好的科研环境。良好的科研环境有助于推动研究工作，形成研究诚信文化，其主要内容包括：支持科研人员工作的清晰政策及实施体系；支持科研人员职业发展的学习、培训和获得咨询的机会；保障科研、研究诚信和研究人员行为相关政策得以实施的有效管理体系；所有科研人员遵守行为标准的意识；能够帮助科研人员解决研究诚信潜在问题的系统与机制。

（4）运用透明、严格、公平的程序来处理研究不端行为。研究不端行为会破坏研究活动的可靠性，破坏研究数据记录，浪费研究资源，主要包括伪造、篡改、抄袭、误导、掩盖、隐瞒、违背伦理及法律标准、报复揭发者等不同形式。当发生对研究不端行为的指控时，管理机构必须依照适当的程序公正有效地予以处理。

（5）共同合作强化研究诚信和评估的严格与开放性。科研人员、管理者和研究资助机构都有责任来共同建立研究诚信文化，要通过公正有效的机制（包括人员、系统和程序）来防止研究不端行为。最为重要的是，有关各方应互相学习，不断推广有效的研究诚信工作经验。《英国研究诚信协议》的各签署方将在每年召开研究诚信论坛，以评估相应的工作进展，提炼各方提供的有效工作经验。

第三节　科技经费投入

在 2002/2003 至 2010/2011 财政年度①，按固定购买力计算，英国政府的科学、工程、技术总支出始终保持在 100 亿英镑以上。但是，2010 年大选后新联合政府就职后开始削减科技预算，政府的科技总支出也在 2011/2012 财政年度下降到了 100 亿英镑以下（表 12-1）。

表 12-1　英国政府 2002/2003 至 2011/2012 财政年度的科学、工程、技术总支出

（单位：亿英镑，按 2011/2012 财政年度购买力计算）

支出机构	2002/2003	2003/2004	2004/2005	2005/2006	2006/2007	2007/2008	2008/2009	2009/2010	2010/2011	2011/2012
各研究理事会	24.16	27.42	28.40	33.10	33.83	30.04	32.24	33.57	33.49	32.86
各高等教育资助委员会	20.18	20.21	21.27	22.23	23.41	24.66	23.96	25.24	23.54	22.59
政府各部（除国防部外）	25.35	25.97	22.00	22.65	21.53	20.77	22.10	23.49	22.05	23.89
国防部	33.92	25.89	25.84	25.86	23.84	23.43	21.22	18.40	17.29	13.06
对欧盟研发预算的直接拨款	5.45	4.74	3.83	4.21	4.20	4.10	6.32	7.02	6.60	6.29
政府科学、工程、技术总支出	109.06	104.22	101.34	108.04	106.81	102.99	105.84	107.71	102.98	98.68

资料来源：UK Science，engineering and technology statistics. 2013. https：//www. gov. uk/government/publications/science-engineering-and-technology-statistics-2013［2014-03-16］。

一、全球金融危机前的政府科技投入

全球金融危机前，由于经济形势发展较好，英国的政府科技投入一直在不断增加。扣除物价因素，英国的科研支出从 1991 年到 2009 年实质上增长了大约 1/3，尤其是 1998 年之后增长最快。1997 年，布莱尔工党政府上台伊始就不断强化对科技和创新的支持。从 1997 年到 2003 年，在短短的 7 年当中，政府对贸易与工业部掌控的年度核心科学预算投入整整增加了一倍，从 12 亿英镑增加到 2003 年的 24 亿英镑，可见英国政府对科技的重视。随后，到 2009 年，政府由创新、大学与技能部掌控的年度核心科学预算已经增加到了 46 亿英镑。

二、危机后，联合政府继续注重科学投资

但是，2010 年 5 月大选后，英国新的联合政府就宣布要履行其参选誓言，大幅削减对

① 英国的财政年度（又称预算年度）为每年的 4 月 1 日至次年的 3 月 31 日，主要为政府财政预算所采用。英国企业的统计数据一般仍采用自然年度（日历年度）。

高校和科研的财政预算。此后，以英国皇家学会为代表的科学界向新政府提交了意见书，为科学投资呼吁呐喊。最后，为了表明对科学与创新活动的支持，新政府仅大幅削减了对高校的资助，坚持在严厉削减公共开支时注重保障核心科研经费。

这一年 10 月，新政府公布了几十年来最严厉的削减开支计划，决定在 2014/2015 财年前削减 830 亿英镑的公共开支。商业、创新与技能部也削减了其开支计划：该部削减 40% 的行政经费，并在 2012 年裁撤各地区发展署（RDA）；对高校的资助（不包括研究资助）将在 2014/2015 财年下降 40%，但仍将继续资助科学、技术、工程与数学类教育项目；对继续教育的资助将在 2014/2015 财年下降 25%。但为保证其科研的世界领先地位，英国政府将在 2014/2015 财年前保持每年 46 亿英镑的科学预算不变，主要项目包括：对医学研究和创新中心的 2.2 亿英镑资助；对“钻石”同步加速器的 6900 万英镑资助；在今后 4 年投入 2 亿英镑建立技术与创新中心网络以支持技术商业化。

2012 年开始，随着经济状况的好转和对创新促进经济增长的认识的加深，英国开始加强对科技的经费投入。2012 年 11 月，英国财政部长奥斯本发表讲话，指出研究表明英国的科学研究不仅占据了大量的政府预算，也带来了高价值的回报[8]。因此，政府将强化对科研活动的资助，同时也将努力促进科学与企业界的互动，以保证英国经济与创新的全球领先地位。奥斯本指出，政府将继续推动对企业研发税收的优惠，同时将从现在开始，在每个财政年度 46 亿英镑的政府核心科研预算之外新增 5 亿英镑的科研资金，重点资助数据革命与高效节能计算、合成生物学等 8 个领域。其中，从 2013 年起将对欧洲空间局的空间技术研发活动给予连续 4 年的资助，而且每年在 2012 年的基础上再增加 6000 万英镑资助。同时，还将对 5 所大学和 1 所私立研究中心的合成生物学研究工作一次性增加 2000 万英镑的资助。

第四节 优先领域的确定

一、通过技术预见确定科研优先领域

为了寻找和确定真正对国家未来发展有意义的科研优先领域，1993 年，英国政府决定借鉴日本的成功经验，开始实施技术预见计划，并取得了较好的效果。随后，英国在 1999 年、2002 年又相继实施了第二轮、第三轮技术预见[9]。

总体上，技术预见计划由英国政府科学办公室负责，并成立了技术预见指导小组，指导小组主席由政府首席科学顾问（同时也兼任政府科学办公室主任）担任。指导小组中来自各大学、企业界、政府部门和科研机构的成员都由商业、创新与技能部部长亲自任命。从英国 3 轮预见计划的发展来看，该计划在不断改进，第三轮历时最长（至今仍保持滚动进行），执行最规范，方法最系统，效果也相对较好。

第三轮技术预见于 2002 年开始，至今仍保持滚动进行中。为了确保技术预见能快速地集中在关键主题上，这一轮预见摈弃了以往两轮组建常设领域小组的组织形式，采用更加灵活的滚动项目组织形式进行。每个项目都围绕一个主题开展，设立由相关领域的权威专家组成的专家组，并成立一个专门的各相关方共同构成的小组，项目成熟一个就推广一个，并且保证同时有 3～4 个项目处于正常运行之中。截至目前，第三轮预见已相继完成了“技术与创新未来”等十几个项目，目前（2014 年）正在开展“未来城市”和“未来人口变化”

两个项目。

为了更好地推进预见计划相关工作的开展，技术预见指导小组还在2005年成立了水平扫描（Horizon Scanning）中心，专门负责系统地调查潜在的威胁、机遇与发展前景，帮助选择未来的预见研究项目。

具体项目的执行以2010年的第三轮技术预见中的“技术与创新未来”项目为例。该项目采用访谈和研讨会的方法搜集预见证据，包括对25名来自科技界和商界知名人士的访谈，以及150名来自私营部门和政府的顶尖学者、企业家及技术专家参加的5个研讨会。对于不能达成共识的观点，进一步通过正式的书面调查，如采用德尔菲法进行研究，然后再拿到研讨会上反复讨论，最终达成共识并发布了《技术与创新的未来：2020年英国的增长机遇》技术预见报告。

二、21世纪之初所确定的科研优先领域

当时的英国贸易与工业部根据在1999～2001年所进行的第二轮技术预见的成果，于2001年宣布了政府在21世纪初的科研发展重点，主要包括：基因组研究，范围几乎包括所有的基因研究主题；下一代运算技术，对各学科面临的共性问题集中投资和共同研究；以及基础技术研究。这些科研重点主要涉及了可能形成未来新兴产业的优先领域，如纳米技术、量子计算、光子学、生物工程和传感器等基础研究。

三、后危机时代确定的科研优先领域

全球金融危机后，由于经济的复苏和再增长严重依赖于科技创新，政府对其资助的科研优先领域进行了布局调整，更加倾向于能够较快产生经济效应的技术研发工作。

（一）未来20年的重要技术机遇

2010年11月，英国商业、创新与技能部根据第三轮技术预见中“技术与创新未来”项目的大量成果，发布了《技术与创新的未来：2020年英国的增长机遇》技术预见报告[10]，预测了今后20年英国的技术发展前景，给出了55项对英国2030年至关重要的技术，并分列在纳米材料和纳米技术、能源和低碳技术、生物和制药技术、数字和网络技术四大领域。对每项技术，报告也提供了一些可供比较的预见信息，包括：2025年潜在市场的规模、颠覆性的潜力、英国的能力、障碍和推动力等。此外，这55项技术还被划分为28个技术群，用以实现28种跨领域的技术需求。

该报告提出的55项未来重要技术包括：①材料与纳米技术：3D印刷与个性化装配、建筑材料、碳纳米管与石墨烯、超材料、纳米材料、纳米技术、智能高分子材料（塑料电子学）、活性包装、智能多功能仿生材料、智能交互纺织品。②能源与低碳技术：先进电池、生物能源、碳捕获与存储、核裂变、燃料电池、核聚变、氢技术、微型发电、循环、智能电网、太阳能、低碳智能车辆、海洋与潮汐能、风能。③生物与制药技术：农业技术、医学成像、工业生物技术、芯片实验室、核酸技术、生物组学、性能增效剂、干细胞、合成生物学、个性化医药、组织工程、模拟人类行为、脑机接口、e-健康。④数字与网络技术：生物识别技术、云计算、复杂性理论、智能传感器网络与普适计算、新计算技术、下

一代网络、光子学、服务机器人与群机器人、搜索与决策、安全通信、仿真与模拟、超级计算、监控技术、超大数据集分析、仿生传感器。

2012 年 11 月，英国商业、创新与技能部发布了该报告的更新版[11]。新增了三大类新的未来技术发展机遇，包括：①能源转变技术，即从以化石能源为主转变为混合式能源消费模式的技术，包括生物能源及减少排放技术、间歇式电力供给的平衡技术、实时电网模拟及高压直流电网（HVDC）技术等；②满足人类日常需求的技术，主要包括各类服务性机器人技术；③“以人为中心”的设计技术，主要包括“智能”服装技术、传感器技术等。

2012 年 11 月，英国技术战略委员会还发布了《2012～2015 使能技术战略》报告[12]，确认了未来支撑所有行业技术创新与发展的基础支撑性使能技术，分为先进材料技术，生物技术，电子、传感器与光子技术，信息与通信技术等四类。

（二）研究基础设施建设优先领域

英国政府还非常重视 e-基础设施建设。2011 年 12 月，英国商业、创新与技能部宣布的 e-基础设施建设主要项目包括：新的国家超级计算机“ARCHER”，以支持复杂化学、气候科学研究和汽车、航天产品的设计；达斯伯里（Daresbury）科学与创新园区的建设，支持对新型产品开发软件的研究；跨研究理事会的高性能数据存储研究，保障研究人员能够获得庞杂的信息；高校的高性能网络，帮助大学更简便地共享海量研究数据；粒子物理与天文学、天气预报与气候变化、基因组分析等领域专用的超级计算机；支持英国航天局发展卫星数据的收集与存储设施；支持大学联合使用 e-基础设施的专项基金。

第五节　基础研究重点

一、英国政府对基础研究的资助情况

英国政府非常重视对基础研究工作的资助。根据英国政府 2002/2003 至 2011/2012 财政年度对纯基础研究（Pure-basic Research）和定向基础研究（Orientated-basic Research）活动的资助统计，英国政府对基础研究的资助占政府总研发支出的比例保持了上升态势，从 2002/2003 财政年度的 15.5%快速上升到了 2008/2009 年度的 23.2%，即便在 2008 年的全球经济危机爆发之后，仍始终保持在 22.6%左右。但在基础研究中，纯基础研究所占比例从 2005/2006 财政年度的 54.2%一路下降到了 2011/2012 财政年度的 37.3%，仍然体现出全球经济危机对纯基础研究造成了一定的冲击（表 12-2）。

表 12-2　英国政府 2002/2003 至 2011/2012 财政年度对基础研究的资助情况

（按 2011/2012 财政年度购买力计算）

财政年度	2002/2003	2003/2004	2004/2005	2005/2006	2006/2007	2007/2008	2008/2009	2009/2010	2010/2011	2011/2012
纯基础研究/亿英镑	7.46	9.98	9.85	12.25	11.22	9.24	9.78	9.78	9.31	8.15
定向基础研究/亿英镑	8.90	9.30	9.71	10.35	11.44	11.96	14.18	14.12	13.46	13.73

续表

财政年度	2002/2003	2003/2004	2004/2005	2005/2006	2006/2007	2007/2008	2008/2009	2009/2010	2010/2011	2011/2012
基础研究总支出/亿英镑	16.36	19.28	19.56	22.60	22.67	21.20	23.96	23.90	22.77	21.88
纯基础研究占基础研究的比例/%	45.6	51.8	50.3	54.2	49.5	43.6	40.8	40.9	40.9	37.3
政府研发总支出/亿英镑	105.69	100.26	97.48	103.99	102.37	100.75	103.41	105.45	101.17	96.89
基础研究占政府研发的比例/%	15.5	19.2	20.1	21.7	22.1	21.0	23.2	22.7	22.5	22.6

资料来源：UK Science，engineering and technology statistics. 2013. https：//www. gov. uk/government/publications/science-engineering-and-technology-statistics-2013［2014-03-16］。

针对基础研究的重点资助方向，2012 年 11 月，英国财政部长奥斯本在英国皇家学会发表的演讲中，提出了海量数据处理与高效节能计算、合成生物学、再生医学、农业科学、储能和电力储存、先进材料与纳米科技、机器人与自动化系统、微型及空间技术的商业应用等八个未来科学研究的重点方向，并概述了英国在这八个方向的现状和优势。尽管英国科技界对奥斯本提出的八个重点方向并不完全认同，但是作为财政大臣的讲话势必会对后续英国科学研究支持重点的选择有很大影响。

二、英国政府针对基础研究的双重资助体系

英国科技管理的一大特点就是科技管理权和经费分配权分属于七个研究理事会和高等教育拨款委员会，即“双重支持体系”（Dual Support System）。英国政府不直接将科研经费分配给高校和科研单位，而是由英国商业、创新与技能部通过两个“非政府部门机构”——英国研究理事会和高等教育拨款委员会进行分配[13]。

研究理事会和高等教育拨款委员会是英国政府支持基础研究的两个主要经费资助和管理机构。高等教育拨款委员会的任务是支持大学科研机构的基础设施建设和基础研究工作，其资助经费根据大学研究质量评估结果分配，不需要有明确的研究任务和计划，可由高校根据自己的科研和教育活动计划自由安排。

研究理事会和其他机构（如其他政府部门、企业、慈善机构等）通过运用透明的同行评议竞争机制以研究项目或研究计划的形式支持大学和科研机构的研究（基础研究），其经费投入必须要有明确的任务和计划。研究理事会资助的科技计划或项目的产生有“自下而上”和“自上而下”两种模式，前者指研究理事会不限定研究主题而由申请者自由申报项目，后者则指研究理事会根据学科发展和国家需求而设立特定项目。这种“双重支持体系”是英国基础研究资助机制的重要特点。

第六节 科研评估

一、高等教育拨款委员会的“研究评估实践”

在双重资助系统中，英国高等教育拨款委员会向大学科研提供“核心资助”（core funding），主要用于支付科研设施费和科研人员的工资。在高等教育拨款委员会成立前，英国大学拨款委员会（UGC）从 1986 年开始推行科研评估制，1992 年高等教育拨款委员会成立后，继续延用英国大学拨款委员会的“研究评估实践”。高等教育拨款委员会将科研拨款分为科研质量（quality-related，QR）拨款和一般研究（generic research，GR）经费两个部分。其中科研质量拨款以评估为基础，也是高等教育拨款委员会科研拨款的主要部分。[14]

“研究评估实践”的实施周期为 4～5 年，“研究评估实践”将高等教育机构的科研划分为 69 个评估单位（UOA），并成立 60 个评估小组。英国每一所大学都可以自由选择向多个评估小组报名，并提供评估评审资料。各学科评估小组由国内外专家组成，依据规定的标准和工作方法对提交资料的质量进行同行审查评价。在评审中，基础研究、战略研究及应用研究都给予相同的权重，研究成果的发表形式（书、论文、杂志等）都得到公平对待。根据所提供的评估资料的质量，对各研究单位进行评分，专业评估小组根据科研评估定级标准对每一份提交的评估资料进行评估定级（表 12-3）。

表 12-3 “研究评估实践”2008 定级标准

等级	研究成果评估描述
4	在创造性、重要性和精确性方面达到了世界领先水平
3	在创建性、重要性和精确性方面达到了国际较高水平
2	在创造性、重要性和精确性方面达到了世界水平
1	在创造性、重要性和精确性方面达到了国内水平
0	研究质量尚达不到国内水平

评估影响拨款的基本形式有两种：一是评估结果直接与拨款额挂钩，即绩效拨款；二是绩效因素参与拨款过程，即绩效预算。评估对英国大学科研经费拨款的影响一般属于前者，即质量评估与财政拨款直接挂钩，通过衡量大学科研方面的绩效（效率、质量、成本等）决定拨款的方向与数量，各大学科研成果水平是其获得拨款多少的基础，评估结果被严格划分为若干等级，不同的等级得到不同的拨款额（表 12-3）。评估结果直接影响研究经费的拨款，评分越高得到的研究经费也越多。“研究评估实践”的结果不仅用于高等教育拨款委员会对公共科研基金的分配，还向公众公布，并经常被引用到媒体对大学的排名中，这些举措刺激了高校在科研和人才方面的竞争，在促进高等教育研究质量的提高方面发挥了重要的作用。

二、英国研究理事会项目评审过程

经过多年的运作，英国各研究理事会已经形成了一套严格而成熟的评审系统，确保每个申请项目都尽可能得到公平、公正的评价。申请项目的评审指标主要包括：研究项目的科学意义；可行性；研究方案是否清晰、设计是否合理；以及工作基础、实验室条件及协作能力和经费预算等。

评审程序如下：

（1）项目申请书首先要送交英国国内外的外审专家和研究理事会的顾问委员会成员，由他们对项目科学性进行全方位的审阅并提出意见和建议，该过程通常需要3～4周时间。外审专家和各研究理事会顾问委员会成员由各研究理事会主管办公室的项目主任负责遴选。

（2）项目申请书在通过了第一轮评审后，还要由一些专家组成会审小组，在2周内进行复审，写出综合意见。对于申请长期资助的项目，如果项目申请书被专家否定了，申请人可有机会就专业评审专家的意见进行申诉，有效期为2周。

（3）申请书及其复审的综合意见将送交研究理事会的研究委员会、综合委员会或特别会审小组进行第三轮评审，对申请书的科学性及其他相关因素做出全面评价，该过程一般需要2周时间。是否资助最终要由研究理事会的资助例会决定，一般在每年的12月、3月和7月定期举行。大多数重大研究项目在确定资助之前还要经研究理事会的资助顾问小组对项目的战略意义、各领域的发展均衡性及资助方式进行再审核。

对于交叉领域的申请项目，各研究理事会可互聘专家，或从他处聘请适当的外审专家参加项目的会审工作。

三、英国近年来对科研评估模式的改革

（一）拟用“研究卓越框架”取代“研究评估实践”

2008年2月，英国高等教育拨款委员会宣布拟用新的“研究卓越框架”取代原有的“研究评估实践”。“研究卓越框架”欲采用更多的定量方法对学科资助进行评价，拟发展一套新的关于研究质量的文献计量指标。并计划在2008的“研究评估实践”结束后在2010～2014年逐渐取代“研究评估实践”[15]，主要修改内容包括以下四方面[16]。

1. 缩减评价单元

为了解决跨学科的评估问题以及节约评估成本，高等教育拨款委员会决定在2014年“研究卓越框架”评价过程中，将评估单元由原来的67个缩减为36个，根据评估单元组建36个专家评价组，而首席专家评价组由原来的15个缩减为4个。同时，充分强调各个评估单元之间的统一性，以便在跨学科评估中，能够让从事跨学科研究的人员获得公平合理的评估结果。

2. 更新评估指标

“研究卓越框架”评估将从成果、影响力和环境三个方面对各高等教育机构的科研成果进行评估。其主要含义是：根据国际研究质量标准，对科研成果的评估包括“原创性、意义和精确性”三个方面。成果在整个评估体系中占到65%的权重。

影响力是取代以往学术价值指标的一项新指标，主要指非学术领域的影响力。其含义指研究成果在经济、社会、文化各个领域所产生的影响，该项指标在体系中占有20%的权重。

所谓环境指科研的“活力和可持续性”，包括科研战略、科研队伍（人员编制以及发展研究生的数量）、经费使用情况、基本设施和设备，以及与其他学科相互合作的情况。该项指标的权重为15%。

3. 改变评估对象

“研究评估实践”以科研人员个人的科研成果为评估对象，其将科研人员依据跟大学的雇佣关系以及在评价周期内所在的职位分为A、B、C、D四类。所谓A类科研人员指的是与高等教育机构签订正式雇佣合同的科研人员，在整个评价周期内都在该高等教育机构工作。B类科研人员指在评价周期内受雇于该机构但在评估结束时已离开。C类科研人员指的是在高等教育机构之外但名义上属于该机构的从事科研工作的人员，如受其他科研组织、慈善机构或其他组织资助从事科学研究工作的人员。D类科研人员与C类相同，但在评估结束时不再与该机构有关系。在“研究卓越框架”评估体系中，参评科研人员缩减为A类和C类两类，之前“研究评估实践”评估体系中的B类和D类两类科研人员不再纳入评估范围。

4. 转换评估方式

之前所有的科研评估主要采用两个层次的专家组进行同行评估，由于这种质性评估的方式所耗费的人力、财力和时间比较多，所以饱受批评。为了节省开支，“研究卓越框架”评估决定采用专家评估和量化评估相结合的方式，并增加量化评估即文献计量法的比重：对科研成果的评估以及经费分配，将大量采用量化数据的指标来进行，即检视科研论文或著作的被引次数，以此作为专家评估的主要参照。

2010年11月，高等教育拨款委员会发布了利用同行评议小组评估英国大学研究“影响”的一年期试验结果报告。报告提出：评估科学研究的各种“影响”是可行的，专家评议是用于评估研究“影响”的合适手段。实验涉及五个不同学科内的各类研究影响，但是评估研究“影响”的方法基本类似，这说明建立一种适应所有学科的通用评估方法是可能的。2014年启动新的“研究卓越框架”评估体系，研究“影响”应占25%的权重，以后视情况逐步提高。

（二）大学研究投资完全经济成本的评估

2008年3月，英国研究理事会也发起了大学研究投资完全经济成本的评估，评估将向英国政府提供其所需的客观评判英国“科学与创新投资框架”成就所需的数据[15]。

英国政府寻求让大学研究进入可持续发展的轨道，并表示从2006年4月起研究理事会投资将覆盖研究项目完全经济成本的80%，且希望在下一个10年初期达到几乎全部覆盖项目的完全经济成本。其他研究资助者，包括企业和政府部门，也有望承担其所委托的研究的完全成本，具体将取决于该项研究的公益性程度。

完全经济成本的引入在英国已经有两年时间，英国政府认为现在是时候了解其是否圆满达到了目标，以及其对研究机构和用户的影响。本次评估主要确定了如下目标：对于高等教育机构的研究可持续性，评估其研究投资重新安排将产生的影响；提出改革建议以提升可持续性；在必要的时候考虑并建议在研究投资完全经济成本运作方面进行变革；向研究理事会总会执行组和“英国大学组织”提交报告。

四、英国科研评估的特点

英国在科研评估方面积累了丰富的经验和鲜明的特点。

1. 强调科技评估是科技管理的一部分

英国的评估专家认为，评估的本质目的是要为管理者提供一种系统化、分析化的途径，使其能够从实践中学习，从而改进其状况。必须将科技评估活动放在科技管理的大背景中看待，而不能将其视为一个孤立的活动。评估工作要贯穿在科研管理的整个过程。在评估时要尽可能给出建设性的意见，避免单纯的负面批评。要让管理者和被评估者均受益于评估结果的应用。

2. 保证评估工作的独立性

保证评估机构的独立性、自主性是实现科技评估工作客观、公平、公正的前提，这已为各国绩效评估实践所证实。英国政府在评价大型科技计划、特别是跨部门的科技计划时，一般聘请外部独立的专业评估单位进行评估。英国的科技主管部门（贸易与工业部—创新、大学与技能部—商业、创新与技能部）要求其所有科技计划的评估执行者都必须与启动和运作计划的人或机构没有关联，以保持评估的独立性，明确规定研究计划的评估必须由外部独立机构来完成。

3. 综合运用多种评价方法

从研究理事会发布的项目评估指南来看，英国的项目评估工具要比我国的丰富，同时可以运用数种方法并且十分注重评估项目的影响，以使项目实施者和科学共同体可从中吸取经验、教训。

（执笔：中国科学院文献情报中心　李　宏）

参考文献

[1] UK Government. Science & innovation investment framework 2004-2014. http://webarchive. nationalarchives. gov. uk/+/http:/www. hm-treasury. gov. uk/spending_sr04_science. htm [2013-11-13].

[2] UK Government. Innovation nation. https://www. gov. uk/government/uploads/system/uploads/attachment_data/file/238751/7345. pdf [2008-05-30].

[3] UK Council for Science and Technology. A vision for UK research. https://www. gov. uk/government/publications/a-vision-for-uk-research [2010-05-19].

[4] UK Department for Business, Innovation & Skills. The plan for growth. http://cdn. hm-treasury. gov. uk/2011budget_growth. pdf [2011-04-06].

[5] UK Department for Business, Innovation & Skills. Innovation and Research Strategy for Growth. http://www. bis. gov. uk/assets/biscore/innovation/docs/i/11-1387-innovation-and-research-strategy-for-growth. pdf [2011-12-26].

[6] 胡智慧，李宏. 2011年世界主要国家科技与创新战略新进展//中国科学院. 2012科学发展报告. 北京：科学出版社，2012.

[7] Universities UK. The concordat to support research integrity. http://www. universitiesuk. ac. uk/Publications/Documents/TheConcordatToSupportResearchIntegrity. pdf [2012-07-16].

[8] Rt Hon George Osborne MP. Speech to the Royal Society. http://www. hm-treasury. gov. uk/speech_chx_091112. htm [2012-11-09].

[9] 卓倬，战玉萍．英国预见计划运行管理研究．军民两用技术与产品，2012，(4)：12-14.
[10] UK Department for Business，Innovation & Skills. Technology and innovation futures：technology and innovation futures for the 2020s. http：//www. bis. gov. uk/foresight/our-work/horizon-scanning-centre [2010-11-06].
[11] UK Department for Business，Innovation & Skills. Technology and innovation futures：UK growth opportunities for the 2020s (2012 refresh) . http：//www. bis. gov. uk/assets/foresight/docs/horizon-scanning-centre/12-1157-technology-innovation-futures-uk-growth-oppor tunities-2012-refresh. pdf [2012-11-26].
[12] UK Technology Strategy Board. Enabling technologies strategy 2012-2015. http：//www. innovateuk. org/_assets/enablingtechnologies _strategywebfinal. pdf [2012-11-16].
[13] Hughes A，Kitson M，Bullock A，et al. The dual funding structure for iesearch in the UK：iesearch council and fnding council allocation methods and the pathways to impact of UK academics. https：//www. gov. uk/government/uploads/system/uploads/attachment _data/file/181652/bis-13-545-dual-funding-structure-for-research-in-the-uk-research-council-and-funding-council-allocation-methods-and-the _pathways-to-impact-of-uk-academics. pdf [2013-02-16].
[14] 王璐，尤锐．评估与竞争：英国高校科研拨款的基础与原则．外国教育研究，2008，35 (2)：65-69.
[15] Research Councils UK. Response to HEFCE's consultation on the new Research Excellence Framework (REF). http：//www. rcuk. ac. uk/cmsweb/downloads/rcuk/consultations/ref. pdf [2008-02-26] .
[16] 姜亚洲．英国国家创新战略中的高校科研评估制度改革．全球教育展望，2008，(8)：51-54，96.

第十三章　韩　国

进入21世纪以来，韩国历届政府均将科技与创新置于关系到国家社会经济发展的核心地位给予其高度重视，并以需求为导向制定了一系列的战略与政策。2011年其研发经费总额已经位居世界第六位，研发经费占GDP的比重也呈不断递增态势，已经超过4%，排名世界第二，研发人员总数也以每年约10%的速度增长，在材料科学等优势领域的科技国际竞争力也得到迅速提升。本章将着重从韩国近十年的科技战略规划、科技政策措施、科技经费投入、优先领域确定与科研评估机制等方面介绍与分析韩国的科技政策发展态势。

第一节　科技与创新战略

一、科技与创新战略的发展历程

韩国《科学技术基本法》中明确规定由总统担任国家科学技术委员会委员长，该委员会作为全国科技创新的最高负责部门，承担着国家重大科技政策的制定、科技优先发展方向的决策、科技发展的统筹协调等工作。韩国采取的集中协调型科技管理体制有利于政府制订科技规划，并使之得到贯彻实施。

科技发展战略和科技计划在一个时期内是国家意志和目标的体现，但不是固定不变的。韩国根据国际形势的变化和国内经济社会发展状况，及时对国家科技发展的目标、重点和科技计划做出调整，并取得了明显的成效。

在应对1997年亚洲金融危机时，韩国选择以信息产业为突破口，带动一系列相关产业的发展。短短数年，韩国便恢复了元气，科技在克服金融危机中起到了积极的作用。金大中总统和卢武铉总统任职期间，韩国在努力成为IT强国的同时，经济也取得了不错的成绩。为克服2008年的世界性金融危机，李明博总统在任期间选择绿色产业为突破口，即大力发展节能环保技术，开发新能源，目标是使“绿色增长”成为韩国的下一个国力竞争点，并提出增强基础科学与原创技术的研究力量，以提升国家的科技竞争力（表13-1）。

表 13-1　韩国科技与创新战略的演变

类别	金大中政府（1998～2003 年）	卢武铉政府（2003～2008 年）	李明博政府（2008～2013 年）
科技愿景	确保全球前 10 强的科技竞争力	成为全球科技八大强国之一	成为全球科技七大强国之一
政府研发投入	从 1998 年的 2.7 万亿韩元增长到 2002 年的 4.9 万亿韩元	2008 年达到 11.1 万亿韩元	2012 年达到 16.2 万亿韩元
优先领域	信息技术、生物技术、纳米技术、空间技术、环保技术、内容技术共六大技术，将信息技术作为重点	将信息技术、生物技术作为重点，主推“新增长动力”	将会聚技术、基础原创技术作为重点
主要的政策与措施	出台“21 世纪前沿研发项目”“国家指定研究室项目”等	重点培育世界 100 强水平的优秀大学	成立韩国国家研究基金会、加大对基础研究的投入、出台“国际科学商业区”计划
人才培养	培养创意型的科技人才	培养引领知识型社会的科技人才	培养与使用世界一流的科技人才
科研基础设施建设	研究设施与设备的升级	研究设备的升级改造、测试分析基础设施的扩充	基础设施和信息的战略性管理、创造型和开放型研究资源管理制度的出台

资料来源：科学技术基本计划的趋势分析与启示，韩国科学技术政策研究院，2012。

二、中长期科技发展战略

韩国国家科学技术委员会于 2010 年 10 月公布的“大韩民国的梦想与挑战：科学技术未来愿景与战略”提出了韩国面向 2040 年的中长期科技发展战略。为了实现韩国梦想的未来景象，即与自然和谐相处、富饶、健康和便利的社会，该战略在对国际环境和国内环境变化进行分析的基础上，展望了未来的科技发展趋势，并提出了使韩国在 2040 年跻身全球五大科技强国的科技发展长期愿景与目标，具体目标包括：将国家研发投入占 GDP 的比重从 2010 年的 3.37%提高到 2040 年的 5%，将全球大学排名前 100 强的韩国大学数量从 2010 年的两所提高到 2040 年的 10 所以上，将韩国的支柱产业从目前的半导体、汽车、造船与信息通信业转型为 2040 年的生物制药、新材料、清洁能源和机器人产业。

该战略利用 SWOT 分析法遴选出了可再生能源技术、气候变化监测与应对技术等 25 项未来核心技术和 235 项具体技术，并预测了这些技术的未来实现时间。为了实现以上目标，该战略还提出了今后将重点推进的五大政策方向：扩大创造型和前沿型研发、加强科技人才培养、通过国际合作建设国际开放型创新体系、开展绿色增长型技术创新、增强科技对国民和社会的贡献作用[1]。

三、科技规划与计划

（一）技术预见

从 1993 年起，韩国每隔五年进行一次技术预见工作，截至 2012 年，共进行了四次技术预见（表 13-2）。前两次技术预见运用了德尔菲预测法，由韩国科学技术政策研究院和韩国科学技术计划评价院共同完成。而第三次则增加了“未来社会与社会需求展望”和“未来社会情景描述”两种预测方法，第四次又增加了网络分析等定量分析方法。第三次和第四次技术预见工作均由韩国国家科学技术委员会委托韩国科学技术计划评价院单方完成。

以上四次技术预见为韩国的科技决策层提供了新兴科技领域的愿景和方向，确定了对国家财富增长和人民生活质量提高极具潜力的新技术，四次技术预见的成果均落实到国家关键技术选择和科技战略与规划中，并指导了韩国每五年举行一次的“科学技术基本计划”的制订工作。

表 13-2　韩国的四次技术预见

类别		第一次技术预见	第二次技术预见	第三次技术预见	第四次技术预见
报告题目		韩国的未来技术	韩国的未来技术	韩国未来社会与未来技术展望——挑战与机遇	科学技术开启未来时代
调查期间	准备阶段	1992 年 6 月～1993 年 5 月	1997 年 5 月～1998 年 5 月	2003 年 7 月～2003 年 12 月	2009～2011 年
	德尔菲调查阶段	1993 年 8 月～1994 年 9 月	1998 年 6 月～1999 年 10 月	2004 年 6 月～2004 年 8 月	2011 年 7 月～2011 年 10 月
调查领域		15 个	15 个	8 个	8 个
调查对象		1174 个	1155 个	761 个	652 个
时间跨度		1995～2015 年（20 年）	2000～2025 年（25 年）	2005～2030 年（25 年）	2012～2035 年（23 年）
调查项目		知识准备度、重要度、技术水平、开发和推广的时间、信任度、约束条件	补充了“政策措施”	补充了“领先国家”和“资助主体”	对前三次预见结果进行评估，补充了“政府投资的必要性”和“国际合作的必要性”
德尔菲调查反馈数量	第一轮	1590	1833	5414	6248
	第二轮	1198（回收率为 75.3%）	1444（回收率为 78.8%）	3322（回收率为 61.4%）	5450（回收率为 87.2%）
特征		● 德尔菲调查分析		● 德尔菲调查分析 ● 未来社会与社会需求展望 ● 未来社会情景描述	● 德尔菲调查分析 ● 未来社会与社会需求展望 ● 未来社会情景描述 ● 网络分析等定量分析方法

以 2012 年 5 月韩国国家科学技术委员会公布的第四次技术见报告为例，此次预见分析了未来社会的需求变化和科技发展趋势，分两轮对国内外的 6248 位和 5450 位科研人员进行了德尔菲调查，预测了 8 个领域的 652 项未来技术，以及科技发展给未来社会带来的变化。韩国 652 项未来技术的平均水平相当于全球最高水平的 63.4%，高于第二次和第三次技术预见的 47.1%和 52.2%。

与前三次预见相比较，此次出现的重要变化首先是对未来技术的导出流程进行了改进，例如，对前三次预见结果进行评估、引入网络分析等定量分析方法；其次，增加了从技术领域、社会问题、实现时间、技术水平等不同角度，对保障未来技术实现的各种政策工具的分析，以及科技发展可能产生的负面影响分析，并提供了相应的政策建议，例如，建议对短期内可以实现的未来技术重点放在基础设施建设上，对长期才可以实现的未来技术重点放在人才培养和产学研合作上等[2]。

（二）科技规划与计划的体系结构

截至 2008 年年底，韩国共有 26 项科技政策类规划与计划和 57 项技术开发类规划与计划，“科学技术基本计划”均为这两类计划的最上位的规划，各领域的综合规划与详细规划的相互关系与地位详见图 13-1 和图 13-2。

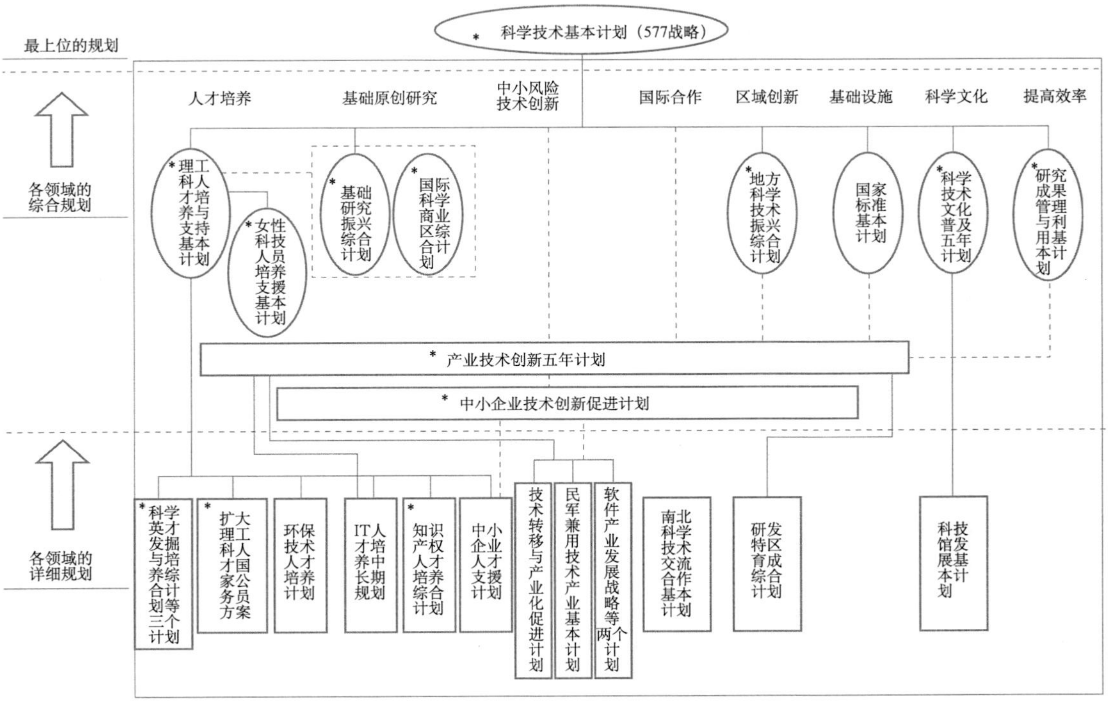

图 13-1　科技政策类规划与计划

注：图中椭圆框内的战略与规划涉及政府各部委；左上角标注＊的战略与规划由韩国国家科学技术委员会审议和批准

资料来源：根据韩国国家科学技术委员会网站相关资料整理。

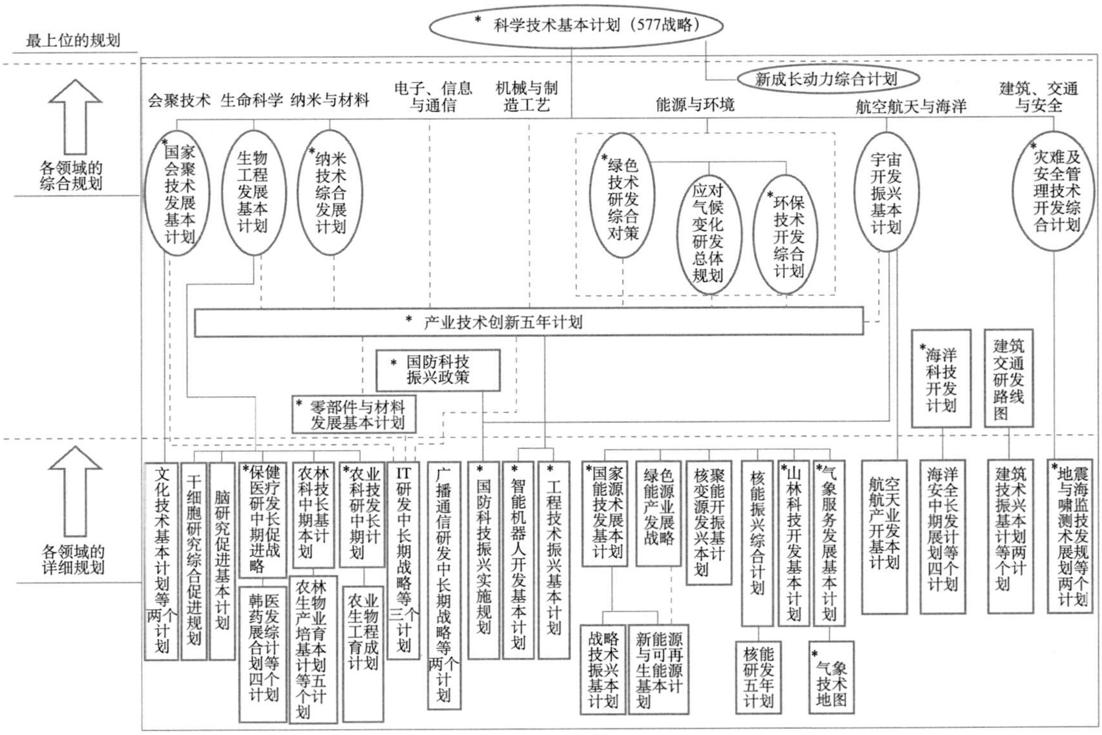

图 13-2　技术开发类规划与计划

注：图中椭圆框内的战略与规划涉及政府各部委；左上角标注＊的战略与规划由韩国国家科学技术委员会审议和批准

第二节　科技政策与措施

一、科技立法

韩国于2001年制定的《科学技术基本法》是指导全国科技事业发展的根本大法，从法律上保障了制订每五年一期的科学技术基本计划，以及开展技术预见和技术水平与影响力评估。该法确立了科技创新促进经济社会发展的战略，规定了国家重大科技政策和决策的形成机制，以及促进科技成果转化和实现商品化的制度。

《科学技术基本法》明确规定由总统担任国家科学技术委员会委员长，该委员会作为全国科技创新的最高负责部门，承担着国家重大科技政策的制定、科技优先发展方向的决策、科技发展的统筹协调等工作，以加强政府制定、实施和协调国家科技创新政策，健全和完善国家创新系统，更好地为企业技术创新服务。

二、科技人才政策

（一）科技人才培养计划

韩国的很多大学生不喜欢理工科，尤其是基础科学，一些学校的理工科课堂上冷冷清清，从长期来说这是造成科技人才不足的根本原因。为此，韩国政府于2005年8月制定了“大力培养科技人才，实现创新人才强国战略”（2005～2010年）。该战略协调了各部委的人才培养计划，确定了三个重点领域：①创新大学的管理体制，主要是完善大学间的竞争机制和激励措施；②提高大学的研究能力，培养领军式的人才，建设世界一流的研发型大学；③强化产、学间的联系与合作，针对企业实际情况，培养企业所需的人才。

2004年3月，韩国政府颁布实施《关于提高国家科学技术竞争力的理工科支援特别法》（简称《特别法》），从国家层面上建立了理工科人才培养和使用协调管理及推进体系，完善了培养和任用科技人才的法律和制度基础。2005年9月，韩国政府依据上述的《特别法》，制订了“理工科人才培养与支持基本计划”（2006～2010年）。该计划涵盖了本章上文所述的“大力培养科技人才，实现创新人才强国战略”的主要内容，共设五大领域、14个重点项目，目标是使韩国成为创新人才的强国[3]。2008年11月，李明博总统在任期间对“理工科人才培养与支持基本计划”进行了修订，提出了“实现科技人才大国”的愿景，确定了五大核心战略——理工科大学教育的制度创新、培养核心的研究人才、扩大优秀人才的国际交流、培养需求导向型人才、完善理工科人才培养和使用的条件[4]。

2011年5月，韩国国家科学技术委员会公布了由教育科学技术部等10个部委共同制订的“第二次科学技术人才培养与支持基本计划”（2011～2015年），计划投资总额为10.5万亿韩元。该计划提出了“通过培养创造性人才，使韩国成为人才强国”的愿景，要达到的目标包括：使进入全球前200强的研究型大学从现有的5所增加到2015年的10所，其中，进入全球前30强的超一流大学达到3所；每千名劳动人口中的博士从现有的3.5人增加到

5 人；“人才外流”指标项得分从现有的 3.44 分提高到 5 分（10 分表示全部为人才外流，0 分表示全部为人才外流）等。该计划重点推进的五大课题是：①提高中小学生对科技的了解和兴趣，发挥他们的科技潜力；②提高高等教育专业化水平，增强国际一流的研究力量；③将科研机构的各类资源融入到教育领域，为科研人员营造稳定的研究环境；④提高对企业科研人员需求的满足度，培育优秀研发型企业；⑤加强对外籍科技人才、女性科技人才、资深科学家的使用，以及科技人才政策的制定[5]。

（二）人才竞争机制和激励机制

韩国政府资助研究机构的院长已经从原有的任命制改为目前的社会公开招聘制，并采用合同和阶段目标管理责任制，由技术专家组成的评价机构定期对政府资助研究机构院长的工作进行考察和评价。以 2008 年 8 月韩国企划财政部对科技领域的 32 个政府资助研究机构的评价结果为例，被评为“优秀”的机构有 12 个，“普通”的有 13 个，“不足”的有 7 个。此评价结果将直接影响研究机构的院长任免、院长薪金的确定和 2009 年度的机构经费预算[6]。

政府资助研究机构正式的研发人员实行年薪制，机构同每一研发人员签订合同，根据每人的职务、工作性质、能力及业绩决定年薪数额；采取效益分成和奖励政策，允许获得专利权的研发人员享有部分专利份额；对以技术成果创业的研发人员给予免除技术费和减免各种税收等优惠待遇。

从 1996 年起，韩国政府在科研课题的管理方面也引入了竞争机制，将其对政府资助研究机构的研究经费管理模式从传统的“一次性拨款制度”（以定员数为依据）转向“研发课题中心制”（以研发课题为依据），这实际上是将研究部室负责制转变为研究课题负责制。课题负责人拥有自主权，负责研究课题争取、组织、实施、研究经费使用、确定课题研究人员及其责任等，并引入合同制以聘用外部研究人员、调整人员结构等。

韩国注重增强科技投入的透明度，政府投资的研发课题不仅限于由公共研究机构执行，而是大力提倡大学、企业研究所参与竞争。激烈的竞争环境为激发各创新单元的积极性和创造性起到了一定的推动作用。

此外，韩国政府在国家层面挑选特别优秀的领衔研究者作为“国家级科学家”，允许此类科学家在最能发挥其研发能力的领域自由选题开展研发活动。根据韩国教育科学技术部公布的“2009 年度理工类基础研究计划的实施计划”，政府对“国家级科学家”每年资助 15 亿韩元，连续资助 6 年[7]。

（三）人才引进计划

1. 全球奖学金计划

韩国教育科学技术部于 2009 年 3 月正式启动“韩国全球奖学金计划”。该计划借鉴了美国的“福布莱特计划”和日本“文部科学省奖学金”计划，目的是与国际知名的学术组织和机构加强沟通，建立人才交流与合作的良好关系[8]。

2. 世界一流大学计划

2008 年 6 月，韩国教育科学技术部制订并公布了“世界一流大学计划”，2008 年为该计划投入 1650 亿韩元，其后 5 年的总投入将达到 8250 亿韩元。该计划的资助优先领域集中在会聚技术、航天与国防、能源工程、生物制药、认知科学、金融数学、金融工程、人力资源开发等领域。该计划主要资助三种引进国际人才的形式：①开发新专业与新课程；②聘请个别学者；③聘请世界级学者[9]。

根据2008年12月韩国教育科学技术部公布的遴选结果，通过“世界一流大学计划”，韩国的大学已经在上述三个方向分别引进了161名、42名和81名共284名海外学者，其中包括1984年诺贝尔物理学奖获得者Carlo Rubbia、2006年诺贝尔物理学奖获得者George F. Smoot等国际著名学者[10]。以George F. Smoot为例，2009年3月，作为2006年诺贝尔物理学奖获奖者、美国加利福尼亚大学伯克利分校物理学教授的George F. Smoot通过“世界一流大学计划”被聘为韩国梨花女子大学初期宇宙研究所（Institute for the Early Universe，IEU）的第一任所长，该研究所专门研究宇宙的起源和诞生过程，这同时也是韩国的首家初期宇宙研究所。该研究所将与2007年在美国加利福尼亚大学伯克利分校设立的宇宙物理学研究所联手进行研究，并将联络美国国家航空航天局（NASA）促进微型人造卫星事业。George F. Smoot教授还被聘为梨花女子大学客座教授，并从2009年3月开始授课。

3. 世界一流研究中心计划

2009年7月，韩国教育科学技术部正式启动“世界一流研究中心计划”（WCI）。该计划的目的是通过为政府资助研究机构引进国外的优秀学者，构建开放型的研究体系，增强全球化的研究力量，从而建设示范性的世界一流“开放型研究中心”的运营模式，然后，向其他的政府资助研究机构进行推广，从而全面提升政府资助研究机构的运作效率。

此外，通过扩大青年研究人员在国外研究机构的出国交流与培训的规模，培养优秀的科研人才，以及促进基础科学、原创技术、绿色技术、高收益高风险研究等领域的国际科技合作研究（图13-3）。

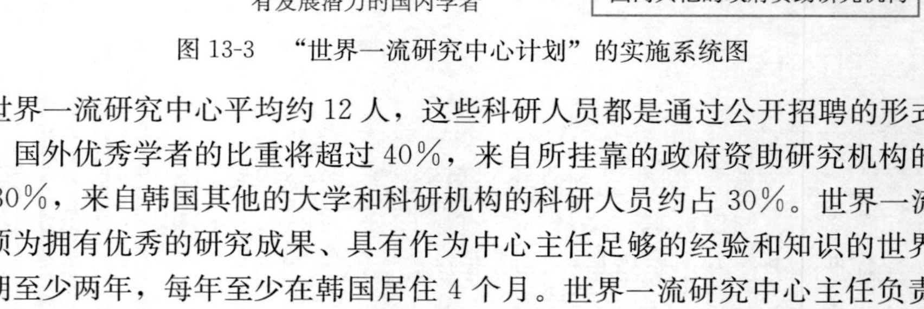

图13-3 “世界一流研究中心计划”的实施系统图

每个世界一流研究中心平均约12人，这些科研人员都是通过公开招聘的形式进行选拔的，其中，国外优秀学者的比重将超过40%，来自所挂靠的政府资助研究机构的科研人员将不超过30%，来自韩国其他的大学和科研机构的科研人员约占30%。世界一流研究中心的主任必须为拥有优秀的研究成果、具有作为中心主任足够的经验和知识的世界一流外籍学者，任期至少两年，每年至少在韩国居住4个月。世界一流研究中心主任负责中心下属的国内外科研人员的遴选、研究课题的组织、研究经费的执行等，负责与国外的大学、研究机构或企业协商，保证韩国的科研人员能够在国外的合作机构进行长期和短期的合作研究或培训。世界一流研究中心的其他国外优秀学者包括外籍学者和持外国绿卡的韩裔学者，他们在相关领域也具有优秀的研究成果和丰富的研究经验，被世界一流研究中心聘任期间，他们至少在韩国连续居住达两年以上。世界一流研究中心所挂靠的政府资助研究机构将为该中心的外籍学者提供常驻设施，并在中心配置能够用英语交流的专职职员，为外籍学者的住房、医疗、保险、子女教育、与韩国科研人员的交流等各方面提供生活咨询与指导，以提高其生活上的便利度和研究的稳定性[11]。

截至 2010 年 5 月，在该计划的框架下已经组建了“激酶组学癌症研究中心”“功能性神经连接组学中心”和“核聚变理论中心”共 3 个“世界一流研究中心”，这 3 个中心的主任为来自美国杜克大学、哈佛大学和加利福尼亚大学圣迭戈分校的知名教授[12]。

（四）应对人才外流

韩国科技人才外流现象严重。根据表 13-3 中瑞士洛桑国际管理学院（IMD）的“人才外流指数”，韩国 1995 年获得 7.53 分（10 分表示全部为人才流入、0 分表示全部为人才外流），是世界排名第 4 的人才流入国家，但 2006 年只获得 4.91 分，在 58 个国家中跌至第 38 位。近十年来，放弃韩国国籍的人超过 17 万人，但新加入国籍的人只有 5 万人，平均每年流失 1 万多人，为确保优秀人才造成了困难[13]。

表 13-3　1995～2006 年韩国的人才外流指数

年份	1995	1998	2000	2002	2004	2005	2006
头脑外流指数	7.53	6.21	5.43	4.70	4.50	5.91	4.91

资料来源：原韩国科学技术部 2007 年工作计划“建设以科技为中心的先进韩国”。

韩国大学研究能力不足导致了许多学生选择去海外学习，尤其是在攻读研究生阶段。韩国每 100 名大学研究人员中，有 13 名在美国，该比例远远高于其他主要国家，此外，这些在美国的韩国学者数量的年均增长率也是各国中最高的，1995～2006 年几乎达到了 10%。2006 年，在美国学习的韩国学生约 8.7 万人，超过了之前曾居首位的印度，这些学生大部分学习科学与工程领域的研究生课程。尽管随着经济的发展，韩国也吸引了不少留学人员回国发展，但是海归派人数仍远远低于在留学国入籍和滞留的人数。1995～2004 年，毕业后计划回到韩国的博士的比例在大幅下降，出现了明显的“人才外流”危机。造成人才外流的原因比较复杂，对此韩国还没有进行全面的研究，初步研究认为可以包括如下几点原因：美国具有高质量的研究和工作环境，以及更优越的培养和教育后代的条件；韩国缺乏适合的博士后职位，特别是在大学。

为了防止以上的人才外流现象，韩国政府除了提出进一步改善理工科研发人员的待遇外，还经常性地聘用国外优秀韩裔科技人员，建设国外韩裔科技人力资源数据库[14]。原韩国教育人力资源部早在 20 世纪 70 年代初就在美国和欧洲建立了韩国科学家和工程师专业协会，80 年代后又扩展到日本、加拿大、中国和俄罗斯，90 年代又建立了各类国际性的韩国人才联络站。截至 2008 年，已经在 11 个国家创办了韩国科学家和工程师专业协会，这些协会除了进行日常活动外，还负责收集居住在各国的韩裔科学家与工程师的信息[15]。韩国教育科学技术部也资助建立了由身居海外的韩裔研究人员组成的韩国科学家与工程师网络。

三、技术转移与产业化政策

为实现技术转移与产业化的政策目标，韩国政府每年制订技术转移与产业化年度促进计划，每三年还要制订技术转移与产业化中期推进目标和计划。

韩国政府从2000年起先后出台了“第一次技术转移与产业化促进计划（2001—2005）”“第二次技术转移与产业化促进计划（2006—2008）”。2009年3月，韩国知识经济部又出台了“第三次技术转移与产业化促进计划（2009—2011）”，意在开发和挖掘创新性技术，通过建立全周期的技术转移与产业化支撑体系，设立与培育以技术为基础的跨国企业，进而加速技术转移和产业化进程。在建立全周期的技术转移与产业化支撑体系方面，该计划提出：①通过重组技术转移与产业化支撑组织，形成“主管机构—中介机构—独立机构”三级层次；②建立高新技术支撑体系，并将该系统建设成为国立科研机构等公共研究机构、企业、大学的技术加工支援中心；③促进公共研究机构的技术转移与产业化，资助和搞活技术控股公司等技术产业化企业的设立与运营；④大力推进以商业为中心的产学研合作，定期举办“技术产业化与技术金融论坛”和“国际技术转移与产业化会议”，并促进民间研究机构与国立科研机构联合成立“技术金融及产业化理事会”。

根据该计划，韩国政府还从相关制度的实施、综合系统的建立、技术产业化人才的培养、技术评价等四个方面进一步扩大技术转移与产业化：①重新调整与技术转移与产业化相关的制度。将技术转移与产业化预算占政府研发总投资的比重，从2008年的0.72%增加到3%以上；通过放宽设立技术产业化企业及技术控股公司的必要条件和扩大业务领域等方式，推进相关法令的调整；为了促进中小风险企业的技术转移和产业化，培育专门的产业化公司，出台相应的资助措施；恢复技术转移收入的税额减免制度。②建立技术转移与产业化统计系统。完善与公共研究机构和企业的技术转移与产业化相关的“国家技术产业化指标”的调查；建立技术转移与产业化统计资料数据库，并向公众提供国家统计厅、国家统计门户网站（KOSIS）的服务。③重新设计技术产业化的人才培养项目。通过在海外优秀培训机构和合作项目中心开设短期实习课程，来加强以案例为中心的业务培训。④提高技术评价的可靠性，并促进技术评价的应用。通过开发适用于绿色技术（GT）、纳米技术（NT）、生物技术（BT）等的前沿会聚技术评价模型，提高模型可信度并扩大服务范围；公共研究机构及民间评价机构将共同参与国家研发课题的经济性评价等活动，以提高民间评价机构的专业性并加强其评价力量[16]。

此外，为扩大对技术转移与产业化的支持，2006年，韩国政府还实施了“连接韩国”（Connect Korea）项目，意在帮助大学、研究院所等公共研究机构实现技术转移和技术商业化，并对此类机构聘用技术转移专门人才进行长期的资助。政府还向大学、研究院所派遣了专利管理顾问，以进一步帮助大学、研究院所制定专利战略和开展专利管理[17]。

第三节 科技经费投入

一、总体情况

近年来，随着经济实力的增强和发展高科技的需要，韩国的科技投入一直保持相当高的水平，其研发经费总额连续数年大幅增加（图 13-4）。2011 年，韩国的研发经费已经达到 49.9 万亿韩元（约合 460 亿美元），居世界第六位，仅次于美国、日本、中国、德国、法国。

韩国的研发经费占 GDP 的比重也呈不断递增态势，2011 年首次超过 4%，已经达到 4.03%（图 13-4）。目前，该比重已排名世界第二位，仅次于以色列，高于美国、日本等发达国家[18]。

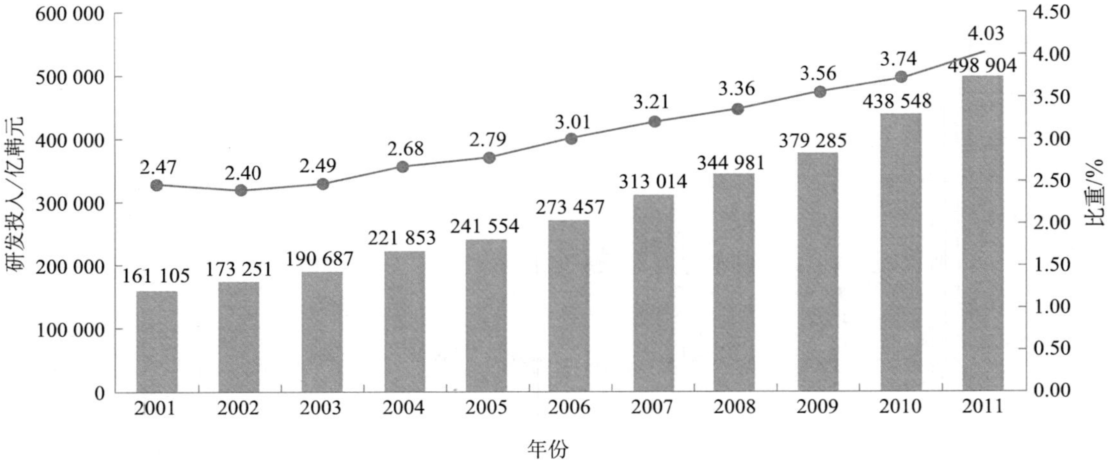

图 13-4　2001～2011 年韩国研发投入及其占 GDP 的比重

资料来源：2011 年度研发活动调查报告，韩国国家科学技术委员会，2012

二、各创新单元的研发经费

在研发投入方面，2011 年，韩国企业的研发投入占全国研发总投入的 73.7%，政府研发投入占 26.1%。在研发支出方面，企业部门的研发支出占全国研发总支出的比例最高，为 76.5%，其次是国立科研机构，占研发总支出的 13.4%，高等教育部门仅占 10.1%（图 13-5）。

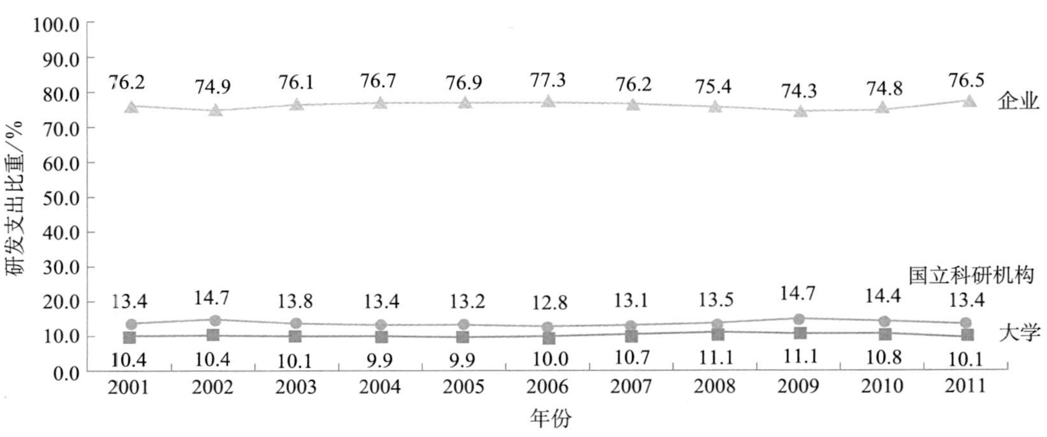

图 13-5　2001～2011 年各研发单元的研发支出比重

资料来源：2011 年度研发活动调查报告，韩国国家科学技术委员会，2012

三、各阶段的研发经费

2011 年，韩国在基础研究、应用研究、开发研究各阶段的研发经费分别比 2001 年增长了 3.5 倍、1.5 倍和 2.1 倍（图 13-6）。其中，基础研究阶段的研发经费在研发总经费中所占的比重已经从 2001 年的 13%增长到 2011 年的 18%，该比重目前仅次于法国、美国，高于日本、英国、中国。

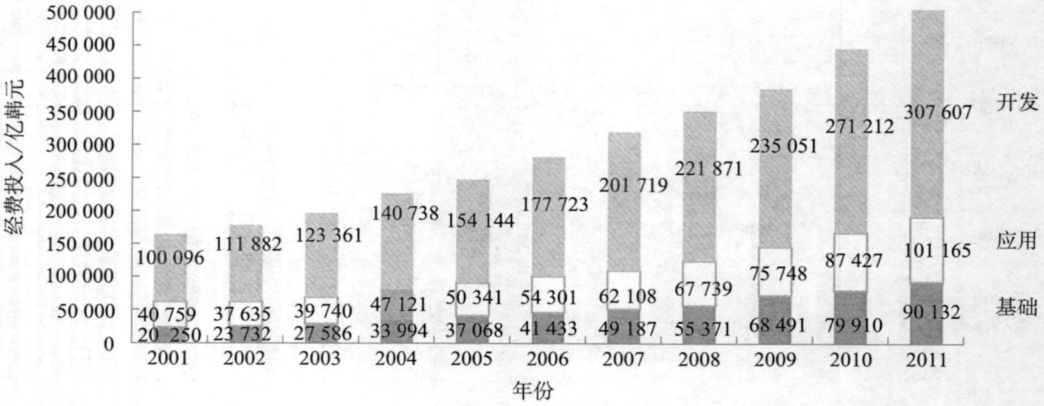

图 13-6　2001～2011 年韩国在研发各阶段的经费投入

资料来源：2011 年度研发活动调查报告，韩国国家科学技术委员会，2012

第四节　优先领域的确定

一、技术水平评价

韩国国家科学技术委员会负责每两年对国家级重点技术水平进行评价。例如，“2010 年技术水平评价结果”就是依据对产学研各界 2000 多名专家的德尔菲调查和论文、专利分析，得出韩国在 11 个领域的 95 项国家级重点技术的平均技术水平相当于最高水平的 60.2%，比 2008 年的 56.4%上升了 3.8 百分点，其中技术水平最高的是“通信与广播电视会聚技术”（79.6%）。在 369 项具体的核心技术中，美国、欧盟、日本分别拥有 279、56 和 33 项核心技术，而韩国只拥有 1 项核心技术——有机发光显示技术。2010 年，韩国的平均技术水平比美国和日本分别落后 5.4 年和 3.8 年。2008～2010 年，韩国与美国的技术差距缩短了 0.3～1.9 年[19]。

二、关键技术领域

韩国历届政府在分析其面临的机遇与挑战以及科技未来发展趋势的基础上，均明确了各历史阶段能够保障韩国竞争优势的科技优先发展方向。以李明博总统当政时期为例，2008 年 8 月，韩国国家科学技术委员会公布了由韩国企划财政部、教育科学技术部等 22 个部委参与制订的“把韩国建设成先进一流国家的李明博政府科学技术基本计划”[20]，该计划确立了未来五年韩国重点扶持的以下七大技术领域的50项关键技术：①支柱产业技术：包括环保汽车技术、下一代船舶与港口建筑技术、智能制造系统技术、超精密加工与预测控制技术、下一代网络平台技术、便携网络与第四代移动通信技术、下一代存储半导体技术、下一代半导体设备技术、下一代显示器技术等9项技术。②创造新产业：包括癌症诊断与治疗技术、新药开发技术、临床试验技术、医疗器械开发技术、干细胞应用技术、蛋白体与代谢体应用技术、新药靶向与候选材料制造技术、脑科学研究和脑病诊断与治疗技术、下一代系统软件技术、下一代超高性能计算技术、下一代人机交互技术等11项技术。③知识型服务技术：包括融合型内容技术与知识型服务技术、前沿物流技术等2项技术。④国家主导技术：包括卫星运载火箭和有效载荷开发技术、下一代飞机开发技术、下一代武器开发技术、开发核聚变能源、下一代核反应堆技术等5项技术。⑤特定研发领域：包括免疫和传染病应对技术、人体安全和危害性评价技术、食品安全评价技术、农渔畜产品资源开发与管理技术、IT纳米元件技术、能源高效利用技术等6项技术。⑥应对全球问题：包括氢能生产与储存技术，下一代电池与能源存储技术，新能源与再生能源技术（太阳能、风能、生物能等），能源与资源开发技术，领海管理与利用技术，海洋环境调查、保护与管理技术，地球大气环境改善技术，环境保护与修复技术，水质管理与水资源保护技术，气候变化预测与应对技术，以及自然灾害、灾难预防及应对技术等11项技术。⑦基础与会聚技术：包括药物释放技术、生物芯片与传感器技术、智能机器人技术、功能性材料技术、纳米复合材料技术、未来先进城市建设技术等6项技术。

作为国家级智库的韩国科学技术规划评价院（KISTEP）也于2012年3月遴选并公布了未来10年将引领韩国经济发展的“十大未来技术”。这些技术包括：实时自动翻译技术、微生物燃料电池、超级流感疫苗、超导输电技术、生物塑胶、癌症生物标志物鉴别技术、自旋晶体管、数字全息技术、4G移动通信技术、纯天然环保农药等[21]。

第五节　基础研究重点

一、中长期的基础研究规划

2009年1月，韩国国家科学技术委员会公布了修订后的“基础研究振兴综合计划”(2008～2012年)[22]。该计划提出了“增强未来主导型的基础研究力量，跻身全球科技七大强国”的愿景，以及重点推进的五大政策课题。

1. 加大对基础研究的投入

对创意型个人基础研究的投入将从2008年的3640亿韩元增加到2012年的1.5万亿韩元。加强对20～30岁青年科研人员的资助，此项经费占个人基础研究经费的比重将从2007年的17.9%增长到2012年的45%。

2. 建设以研究者为中心的基础研究资助体系

将韩国教育科学技术部原有的12个基础研究计划调整为研究人员更容易理解的以下两类共5个计划，包括针对一般研究者、中坚研究者、领衔研究者的3个个人研究资助计划，以及针对基础实验室和先进研究中心的两个团队研究资助计划。通过建立“研究项目管理专家”（Program Manager，PM）制度来管理基础研究课题，加强以研究人员能力为中心的课题遴选和研究成果质量评估工作。

3. 培养与使用创意型基础研究人才

提高数学和科学领域的初等和中等教育水平，培养引领未来发展的优秀科研人才，对少数的基础科学核心人才进行非常规的资助，对具有未来发展潜力的科学家建立终生资助机制，大幅增加对研究生和博士后研究人员的经费支持。

4. 培养世界级的基础研究能力

加强大学的科研力量，通过引进国外优秀学者，建设世界水平的研究型大学。加大“本科生研究项目”“荣誉项目”等针对大学本科生的科研人才培养力度。为了给政府资助研究机构及其科研人员创造稳定的研究环境，将人员工资预算中政府拨款的比重从 2008 年的 31％提高到 2012 年的约 70％。成立基础科学研究院，将大学、政府资助研究机构等国内外主要研究力量进行联合，并发展成为交叉型的研究机构。扩大科技基础设施建设，促进基础设施的国内开发，将基础设施的联合使用率从 2006 年的 14％提高到 2012 年的 30％。

5. 加强基础研究的社会作用和国际作用

通过加强产学研合作，促进基础研究成果的转移。预测未来，确定社会性议题，并对相应的公共性基础研究加大投入。积极资助利用欧洲核子研究中心（CERN）的大型强子对撞机等国外超大型基础研究设施的韩国科研人员。通过参与欧盟框架计划，并实施韩国教育科学技术部的“世界一流大学计划”“全球实验室计划”（GRL）等国际合作研究计划，扩大对基础研究的资助。

二、基础研究计划的结构性调整

2009 年 1 月，韩国教育科学技术部公布了“2009 年度理工类基础研究计划的实施计划”[7]。该实施计划提出，为了实现李明博总统当政时期的国家研发投入战略（即国家研发投入占 GDP 的比重从 2006 年的 3.23％提高到 2012 年的 5％、政府对基础研究的投入占政府研发投入的比重从 2008 年的 25％提高到 2012 年的 50％的目标）。从 2009 年起，该部将原有科技领域的 7 个计划和原有教育领域的 5 个计划重组为现有的 5 个计划（图 13-7），其中对个人和小规模研究的资助计划从 2008 年的 9 个减少为 2009 年的 3 个，将对团队研究的 3 个资助计划合并为 1 个，并增设资助期限为 5 年、每年资助金额为 5 亿韩元的“基础实验室”计划。

在调整基础研究计划结构的同时，该实施计划还提出将增加各类项目的投入力度。比如，“特定基础研究”计划的名称变化为“核心研究”计划，其支持力度从每年1 亿～1.2 亿韩元增长到每年 1.5 亿韩元；“国家指定研究室”计划的名称变化为“突破式研究”计划，其支持力度从每年 2 亿～3 亿韩元增长到每年 5 亿韩元；“振兴创新研究”计划的名称变化为“创新型研究”计划，其支持力度从每年 3 亿～8 亿韩元增长到每年 5 亿～8 亿韩元。

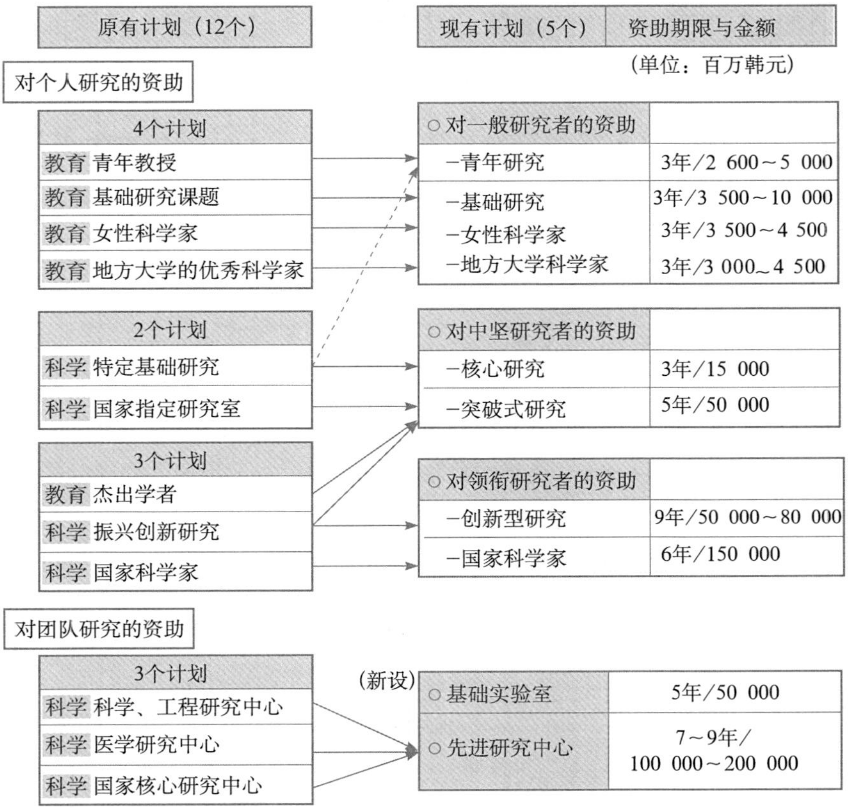

图 13-7　韩国教育科学技术部基础研究计划的结构性调整

三、重点的基础研究领域

为了提高基础研究预算的使用效率，加强基础研究项目的战略性，2011 年 5 月，韩国教育科学技术部遴选了韩国有可能领先其他国家、并且具有未来发展潜力的 100 个基础研究领域，今后将对这些领域加大投资力度。物理学的 10 个领域包括 2010 年诺贝尔物理学奖的获奖领域——石墨烯；考虑到近期发生的日本大地震，在地球科学中遴选了自然灾害发生机理等 9 个领域；化学、化工与材料科学包括下一代半导体等 17 个领域（表 13-4）。韩国教育科学技术部在今后的基础研究与原创研究项目遴选时，将参考这 100 个未来有发展潜力的基础研究领域[23]。

表 13-4　具有未来发展潜力的 100 个基础研究领域

序号	学科	领域	领域数量（个）
1	数学	密码学、组合数学算法与优化理论等	4
2	地球科学	气候变化分析与预测建模、自然灾害发生机理等	5
3	物理学	石墨烯、高能物理、异向介质等	10
4	化学、化工、材料与环境	电化学技术的应用、生物材料、高效发光二极管、纳米材料合成与应用、下一代半导体与显示材料等	17

续表

序号	学科	领域	领域数量（个）
5	生命科学与医药学	干细胞、脑功能与脑疾病、传染性疾病、心血管疾病、神经系统疾病、再生医学、免疫系统控制机制、纳米药物载体、糖尿病、食品安全、分子成像等	32
6	电气电子	智能机器人、纳米复合材料与设备、集成光电子器件等	8
7	信息通信	智能算法、数据挖掘与 WEB 挖掘、无线定位感知等	9
8	建筑与运输	建筑节能评价模型、建筑碳排放量的估算与预测等	4
9	机械	仿生机械、机械故障诊断与监测、可穿戴型助力机器人等	11
总计			100

四、基础与原创研究经费

为了摆脱以引进和模仿为主的产业技术模式，韩国政府近年来加强了对基础研究的重视，加大了对基础研究的投入。2008 年 10 月，韩国国家科学技术委员会批准了“加大对基础和原创研究投入的方案”。该方案提出，将政府对基础研究的投入从 2008 年的 1.8 万亿韩元增加到 2012 年的 4 万亿韩元，此项预算占政府研发投入的比重将从 2008 年的 25.6％提高到 2012 年的 35％。此外，政府对原创研究的投入比重也将从 2008 年的 10％提高到 2012 年的 15％。以上两项预算总额将达到 2012 年政府研发投入的 50％（表 13-5）。

表 13-5　2008～2012 年韩国基础与原创研究投资的规划目标

年份		2008	2009	2010	2011	2012
政府研发总投入（A）/万亿韩元		7.2	8.5	9.5	10.4	11.4
其中	基础研究经费（B）/万亿韩元	1.8	2.5	3.0	3.5	4.0
	基础研究经费的比重（B/A）/％	25.6	29.3	31.5	33.5	35.0
	原创研究经费（C）/万亿韩元	0.7	0.82	1.08	1.37	1.7
	原创研究经费的比重（C/A）/％	9.6	9.6	11.4	13.2	15.0

资料来源：韩国国家科学技术委员会，2011 年基础与原创研究经费调查报告，2011。

该方案首先分析了韩国基础研究的现状和存在的以下五点问题：①国家总研发经费中基础研究的比重和政府研发投入中基础研究的比重均低于美国、德国、英国等世界其他主要国家；②政府和民间缺乏对研发的角色分担；③政府资助研究机构对基础和原创研究的投入偏低；④对大学基础研究的资助不够；⑤高级科研人才的培养和基础研究资助之间的联系薄弱。

针对以上几点问题，该方案提出了三项具体的改进措施：①增加对大学的创意型基础研究的资助。对个人、小规模研究的投入将从 2008 年的 3689 亿韩元增加到 2012 年的 1.5 万亿韩元，对团队研究的投入将从 2008 年的 916 亿韩元增加到 2012 年的 4800 亿韩元。此外，制定以研究者为中心的资助体系，将目前的 9 类个人和小规模研究项目减少为 3 类，将目前的 4 类团队研究项目减少为两类，并增加各类项目的投入力度。②充分发挥政府资助研究机构的基础和原创研究的作用。针对研究人员的专业领域，提供创造原创技术的个人基础研究经费，并根据各机构的特点，改革以课题为中心的现有管理制度，以创造稳定的研究环境。此外，韩国基础技术研究会和产业技术研究会将对各政府资助研究机构进行符合其特性的、基础和原创研究功能的重建。③战略性地保障未来有潜力的原创技术。加强对高风险、高收益性原创技术开发的资助；实施交叉型原创技术的开发项目；增加对国家主导的公共基础和原创研究的资助[24]。

近年来，在韩国教育科学技术部的各年度预算中对基础研究的经费投入逐年提高。以2010年为例，该部的理工类基础研究预算比2009年增长了26.9%，达到8131亿韩元。其中，对基础研究基本建设的投入增长3.6%，达到479亿韩元；对团队研究项目的投入增长22%，达到1152亿韩元；而对个人研究项目的投入则增长30%，达到6500亿韩元，资助的个人研究课题数量从2009年的约6200个增加到2010年的约8300个。对个人研究项目中的“青年科研人才项目”的投入增长55.3%，达到621亿韩元，资助的课题数量从2009年的968个增加到2010年的1133个。对此类项目中的“国际级科学家项目”的投入更是增长144.4%，达到110亿韩元，资助的科学家从2009年的3名增加到2010年的约7名，资助期限也从原有的6年延长至10年。为了支持挑战型和创意型研究，该计划还提出从2010年起，在个人研究项目中新设“风险研究项目”进行示范，计划资助100个课题，总预算40亿韩元[25]。

根据韩国国家科学技术委员会对教育科学技术部、知识经济部等15个部委的统计结果，韩国政府的科技预算中用于基础与原创研究经费的比重逐年增长，2011年已经达到47.4%，高于2010年的43.5%（表13-6），该比重与2008年10月韩国国家科学技术委员会批准的“加大对基础和原创研究投入的方案”中提出的目标（50%）已经比较接近。

表13-6　2011年韩国基础与原创研究经费比重统计结果

类别		2010年		2011年	
		规划目标	实际统计结果	规划目标	实际统计结果
政府研发总投入（A）/万亿韩元		9.5	9.6	10.4	10.34
其中	基础研究经费（B）/万亿韩元	3.0	3.0	3.5	3.42
	基础研究经费的比重（B/A）/%	31.5	31.1	33.5	33.1
	原创研究经费（C）/万亿韩元	1.08	1.20	1.37	1.48
	原创研究经费的比重（C/A）/%	11.4	12.4	13.2	14.3

资料来源：韩国国家科学技术委员会，2011年基础与原创研究经费调查报告，2011。

五、成立基础科学研究院

韩国基础科学研究院于2012年5月正式成立。韩国总统李明博致辞表示，韩国为跻身一流发达国家的行列，必须依靠基础科学和原创技术来实现创新和跨越。政府将支持该研究院吸引国内外的优秀科学家，在2017年前建成世界一流的重离子加速器，创造良好的研究环境。

该研究院首任院长由韩国国家研究基金会理事长吴世正担任，总部设在大田市，遍布韩国的50个研究中心将招募约3000名研究人员和员工，每个中心将拥有100亿韩元（约合850万美元）的年度预算，由聘期为10年的世界一流科学家领导。研究中心的负责人将有很大的自治权，可决定研究中心的科研方向、人员聘用和日常运营等事务[26]。

第六节　科研评估

一、国家级项目和国立科研机构的评估

根据2005年修订的《国家研发计划等绩效评估和成果管理法》，以及《科学技术基本法》，韩国企划财政部承担了由韩国国家科学技术委员会委托的研发评估任务，并向国家科

学技术委员会提交评估结果报告。根据国家科学技术委员会公布的“2009 年度国家研发项目绩效评估结果”，针对国家级项目和国立科研机构的评估工作按照图 13-8 的流程进行[27]。

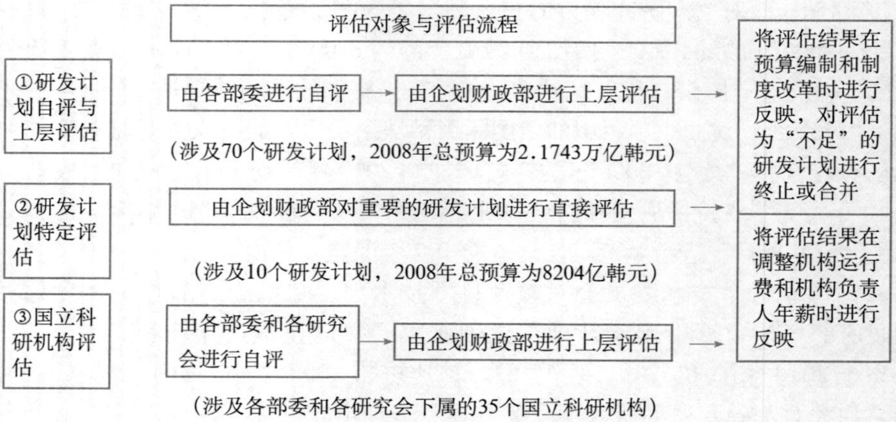

图 13-8　韩国基础科学研究项目的评估流程

二、基础科学研究项目的评估

根据韩国国家研究基金会 2007 年制定的“基础科学研究项目评审指南”，关于研究课题的遴选评审、进度管理、中间与阶段评审及最终评审等工作按照图 13-9 的流程进行[28]。

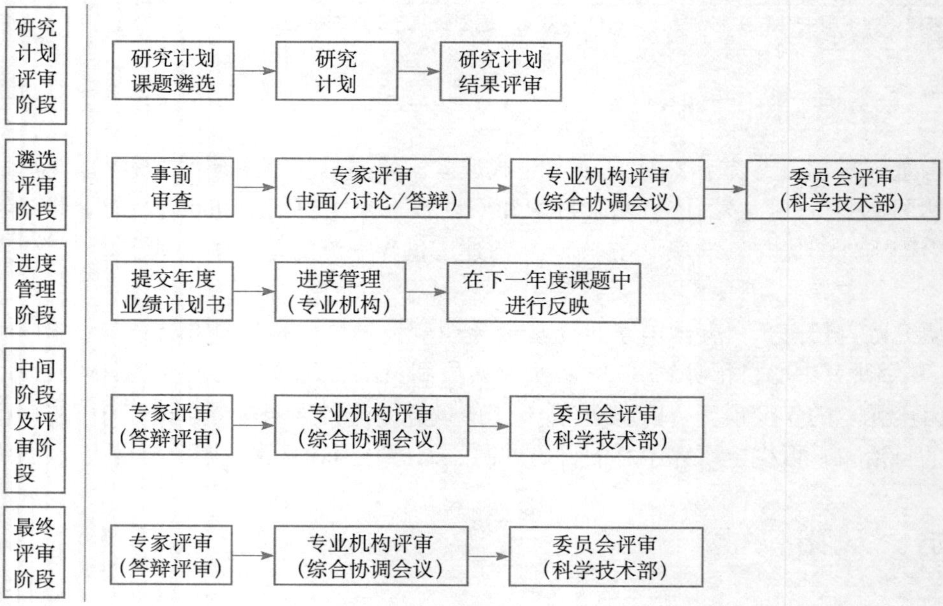

图 13-9　韩国基础科学研究项目的评估流程

（执笔：中国科学院文献情报中心　任　真）

参考文献

[1] 국가과학기술위원회. 대한민국의 꿈과 도전, 과학기술미래비전및전략 . http://nstc. go. kr/index. html [2010-12-28].

[2] 국가과학기술위원회. 제 4 회 과학기술예측조사 결과 발표 . http://www. nstc. go. kr/nstc/civil/report. jsp? mode=view&article_no=3670&pager. offset=0&board_no=17 [2012-07-12].

[3] 국가과학기술위원회. 인재대국 실현을 위한 「이공계인력 육성·지원 기본계획 (2006 ~ 2010)」 년도 시행계획 . http://nstc. go. kr/index. html [2009-09-23].

[4] 국가과학기술위원회. 인재대국 실현을 위한 이공계인력 육성.지원 기본계획 수정(안) . http://nstc. gc. kr/index. html [2009-08-19].

[5] 국가과학기술위원회. 제 2 차 과학기술인재 육성 지원 기본계획(2011~2015) . http://nstc. go. kr/index. html [2011-06-20].

[6] 기획재정부. 2008 년도 출연연구기관 성과평가 결과 . http://www. mosf. go. kr/_ news/news02/news02. jsp? boardType=general&hdnBulletRunno=62&cvbnPath=&sub_category=&hdnFlag=&cat=5&hdnDiv=&&actionType=view&runno=84855&hdnTopicDate=2008-08-01&hdnPage=87 [2009-05-26].

[7] 교육과학기술부. 2009 년도 이공분야 기초연구사업 시행계획 . http://www. mest. go. kr/ms _ kor/main/pop_img/__icsFiles/afieldfile/2009/01/06/2009plan. pdf [2009-06-08].

[8] 교육과학기술부. 교육과학기술부 "Global Korea Scholarship" 발표 . http://www. mest. go. kr/me _ kor/news/notice/broadcast/_icsFiles/afieldfile/2009/03/19/03178. hwp [2009-10-25].

[9] 과학기술정책정보서비스. 글로벌 S&T 정책 동향 • 분석 2008. http://www. now. go. kr [2009-07-02].

[10] 교육과학기술부. WCU 사업 최종 선정 결과 발표 . http://www. mest. go. kr [2009-04-17].

[11] 교육과학기술부. 세계 수준의 연구센터(WCI) 사업 공고 . http://www. mest. go. kr/me _kor/news/notice/notice/1259662_11159. html [2009-10-20].

[12] 교육과학기술부. 생명(연) WCI「Kinomics 기반 항암연구센터」개소식. http://mest. korea. kr/gonews/branch. do; GONEWSSID = ZvtGLVRTrHL3kvTD9KSqLhnvGYM2J0LFR7t1vLcg1yltkNqW0SRy!1107624896? act = detailView&dataId = 155460833&sectionId = b _ sec _ 2&type = news&currPage = 1&flComment=1&flReply=0 [2010-06-20] .

[13] 과학기술부. 과학기술 중심의 선진한국 건설 . http://most. korea. kr/most/jsp/most1 _branch. jsp? _action=news_view&_property=b_sec_1&_id=155174241& [2008-09-12].

[14] 과학기술부. 과학기술 중심의 선진한국 건설 . http://www. most. go. kr [2008-01-03].

[15] OECD. OECD reviews of innovation policy: Korea 2009. http://puck. sourceoecd. org/vl=3551085/cl=12/nw=1/rpsv/cgi-bin/fulltextew. pl? prpsv=/ij/oecdthemes/99980134/v2009n14/s1/p1l. idx [2009-10-20].

[16] 지식경제부. 제 3 차 기술이전 사업화 촉진계획 (2009~2011) . http://www. mke. go. kr [2009-06-29].

[17] 한국과학기술기획평가원. 제 2 차 과학기술기본계획(안) (2008 ~ 2012) . http://plan. kistep. re. kr [2009-10-12].

[18] 국가과학기술위원회. 2011 년도 연구개발활동 조사결과보고 . http://nstc. go. kr/index. html [2012-12-02].

[19] 국가과학기술위원회. 2010 년도 기술수준평가 결과(안) . http://nstc. go. kr [2012-01-05].

[20] 국가과학기술위원회. 선진일류국가를 향한 이명박정부의 과학기술기본계획 . http://nstc. go. kr/

index. html [2008-12-02].
[21] 한국과학기술기획평가원 . http：//www. kistep. re. kr/public/report/view. jsp? idx＝419＃/public/report/view. jsp [2012-04-10].
[22] 국가과학기술위원회. 기초연구진흥종합계획(안). http：//nstc. go. kr/index. html [2009-03-17].
[23] 교육과학기술부 . http：//mest. korea. kr/gonews/branch. do? GONEWSSID = 1z5pNTDMJhTZ3rFQpwK1CTfcYWj2BdnP2WLscfTfxgvGZL9Jhn75！-1111553816！-1242269805&act = detailView&dataId = 155749914&sectionId＝b_sec_2&type＝news&currPage＝1&flComment＝1&flReply＝0 [2011-06-15].
[24] 국가과학기술위원회. 기초원천연구 투자 확대방안. http：//nstc. go. kr/index. html [2009-07-10].
[25] 한국연구재단. 2010 년도 이공분야 기초연구사업 시행계획 . http：//www. nrf. go. kr/htm/popup/100112_1/img/3. pdf [2010-02-05].
[26] 대통령, 기초과학연구원의 개원 축하 및 격려 . http：//www. president. go. kr/kr/president/news/news_view. php? uno＝1904 [2012-07-02].
[27] 국가과학기술위원회. 2009 년도 국가연구개발사업 성과평가결 . http：//nstc. go. kr/index. html [2010-06-10].
[28] 한국연구재단. 기초과학연구사업평가지침 . http：//www. nrf. re. kr/_ prog/gboard/common/download. php? code＝d_0204&no＝63495 [2010-03-14].

第十四章 澳大利亚

澳大利亚地理上远离欧美的很多学术中心，遥远的距离意味着澳大利亚的科学受国外的关注十分有限，同时也限制了留学生和博士后人员的往来；澳大利亚各届政府上台后也不断调整其科技体制，但这些都没有弱化澳大利亚各届政府对科技的重视和支持，科技一直在积极促进澳大利亚的经济增长。

2000～2012 年，为了应对知识经济和全球性重大问题（如气候变化、环境、卫生）的挑战，提高国家创新能力，澳大利亚政府不断制定了国家层面的科技与创新战略及规划，并通过相应的科技项目来实施。这些措施有力提升了澳大利亚的科研能力和技术水平，促进了该国的经济发展和社会进步，澳大利亚现正努力摆脱 2008 年以来金融危机导致的经济衰退。

第一节　科技与创新战略

一、重点战略

澳大利亚面临在 2001 年下半年选举新一届政府，同时澳元贬值的情况，故澳大利亚的政治家和媒体从 2001 年上半年就开始密切关注起如何培育科技，开始思考如何使澳大利亚从“幸运国家”成为“更聪明的国家”，其注意力也放在创新和新的知识型产业上。政府改革了很多政策，以提升公私双方对科技进行投资。澳大利亚当年有 5 个州为成为该国首个科学中枢而竞争获取澳大利亚的首个同步加速器的建设权；通过决定独自建设并无须联邦政府的帮助，维多利亚州最终获得该建设权，2002 年开始投资 1.57 亿澳元在墨尔本的墨纳沙大学建造该装置。

（一）澳大利亚战略的层次

在 2000～2012 年，澳大利亚的重大战略及规划可分成两个层次。

第一个层次是 2001 年年初澳大利亚总理霍华德宣布的“国家能力支撑”计划，它是个从 2001 年开始到 2010 年结束（但其中几个分计划在 2011 年以后仍继续进行）的规划性国家战略，也是澳大利亚政府投资最多的一个长期科技计划。该计划出台前，澳大利亚的经济存在诸多问题。澳大利亚长期依赖于资源经济，制造业力量相对较弱，科技人员的创新意识和创新能力不强，使澳大利亚与其他大部分经济合作与发展组织国家相比，国家的创新能力存在着较大的差距，如研究经费不足，原始创新能力差，年轻人对科学技术不感兴趣，研究成果商品化的能力较弱，创业意识和创业能力不强，留不住高技术人才等。2001年以前的几年，澳大利亚研发强度相对于其他大部分经济合作与发展组织国家而言在下降。澳大利亚政府研究机构的经费从20世纪90年代初期开始，虽然其绝对值在增加，但这部分经费的增长率低于国内生产总值的增长率。而澳大利亚企业对研发的投入则从20世纪90年代中期开始其绝对值和相对值都在减少，企业对研发的投入占GDP的比例比经济合作与发展组织国家的平均水平还要低很多，而且其他经济合作与发展组织国家研发投入的增加，加大了这个差距。这些问题推动了国家能力支撑计划的出台。

在2001～2005年，霍华德当政时期的政府保证提供29亿澳元来刺激科学和新的知识型产业。该计划不但设立了新的分计划，而且把个别已有计划纳入其中而给予其资金支持。该计划旨在提高澳大利亚在科技、教育和研发活动方面的核心能力，使参与创新活动的大学、研究所和企业等都配合政府的总体科技目标，以培育和发展一个高效的创新体系。同时，霍华德当政时期的政府提升以前的一些政策，如减免产业研发投资税等措施，将对澳大利亚研究理事会的资助翻番，并且对消除研究成果和投资人准备商业化阶段的联系不紧密提供竞争式资助。另外，为了促进澳大利亚基因研究装置运行成功，政府特别拨款1.55亿澳元来购买该装置所用的平台技术。

2001年，澳大利亚人口不到2000万，政府深刻认识到需要吸引国际投资和建立合作伙伴关系。昆士兰州和维多利亚州强烈支持在各自的州内发展生物技术。

2007年12月，澳大利亚新政府上台后，澳大利亚的重大战略及规划进入了第二个层次。从2009年以后，澳大利亚政府不再设立这种大而全的规划，而是出台了新的创新规划和科普工作战略。2009年5月，澳大利亚政府发布了未来10年创新规划《驱动创意：一项21世纪的创新议程》政策白皮书，明确了政府建设国家创新体系的目标和总体规划；2010年2月，澳大利亚政府发布了“激励澳大利亚：一项参与科学的国家战略”，首次提出科学教育和科普工作的国家战略。

（二）澳大利亚的重大战略

澳大利亚具有发达的畜牧业，该国在这方面的研究具有很好的基础。进入21世纪后，澳大利亚开始重视生物技术。2000年7月，澳大利亚生物技术管理局、联邦生物技术部长理事会共同提出了国家生物技术战略，该战略按照政府对生物技术的整体布局和目标设定的重点为：让公众参与生物技术法规的制定，制定生物技术全国统一的强制性管理条例，促进生物技术与经济发展（建立产业集群和知识产权保护制度、鼓励风险资本、促进产业化），提高本国生物技术在全球竞争中的竞争力，开发利用生物技术资源，促进生物技术持续协调发展（建立顾问理事会以提建议、联邦与各州合作、开展评估等）。2007年12月，澳大利亚工党政府上台后政府认为国家生物技术战略目标、任务已基本实现和完成，2008年6月政府宣布终止该战略的大部分相关计划。

2001年1月，澳大利亚总理霍华德发布“国家能力支撑”创新行动计划，由政府统一管理。该计划分两阶段投资：在2006年前投入30亿澳元；2004年5月，澳大利亚政府决定到2010年（此后的7年内）追加53亿澳元。该计划的主要内容包括三个方面：鼓励产生新思想、新知识，提高研究能力；加速新思想、新知识和新技术的商业化；加快人才培养和技能培训，创造科学人才辈出的环境。它分为促进研发类计划、促进科技成果商业化类计划、人才培养和技能培训类计划等三类子计划，每个子计划中又有许多主题性分计划[1]，如表 14-1 所示。

表 14-1 澳大利亚国家能力支撑计划下属计划

子计划	分计划	备注
促进研发类计划	国家竞争性拨款计划	由澳研究理事会管理
	研究基础设施大宗拨款计划	
	系统基础设施项目计划	
	国家重点研究设施项目计划	2001 年 8 月设立，政府提供一半资金，其余由参与者和使用者匹配
	国家合作研究基础设施战略	2005 年启动，建立 12 个领域的合作平台
	创新通道计划——国际科技	参与经济合作与发展组织的相关科学论坛
	国际科学联络计划	
	国家旗舰研究计划	澳联邦科工研究组织 2003 年设立，现仍在进行
	信息通信计划与生物技术卓越中心计划	
	卫生与医药研究	
	研发退税计划	2001 年 9 月通过税收法修正案
	支持反恐研究计划	
促进科技成果商业化类计划	研发启动计划	1996 年 11 月启动
	合作研究中心计划	1990 年启动，现仍进行
	创新通道计划	2001 年设立
	新兴技术商业化计划	1999 年 11 月设立
	成熟技术转让计划	执行一段时间后被终止
	生物技术创新基金计划	2001～2005 年
	前期种子基金计划	2001 年设立
	新工业开发计划	
	国家干细胞中心	2003 年 5 月成立
	信息技术在线计划	
	建设信息技术优势孵化器计划	
人才培养和技能培训类计划	Questacon 提高科学认知计划	Questacon 是国家科技馆
	国家创新认知战略	
	公立学校中科学、数学与技术课程	
	促进创新、科学、数学与技术教学计划	
	研究生教育贷款计划	2005 年后改为学费帮助计划
	互联网课程内容计划	
	吸引信息通讯技术工人计划	
	国家生物技术战略及生物技术计划	2000 年 7 月至 2008 年 6 月底

为期 10 年的国家能力支撑计划结束后，其中个别分计划仍在进行，如合作研究中心计划、国家旗舰研究计划、国家竞争性拨款计划。①合作研究中心计划通过促进产学研合作以建立和支持新兴产业，全国现有 42 个合作研究中心（农林渔 11 个、制造业 5 个、矿业 4 个和服务业 22 个），一个中心一般运行 7 年，2010 年后可延长为 10 年，资金由政府、研究机构和企业共同匹配，项目不成功或完成后自行终止。2011 年经过第 14 轮评选，确定的优先领域是社会创新、可持续的地区能力和清洁制造。②2003 年澳联邦科学与工业研究组织实施和协调国家旗舰研究计划，刚启动时确定的 6 项重点为轻金属旗舰计划、预防医学旗舰计划、能源转型旗舰计划、未来食品旗舰计划、水资源安全与健康旗舰计划、海洋开发旗舰计划；2007 年年底增加了三项，即矿产旗舰计划、适应气候变化旗舰计划、未来制造旗舰计划；2009 年增加了可持续农业旗舰计划；2012 年 8 月又增加了生物安全旗舰计划。

这 11 个旗舰计划的总投入已超过 20 亿澳元[2]。③澳大利亚研究理事会管理的国家竞争性拨款计划重点资助六大竞争性学科（生物科学与技术、工程与环境、人文与艺术、数学与信息通信、物理化学与地学、社会行为与经济学），分为四个子计划，即研究中心计划、科学发现计划、科学合作计划、特殊研究计划，每个子计划又包含分计划，见表 14-2。

表 14-2　澳大利亚国家竞争性拨款计划下属计划

子计划	分计划	备注
研究中心计划	澳大利亚研究理事会卓越中心计划	2003 年开始
	澳大利亚研究理事会特殊研究中心计划	2001 年开始，资助期 9 年
	澳大利亚研究理事会共同资助卓越中心计划	2002 年开始，2011 年 6 月终止一个，现有 3 个中心
科学发现计划	土著研究人员培养计划	支持澳土著研究人员
	发现计划	资助年轻或高资力研究人员
	联邦研究人才奖学金计划	资助重点领域、项目和岗位的中青年
	未来研究人才奖学金计划	吸引全球人才，解决优秀人才外流
科学合作计划	澳大利亚研究理事会研究网络计划	建立跨学科的合作平台
	研究基础设施设备共享计划	促进研究机构共建共享仪器和设备
	国际合作计划	促进国内外人员交流合作
	专业科学院特殊合作计划	为澳 5 个机构提供资金
	企业合作计划	支持高校与企业合作，多一半资金企业匹配
特殊研究计划	澳大利亚和新西兰关爱研究与教学用动物理事会计划	建立一个关爱研究与教学用动物的平台
	英澳天文台奖学金交流计划	资助两国年轻天文学者，每年轮流派一名，资助期 2 年
	欧洲分子生物实验室计划	支持澳生物学者参加欧洲分子生物实验室
	地下水研究与培训计划	开展多部门地下水合作研究
	澳大利亚研究理事会警察与公共安全卓越中心计划	由澳大利亚研究理事会提供专项支持
	创新思维体系举措	由澳大利亚研究理事会和澳卫生医学研究理事会共同支持

澳大利亚的重点技术计划由创新、工业、科学与研究部负责，设立了与企业创新相关的计划、与科学及科研基础设施建设相关的计划、与科研专项相关的计划，见表 14-3。例如，2008 年设立了未来绿色汽车新计划，支持汽车制造业创新和产业升级；2010 年 1 月，设立了澳大利亚产业化计划，鼓励和支持企业的科技成果产业化。2009 年启动的超级科学计划支持空间科学与天文学、海洋与气候变化等领域的基础设施建设。

表 14-3　澳大利亚创新、工业、科学与研究设立的重点技术计划

重点内容	计划名称	经费
与企业创新相关	未来绿色汽车新计划	2008～2020 年投入 62 亿澳元
	澳大利亚产业化计划	2010～2013 年政府投入 1.96 亿澳元
与科学及科研基础设施建设相关	超级科学计划	2009～2013 投入 11 亿澳元
	教育投资基金计划	政府改革教育，自 2008 年政府拨款
	国家合作研究基础设施战略	2005～2010 预算年度，投入 5.42 亿澳元
	平方公里阵列射电望远镜计划	
与科研专项相关	研究大宗拨款计划	
	高等教育研究数据收集计划	
	澳大利亚竞争拨款登记计划	
	国家使能技术战略计划	2010 年 2 月政府公布，未来 4 年投入 3820 万澳元

二、未来的战略选择

受全球经济衰退，以及从2000年到2008年澳大利亚的经济下滑的影响，澳大利亚在全球其他领域的市场竞争力都有了明显下降，这促使2007年12月上台的新一届政府开始了一系列改革[3]。自2009年以来，澳大利亚政府不断出台新战略和规划，如国家创新政策白皮书、《激励澳大利亚：一项公众参与科学的国家战略》国家报告、国家使能技术（enabling technology）战略、澳大利亚公共服务创新行动计划、工业变革研究计划等，这些战略和规划选择未来的重点内容为：国家创新体系的发展、公众参与科学、促进使能技术的发展、公共服务创新、工业变革研究等，同时确定了目标、重点任务和方向。

2009年5月，澳大利亚政府发布了国家创新政策白皮书《驱动创意：一项21世纪的创新议程》，作为指导国家未来10年创新发展的纲领性文件[4]。这是工党政府上台以来首次确定的国家创新体系的发展方向和到2020年要实现的五大目标：①准确把握发展方向和优先任务，有效评价创新实施效果；②吸引最优秀的人才开展世界一流的研究，用新知识和新创意指导、支持和服务国家的创新体系；③拓宽创新途径，帮助企业最大限度地开发新创意和技术并实现产业化，增强竞争能力；④政府与公众有效协调，积极调整和优化政策，提高服务水平，支持国家的创新体系；⑤应对国家和全球所面临的挑战，确保创新取得成效。

2010年2月，澳大利亚发布了第一部关于科普议题的国家报告《激励澳大利亚：一项公众参与科学的国家战略》[5]。报告提出公众参与科学的任务和发展目标：要全面认识国家对科研的投入所带来的收益；打造一个公开的坚实基础，以保证澳大利亚是一个劳动力大军具有专业技能、社区民众具有科学素养、决策者掌握全面信息的创新型社会；必须继续评价国家的科研活动，提高全国和全世界对澳大利亚科学及科学家的关注；要使全社会各阶层都能真正参与关键的科学议题；要鼓励青年人选择学习科学并将科学事业作为职业生涯。

2010年2月，为促进使能技术的发展，澳大利亚创新、工业、科学与研究部推出了“国家使能技术战略”。该战略旨在开发新兴使能技术（主要包括生物技术与纳米技术）[6]。

2011年6月，澳大利亚发布“澳大利亚公共服务创新行动计划”[7]，提出4个重点行动领域：培养创新意识，构建创新能力，致力于合作创新，促进公共服务的变革性转型。

2011年12月，澳大利亚首相和创新部长联合宣布了一项新的支持大学工业研发合作的计划——工业变革研究计划[8]。该计划拟投入2.49亿澳元，目的是未来4年帮助澳大利亚工业变得更具竞争力和创造新的就业机会。其具体目标和主要内容包括：①在未来4年提供1000多个工程学员位置，以使学生可以在制造业和其他行业获得初期生涯的工作机会。②在全国建立50个研究培训中心，每年资助每个中心100万澳元，资助期为3年。这些培训中心将聚焦于促进大学研究人员与利用他们的研究成果的工业界成员之间建立更密切的合作关系，每年为600名博士生提供高质量的工业博士和博士后培训。③将在全国建立20个研究网络，政府每年对每个研究网络投入100万澳元，工业伙伴还将提供匹配投资，使研究人员和工业界代表一起设计和实行在商业和技术上可行的方案，以应对重大工业挑战，解决最急迫的工业难题，包括减少制造过程的污染等。

第二节　科技政策与措施

一、科技法规的发展

（一）总体状况

澳大利亚重点科技议题由联邦议会下众议院内的工业、科学与创新常务委员会处理，并成为法律议案，最后经参议院批准成为法律后才能实施。自2000年以来，澳大利亚在管理基因技术、克隆人和人类胚胎研究方面成立了相应的法律，旨在强化管理、解决有关伦理问题；成立科技机构也要通过相应的科技机构法案。

例如，2001年，参议院批准《澳大利亚研究理事会法案》。为了加强基因技术的管理，澳大利亚联邦议会通过了《基因技术法（2000）》，并于2001年6月20日生效。为了减少温室气体的产生，保护环境，澳大利亚于2001年4月发布实施《可再生能源法》[9]，要求在2010年以前，2%的电力来自可再生能源。澳大利亚于2002年12月通过了《禁止克隆人法（2002）》及《涉及人类胚胎研究法（2002）》两部法律，并已于2002年12月开始生效。这两部法律就克隆技术的研究活动提供了框架，解决了公众所担心的有关伦理问题[10]。

（二）修订与发展

2006年11月，国会参议院通过了《关于修改禁止克隆人及人类胚胎研究规定的法案（2006）》，同年12月国会众议院通过这项修改法案，这使得2002年开始执行的禁止克隆人体胚胎干细胞研究的法令得到修改。该修改法案确定治疗性克隆研究在澳大利亚合法，这将有助于澳大利亚今后在医疗领域的克隆研究继续走在世界的前列[11]。

2009年5月，政府公布了新的研发经费减税政策，从2010年7月起以研发经费税收信用政策代替研发经费减税政策。新政策操作更加简化，对企业研发投入的减税力度更大，能使更多参与研发活动的企业得到让利优惠。实施研发经费税收信用政策后，受惠的企业将大幅度增加，同时激励企业投入更多的研发经费，促进国家整体科技创新水平的提升，实施后政府通过让利方式每年间接增加科技投入14亿澳元[5]。

二、科技人才政策

在科技人才的培养、资助、企业雇佣研究人员等方面，澳大利亚的科技与创新战略、各专项计划都有明确的政策。同时，澳大利亚的人口规模较小（2012年总人口为2300万），科技人员不足导致澳大利亚的教育与研究体系依靠海外的学生和科学家的流入，故政府出台了人才培养政策，还制定了技术移民政策，吸引国外信息通信技术等急需学科的人才。

2000年以前，澳大利亚政府主要通过建立的合作研究中心计划培养了新一代青年科学家，让他们具有了知识产权保护的经验和研究成果商业化的实用方法。进入21世纪后，政府出台了全面的科技计划，将人才的培养纳入其中。

（一）培养政策

“澳大利亚能力支撑计划”中的一个主要内容就是加快人才培养和技能培训，创造科学人才辈出的环境，为此设立了人才培养和技能培训类计划子计划。根据该计划，2001～2005年澳大利亚政府采取的创新行动有：培养和吸引创新人才资源，建立起强大的研究基础，加强与世界级研究机构的合作，建立本国的专门知识和技能，为产生原始创新和突破性的新思想建立良好的环境。具体措施包括：增加大学重要学科信息通信技术、数学和科学的学生数量（每年增招2000名，增加拨款1.51亿澳元）；帮助澳大利亚青年参加研究生课程的学习（提供无息贷款9.95亿澳元）；为了吸引和留住顶尖的研究人员，设立25个联邦研究员位置（每个位置每年为22.5万澳元）；澳大利亚研究理事会资助的博士后研究生位置从55个增加到110个，其待遇也将有所改善；提供3500万澳元实施国家创新宣传策略等[12]。

2009年5月，澳大利亚政府宣布：政府将为大学投资7.03亿澳元，以提高澳大利亚大学产生新思想与新技能的能力，从而为新产业的建立与提高个人、家庭、社会生活福利做出更大贡献。具体措施包括：投资5170万澳元，用于提高澳大利亚研究生奖学金，使研究生奖学金从2008年的20 427美元提高到2009年的22 500美元，年增长幅度超过10%[13]。

2009年3月，在澳大利亚大学会议上，澳大利亚创新、工业、科学与研究部长宣布了1000万美元的企业研究人员计划。企业研究人员计划可使研究人员在中小企业中工作2～12个月，该计划给每个企业提供5万美元雇佣大学或公共研究机构的研究人员。这为澳大利亚创新型企业提供了开发新的商业化思想，同时为澳大利亚研究人员提供了职业实践的机会。这将有助于加速新思想与新技术的应用并增强公司的竞争力[14]。

（二）吸引政策

2001年2月，澳大利亚移民部，以及通讯、信息技术与艺术部两个部委共同宣布了新的移民条例和措施。主要包括：在技术移民的临时配额中至少保留2500个名额，用于在澳海外信息通信技术学生的永久居住申请；从2001年7月起，所有此类别的在澳就读的海外学生和那些职位在移民职位需求表中的申请人可以不用离境，申请并获得永久居留签证；也包括在长期临时签证审批中，把所有信息通信技术相关职位作为关键来考虑；要求所有移民审批官员优先、加快处理信息通信技术人员的签证申请等。

澳大利亚研究理事会在吸引人才方面有自己的研究员资助方案，例如，卓越研究员计划（Laureate Fellowships）专门资助研究项目吸引世界著名的科学家到澳大利亚开展研究，未来研究员计划（Future Fellowships）吸引已从事研究工作多年的科学家，而发现研究职业生涯早期的研究者大奖（Discovery Early Career Researcher Award）吸引那些刚开始研究工作的研究者。2010年11月，澳大利亚创新、工业、科学与研究部部长宣布了本期的未来研究员计划。该期计划的目的是使澳大利亚的研究机构和企业能够吸引全球最优秀人才，从而强化澳大利亚的研究实力，并确保澳大利亚具有其所必需的技能。该期计划投入资金为1.43亿澳元。计划的重点资助对象是处于职业生涯中期的研究人员，其研究范围涉及澳大利亚国家研究优先领域。本期计划将资助200名研究人员，包括10名即将返回澳大利亚的澳籍研究人员和22名外籍研究人员[15,16]。2012年9月，改名为澳大利亚产业、创新、科学、研究和高等教育部的部长宣布第二轮未来研究人员计划，投入总计1.51亿澳元支持世界上最杰出的209位青年研究者，本轮计划将帮助12位本国研究者回到澳大利亚从事科研，帮助23位国际学者来到澳大利亚和澳大利亚学者共同进行科研工作。所有的209位研究者都将在资金的支持下努力解决澳大利亚当前面临的挑战，提高澳大利亚人民的福利[17]。

三、科技机构的调整

进入21世纪以来，随着其经济、国家竞争力的变化和政府的更替，澳大利亚相应地调整了科技决策与管理机构，成立了新的科技协调咨询机构，新建了一些科技机构。

（一）科技决策与管理机构的调整

2001年12月，澳大利亚霍华德总理执政的自由党和国家党联盟大选再次获胜后宣布，将有关科学政策和计划（包括联邦科学与工业研究组织）的职能从原工业、科学和资源部划至原教育培训和青年事务部，成立教育、科学和培训部，由该部主管科技。2007年12月，吉拉德总理组建的政府后将科技主管部门改为创新、工业、科学与研究部，同时改革了实行多年的首席科学家制度，把原来的兼职制改为专职制；此外，成立了资源、能源和旅游部，以及气候变化与能源效率部，前者负责澳大利亚地球科学局和空间政策办公室，还管理资源类、能源类和清洁能源类研发计划，后者负责管理气候变化类研发计划[18]。2013年3月，教育、科学和培训部变为工业、创新、气候变化、科研与高等教育部[19]。

2006年将国家卫生与医学研究理事会变为独立法人机构。

2012年1月，澳大利亚总理吉拉德和工业与创新部长宣布，将对澳大利亚最高科学咨询机构——总理科学委员会进行改革，使其能对澳大利亚面临的挑战与机遇做出更及时恰当的反应。新机构名为总理科学、工程与创新委员会，其成员为总理，高等教育与技能部长，创新、工业、科学家与研究部长，首席科学家，澳大利亚研究理事会主席，卫生与医学研究理事会主席，其他部长，以及6个对澳大利亚科学有重大贡献的个人常设成员。新委员会每年将会晤3次，就澳大利亚必须应对的新老问题提供独立科学政策建议，其重要使命之一是由首席科学家领衔，制定确保澳大利亚科学可持续发展的战略。同时，澳总理宣布将在未来4年提供195万澳元，由首席科学家委托澳大利亚科学院、社会科学院、人文学院、技术科学与工程学院承担跨学科研究与咨询工作[20]。

（二）新建科技机构

自2000年以来，澳大利亚政府不仅新建了澳大利亚研究理事会，还设立很多主要在生物和生命科学、科研成果商业化等方面的具体从事研究的机构。而且自2009年开始，更加频繁地新建科技研发机构，几乎每年都有新机构成立。

2001年7月，霍华德当政时期的政府把有关科学政策和计划（包括联邦科学与工业研究组织）的职能从原工业、科学和资源部划至原教育培训和青年事务部，成立教育、科学和培训部；同年7月，根据《澳大利亚研究理事会法案（2001）》，澳大利亚研究理事会变成原教育培训和青年事务部下属的独立文职机构，澳大利亚研究理事会和联邦科学与工业研究组织成为负责发放政府对科学拨款的主要机构；2007年5月，成立澳大利亚大学校长委员会，作为代表高校系统的高层机构；2011年5月，澳大利亚总理吉拉德确定成立国家智力健康署，由该署负责包括智力健康的科研问题。

具体从事研究的新建机构重点有：2002 年年底，政府资助 1500 万澳元，由昆士兰大学与联邦科学与工业研究组织共同建立了分子生物科学学院。这个项目的总投资是 1.05 亿澳元，该院成为亚太地区分子生物科学和生物工业的能力中心[21]。2009 年 5 月，政府宣布将投资 1.96 亿美元成立联邦商业化研究院，以采取全新方法将澳大利亚最佳的研究成果快速商业化[22]。2011 年 6 月，政府成立仿生学研究所，同年还成立了隶属澳大利亚研究理事会的量子计算与通信技术卓越中心。2012 年 1 月政府建立痴呆合作研究中心。

四、重点科技领域措施

（一）纳米科学技术

从 2004 年开始，澳大利亚政府出台了支持纳米科学的系列重要措施。2004 年 11 月，澳大利亚研究理事会为了增强纳米技术领域的研究产出，设立了澳大利亚研究理事会纳米技术网络，并提供 5 年期资助[23]。2011 年，政府根据评估该网络的建议，将其升级为澳大利亚纳米技术网络，旨在帮助培育澳大利亚国内外研究团体之间的合作，加强与产业界的学术联系。2013 年年底，它由 400 多个研究团体组成。10 年来，该网络促进了国家大装置的共享，而且通过资助刚从事研究工作的科学家进行短期访问和参加学术会议，有力地支持了对这些科学家的培养。2007 年，政府建立了国家纳米装配装置措施，旨在帮助学术界和产业界等内的科学家使用和共享该国家级装置，共有 500 多个装置位于全国 21 家机构内，通过网上预订系统，21 家机构内的任意用户可以使用这些装置，从事纳米电子、纳米光子、先进材料和纳米生物应用方面的装配[24]。

（二）卫生与医学领域

1999 年，澳大利亚联邦卫生部部长进行了卫生与医学研究的战略评价，该评价为卫生与医学领域的研究提供了改革蓝图。评价报告指出：强大的基础研究是推动生物技术产业的根本基础。为此，部长确保未来 5 年对基础生物医药研究的政府资助增加一倍，即增加 6.14 亿澳元，但同时也提出了严厉的限定条件，那就是到 2004/2005 财年，如果没有具体的产出，尤其是没有增强知识产权的保护和研究成果商业化，那么政府对基础生物医药研究的资助就不再增加。

第三节　科技经费投入

科技经费的演变可通过研发经费的变化而体现。自 2000 年以来，澳大利亚的研发经费持续增长，特别是 2006～2007 财年，研发经费大幅增加，其占国内生产总值的比例首次超过 2.0%，而且 2008～2009 财年研发经费占 GDP 的比例高于 2010～2011 财年研发经费占 GDP 的比例，2010～2011 财年研发经费几乎是 2000～2001 财年的 3 倍（图 14-1）。

澳大利亚科技经费的发放主要是通过澳大利亚研究理事会和联邦科学与工业研究机构。此外，州政府也提供科技经费，如昆士兰州和维多利亚州政府要比其他州更有力地支持了科学“生态系统”。

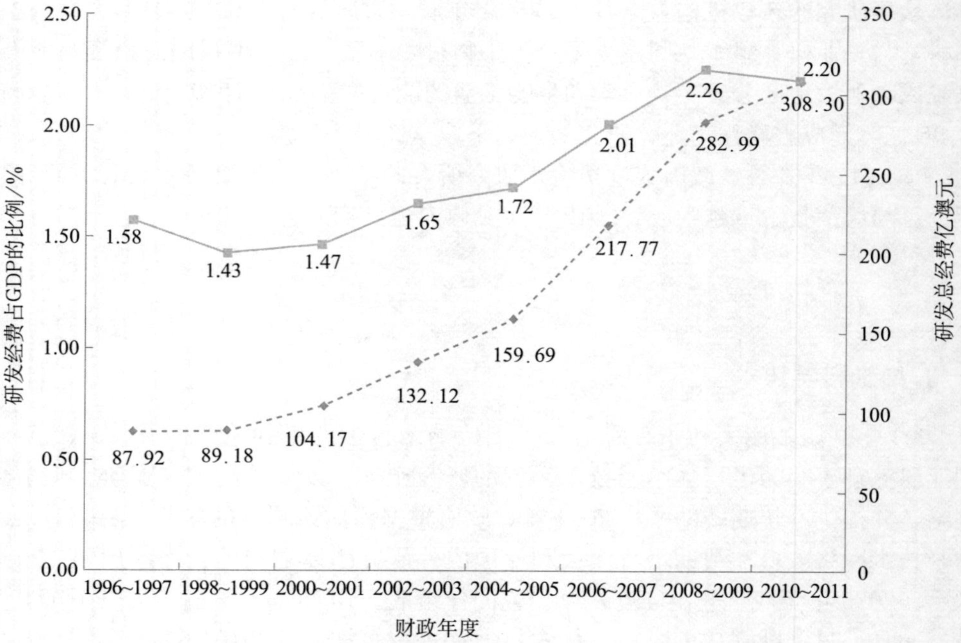

图 14-1　澳大利亚的研发经费及其占 GDP 的比例

资料来源：澳大利亚创新、工业、科学与研究部的关键创新指标数据卡，2012 年澳元价

一、科技经费的投入

由于统计指标的变化，本书只选取 2003/2004 财年到 2011/2012 财年的科技经费的投入进行分析，澳大利亚各届政府对科学、研究和创新的投入虽然有波动，但其总的趋势在增加。从表 14-4 可见，仅在 2004/2005 财年，政府对科学、研究和创新的总投入、政府研究机构的投入、商业部门的投入、高等教育部门的投入和其他行业的投入都低于上一财年，但该年以后趋势增加。在每年中，政府对高等教育的投入最多（图 14-2）。从澳大利亚对科学、研究和创新的历年拨款与预算投入看，在内部资助上，主要资助澳大利亚科工组织，外部资助给了高等教育支持法案、合作研究中心，竞争性资助主要给了澳大利亚研究理事会、国家卫生与医药研究理事会[25]。

表 14-4　澳大利亚各财年各部门对科学、研究和创新的投入（单位：亿澳元，2012 年价）

财政年度	政府研究机构	政府其他部门			总投入
		商业	高等教育	其他部门	
2003/2004	14.311	11.514	21.712	9.177	56.714
2004/2005	13.846	11.277	18.220	9.161	52.505
2005/2006	14.193	13.305	20.674	12.578	60.751
2006/2007	15.105	14.713	19.803	16.379	66.000
2007/2008	16.417	16.540	19.756	13.339	66.053
2008/2009	16.185	18.825	20.100	16.531	71.641
2009/2010	16.947	20.687	23.697	18.731	80.063
2010/2011	17.322	19.015	25.955	22.456	84.748
2011/2012	17.788	25.027	27.505	22.382	92.703

资料来源：澳大利亚创新、工业、科学与研究部的关键创新指标数据卡。

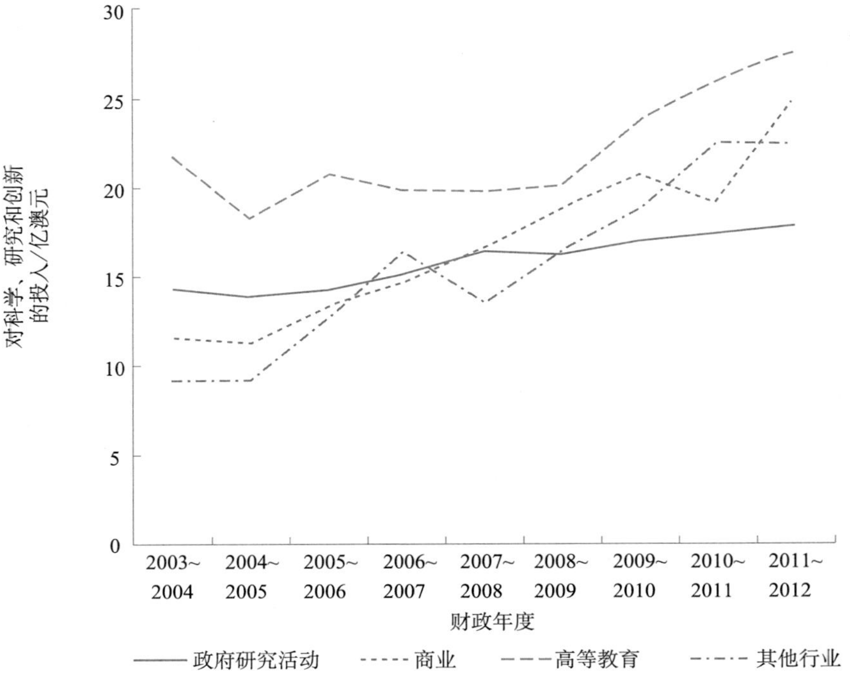

图 14-2　澳大利亚对科学、研究和创新的投入分布

资料来源：澳大利亚创新、工业、科学与研究部的关键创新指标数据卡，2012 年澳元价

例如，澳大利亚政府公布的 2010/2011 财年预算报告显示，科学、研究与创新相关部门分配比例是：高等教育部门占 28.6%，商业占 23.6%，政府研究机构占 20%，其他部门占 27.7%。创新、工业、科学与研究部 36.03 亿澳元；澳大利亚核科学与技术组织 2.34 亿澳元；澳大利亚研究理事会 7.45 亿澳元；澳大利亚科学工业研究组织 11.83 亿澳元。国家研究旗舰计划 5.52 亿澳元（比 2009/2010 财年增加 0.13 亿澳元）；核心研究与服务计划 4.66 亿澳元（比 2009/2010 财年减少 0.06 亿澳元）；科学扩展计划 0.319 亿澳元（比 2009/2010 财年增加 0.002 亿澳元）；国家研究基础设施计划 1.33 亿澳元（比 2009/2010 财年增加 0.09 亿澳元）。

二、科技经费的使用

从图 14-3 可见，按照研发活动的类型，澳大利亚的研发经费主要使用在应用研究和试验开发上，且从 2000 年以后这两部分的费用分别是纯基础研究和战略基础研究的 2～4 倍。图 14-4 显示了澳大利亚各类部门使用研发经费的情况，历年来商业部门使用的研发经费最多，其次是高等教育部门，排在第三位的使用机构是政府部门，而且这三类机构使用了 80%以上的研发经费。2010/2011 财年完成的研发经费方面，商业部门研发费用占总研发费用的一半以上，其次是高等教育研发费用占总研发费用的比例不到 40%，政府研发费用占总研发费用的比例不到 10%[19]。

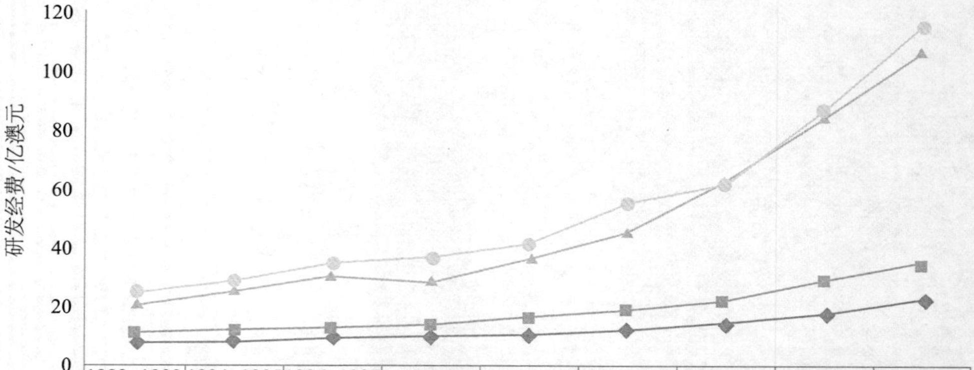

	1992~1993	1994~1995	1996~1997	1998~1999	2000~2001	2002~2003	2002~2005	2006~2007	2008~2009
纯基础研究	7.88	8.29	9.57	10.20	10.59	12.47	14.43	17.79	22.46
战略基础研究	10.51	11.90	13.08	13.66	16.30	18.68	21.70	29.19	33.99
应用研究	21.50	26.26	30.64	28.67	36.11	45.66	62.10	84.37	106.39
试验开发	24.94	28.22	34.68	36.65	41.17	55.31	61.45	86.43	114.56

图 14-3　澳大利亚研发经费按使用类型的分布

资料来源：澳大利亚创新、工业、科学与研究部的关键创新指标数据卡，2012 年澳元价

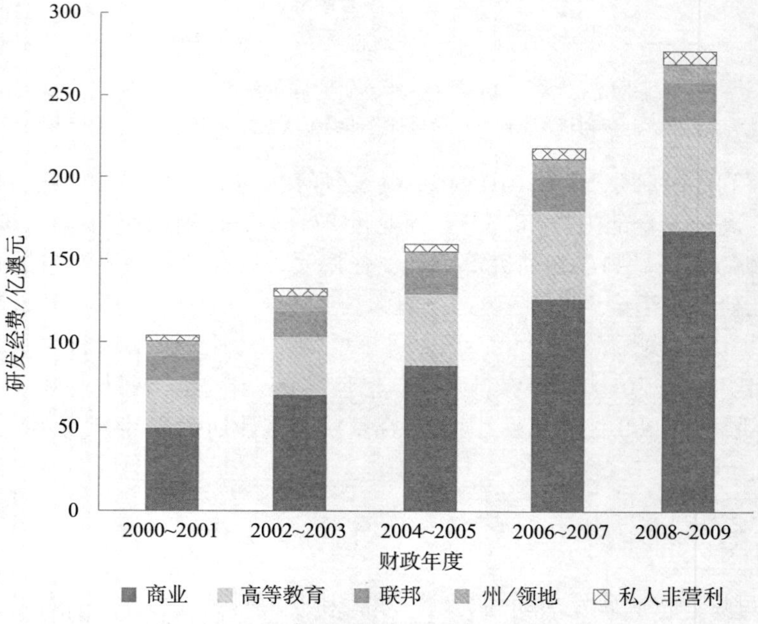

图 14-4　澳大利亚研发经费按使用部门的情况

资料来源：澳大利亚创新、工业、科学与研究部的关键创新指标数据卡，2012 年澳元价

第四节　优先领域的确定

澳大利亚地处南半球并独占一块大陆，海岸线漫长，因干燥多变的气候土地贫瘠且常受旱灾，生物资源多样、矿产资源丰富，经济规模中等、人口较少。这些独特的国情使得

澳大利亚政府在发展经济时，重点关注环境、农业、生物和医学等领域的科技研发活动，在制定科技政策时就确定了国家的优先领域或重点领域，其重点研究领域的确定有利于政府资助一系列研究计划的决策，政府就是通过这类研究计划带动经济发展的。

一、优先领域的制定

2002 年 5 月，澳大利亚教育、科学和培训部部长宣布政府将确立国家优先研究领域，并对此给予重点支持。通过优先发展国家优先研究领域，寻求和研究使澳大利亚的经济、社会和环境获益最大化的方法。经广泛协商后，在同年 12 月举行的总理科学、工程和创新理事会第 9 次会议上，霍华德总理宣布了四个国家优先研究领域及其对应的优先目标[26]：①环境的可持续性，其优先目标：保护稀缺水资源，为环保推进工业转型，防治土壤恶化，减排与捕获二氧化碳，可持续利用生物多样性，开发地球深部资源。②促进和发展卫生健康事业，其优先目标：促进儿童健康，保护老人的健康和活力，疾病预防和保健。③为企业发展和改革提供前沿技术，其优先目标：力争重大科学突破，开发前沿技术，研发新材料，促进信息技术推广应用。④维护澳大利亚的安全，其优先目标：保卫主要基础设施，了解本地区和全世界，防止外来疾病虫害入侵，反恐和打击罪犯，提升国防技术。在国家优先研究领域的实施过程中，政府研究机构和研究资助机构均被要求向政府提交计划时，该计划提出它们如何支持这四大国家优先研究领域的纲要。汇报国家优先研究领域实施情况的公开报告主要根据这些计划的内容，并写入 2003/2006 年澳大利亚政府的年度创新报告中。汇报国家优先研究领域实施情况的公开报告收集了政府研究机构和研究资助机构对每个优先目标在当时实施或支持研究的个例研究。

2007 年，国家优先研究领域常务委员会发现国家优先研究领域的制定和实施已成为一个有效战略，通过建设国家优先研究领域内关键质量促进研究机构之间合作以及提升与产业界的合作，增强了澳大利亚研究的质量和影响。

在 2010 年前，澳大利亚主要的研究工作都是在“澳大利亚能力支撑计划”框架下围绕着国家研究优先领域展开的。2004 年和 2005 年，公共研究机构和澳大利亚大学对这些领域设立了许多研究课题，从这些课题的题目可见，澳大利亚的科研工作紧密结合人民生活和国家安全，是一种以人为本的科研发展模式，其成果将对国民生活产生重要的影响。[27]

二、优先领域的变化

（一）研究优先领域的升级

2002 年澳大利亚宣布的国家优先研究领域主要聚焦在科学、工程和技术方面的公共部门的研究。2003 年，为了平衡自然与人文科学上设立的优先研究领域，政府进一步设立了旨在解决人文和社会科学方面的优先实践，这一过程导致原来国家优先研究领域的增强，并在每个国家优先研究领域下确定了一个新的目标。这四个新目标就是要更有效地提升针对人文和社会科学的研究，并刺激国家优先研究领域框架要培育的更多前沿研究。这些目标是：①应对气候变化和多样性（环境的可持续性）；②改善社会经济结构（促进和发展卫生健康事业）；③提升创新文化和经济（为企业发展和改革提供前沿技术）；④了解自身所在的地区和世界（维护澳大利亚的安全）。

2009 年 5 月，澳大利亚政府发布了国家创新政策白皮书《驱动创意：一项 21 世纪的创新议程》。该白皮书再次明确了其对国家研究优先领域的支持和补充，它表明：国家研究优先领域将继续指导对公共部门研究的联邦投资，以及这些优先领域应定期升级以反映不断变化的环境。同时，该白皮书宣布七项国家创新优先领域以补充国家研究优先领域：①集中公共研究资金重点支持高质量的研究，解决国家面临的挑战并寻求新的发展机遇；②培养具有较高素质和技能的研究队伍，保障国家的科研工作顺利开展；③打造一个有效的创新体系，促进国家工业健康发展，推进研发成果的商业化进程；④传播新技术、新工艺和新创意，尤其是在中小企业中的传播，促进在经济领域的创新；⑤建立新的创新体系，培育创新文化，促进研究人员之间以及研究人员与产业界的合作；⑥推动更多的国际研发合作；⑦加强公共部门和社区内的人员与创新体系内各种利益攸关者的合作，提高政策水平和服务能力。

（二）研究优先领域的修订

2011 年 2 月至 7 月，澳大利亚政府对近年来政府公共资金支持科研活动的特点和效果进行了分析与回顾。2011 年 11 月，澳大利亚创新、工业、科学与研究部长发布了政府报告《将创新红利最大化：回顾国家关键的发展方向和未来的发展方向》[28]，该报告总结了上述分析与回顾后，提出建议：为了国家研究优先领域继续能反映政府对公共研究的希望，需要修订已有的国家研究优先领域。报告同时建议：有必要澄清澳大利亚研究体系中各参与方所起的作用，这些参与方从事的研究活动是互补的，而不是重复和叠加的；澳大利亚想让国家重要的研究领域具备规模和世界领先的能力，政府必须讨论这方面的国家战略，并更好地协调研究活动和投资；要让澳大利亚商业界明白：卓越的研究产生杰出的前沿思考，这对澳大利亚未来生产力至关重要。

澳大利亚政府接受了上述四条主要建议。在 2011 年 11 月和 12 月，政府建立了澳大利亚首席科学家领导的政府高级官员委员会，以指导政府对研究的投资。由澳大利亚创新、工业、科学与研究部对更新国家研究优先领域与政府和研究界进行初步咨询后，2012 年 2 月，该部公布了"更新国家研究优先领域"咨询报告，报告提出：应该扩大国家研究优先领域，以更好地反映国家研究事业中人文、艺术与社科各学科的优先性；要更新每个国家研究优先领域下的优先目标，包括对更清晰地认知诸多非国防类国家安全问题的考虑；起草新增国家研究优先领域及其目标以供进一步讨论。新增优先领域的名称暂定为"增强社会、文化和各团体的发展"，优先目标不应超过七个且不要与国家四大研究优先领域的优先目标重复。这七个优先目标是：培育创造性的、有想象力的澳大利亚，文化、继承和一致性，包容、多样和平等的社会，生活质量，知识和社会，高效的制度管理，澳大利亚本土的知识、创造力。在更新每个国家研究优先领域下的优先目标方面，该报告对原来的优先目标没有做大的改动，只是修改了部分目标的表述、删除了目标之间重复的内容，增加了要考虑的因素和新目标，但每个国家研究优先领域下的优先目标不应超过七个，如"环境的可持续性"国家研究优先领域要考虑人口压力和管理资源，"促进和发展卫生健康事业"中增加优先目标为土著澳大利亚人的健康、寻找新的治病方法等。[29]

2012 年 2 月、3 月，该部针对这个咨询报告又进行了公共咨询，咨询结束后该部收到

60 多条修改意见。这些建议都被纳入澳大利亚研究理事会撰写的 2012 年国家研究投资计划中。但 2012 年国家研究投资计划，对国家研究优先领域没有具体更新，而是指出国家研究优先领域的功能应是：受公共资助的澳大利亚研究要解决社会性和全球性挑战，指导未来的研究投资，并提供一个可表达从过去研究投资所得公共益处的报告框架，基于 2012 年国家研究投资计划而建立的全面规划框架可更好地执行这些功能，且跟随政府整体战略研究优先领域的发展，将中止使用国家研究优先领域。未来 10～20 年澳大利亚面临的关键挑战有：环境（海洋、领土和大气）、资源（矿、油气、渔业、林业和水）、安全（生物安全、网络安全、关键基础设施和灾害管理）、各社会团体（人口、地区、土著、环境建设、运输）、卫生（疾病的预防、治疗和服务提供）、食品（生产、技术、处理和安全）、能源（清洁技术、可持续性、供应等）、竞争性工业（商业过程/服务、创新技术、先进制造）。这些挑战为制定投资计划框架和确定每个挑战中更详细的研究优先领域提供了一个出发点。澳大利亚研究理事会将在未来的工作中纳入这些挑战。[30]

第五节 基础研究重点

澳大利亚统计局把研究活动分为四种类型：纯基础研究、战略基础研究、应用研究和试验开发。纯基础研究定义为：从事实验或理论工作以获得新知识，除了知识进步外并非寻求长期获益。战略基础研究定义为：从事实验或理论工作以获得新知识，以期在实践中指导具体的广阔领域；它为解决已认可的实践问题提供必要的广阔知识基础。

一、基础研究的经费

（一）战略基础研究经费高

从图 14-3 科技经费的使用类型看，2000 年以后，澳大利亚纯基础研究和战略基础研究的经费增长率分别高于二者以前的经费增长率，但远低于同期应用研究和试验开发的经费增长率，而战略基础研究的经费一直高于纯基础研究的经费，二者虽在 2004 年以后有大幅增加且差距增大，但增长仍较缓慢。

（二）变化趋势

2000 年以后，高等教育部门开展了 80％以上的纯基础研究活动和不到 50％的战略基础研究活动[31]；在 2008/2009 财年，基础研究与战略基础研究的经费为 53.3 亿澳元，高等教育部门提供的最多，为 33.3 亿澳元；总体趋势是广义上基础研究（包括战略基础研究）的经费占澳大利亚研发经费的 20％左右，应用研究（包括试验研究）约占 80％；联邦政府（包括高等教育部门）提供了 75％的基础研究与战略基础研究经费；1999～2009 年，联邦政府（包括高等教育部门）直接拨给基础研究与战略基础研究的经费的比例一直在下降，而联邦政府直接拨给应用研究和试验开发的经费的比例一直在增长[32]。

（三）重点资助机构

大多数基础研究与战略基础研究通过国家卫生与医疗研究理事会、澳大利亚研究理事会获得资助。在2002～2010年，通过国家卫生与医疗研究理事会资助的基础研究经费增长了1倍以上，通过澳大利亚研究理事会资助的基础研究经费增长近1倍[32]。

二、基础研究的重点学科

（一）重点学科

根据2010年澳大利亚卓越研究质量评估，2003～2008年，澳大利亚的12个研究领域中有10个高于或等同于世界平均水平，它们的排序由高到低依次是技术、地球科学、物理科学、化学科学、环境科学、农业与兽医科学、数学科学、医学与卫生科学、生物科学、工程[32]。

从发表出版物看，2009年澳大利亚科研出版物占世界科研总出版物的3.24%，在经济合作与发展组织国家中排名第9位，比2008年科研出版物的比例高0.06%；在2006～2008年，世界前1%的高被引科研文章中，澳大利亚的科研文章占4.3%，也是排名第9位。通过衡量澳大利亚基础研究出版物的影响因子来评价其基础研究的重点学科，发现在2005～2009年，22个研究领域中有18个高于世界平均引用率，它们的引用率由高到低依次是地球科学、动植物科学、空间科学、物理、临床医学、环境/生态学、药学与毒理学、物质科学、微生物学、数学、化学、生物学与生物化学、分子生物学与基因学、工程、农业科学、计算机科学、免疫学、生理/心理学[33]。

（二）重点学科的变化

2012年澳大利亚创新系统报告提到[31]，2006～2010年，澳大利亚基础研究出版物的引用率，22个研究领域中有19个高于世界平均引用率；1996～2000年与2006～2010年，澳大利亚基础研究出版物的相对影响22个研究领域中有18个显著增加（但未说明具体学科），其中增加最多的在交叉研究方面；但是在空间科学、农业科学、工程与数学上基础研究出版物的相对影响有所下降。

第六节　科研评估

澳大利亚政府重视对科研活动的支持和引导，通过不同方式对科研机构和科研活动进行定期的绩效考核与评估。同时，通过绩效评估了解不同科研领域的优势，促使科研投入更好地发挥作用，不断提高科研机构和研究人员的工作效率。国家主要根据公立研究机构、大学的不同类型和不同领域，采取相应的评估方式和方法，主要分为对联邦科学与工业研究组织内部各研究机构和公立高校的科研绩效评估。随着时间的变化，澳大利亚政府调整了科研评估的内容。

一、评估机制

（一）评估联邦科学与工业研究组织

自2002年以来，由澳大利亚政府授权澳大利亚ACIL Tasman公司，对联邦科学与工业研究组织的整体科研绩效进行独立评估，评估周期为 4 年，联邦科学与工业研究组织所有部门的研究工作都需要被评估，现在已有了 2006 年联邦科学与工业研究组织影响与价值、2010 年联邦科学与工业研究组织影响与价值两个评估报告。评估先建立一个评估委员会，它由 3～5 名来自 ACIL Tasman 公司的专家，以及联邦科学与工业研究组织的执行主任、联邦科学与工业研究组织发展战略政策研究部门及投资部门的成员组成。评估委员会负责人必须来自 ACIL Tasman 公司，成员中的外部专家应具有评审经验和相关专业技术背景。[34]

该委员会首先提出评估要求，然后各研究单位提交书面汇报、填写问卷调查表；评估专家对照各单位提交的汇报材料及问卷调查表，进行现场考察评估，并与被评估单位研究人员座谈，了解研究项目的进展情况以及工作中存在的问题；评估专家使用类似英国“研究评估实践”的指标体系与方法（研究产出——论文及被引用、专利，资源使用：经费、工资等，内外合作，科研效率——项目数及其研究时间、承担人员数，人员交流与培养——研究生和访问学者数量等）来撰写评估报告，指出存在的问题，并提出整改建议。为保证评估结果和建议能得到研究单位的积极响应与落实，评估机构对各研究单位采取跟踪问责制度，每 12 个月对研究单位进行一次检查与回访，跟踪评估结果的落实和整改情况。联邦科学与工业研究组织开展的研究绩效影响评估主要包括两个方面：评估研究部门在国内、国际科学研究界的领导地位及被认知度；评估研究成果对工业界、政府及社会的贡献及影响[35]。

（二）评估公立高校

由澳大利亚研究理事会评估公立高校的研究绩效。

2008 年 3 月，澳大利亚统计局与新西兰统计局发布了《澳大利亚与新西兰标准科研分类》。该标准包含三方面内容：科研活动类型分类；研究领域分类；社会经济目标分类。该标准把高校的科学领域划分为 22 类，每一学科类内包含若干学科组，每个组内又含多个领域，分别用 2 位码、4 位码和 6 位码来标识。各个参与科研评估的公立高校或研究机构，均可以根据自己的专业来找到对应的标准学科类、组和领域[36]。

2009 年，在澳大利亚创新、工业、科学与研究部的指导下，澳大利亚研究理事会出台了澳大利亚卓越研究质量评估体系，包括《ERA 提交评估材料指南》《ERA 评价指南》和《ERA 指标评价基准方法》，目的是建立透明、高效的研究绩效评估体系，全面评价澳大利亚高校的研究质量，包括纯理论研究、应用研究及与企业界的合作研究。《ERA 评价指南》为大学提供了评估指南，《ERA 指标评价基准方法》提出了评价指标、指标的对照标准、数据要点和计算方法等。2010 年，澳大利亚研究理事会采用澳大利亚卓越研究质量评估体系评估对各高校的物理学、化学、地学、人文科学与艺术领域进行了试点。在试点的基础上，2010 年首次对全部公立高校的各学科推广开展了澳大利亚卓越研究质量评估体系评估工作，本轮工作结束后，澳大利亚政府听取了各高校的意见建议，修改和完善评估指标，此后每两年评估一次。2012 年进行了第二轮澳大利亚卓越研究质量评估体系评估工作。

澳大利亚研究理事会采用上述学科分类标准和澳大利亚卓越研究质量评估体系，分别为高校的每个学科类别组建一个“研究评估委员会”，以专家评估和同行评议两种形式评估；一般在下列情况下使用同行评议：在对某个机构的研究工作进行评估时，评估委员会对其研究领域的专业知识不够；对某机构的研究工作的重要性有争议或不确定；如果某机构提交的材料太多，评估工作量太大，评估委员会成员无法及时完成评估。澳大利亚研究理事会开展的澳大利亚卓越研究质量评估体系评估，是以学科组为基准，即每个参与评估的机构基于学科组的评审，以某个学科组的绩效参与评估。如果在学科组的基础上无法达到入围资质的基本要求，则可以将绩效材料参与到（上一层）学科类的评估。

评估的流程为：①按要求提交评估材料。在开展高校研究绩效评估时，澳大利亚研究历理事会将在网站上公布《ERA 提交评估材料指南》。按照指南要求，各高校指定专门的信息管理人员，通过澳大利亚研究理事会开发的“研究质量评估系统”这一计算机信息系统网上提交评估材料。当提交的材料符合要求并通过该系统的审查后，高校负责人在网上予以确认。②将评估材料分配给评估专家。澳大利亚研究理事会的前期准备工作包括：按照学科将评估材料进行分类，找出跨学科和多学科研究项目；找出一些敏感的材料，并为这些敏感材料制定分配办法以及评审专家查看范围；找出需要回避的材料；等等。在与评估委员会负责人商量后，澳大利亚研究理事会在网上将评估材料分配给评估委员会，或给同行评审专家。③评估。澳大利亚卓越研究质量评估体系的评估包括对单个学科的评估和对机构（高校）的评估，包括四个步骤：初评，网上互看初评结果，评估委员会开会讨论每个成员对学科的初评结果并做调整，评估委员会开会决定各高校的学科及学科组的等级。

澳大利亚卓越研究质量评估体系评估结束后，澳大利亚研究理事会将分别在全国及所有高校公开发布评估结果，并把评估结果通知“高校可持续研究卓越计划”的成员单位。政府根据澳大利亚卓越研究质量评估体系的评估结果，并与高等教育部门商量后，决定如何分配“大宗拨款研究经费”。只有参与澳大利亚卓越研究质量评估体系评估的高校，才有资格得到“高校可持续研究卓越计划”的资金资助。

二、评估的调整

进入 21 世纪以来，联邦科学与工业研究组织的评估基本没有大的变化，但随着政府的更替，联邦科学与工业研究组织对高校的评估做了各方面的调整。

（一）评估标准的变化

2008 年以前，澳大利亚研究理事会进行科研绩效评估的标准采用 1998 年发布的《澳大利亚标准科研分类》。2008 年 3 月，澳大利亚统计局与新西兰统计局共同发布了《澳大利亚与新西兰标准科研分类》，这一标准成为涉及科研活动界定和划分的新分类标准。就研究领域而言，新标准与 1998 年的老标准比较，有 40%以上的科研领域发生了变动。新标准还将根据科学的不断发展，对研究领域和社会经济目标持续进行更新。

（二）研究质量评估体系的建立

2004 年，霍华德当政时期的政府提出了“研究质量框架计划”（RQF），目的是建立研究质量评估体系，对大学和公共研究机构的研究成果及对社会的影响进行质量评估，促进大众及时了解研发活动的进展情况，推进科研成果的产业化。在 2006 年成立 4 个技术工作小组（质量标准、研究影响、信息技术、评价模型）的基础上，2007 年主要开展了以下一些工作：召开了来自 120 个不同部门的代表专题研讨会，对“研究质量框架计划”的各种指标进行进一步的研讨和认证，并对 13 个研究单位开展了“研究质量框架计划”试验示范，准备在 2008 年全面推行该评价体系。但 2007 年 12 月工党政府上台之后，担心该体系管理成本过大，就废弃了“研究质量框架计划”计划，2009 年建立了澳大利亚卓越研究质量评估体系。

2009 年 5 月，澳政府发布的国家创新政策白皮书《驱动创意：一项 21 世纪的创新议程》提出，国家创新体系建设的一个方面是加强对创新体系的评估。

2011 年 5 月，澳大利亚创新、工业、科学与研究部发布了针对澳大利亚卓越研究质量评估体系的修订建议。争议最大的是期刊排序问题，有证据表明：因为对排序角色的错误理解，在一些部门中，排序被不恰当地应用从而导致了一些有害的结果。此外，还有一些建议是关于同行评议和澳大利亚卓越研究质量评估体系适用于应用和交叉学科研究领域的问题。澳大利亚研究理事会建议对澳大利亚卓越研究质量评估体系方法和指标的修改应该有所节制，关于平衡澳大利亚卓越研究质量评估体系执行的严格性和与 2010 年评价结果的兼容性，提出以下几点改进意见：①将期刊质量指标进行改进，去除 A*、A、B 和 C 等排序；②引入对期刊的描述，在每个单元的评价中给出最常发表的期刊；③提高多学科研究的能力，允许将明显具有某学科内容的文章纳入相应的学科中，而不管它发表在什么期刊上（在 2010 年澳大利亚卓越研究质量评估体系实践中，这种方法成功地试用在数学科学领域中）；④将低阈值设定为 50 个产出成果（使同行评议的学科与引文学科相一致）；⑤放松对专利归属、工厂孵化权和注册外观设计的规定，允许授予有资格的研究者拥有所有权，也允许提交注册申请；⑥修订少数研究人员的资格要求为 0.4 个全职人员，同时在人员有明确归属（如使用署名）的情况下，保持低于阈值的人员进行提交的权力；⑦还要求澳大利亚研究理事会继续执行调查策略，加强同行评议过程，包括改进抽样的方法和评估工作[37]。

（三）评估国家研究投资计划过程

2012 年，澳大利亚国家研究投资计划中提出的第 12 项行动是澳大利亚研究理事会将建立一种评估国家研究投资计划过程的机制，用于评估国家研究投资计划过程的效率、效果和拨款情况。该过程将使用澳大利亚卓越研究质量评估体系数据来评估澳大利亚高等教育机构所有学科的研究卓越性，以及评估公私研究机构的研究绩效。2013 年，澳大利亚研究理事会协助澳大利亚创新、工业、科学与研究部与研究界和产业界咨询影响与从事评估方面的工作[38]。

澳大利亚科技的发展也有很多不足之处。澳大利亚位置远离欧亚大陆和美国的很多科研中心，导致科技的直接交流困难；其自身的科技人员数量少，导致澳大利亚依靠国外科技人力资源和只能重视本国机构的合作。进入 21 世纪后，政府更迭同时不断调整了主管高等教育和研究的部委，特别是暴发金融危机的 2008 年后，不同的部委管理科技资助机构和科技协调机构（如 2013 年新一届政府将联邦科学与工业研究组织划归产业部，将澳大利亚国家纳米装配装置措施划归教育部），这使得研究机构获取资金的来源增多而导致资金使用上出现如管理、匹配等很多问题，而且很多研究人员担心申请某些国家计划资助的手续会更加烦琐、过程更加复杂。

澳大利亚科技需要改善的另外一个领域是学术研究成果的商业化。如果没有推动经济增长的任何政策，澳大利亚的很多研究人员认为他们的科学文化氛围缺乏冒险精神，并且一定要改进从学术到产业的技术转移。澳大利亚各大学研究成果典型的商业化办法是给现有的大公司颁发使用许可证，几乎看不到澳大利亚的研究人员新建企业。澳大利亚的地理位置使得欧美的很多研究成果商业化冒险方法在该国不能很好地利用。相对较小的风险资本系统和国内市场又增强了不愿冒险的影响，这使得新企业很难获得所需的资助；而且，澳大利亚的工业研发中心太少。澳大利亚政府要想成功地加强科研对本国经济的作用，必须进一步加强科研与产业界的联系，并为那些想商业化研究成果的研究人员出台更新的支持政策，而不是通过颁发使用许可证的模式。

（执笔：中国科学院文献情报中心　刘　栋）

参考文献

[1] 冯瑄．澳大利亚科学技术概况．北京：科学出版社，2012：104-165.

[2] Commonwealth Scientific and Industrial Research Organisation. National Research Flagships. http：//www. csiro. au/Organisation-Structure/Flagships. aspx [2012-09-22].

[3] 联合国教育、科学及文化组织．澳大利亚和新西兰//联合国教育、科学及文化组织．科学报告 2010. 纽约：联合国教育、科学及文化组织，2011：446-448.

[4] 高凯，冯瑄．2009 年澳大利亚科技发展动态研究．全球科技经济瞭望，2010，25（6）：5-15.

[5] 高凯，冯瑄．2010 年澳大利亚科技政策与高技术领域的发展．全球科技经济瞭望，2011，26（7）：9-22.

[6] Department of Innovation, Industry, Science and Research. National enabling technologies Strategy. http：//www. innovation. gov. au/Industry/Nanotechnology/Documents/NETS _ booklet _ web. pdf [2012-10-25].

[7] Department of Innovation, Industry, Science and Research. APS innovation action plan. http：//www. innovation. gov. au/Innovation/PublicSectorInnovation/Documents/APS _ Innovation _ Action _ Plan. pdf [2012-10-25].

[8] Prime Minister of Australia. $249 million for University-Business R&D partnerships. http：//www. pm. gov. au [2012-10-25].

[9] 张华．2001 年澳大利亚科技发展综述．全球科技经济瞭望，2002（5）：37-40.

[10] 张华，李瑞祥．2003 年澳大利亚科技发展综述．全球科技经济瞭望，2004，(3)：47-49.

[11] 赵庆清，徐海．2006 年澳大利亚科技发展综述．全球科技经济瞭望，2007，(6)：4-11.

[12] 汪洋．澳大利亚政府发表创新行动计划．全球科技经济瞭望，2001，(6)：18-20.

[13] Department of Innovation, Industry, Science and Research. Annual Report 2008 - 2009. http：//www. innovation. gov. au/SeetioN/AbouttheDepartment/Annua1%20Report%20200809 [2012-10-27].

[14] Department of Innovation, Industry, Science and Research. $10M researchers in business scheme announced. http：//minister. innovation. gov. au/Carr/Pages/. aspx [2012-10-27].

[15] Department of Innovation, Industry, Science and Research. 200 bright futures. http：//minister. innovation. gov. au/Carr/Pages/200BRIGHTFUTURES. aspx [2012-10-27].

[16] Department of Innovation, Industry, Science and Research. future fellowships 200 midcareer researchers awarded. http：//minister. innovation. gov. au/Carr/Pages/FUTUREFELLOWSHIPS200MIDCAREERRESEARCHERSAWARDED. aspx [2012-10-27].

[17] 科技博览．澳大利亚宣布 2012 年度未来院士支持计划．中国科技产业，2012，(9)：79.

[18] 冯瑄．澳大利亚科学技术概况．北京：科学出版社，2012：94-97.

[19] Department of Innovation, Industry, Science and Research. Welcome. http：//www. innovation. gov. au/Pages/default. aspx [2012-10-27].

[20] Department of Innovation, Industry, Science and Research. Revitalised Prime Minister's Scrence Council. http://minister.innovation.gov.au/chrisevans/MediaReleases/Pages/REVITALISEDPRIMEMINISTERSSCIENCECOUNCIL.aspx [2012-11-04].

[21] 张华，汪洋．2002年澳大利亚科技发展综述．全球科技经济瞭望，2003，(3)：41-44.

[22] Department of Innovation, Industry, Science and Research. Making ideas reality common wealth commercialization instuute. http://minister.innovation.gov.au/Carr/Pages/MAKINGIDEASREALITY-COMMONWEALTHCOMMERCIALISATIONINSTITUTE.aspx [2012-11-10].

[23] Australian Nanotechnology network. ARCNN news. http://www.ausnano.net/content/news_1 [2012-11-10].

[24] The editorial. Science on the up, down under. Nature nanotechnology, 2014, 9 (3): 157.

[25] Department of Innovation, Industry, Science and Research. Australian key innovation indicators. http://innovation.gov.au/Innovation/ReportsandStudies/Pages/AustralianInnovationDataCard.aspx [2013-02-08].

[26] 汪洋．澳大利亚国家重点研究领域的目标．全球科技经济瞭望，2003，(8)：24-26.

[27] 李建华，李瑞祥．2005年澳大利亚科技发展综述．全球科技经济瞭望，2006，(6)：4-9.

[28] Department of Innovation, Industry, Science and Research. Maximising the innovation dividend: review key findings and future directions report. http://www.innovation.gov.au/Research/Documents/ReviewAdvicePaper.pdf [2012-11-14].

[29] Department of Innovation, Industry, Science and Research. Refreshing the national research priorities. http://www.innovation.gov.au/Research/Documents/2012RefreshingtheNRPs.pdf [2012-11-14].

[30] Department of Innovation, Industry, Science and Research. 2012 National research investmant. plan http://www.innovation.gov.au/Research/Documents/NationalResearchInvestmentPlan.pdf [2012-11-14].

[31] Department of Innovation, Industry, Science and Research. Australia innovation system report 2012. http://www.innovation.gov.au/Innovation/Policy/AustralianInnovationSystemReport/AISReport2012.pdf [2012-11-14].

[32] Office of the Chief Scientist. Heath of Australia science. http://www.chie fscientist.gov.au/wp-content/uploads/HASReport_Web-Update_200912.pdf [2013-01-20].

[33] Department of Innovation, Industry, Science and Research. Australia innovation system report 2011. http://www.innovation.gov.au/Innovation/Policy/AustralianInnovationSystemReport/AISReport2011.pdf [2012-11-14].

[34] Commonwealth Scientific and Industrial Research Organisation. Performance reviews. http://www.csiro.au/Portals/About-CSIRO/How-we-work/Budget--Performance/Performance-reviews.aspx [2012-11-14].

[35] 冯瑄．澳大利亚科学技术概况．北京：科学出版社，2012：204-211.

[36] 高凯，冯瑄．澳大利亚的科技研究绩效评估体系．全球科技经济瞭望，2010，25 (11)：16-25.

[37] Department of Innovation, Industry, Science and Research. Improvements to excellence in research for Australia. http://minister.innovation.gov.au/Carr/MediaReleases/Pages/IMPROVEMENTSTOEXCELLENCEINRESEARCHFORAUSTRALIA.aspx [2012-11-14].

[38] Department of Innovation, Industry, Science and Research. Assessing research impact and engagement. http://www.innovation.gov.au/Research/Pages/AssessingResearchImpact-Engagement.aspx [2012-11-14].

第十五章　加　拿　大

2002～2012 年，加拿大联邦政府制定了第二个联邦政府的中长期科技战略，并对加拿大国家科技与创新体系进行了三次评估；受 2008 年金融危机的影响，加拿大联邦政府的科技预算与全国研发经费都出现了先增后降的趋势；哈珀总理当政期间，政府在科技创新中发挥着重要的掌舵作用；在这十年间，加拿大希望在保持其竞争优势的同时，加强对企业创新的支持；自 2009 年以来，为应对金融危机和经济衰退，哈珀政府出台“经济行动计划”创新预算案，指导并规划加拿大实现就业和经济增长，其中重点提到要通过创新驱动发展。

本章将着重从加拿大近十年的科技与创新战略、科技政策与措施、科技经费投入、优先领域确定、基础研究重点和科技评估等方面就加拿大的科技政策发展态势进行介绍与分析。

第一节　科技与创新战略

2002 年 2 月，加拿大工业部提出了“加拿大创新战略”。该战略是加拿大的科教兴国战略，包括优秀科技工作和人力资源开发两大部分，其中优秀科技工作又分为改善知识成就、提高技能、改善创新环境和强化社会团体作用四个部分。同年，加拿大出台了“新农业政策框架”，确定了食品安全与食品质量、环境、技能与革新、科学与创新、商业风险管理等作为加拿大农业与农业食品工业的五大优先发展领域。

2007 年，加拿大新一届政府发布了国家中长期科技发展战略——《让科学技术成为加拿大优势》。该战略沿袭了 1996 年《面向新世纪的科学技术》战略中提出的三个基本目标，四项基本方针，企业、知识、人才三大核心优势，以及环保、能源资源、生命科技和信息通信技术四个国家重点发展领域。

为应对 2008 年的全球金融及经济危机，促进加拿大的经济增长及就业，加拿大政府于 2009 年针对全球经济危机出台了名为《经济行动计划》的预算案报告，目的是促进加拿大经济复苏，创造就业岗位，实现经济增长，其中涉及的政策包括支持科研的科研税收优惠政策，支持产业化的相关政策，以及支持小企业创业的相关政策。因为在第二阶段的《经济行动计划》（2011 年后）中重点提出通过创新来促进就业和经济增长，所以被外界称为“创新预算案”。自 2009 年到 2012 年，加拿大联邦政府发布了 10 份报告，其中包括 2009～

2012年4份财年预算案，其他的报告是对财年预算案中措施的实施情况进行实时跟踪，并及时向加拿大国民反馈。

综上可见，在近十年中，加拿大依旧延续1996年第一份联邦科技发展战略的基本目标，其重点在于加强企业创新优势、知识优势和人才优势，重点强调的领域包括农业与食品和可持续发展领域，其中重要的学科领域包括支撑上述两大领域的“环保、能源资源、生命科技、信息通信技术”等领域，也是新的中长期科技战略所确定的优先发展领域。在2008年经济危机之后，加拿大在将科学技术作为保持竞争力的重要手段的同时，强调了经济增长、就业及社会福祉。

以下将重点介绍2002～2012年十年来加拿大重要的科技创新战略。

一、加拿大创新战略

2002年2月，加拿大联邦政府出台“加拿大创新战略”，作为加拿大的科教兴国战略，主要包括优秀科技工作和人力资源开发两大部分。其中明确提出了加拿大在改善知识成就、提高技能、改善创新环境和强化社会团体作用等四个方面的长远目标、近期目标和政府优先工作。加拿大政府表示，将逐年加大政府在研究与开发领域的投资，至2010年，力争使其劳动力中研究人员数目比2001年增加一倍；进一步改进加拿大创新活动的激励措施，努力做到使加拿大的企业税收制度相对G7其他六国保持竞争力；各级政府密切合作，充分发挥社会团体的创新潜能。总之，加拿大联邦政府希望通过10年的努力，使加拿大的研究开发水平从现在的世界排名第14位进入世界前5位，使加拿大的产品和服务在世界上具有竞争力[1]。

“加拿大创新战略”的主旨文件是工业部发布的《追求卓越：投资于民众、知识和机遇》和人力资源部发布的《知识至关重要：加拿大人的技能与学习》，其总目标是使加拿大成为世界上最具创新精神和创新能力的国家。《追求卓越：投资于民众、知识和机遇》是加拿大建设强劲的、更具竞争力的经济能力的蓝图，它提出了知识是国家的战略资源。重点是如何提高加拿大的科研能力，如何使加拿大的科学研究为创新经济做贡献，造福人民。这份文件提出了知识效能、人才技能、创新环境和社区创新四个方面的规划和目标。在《知识至关重要：加拿大人的技能与学习》中，加拿大人力资源部部长指出，国民至关重要，知识更加重要，当今就业市场上，知识会带来个人的成功，成功则提高对前途的信息[2]。

二、《让科学技术成为加拿大优势》中长期科技战略

2007年，加拿大政府执政党更替，保守党上台，新政府发布了国家中长期科技发展战略——《让科学技术成为加拿大优势》（图15-1）。这份战略沿袭了1996年《面向新世纪的科学技术》战略中提出的三个基本目标，进一步提出了“推进卓越、突出重点、鼓励合作、强化责任”的基本方针，在详尽分析加拿大优势和挑战的基础上，明确了加拿大的三大核心优势——企业创新优势、知识优势和人才优势，确定了四个国家重点发展领域（环保、能源资源、生命科技、信息通信技术），提出把科技进步与经济发展紧密结合，通过科技引领建设一个可持续的、有竞争力的、有独特优势的加拿大。该战略的目标是：以加拿大科

技强项为基础，力争在合理使用公共投入的前提下，建立鼓励民营企业创新的商业环境，致力于解决卫生、环境和自然资源竞争利用等挑战。

《让科学技术成为加拿大优势》出台后，加拿大每两年发布科学技术和创新体系国情咨文报告（State of the Nation：Canada's Science，Technology and Innovation System），对加拿大建设国家科技创新体系进行评估。国情咨文报告通过对12项总体指标，20项人才、研发、创新三大优势领域指标和43项国际国内排序图表进行对比，对加拿大的创新能力进行排序，以简单清晰的方式表示出加拿大所处的国际地位和进步情况。这套评估方法已经作为衡量加拿大创新能力的重要指标体系，为监督创新进展提供了评价基础[3]。

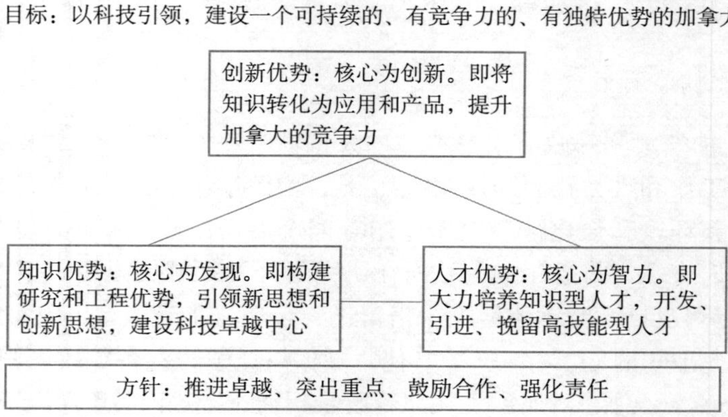

图15-1　《让科学技术成为加拿大优势》战略示意图[4]

根据《让科学技术成为加拿大优势》科技发展战略，加拿大政府还将健全竞争机制、实施绩效评估，促进个人和机构更好地使用公共科技经费，加强问责制度，改进衡量和报告联邦科技经费使用效果的制度[5]。

三、加拿大“经济行动计划”

为应对2008年的全球金融及经济危机，促进加拿大的经济增长及就业，加拿大政府于2009年开始针对缓解全球经济危机、促进经济增长和就业的目标制订“经济行动计划”——《保持加拿大经济与就业增长方案》，方案的目的是促进加拿大经济复苏，主要措施有：①创造就业岗位，实现经济增长。具体包括：为小企业提供临时就业贷款，鼓励企业增加雇员；扩大清洁能源方面的税收改革，鼓励绿色投资；扩大矿产挖掘税收优惠；简化海关税目，促进交易，降低企业管理成本；将“加速资本支出补贴计划”（Accelerated Capital Cost Allowance）延长至2013年；取消强制性退休年龄，为年长者提供工作选择。②社会支持方案。包括：立法成立每年额度高达20亿加元的燃油税基金，为各州提供长期基础设施资助；扩大“员工工资保护计划”范围，使员工免受因雇主破产等原因所带来的影响；对志愿消防员提供税收优惠；通过打击欺诈和其他形式的犯罪等一揽子措施，提高加拿大民众对司法的信心。③帮助家庭计划。包括：制定针对家庭护理人员的新的税收优惠措施，以帮助有体弱者的家庭；废除对有体弱者家庭的医疗费用税收优惠额度限制；建立新的儿童文艺税收优惠，支持儿童在艺术、文化、娱乐和发展等方面的活动。④投资教育与培训。包括提高政府对学生的财政资助等。⑤尊重纳税人。包括：逐步淘汰政府的直接津贴；减少导致一些企业和个人避税的税收漏洞[6]。截至2013年初，加拿大政府已制订了5次“经济行动计划”，在促进就业和经济增长方面取得了良好的成效[7]。

第二节 科技政策与措施

2002～2012年的十年间，加拿大为促进科技进步和经济发展，制定了多项政策与措施，主要表现在加强政府在科技创新与发展中的“掌舵”作用，拓展技术创新和发展的主体，鼓励公私合作，加大对企业的支持，加大对科技人才的培养与吸引等。

一、发挥政府在科技创新中的“掌舵”作用

加拿大2007年的《让科学技术成为加拿大优势》中长期战略确立了加拿大未来政府促进科技进步和发展的原则及策略，为加拿大政府科技决策提供了总体原则，反映了加拿大在科技创新政策方面的现实调整和未来方向，设置了使用公共基金来促进和引导科技发展的整体战略框架。

2007年，加拿大政府在联邦层面上将原来隶属于总理府的科学技术咨询理事会和隶属于内阁政府的科学技术顾问理事会合并，设立科技与创新委员会作为政府内阁最高科技咨询机构。18名成员来自科技、教育、企业和政府，主要为加拿大政府提供科技政策咨询并撰写科技创新国情咨文报告，以及为加拿大工业部提出科技政策建议。

从2009年第一次“经济行动计划”一直到2012年，加拿大政府一直通过财政预算来主导科技创新。

二、强调企业为创新的重点

加拿大在其科技创新体系评估中发现，尽管加拿大的高等教育和基础研究做得很好，产生了大量高水平的科研产出，但其科研产出的转移转化效率非常低下，企业的研发能力不足，严重影响了加拿大的创新能力。因此，加拿大政府在近十年的创新政策逐渐向企业倾斜，加强科研机构、政府部门与企业之间的联系和合作，尽管在经济衰退的大背景下削减了政府开支，但却加大了对中小企业研发的支持力度，并调整国家科研机构的研究方向以支持企业研发和新产品的产生，加强风险投资支持高成长性企业发展，简化和完善科研与实验开发税额抵免，并向大学及科研机构提供培训所需的资助。

在反思企业创新资助政策的同时，加拿大政府认为其国立科研机构——加拿大国家研究理事会（National Research Council，NRC）出现“重基础、轻应用”、职能定位不清楚等弊端，也导致了科技成果转化率低下。因此，从2012年开始，加拿大开始对其国立科研机构进行改革，从重视基础研究转变为面向产业的科学研究，并对其机构进行了调整。

加拿大卓越研究中心网络计划（the Networks of Centers of Excellence Program，NCEP）成立于1989年，在1997年2月，加拿大政府将其确定为长期计划。卓越研究中心网络计划是连接研究开发与财富创造的一种创新模式。该计划的目标是调动加拿大研究机构、私营企业、公共部门和非营利组织的研究智慧，使它们进行独特的合作，将加拿大人

的研究和企业家的智慧转化为所有加拿大人的经济和社会效益。该计划的各个项目通过全国范围的多学科交叉和多部门合作，将卓越研究与工业技术诀窍和战略投资连接起来。卓越研究中心由在共同的研究项目一起工作的卓越科研人员组成，被称为没有围墙的研究所。目前，卓越研究中心网络计划是加拿大政府创新议程的一个重要组成部分。[8]

在对企业创新支持方面，加拿大政府设立面向企业的计划，采用税收优惠和风险投资等方式给予支持，自 2006 年以来，为刺激经济增长和就业，加拿大开始采取减税政策激励企业创新。面向企业的计划主要包括技术伙伴计划和工业研究援助计划两种。

（一）技术伙伴计划

国家研究理事会技术伙伴计划（Technology Partnership Canada，TPC）始于 1996 年，是加拿大工业部管辖的专门支持企业进行战略研究与开发的计划，为《政府就业与经济增长议程》的重要组成部分。该计划起初主要支持企业开发和采用接近市场的新技术。1999 年以后，为适应世界贸易组织（World Trade Organization，WTO）的要求，技术伙伴计划对其投资方向做了重大调整，不再支持贴近市场的项目，转而支持产品的早期开发和商业化前的项目。

技术伙伴计划的宗旨是促进加拿大经济增长、就业和财富增加，支持加拿大可持续发展。技术伙伴计划通过对研究开发和创新的战略性投资，带动私营部门投资研发，以增强加拿大企业的技术创新能力。

（二）工业研究援助计划

加拿大工业研究援助计划（Industrial Research Assistance Program，IRAP）创立于 1947 年，是一项由加拿大联邦政府提供财政支持、由国家研究理事会牵头具体组织实施、专门支持加拿大中小企业研究开发的计划。每年，国家研究理事会拿出将近 1/4 的经费支持工业研究援助计划的实施。该计划主要支持人数在 500 人以下的中小企业，包括由科研机构中派生出的高新技术企业。计划的主要内容是：为中小企业培训专业人员，提供技术支持，帮助发展国际合作，开拓国际市场。

工业研究援助计划通过向加拿大中小企业提供优秀的以知识为基础的创新援助和有关创新资源的联系渠道，增强企业创新能力；并通过参与社区创新活动，强化创新基础设施，推动创新产业群和网络的发展，从而加强加拿大中小企业在全国创新体系中的地位。该计划提供资金支持的类型包括：资助中小企业早期技术开发项目；资助中小企业商业化前开发项目；支持大学生到企业学习。

三、加大对科技人才的培养与吸引

加拿大一直注重科技人才的培养与吸引，其在高等教育的投入占 GDP 的比例为 G7 国家之首。2002～2012 年的十年间，加拿大针对科技人才培养与吸引的政策包括以下几方面。

（一）首席研究员计划

2000 年，加拿大联邦政府拨款 9 亿加元，启动首席研究员计划（Canada Research Chairs）。开展这一计划的目的是：到 2005 年，支持加拿大大学设立 2000 个首席研究员职位。加拿大创新基金为该计划的实施也专门拿出 2.5 亿加元设立了相应的首席研究员基金，以支持首席研究员科研基础设施的建设。首席研究员计划的总体目标是通过加强大学的研究和培训能力，加强大学的国际竞争力，改善加拿大人的生活质量，具体目标包括：通过吸引并留住顶尖研究人员，加强加拿大的研究能力；通过研究活动，改善高质量的人力资源培训；提高加拿大大学的创新能力及新知识的应用能力；通过不同领域、学科之间的合作，提高研究资源的使用效率。

2007 年，加拿大出台卓越首席研究员计划，专门吸引世界顶尖科学家，为此，政府向每位科学家提供总计 1000 万加元的资金，连续支持 7 年。2011 年 3 月，加拿大政府在《预算 2011：就业和增长的低税收计划》中首次提出产业研究首席资助计划（IRCC）[9]，并在 2011 年提供 300 万加元支持 30 位来自高校的产业研究首席，将高校的创新型应用研究应用到当地企业。产业研究首席通过加拿大自然科学与工程研究理事会申请获得资助，每年资助额度为 10 万～20 万加元，资助年限为 5 年。这些产业研究首席的职责是使大学有机会与当地企业共同开展研究，从而服务于研究者、企业和社会。资助的研究首席将建立产业和院校之间的伙伴关系，为当地企业提供能支持其竞争力、提升其创新能力的有价值的资源[10]。

（二）卓越研究计划

2008 年创设的加拿大卓越研究项目计划（CERC），目的是为了吸纳和留住世界上最有才华和最有前途的研究人员，以便在加拿大各高校建立加拿大优先领域和次优先领域的宏伟研究计划。这些国际研究者在加拿大优先和次优先领域开展研究与开发，为加拿大的竞争力提升和未来的繁荣昌盛做出了积极的贡献。在 2010 年 5 月，有 19 位世界领先的国际大学研究人员选择在加拿大从事他们的研究，因此他们给加拿大的研究人员提供了学习和创造新发现的机会。每个项目 7 年内都会收到高达 1000 万加元的资金，以支持项目负责人和他们的研究团队。

加拿大卓越研究计划有效地吸纳了由联邦政府提供资金的加拿大首席研究员，他们曾成功地实施了加拿大研究的转化工作。除了将国际人才吸引到加拿大外，该计划还把许多重要的利益带给了加拿大各所大学以及所有加拿大人，为加拿大培养了下一代的科技人才——硕士生、博士生及博士后，还包括最优秀的外国学生。该计划正在打造强大的研究与商业领域国际化的合作伙伴。卓越研究计划的最终目标是培育属于加拿大自己的、土生土长的研究明星，发扬这个国家重视科技与创新的传统，提高生产力和人民的生活水平。

（三）设立各类国际奖学金以吸引优秀人才

加拿大的各项国际奖学金为加拿大的研究生和研究者提供海外学习和研究的机会，也为国外学者提供在加拿大进行学习和研究的机会[11]。目前加拿大的国际奖学金项目主要有以下三种。

1. 班廷博士后奖学金计划

2010 年 7 月创始的班廷博士后奖学金计划[12]，提供为期 5 年的 4500 万加元的资金以便吸引并留住一流的科研人才。该计划每期将稳定支持 140 位研究人员，每年颁发 70 个新奖项。奖项每两年评选一次，获得嘉奖的研究员可获得 7 万加元的奖励，为期两年。这些研究员席位对近期获得博士学位、博士学位同等学力或保健专业学位的加拿大人和国际研究人员开放，且这些研究人员中至少有 25%的加拿大受奖者有资格进入外国的研究机构。

2. 凡尼尔加拿大研究生奖学金

凡尼尔加拿大研究生奖学金为全世界优秀的博士研究生提供奖学金，支持那些在学术方面取得突出成就、达到高的研究水平的博士研究生，资助领域包括社会科学和人文科学、自然科学与工程、卫生健康领域，以及领导技巧等。加拿大和国际博士研究生都可以申请此项奖学金计划，每年奖金为 5 万加元，资助 3 年。通常情况下，加拿大每年将资助 500 个来自加拿大和国外的博士研究生。

3. 加拿大-加勒比共同体领导奖学金计划

2007 年，加拿大总理哈珀出访加勒比时宣布了加拿大-加勒比共同体领导奖学金计划[13]。此项计划旨在提高共同体的发展和可持续性，寻求加强全国和区域的加拿大大学、学院和机构之间的联系。其资助对象为双边的学生交换和机构合作，包括研究生交流计划和学院与本科生交流计划，是学院、技术和职业机构和大学之间的国际合作。

第三节　科技经费投入

一、加拿大科技经费支出趋势

自 2001 年至 2011 年，加拿大科技经费支出呈现先升后降的趋势。在 2008 年金融危机之前，加拿大的科技经费支出总额一直处于上升阶段，但其研发强度（GERD/GDP）却一直处于下降趋势（图 15-2）。尤其是金融危机之后，加拿大政府试图将加拿大拉出全球经济衰退的泥潭，将更多的经费投入到支持经济增长和增加就业相关事项，导致在科技经费支出上的比例降低。尽管预算案削减了为科研提供资助的 3 家政府机构的资金，不过在 2010 年和 2011 年有 16.2 亿美元资金用于翻新老旧学校建筑，这是用于各项基础设施的 100 亿美元资金的一部分[14]。

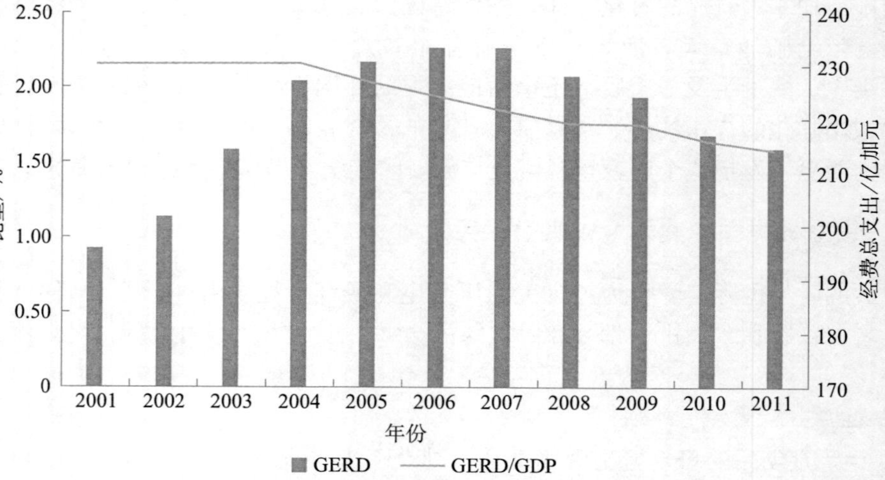

图 15-2　2001～2011 年加拿大科技经费总支出概况

资料来源：经济合作与发展组织统计数据库

在 2009～2010 财年，联邦政府的科技支出增长 9.8%，达到 116 亿加元，并且 2010～2011 财年的科技支出为 119 亿加元，增长 2.2%，而到 2011～2012 财年，政府财政中的科技支出为 113 亿加元，有所下降。考虑到通货膨胀的因素，2009/2010 财年的联邦政府的实际科技支出达到 98 亿加元，从 1999/2000 财年到 2009/2010 财年十年间科技支出增加了 46.5%，其中研发支出占到 63%以上（图 15-3）。

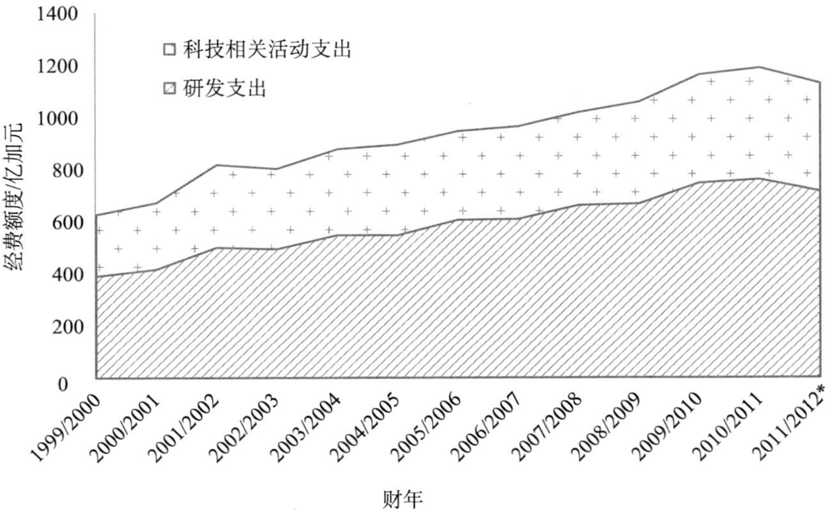

图 15-3　2002～2011 年联邦政府科技经费支出

资料来源：加拿大国家统计局[15]

注：* 表示当时该年度的支出额为估计值

二、加拿大政府科技经费的配置情况

加拿大联邦科技经费支出的 3/4 用于自然科学与工程研究，社会与人文科学占 1/4。2010 年，自然科学与工程研究的研发支出为 267 亿加元，而社会与人文科学的研发支出为 25 亿加元，总的国内研发总支出为 292 亿加元。

联邦政府的科技经费主要用于政府内部的机构或部门的支出，以及政府外部的机构支出，例如，高等教育、商业部门、私有非营利机构等方面。2009～2010 财年用于人口健康的政府经费为 14 亿加元，用于非导向性研究的经费为 9.9 亿加元，用于工业生产和技术的经费为 8.43 亿加元。用于研发支出的联邦科技经费中最重要的三个领域是能源（5.44 亿加元）、农业（3.9 亿加元）和人口健康保护与改善（2.74 亿加元）[16]。

以 2010 年为例，图 15-4 和图 15-5 分析了加拿大科技经费来源分布和执行分布情况。从图中可以看出，产业界不仅是加拿大科技经费的主要来源，也是主要执行部门。联邦政府是科技经费的第二大主要来源，而高校则是研发经费的第二大执行部门。

图 15-6 展示了 2010 年加拿大主要的经费来源和流向。从中可以看出，几乎所有的研发经费都有大部分流向高等教育，不仅用于研发活动，而且用于人才培养等相关活动，而来自国外的经费主要流向产业界。

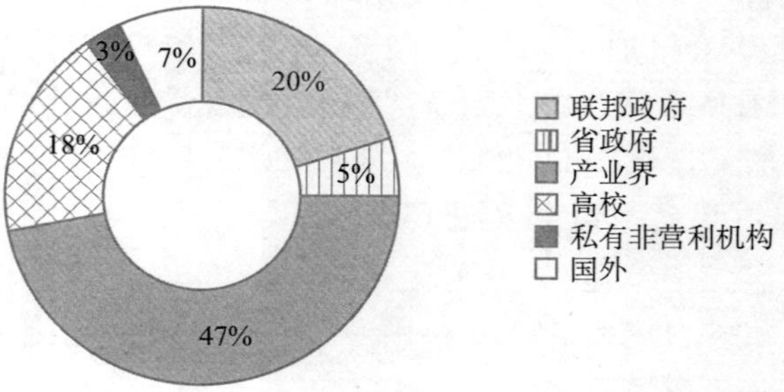

图 15-4　2010 年加拿大科技研发经费来源分布

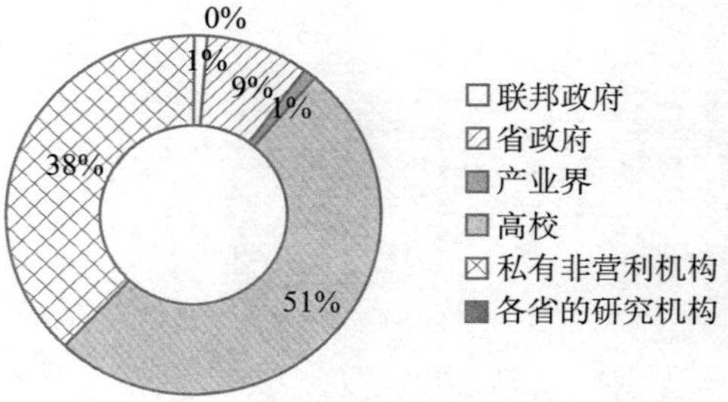

图 15-5　2010 年加拿大科技研发经费执行分布

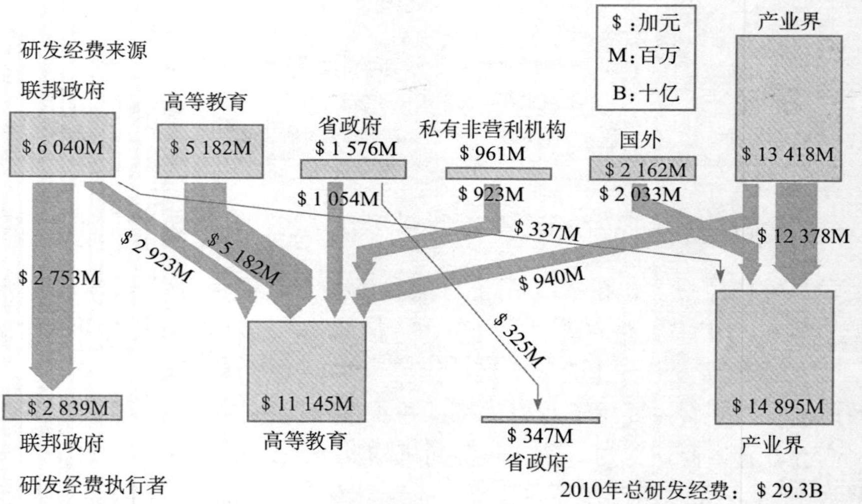

图 15-6　加拿大科技研发经费流动图（2010 年示例）[16]

数据来源：Statistic Canada，CANSIN Database

注：图中所示为大于 2 亿加元的数值

第四节　优先领域的确定

加拿大的优先领域确定可分为宏观、中观和微观三个层面，宏观层面的优先领域确定是联邦政府制定整个国家科技发展中优先发展的领域，由加拿大联邦政府内阁、议会的工业科学与技术委员会和工业部等科技主管部门负责制定；中观层面的优先领域确定主要是指州或地区政府根据各州的发展情况制定的优先发展的领域；微观层面的优先领域确定是科研资助机构或科研机构所制定的部门科技发展中优先发展的领域。

一、联邦政府层面的优先领域确定

加拿大很少有联邦层面关于整个国家发展的优先领域确定，也少有这方面的规划和战略。在 2002～2012 年，加拿大仅制定过一次中长期科技发展战略，这也是加拿大第二次国家层面的综合性科技发展战略，其中仅提到四个宏观层面的优先发展领域，包括：环境科学与技术、自然资源与能源、健康与生命科学技术、信息与通信技术。

加拿大的联邦政府和省政府共同参与国家的科技优先领域的确定，其骨干力量是联邦政府、议会、内阁成员及其工业部等部委和机构，而卫生、教育、农林业等领域的优先领域确定则主要由各省政府分别负责。

在具体流程上，由工业部牵头制定优先领域确定进程，组建来自科技、教育、企业和政府等的人员成立工作小组进行协商，向众议院提交提案，并接受审查。之后发布草案，向全国范围内的各界人士，即更广大的利益相关者征询意见，并由工作小组针对各方意见修订草案。提交总理和内阁，由总理、内阁成员和工业部共同商讨确定终稿，期间要接受科学技术与创新委员会的政策建议。最后由工业部负责向全国发布。

二、某一领域的优先子领域确定

某一领域具体的优先子领域确定是一个关于资源配置的双向互动的过程[17]。以健康卫生相关的优先领域确定为例，在自上而下过程中，主要是由加拿大科技主管部门或者省政府确定想要发展的领域，并调研医院或卫生科研机构的确实需求；在自下而上的过程中，加拿大各个医院或机构确定各自优先发展的领域，并通过加拿大卫生部或各省卫生部提交给联邦内阁或省内阁。在多次交互之后，最终确定优先领域。

具体的优先领域确定如图 15-7 所示，可分为七个步骤，其中知识管理、解析研讨会和修订机制环节都需要进行自上而下和自下而上的互动，而利益相关者的识别、分析和参与是最终的优先领域确定是否可靠可信的关键。

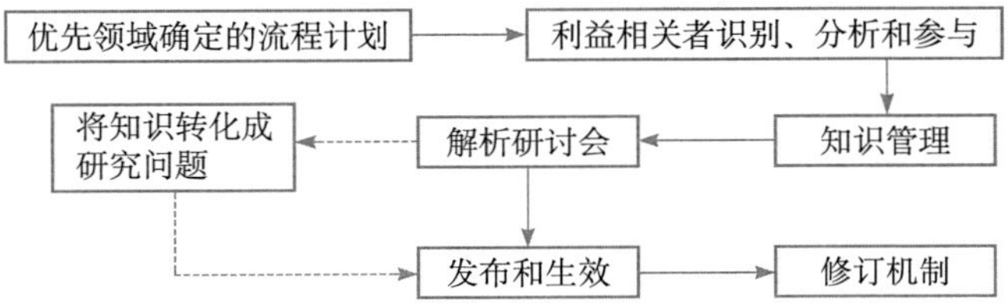

图 15-7　优先领域确定流程

注：图中实线表示必须经过的步骤；虚线表示可能经过的步骤

（一）流程制定

此步骤是以下各步骤的基础，主要是分析优先领域确定中各步骤的需求、可能存在的障碍或挑战。在此阶段，需要确定领导个体或机构，并从主要的领导机构中遴选人员组建工作小组（TWG），该小组将确定优先领域确定流程的时间节点、组织管理、预算、宣传计划等；同时采用一些技术手段进行利益相关者分析，为第二个步骤做好铺垫。

（二）利益相关者识别、分析和参与

利益相关者的确定是为了确保使合适的人参与到优先领域的制定过程中，并在优先领域过程中平衡来自不同机构、代表不同利益团体和层次的利益关系。利益相关者分析是决定利益相关者的关键工具，它能帮助领导识别出以下问题：与研究议程或具体的研究主题相关的利益相关者的重要性、影响力和利益，同时识别出主要的和次要的利益相关者；不同利益相关者机构层次，例如，医学健康问题领域的政府部门——卫生部；社团或组织——世界卫生组织；参与的利益相关者的层次——本地、区域、国家或国际；可能会对整个优先领域确定流程产生阻碍的政治冲突、利益冲突及风险；在优先领域确定过程中的机会和关系；确定在优先领域确定过程中的不同阶段需要参与的群体；确定利益相关者参与的合适的策略和方式。

（三）知识管理

在优先领域确定过程中的知识流动也是非常重要的。首先，要确保所有的利益相关者都具有相同的信息。任何优先领域确定过程都需要开发出其知识管理策略，来满足不同利益相关者对于信息的需求，这些策略应涵盖以下内容：在优先领域确定过程中利益相关者都具有哪些知识和信息？他们是否都具有相同的教育和语言背景？他们是否具有相似的获取知识资源的途径？这些知识如何影响优先领域确定的过程？这些知识需要在流程进行之前进行介绍吗？工作小组中的领导如何确保利益相关者能获得这些知识？如何传播或散布这些知识，以保证优先领域确定过程的透明性和负责性？在知识管理过程中，需要利用一些人员、程序和技术吗？人员之间如何分享和获取知识与信息？

（四）解析研讨会

在进行优先领域确定过程中，工作小组或利益相关者组成的小组要进行一次或多次的研讨会。这些研讨会主要由工作小组负责组织，可以分不同层面的利益相关者进行，其目的是将利益相关者聚集到一起，讨论优先领域确定的标准，确定标准的权重或排序，并将这些标准和方法应用于具体的优先领域确定过程中。这些研讨会是公开的、协商的，并且可能是反复多次进行讨论的。

（五）将知识转化成具体的研究问题

尽管有一些研讨会会讨论一些具体的研究问题，但是更多的研讨会将重点聚焦在确定政策重心、研究主题和研究选择上，然后将研究主题转化成具体的研究问题。

（六）发布和生效

通过研讨会和工作小组确定的研究问题的最终排序将提交更大范围的利益相关者审核，

工作小组需要向所有的利益相关者提交所有必要的信息，并召开利益相关者会议，听取意见和建议，最终确定优先领域的顺序，进行投票之后给予发布，同时生效。

（七）修订机制

在将优先领域发布后，仍需要有一个修订机制，以解决理解或结构上的不一致问题。该修订机制：①通过加入新的信息，将问题进一步深化或修改错误等方式，改善决策的质量；②解决关键的伦理问题。

三、优先领域确定的重要机制

（一）协商对话机制

协商对话（deliberative dialogue）是加拿大各个层次优先领域确定中的一种重要机制，是指一个集体性或程序化的讨论过程。讨论人员主要由有代表性的利益相关者参与，这些利益相关者从不同角度对事实进行考虑，不同利益相关者对问题进行批判性的思考与对话，通过合理的争论提炼并详述他们的视角、观点和理解。协商对话为优先领域确定过程中的不同利益相关者在决策制定过程中和平衡其不同观点、价值、需求和标准的过程中提供了多种方式；创造出了联合方式和共享理解，是一种独特而有效的使问题结构化的工具，并充分体现了民主的精神。因为利益相关者来自各个部门，所以协商对话机制提高了决策制定在科学和社会界的可信度。

（二）公共参与机制

加拿大重要的优先领域确定，尤其是全国综合性的规划的制定过程，都强调公共参与，即要充分吸纳来自更广大的利益相关者群体的意见，更加体现民主的精神。

国家层面的综合性科技战略规划中涉及的优先领域确定主要由加拿大工业部将草案公开发布，并用一段时间向全国各方征询意见，根据来自科技、教育、企业、社会、政府等多个方面的不同意见对草案进行修订，最终形成终稿。

第五节 基础研究重点

加拿大政府没有专门的基础研究发展战略，但基础研究在加拿大科技领域却起着不可忽视的作用。加拿大工业部负责加拿大国内的科技创新政策，除了鼓励企业研发和科技成果产业化之外，还会涉及一些基础研究的问题，然而这并不是其主要的职责。向基础研究拨款最多的当属加拿大自然科学与工程研究理事会（NSERC），作为加拿大支持科学研究的三大拨款机构之一，自然科学与工程研究理事会主要的资助对象是自然科学与工程领域的科学研究，其中很大一部分是基础研究。此外，加拿大政府还设有国家研究理事会，这是政府专门从事科学研究和科技管理的一个部门，主要从事应用基础研究和工业前期研究（2013 年改革前）。加拿大各政府部门，如国防部、农业与农业食品部、自然资源与能源部、环境部、卫生部、海洋渔业部、国家航天局等也都有相应的基础研究。加拿大还有一部分重要的基础研究则分布在加拿大的各大学中，而加拿大的大学是由各省政府管理，联邦政府资助的。以下将重点介绍一个拨款机构——自然科学与工程研究理事会，以及集研究、政策、合作、管理、协调等职能于一体的国家研究理事会。

一、自然科学与工程研究理事会资助重点

自然科学与工程研究理事会成立于 1987 年，隶属于工业部，是对科技能力建设进行战略投资的公共拨款机构，2010 财年拨款总额为 10.87 亿加元。其职责包括以下两方面。

（1）对发明和创新进行投资，以满足加拿大发展的动力需求。每年自然科学与工程研究理事会大约要资助 10 000 名大学教授、22 000 名研究生和博士后开展探索性的科学研究项目，对 500 多家投资大学研究的加拿大企业进行赞助，以促进创新研发。

（2）支持卓越中心网络建设，在战略性、前沿性的知识技能开发上，保持加拿大的领先优势。该网络可以使多学科、多部门之间形成研究伙伴关系，加快科技成果的应用和转化，增强加拿大在基础和应用研究领域的国际竞争力。目前，共有 22 个专业网络得到自然科学与工程研究理事会的稳定支持，涵盖 900 多个单位，包括 90 所大学和附属医院、130 多个联邦和省级研究所、700 多家企业共计 6000 名科技人员。

图 15-8 显示了自然科学与工程研究理事会自 2002 年以来的年度预算情况，可以看出，这十年来，自然科学与工程研究理事会的年度预算逐步增加。图 15-9 给出了自然科学与工程研究理事会 2011～2012 财年预算的分配比例，可以看出，用于探索类项目的预算占最大比例，并且在过去十年中，自然科学与工程研究理事会在基础研究方面投入了 70 多亿加元的经费[18]。

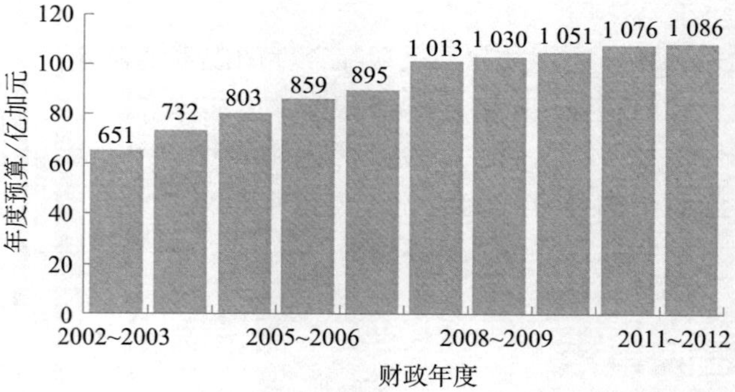

图 15-8　自然科学与工程研究理事会年度预算[19]

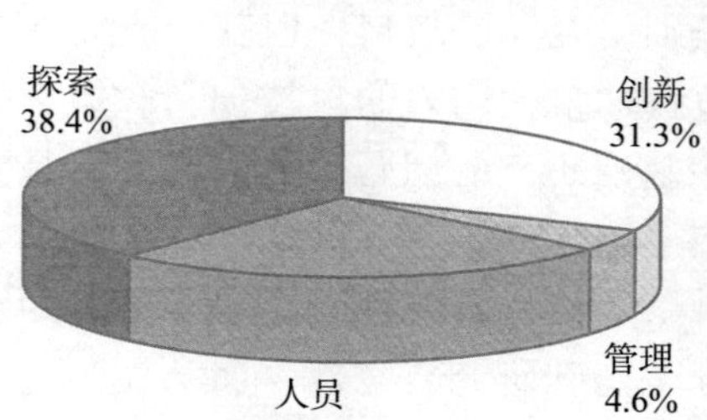

图 15-9　自然科学与工程研究理事会 2011～2012 财年预算分配比例[19]

二、国家研究理事会研究重点

加拿大国家研究理事会创建于 1916 年，是隶属于加拿大联邦政府的综合性国立科研机构。国家研究理事会一直是加拿大科学与工程领域基础与应用研究的开拓者，是政府专门从事科学研究和科技管理的一个部门，集研究、政策、合作、管理、协调等职能于一体，相当于科技部和中国科学院的部分职能。为了保持在研究方面的世界领先地位，国家研究理事会密切关注国际科学研究的发展趋势，吸引优秀人才，开展了大量高水平的应用基础研究。国家研究理事会主要从事应用基础研究和工业前期研究。在管理方面和其他政府部门有交叉和间接的隶属关系，例如，加拿大工业部在工业高新技术研究管理方面行使主要权利，加拿大农业部在农业科技发展方面行使主要职能[20]。

国家研究理事会下属 20 多个研究所和技术中心，管理结构简单高效，研究领域跨越多个学科，并提供多种服务。国家研究理事会的研究机构和计划主要分布于以下三个领域：理学和工程学、生命科学与信息技术学、工艺学与产业支持。在国家研究理事会 2012～2013 年的规划与优先领域中，将制造业技术、信息和通信及新兴技术、产业研究援助、健康与生命科学技术、能源和环境技术作为其优先发展的研究领域，其中制造业技术、信息和通信及新兴技术、产业研究援助都是为构建加拿大强有力的经济增长而设立的。

除此之外，国家研究理事会还承担部分加拿大的航空航天研究，其航空研究所（Institute for Aerospace Research，IAR）在空气动力学、结构和材料、航空推进装置（aeropropulsion）及飞行研究上有卓越的成就。作为加拿大的国家航空实验室，国家研究理事会的航空研究所负责并促进加拿大的航空航天业的研究及开发，包括航空飞行器的设计、制造、性能、操作及安全性。国家研究理事会的设备和仪器包括 9 架研究飞机（固定翼和旋翼式），8 个风洞、引擎测试台，一间全面的结构测试设备，以及一所制造技术中心。

但自 2012 年开始，加拿大拟开始对国家研究理事会的战略目标进行调整，使其从“过于关注基础研究”转变为“面向战略目标和产业发展”的研究，而加拿大的自然科学与工程的基础研究发展则进一步落在了自然科学与工程研究理事会的肩上。

第六节　科研评估

一、加拿大的科技评估体系

（一）加拿大联邦政府科技评估管理体制

加拿大评估组织包括议会、总审计署、财库委员会，以及联邦政府部门和机构。采用非集中模式，由各组织通过独立于管理体系之外的内部评估系统对其自身的政策和计划进行评估，评估结果对公众公布。各部门评估机构根据所属部门工作职责并根据联邦评估政策自行选择评估领域及方式，制定相应评估政策和框架。如图 15-10 所示，在中央政府层面，加拿大的财库委员会是加拿大国家整体评估的推动者，也是评估结果的重要使用者，而其下的秘书处则负责评估的具体领导工作。

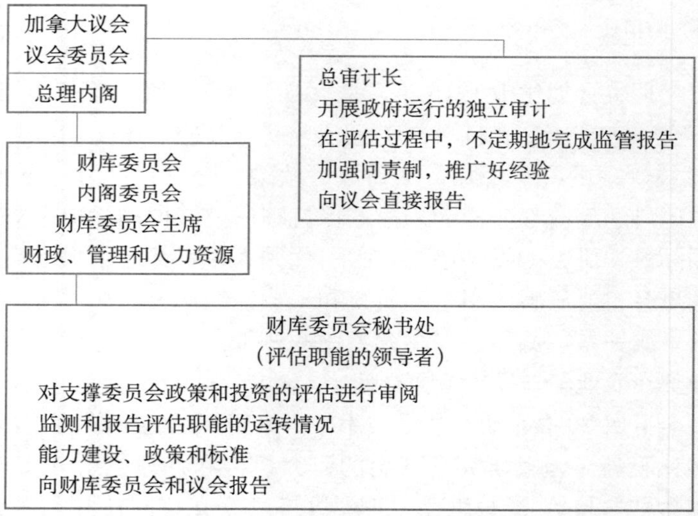

图 15-10　加拿大联邦政府的评估职能架构

2009 年 4 月，加拿大财库委员会出台了新的评估政策，为支持政策和计划的改进、经费管理、政府决策制定、公共报告的评估等提供全面可靠的依据。新政策更加关注国家投入价值的体现，围绕经费的相关性和绩效，针对 5 个核心问题开展评估[21]，具体见图 15-11。

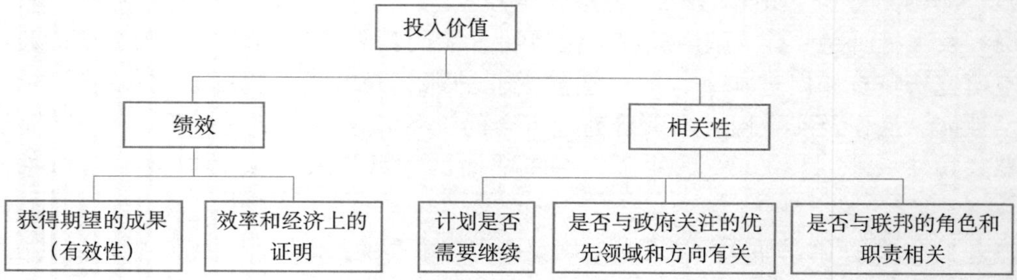

图 15-11　国家投入价值结构图

联邦部门的年度绩效评估与审计问责按照加联邦政府的绩效管理模式和加拿大财库委员会的评估政策，以《行动规划报告》（PAA）和《部门业绩报告》（DPR）为基础开展，而经费开支及绩效审查则根据《联邦问责法和行动规划》每 5 年开展一次，并通过独立于管理体系之外的内部评估系统进行评估。必要时，各部门评估机构或国家财库委员会可以安排外部专业人员对有关政策和计划进行独立评估或合作评估。加拿大政府的绩效评估和审计问责制将目标—过程—结果三位一体有机地融合，成为政府行政部门目标管理的组成部分，对加强预算管理、提高资助绩效和实现卓越管理起着重要的促进作用。

以加拿大自然科学与工程研究理事会为例。自然科学与工程研究理事会成立于 1978 年，其使命是资助加拿大高等院校的基础研究，以及政府、大学和企业的产学研项目，培养高水平科研人才，促进国家科学、技术与社会经济发展。按照联邦政府的绩效管理模式，自然科学与工程研究理事会每年一次的绩效评估与审计以《行动规划报告》和《部门业绩报告》为基础开展。《行动规划报告》就机构的资助计划、目标、预期成果以及未来3年对资源的需求提供清晰、简洁的信息，既体现了自然科学与工程研究理事会的使命，也提供了预算审批、问责审计，以及与社会公众对话的基础。为达成使命，2010～2011年的《部门业绩报告》围绕3个关键战略目标——人才、发现和创新，以及在《行动规划报告》中设定的具体目标、措施和指标，形成了一个基于产出的评估框架，作为今后评价和分析的基础。由此可见，《行动规划报告》和《部门业绩报告》互为补充，共同构成了自然科学与工程研究理事会战略导向下的目标管理框架，包括目标的设定—过程管理（年度产出）—对最终结果的评估，也体现了“三位一体”的绩效评估模式。

（二）加拿大科技与创新委员会

在联邦政府层面，加拿大内阁设立科技与创新委员会（Science Technology and Innovation Council，STIC），作为政府最高科技咨询机构。此机构由来自科技、教育、企业和政府的人员组成，主要的职责包括：①向加拿大政府提供科技政策咨询，供负责科技事务的国务部部长接受议会质询时使用；②向加拿大工业部提供科技政策建议，对各政府部门实施国家科技战略提供咨询；③为加拿大政府撰写科技创新国情咨文报告，对加拿大建设国家科技创新体系的状况进行评估。

二、国家层面的科技评估报告

自2007年起，根据《让科学技术成为加拿大优势》中长期战略，加拿大每两年发布一次《科学技术和创新体系评估报告》[22]，对加拿大建设国家科技创新体系进行评估。国情咨文报告通过对12项总体指标，20项人才、研发、创新三大优势领域指标和43项国际国内排序图表进行对比，对加拿大的创新能力进行排序，以简单清晰的方式表示出加拿大所处的国际地位和进步情况。这套评估方法已经作为衡量加拿大创新能力的重要指标体系，为监督创新进展提供了评价基础。

（一）科学技术和创新体系评估（2008）

《科学技术和创新体系评估报告（2008）》[23]强调，创新系统中的所有参与者都在增强该系统中起着一定的作用。在过去的两年中，有关生产力与创新的议题在公众话题中明显增多。媒体也对创新议题给予不断的关注。大型产业组织如加拿大商会、加拿大制造商及出口商协会、加拿大行政首长理事会，以及相关行动如加拿大创新行动联盟提出了深化企业创新的意见。机构组织如公共政策论坛、加拿大咨询委员会、加拿大科技政策中心、竞争力与繁荣研究所及联邦技术转让合作协会等也在创新体系中扮演着重要角色。创新体系的参与者正在调动、创建通向创新与繁荣的新路径。

（二）科学技术和创新体系评估（2010）

与2008年的评估报告相比，《科学技术和创新体系评估报告（2010）》[24]得出了如下结论。

1. 人才

加拿大少年在阅读、数学与科学技能方面的国际排名继续保持着良好的表现。虽然经济合作与发展组织“国际学生评估项目”的最新研究结果显示加拿大学生的原始评分保持不变甚至略有下降，但加拿大学生的表现依旧保持在遥遥领先的位置。加拿大的理科、工科与数学本科生在逐渐增加。尽管加拿大的理工科博士生有所增加，但相对于其他国家来讲，加拿大每百万人口中博士毕业生的人数依然不高。加拿大理工科博士毕业生的失业率也高于其他经济合作与发展组织国家。

2. 知识开发与转化

自 2008 年以来，加拿大更加关注优先领域的研究和开展具有国际卓越水平的研究。为此，还发布了有关加拿大卓越研究项目的第一批获奖者名单。这些项目反映了 2008 年所部署的科学、技术与信息委员会二级优先领域的研究与开发。加拿大首次为博士生设立了凡尼尔（加拿大研究生）奖学金计划，还建立了班廷博士后奖学金计划。加拿大的资助机构——加拿大卫生研究院、加拿大自然科学与工程研究委员会、加拿大社会科学与人文研究委员会——应用这些二级优先领域创立了若干计划。卓越中心网络把二级优先领域的研究开发作为竞争的关键需求。

自 2008 年以来，依靠实习生计划，知识的转移和转化得到了提高。2010 年 10 月，加拿大研究与开发评估专家小组的成立标志着将以更全面的方式考查知识转化问题。

3. 企业创新

2006～2008 年，加拿大研发总财政资源占国内生产总值的比例有所下降，而大多数创新国家在此期间却增加了研发资源。对研发执行者更详细的调研显示，2006～2009 年，政府及高等教育部门的研发支出有所增加，而同一时期企业研发支出却减少了。

《科学技术和创新体系评估报告（2008）》指出，总体来说，在过去 40 年中，加拿大的企业研发强度一直较低，不仅低于经济合作与发展组织国家的平均水平，也低于中国。《科学技术与创新体系评估报告（2010）》建立了考查工业部门研发强度的标杆。

加拿大政府集中公有资金和私有基金共同扩充风险投资，并利用缩小加拿大资产的缴税范围而使许多外国投资者不用按《收入所得税法》第 116 节的要求申报纳税，从而提高加拿大企业吸引海外风险投资的能力。

自 2008 年开始，加拿大采取了渐进和变革的行动，但这些行动未提升研发关键指标的绩效表现。表 15-1 分条列举了自《科学技术与创新体系评估报告（2008）》发布以来所跟踪的一系列指标的变化。

表 15-1 《科学技术与创新体系评估报告（2008）》和《科学技术与创新体系评估报告（2010）》部分指标的比较汇总

报告章节/指标		《科学技术与创新体系评估报告（2008）》	《科学技术与创新体系评估报告（2010）》	2008～2010 年的数据变化
研究与开发资源	1. 国内研发支出总额（GERD）占国内生产总值的百分比	2006 年 1.97%	2008 年 1.84%	2006～2008 年 ↓
	2. 各执行机构的国内研发支出总额（2002 年加元不变价格）	2007 年 2.8 亿加元 141.9 亿加元 85.3 亿加元 22.1 亿加元	2008 年 3.0 亿加元 132.2 亿加元 85.3 亿加元 21.5 亿加元	2007～2008 年 ↑省级政府 ↓企业 —高等教育机构 ↓联邦政府

续表

	报告章节/指标	《科学技术与创新体系评估报告（2008）》	《科学技术与创新体系评估报告（2010）》	2008～2010 年的数据变化
企业创新指标	3. 企业研发支出（BERD）强度占国内生产总值的百分比	2006 年 1.10% 第 15 位	2008 年 1.00% 第 18 位	2006～2008 年 ↓占国内生产总值的百分比 ↓在经济合作与发展组织国家中的排名
	4. 政府对企业的直接和间接投资占国内生产总值的百分比	2005 年 0.21% 0.023%	2008 年 0.22% 0.022%	2005～2008 年 ↑政府间接投资 ↓政府直接投资
	5. 机器与设备投资占国内生产总值的百分比	2004 年 6.2%	2007 年 6.3%	2004～2007 年 ↑
	6. 风险投资/国内生产总值	2007 年 0.12%	2008 年 0.08%	2007～2008 年 ↓
知识开发与转移指标	7. 高等教育研发绩效占国内生产总值的百分比	2006 年 0.66%	2008 年 0.64%	2006～2008 年 ↓
	8. 企业资助高等教育部门的研发份额	2006 年 5.7%	2009 年 6.3%	2006～2009 年 ↑
	9. 政府内部的研发占国内生产总值的百分比	2006 年 0.20%	2008 年 0.19%	2006～2008 年 ↓
人才指标	10. 国际学生评估项目（PISA）：15 岁	2006 年 自然科学：534 第 3 位 数学：527 第 7 位 阅读：527 第 4 位	2009 年 自然科学：529 第 8 位 数学：527 第 10 位 阅读：524 第 6 位	2006～2009 年 ↓自然科学得分 ↓自然科学排名 —数学得分 ↓数学排名 ↓阅读得分↓阅读排名
	11. 受高等教育人口百分比：居经济合作与发展组织前 10 位的国家	2006 年 47% 第 1 位	2008 年 49% 第 1 位	2006～2008 年 ↑受高等教育人口百分比 —居经济合作与发展组织前 10 位的国家
	12. 每百万人口博士毕业生人数：在经济合作与发展组织国家中的排名	2002 年 129.6 人 第 20 位	2008 年 145.9 人 第 23 位	2002～2008 年 ↑每百万人口博士学位毕业生人数 ↓在经济合作与发展组织国家中的排名

注：↑表示相对于 2008 年的数据，2010 年在此项的数据有所上升；
—表示 2010 年该项数据与 2008 年持平；
↓表示相对于 2008 年的数据，2010 年在此项的数据有所下降。

（执笔：中国科学院文献情报中心　裴瑞敏）

参考文献

[1] 中华人民共和国科学技术部．国际科学技术发展报告（2003）．北京：科学出版社，2003：135-141.
[2] 吴言荪，王鹏飞．加拿大创新战略研究．重庆大学学报（社会科学版），2007，13（1）：131-136.

[3] 王启明．加拿大政府的科技政策、管理和科技计划．全球科技经济瞭望，2011，26（11）：47-54.
[4] Industry Canada. Mobilizing science and technology to Canada's advantage. http：//www. ic. gc. ca/eic/site/icgc. nsf/vwapj/SandTstrategy. pdf/ $ file/SandTstrategy. pdf [2013-04-03].
[5] 中华人民共和国科学技术部．国际科学技术发展报告（2008）．北京：科学出版社，2008：119-122.
[6] Department of Finance Canada. Minister of Finance introduces the *Keeping Canada's Economy & Jobs Growing Act*. http：//www. fin. gc. ca/n11/11-093-eng. asp [2014-03-12].
[7] Industry Canada. *Economic Action Plan* 2012：post-budget speech. http：//www. ic. gc. ca/eic/site/ic1. nsf/eng/07130. html [2014-03-12].
[8] 刘小平．加拿大卓越研究中心网络计划．全球科技经济瞭望，2008，23（11）：29-33.
[9] NSERC. Industrial research chairs for colleges grants. http：//www. nserc-crsng. gc. ca/Professors-Professeurs/RPP-PP/IRCC-CRIC_eng. asp [2014-03-12].
[10] NSERC. Government of Canada launches new industrial research chairs for colleges grants. http：//www. nserc-crsng. gc. ca/Media-Media/NewsRelease-CommuniqueDePresse_eng. asp? ID=320 [2014-03-12].
[11] Government of Canada. International scholarships. http：//www. scholarships-bourses. gc. ca/scholarships-bourses/index. aspx? view=d [2014-03-17].
[12] Government of Canada. Banting postdoctoral fellowships. http：//banting. fellowships-bourses. gc. ca/home-accueil-eng. html [2014-03-17].
[13] Government of Canada. International scholarships. http：//www. scholarships-bourses. gc. ca/scholarships-bourses/non_can/cclsp-pblcc. aspx? lang=eng&view=d [2013-04-05].
[14] 徐青．加科学界担心削减科研经费使人才外流美国．http：//news. sciencenet. cn/htmlnews//2009/2/215815. html [2014-03-16].
[15] Statistics Canada. Federal expenditures on Science and technology，by category. http：//www. statcan. gc. ca/pub/11-402-x/2012000/chap/science/c-g/desc/desc01-eng. htm [2014-03-17].
[16] Government of Canada. Science and technology data-2010. http：//www. science. gc. ca/default. asp? lang=En&xml=5BF2D49C-7ECF-47E4-8BA6-DC2485B66F4F [2014-03-17].
[17] Kapiriri L，Norheim O F，Martin D K. Priority setting at the micro-，meso-and macro-levels in Canada，Norway and Uganda. Health Policy，2007，82：78-94.
[18] NSERC. NSERC's vision，http：//www. nserc-crsng. gc. ca/NSERC-CRSNG/vision-vision _ eng. asp [2014-03-15].
[19] NSERC. NSERC's budget. http：//www. nserc-crsng. gc. ca/_ doc/FactsFigures-TableauxDetailles/QuickFactsonFunding_eng. pdf [2014-03-15].
[20] 彭以祺，王蓉芳．加拿大国家研究理事会及其应用基础研究特点．中国基础科学，2002，（6）：57-60.
[21] 陈勇．加拿大联邦政府的科技经费管理体制．全球科技经济了望，2012，27：11-15.
[22] Science，Technology and Innovation Council. *State of the Nation* 2010. http：//www. stic-csti. ca/eic/site/stic-csti. nsf/eng/h_00038. html [2014-03-15].
[23] Science，Technology and Innovation Council. *State of the Nation* 2008. http：//www. stic-csti. ca/eic/site/stic-csti. nsf/vwapj/08-141_IC_SOTN_EN_Final_no_trans2. pdf/ $ FILE/08-141_IC_SOTN_EN_Final_no_trans2. pdf [2013-04-05].
[24] Science，Technology and Innovation Council. Imagniation to innovation—building Canadian paths to prosperity. http：//www. stic-csti. ca/eic/site/stic-csti. nsf/vwapj/10-059 __IC _SotN _Rapport _EN_WEB_INTERACTIVE. pdf/ $ FILE/10-059 _IC _SotN _Rapport _EN _WEB _INTERACTIVE. pdf [2013-04-05].

第十六章　俄罗斯

进入 21 世纪以来，俄罗斯政府持续增加科技预算投入，并出台了一系列促进科技与创新的战略与规划，努力摆脱科研基础设施保障差、人才流失严重、科技国际竞争力下滑等问题。本章将着重从俄罗斯近十年的科技战略规划、科技政策措施、科技经费投入、优先领域确定与科研评估机制等方面就俄罗斯的科技政策发展态势进行介绍与分析。

第一节　科技与创新战略

一、科技与创新战略的发展历程

近十年来，俄罗斯根据国际形势的变化和国内经济社会发展状况，及时对国家科技发展的目标、重点和科技计划做出了调整。其科技战略发展经历了以下三个阶段：2000～2005 年，俄罗斯的创新政策框架得到完善；2005～2010 年，其创新政策框架进一步稳定和扩展；2010 年以后，其国家创新系统走向成熟和高效（图 16-1）[1]。

二、中长期科技发展战略

（一）俄罗斯联邦 2010 年前及未来国家科技发展政策原则

2002 年，俄罗斯出台了一项重要的科技创新政策——《俄罗斯联邦 2010 年前及未来国家科技发展政策原则》。该原则将信息通信技术与电子、航天与航空技术、新材料与化学工艺、新型运输技术、新型武器及军用和特种技术、制造技术与工艺、生命系统技术、生态与自然资源利用、节能技术九大领域确定为科技优先发展方向。同时，还确定了 50 多项国家级关键技术清单[2]。该原则为俄罗斯科技发展确定了重要方针：发展基础科学和最为重要的应用研究、完善国家对科技发展的协调机制、建立国家创新体系、提高对科研成果的利用效率、保持和发展科技人才潜力、科学和教育一体化、发展国际科技合作。

（二）俄罗斯联邦至 2015 年科学和创新发展战略

为彻底摆脱科学和创新发展停滞不前的“惯性状态”，俄罗斯联邦政府于 2006 年颁布了《俄罗斯联邦至 2015 年科学和创新发展战略》。该战略是俄罗斯政府首次对本国的科学和创新发展战略进行的十年规划，也是近几年来俄罗斯科学和创新发展的一份纲领性文件。

该文件体现了俄罗斯政府在未来十年内对本国科学和创新发展的系统设计思想和愿景。

	稳定期，创新政策框架得到完善（2000～2005）	创新政策框架的稳定和扩展（2005～2010）	走向更加成熟和高效的国家创新系统（2010 年以后）
俄罗斯创新政策学习曲线	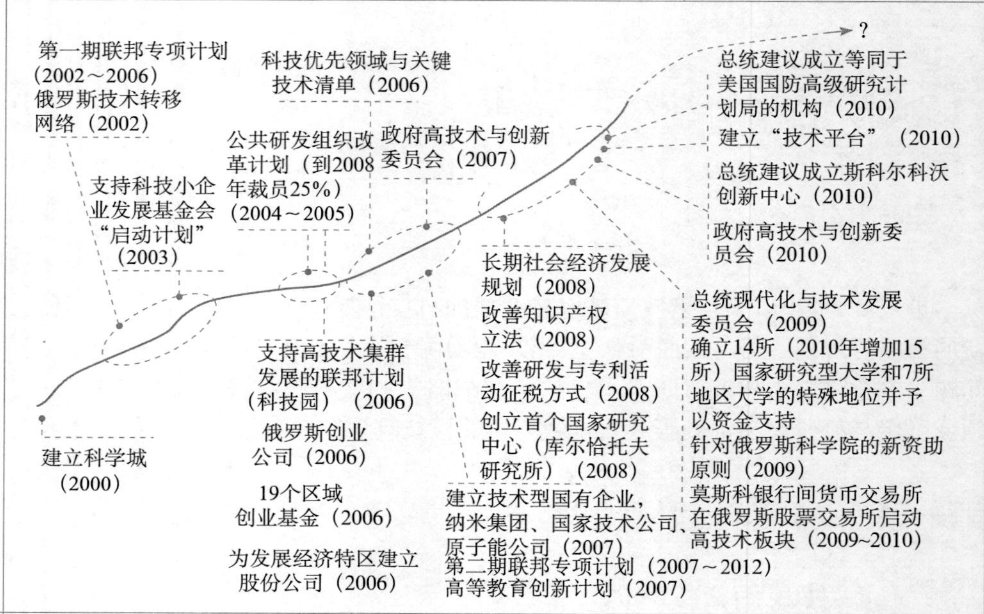		
创新驱动力	软件和先进材料等领域出现市场驱动创新的成功先例。出现由公共研究机构衍生的小型创新企业	外国直接投资和跨国公司研发中心开始扮演主要角色。创新中小企业数量持续增长，但不足以满足大型企业和政府的创新需求	
公共研究	联邦研发投资的增加终止了颓败，并为有望成功的机构的复兴奠定了基础。更好的工作条件（包括薪水）及创新网络的发展带来新的动力和机遇	持续的联邦预算支持，精心设计的政策措施，使研究能力的提升成为可能。大学研究能力得到加强。新的支持计划和基础设施推动了国家、地区层面的成果商业化。但保守派势力持续抵制市场驱动和政府选择过程	
创新基础设施	在大学和公共研究机构周围，孵化器、科技园、技术转移中心和创新技术中心持续发展。地区（如科学城）和区域层面出现了自下而上的项目	2008 年约有 120 个企业孵化器，80 个科技园和 100 个技术转移中心。为加强这些基础设施出台了新计划和措施。在圣彼得堡、泽列诺格勒、杜布纳和托木斯克建立了技术创新特区。利佩茨克地区的鞑靼斯坦共和国建立了工业生产特区	
政策监管（主要部委和机构）	科学、技术与高等教育部（负责民用研发预算的协调）→ 工业、科学与技术部 → 教育与科学部 → （联邦科学与创新委员会）→ 2010 年撤销 经济部、贸易部 → 经济发展与贸易部 → 经济发展部 → 通信部 → 通信与信息化部 → 通信与大众媒体部 → 国防部 → 俄罗斯科学院 →		

图 16-1　2000 年以后俄罗斯科技与创新战略的发展历程

该战略的总体目标是：构建一个平衡的研发部门和有效的创新体系，保障经济的技术现代化，运用先进技术提高国家和企业的全球竞争力，充分发挥俄罗斯巨大的科学潜力优势，使俄罗斯科学成为经济可持续增长的主要资源。该战略的具体任务是：建立有竞争力的研发部门，为科学知识的扩大再生产创造条件；建立有效的国家创新系统；发展研发成果的应用机构和法律保障机构；实现基于技术创新的经济现代化。

（三）俄罗斯联邦 2020 年前创新发展战略

2011 年 12 月，时任俄罗斯总理普京签发了《关于批准“俄罗斯联邦 2020 年前创新发展战略”的联邦政府令》。该战略是由俄罗斯经济发展部牵头，教育科学部等多个部门协作完成的。该文件确定了俄罗斯创新的目标、重点方向和国家政策杠杆。战略明确了三个定位，即创新活动主体的长期发展定位，基础研究和应用研究拨款定位，以及科研成果商业化定位。

《俄罗斯联邦 2020 年前创新发展战略》指出，只有构建强大的创新型经济，才能够实现国家长期发展的宏伟目标：保证人民享受高水平福利，加强国家作为全球大国之一在地缘政治中的作用。为此，到 2020 年，俄罗斯在高技术产品和知识型服务市场上，包括核能、航空和航天器材，要占 5%～10%的大份额，全球排名为第 5～7 位；高技术产品在国家 GDP 中的份额提高一倍，从当前的 10.9%增加到 17%～20%。除此之外，创新产品在工业产值中的比例要提高 5～6 倍；创新企业的数量提高 4～5 倍，从当前的 9.4%增加到 40%～50%。

战略中涉及的几个主要科技发展指标：① 到 2020 年国内研发支出达到 GDP 的 2.5%～3%（2009 年为 1.24%），其中超过一半来自私营企业；②到 2020 年俄罗斯科研人员在全球科技刊物上发表科研论文数量的份额要上升到 5%（2008 年为 2.48%）；③到 2020 年俄罗斯科研人员的科学论文引用率上升到平均每篇论文被引用 5 次（2009 年这一数值为 2.4）；④按照国际评级，至少 5 所俄罗斯大学跻身于世界大学前 200 名之列（2009 年无一所俄罗斯大学）；⑤到 2020 年俄罗斯自然人和法人单位在欧盟、美国、日本等国家和地区的专利部门每年注册的专利数量达到 2500～3000 件（2008 年为 63 件）；⑥大学科研经费在全国科研总经费中的比例提高到 30%。[3]

该战略提出的主要措施包括：①支持创新型企业：通过实施创新发展规划，大幅提高国家经济、国家参股企业和国有企业的创新能力；制定关键技术发展路线图，划分企业类型，明确发展支持措施，包括国际分工与合作（海外收购、与国外公司联合研发、独立开发等）；持续提高环境、技术、卫生标准和能源、资源产品（服务）的技术标准，适当采用鼓励和制裁措施，促进技术和服务在俄经济关键技术发展领域的应用；为优先项目拨款，确保企业全面参与确定科技发展优先项目及技术活动；对发展工程和信息技术的企业给予额外（税收）优惠支持。②培养创新型人才：大幅提高工程教育的质量和威信，为工程专业大学生设立奖学金。促进培训与到大型工业企业实习相结合。采取措施（租赁或抵押）落实工程专业就业工程师住房计划；调整教育标准，在基础教育（包括学龄前教育和学校教育）中推广新技术，重点培养创新经济中所需人才；建立人才挖掘和提升体系，优先考虑自然科学和技术领域人才；通过大众媒体普及创新理念，提高科学、技术和企业活动家的地位及威望。③建设创新型国家：制定必要机制支持国家采购创新产品，构建联邦政府合同系统，积极发布国家所需科研产品的采购信息；尽技术条件所能，全面实施电子政务，在联邦政府各部之间与地区政府之间实现无纸化办公。④迈向全球化发展：支持俄高新企业进入国际市场，增加对出口与购买国外高新技术企业的金融支持；鼓励俄企业与国外技术合作，促进实施与技术发达国家的合作项目、新技术开发和高新技术产品生产。⑤创新基础设施：全面建立和启动“创新提升机制”，建立俄罗斯技术发展基金，以支持大中型企业不断创新。⑥科研创新：提高国家科研资金项目竞争机制的作用，改革科研机构拨款分配机制；提高科研机构与高校学者的流动性，加大科研与企业合作；构建知名高校网络，促进发挥高校科研专长；组建不同形式的国家科研中心。⑦区域创新：制定支持区域创新发展的机制；在科技园、科学城的基础上构建地区性中心促进创新和实施创新成果的商业化应用。⑧创新政策：大幅提高俄联邦政府制定和实施创新政策的有效性，明确联邦权力机构的职能划分，确定各机构在推行创新政策中的责任；今后的预算确保优先考虑创新预算。

该战略将分两阶段实施：2011～2013 年为第一阶段，主要任务是整体上提高商业和经济对创新的敏感性；2014～2020 年为第二阶段，从 2014 年起，对工业、公共部门进行大规模的技术和现代化改造，将大多数公共服务转换为电子形式，建立“电子政府”，构建高效的国家创新体系[4]。

三、科技预测与规划

（一）科技预测

在苏联时期，科特尔尼科夫（В. Котельников）院士曾于 1991 年主持完成了对科技发展的系统预测。此后，俄罗斯虽出台过相关的科技预测方案，但没有进行过类似的系统研究和科学预测。

2008 年 12 月，俄罗斯同时推出了两个版本的联邦科学和技术发展长期预测：一个是由联邦总统梅德韦杰夫委托俄罗斯科学院主持完成的《俄罗斯至 2030 年科技长期发展预测》[5]，共 88 页；另一个是由俄罗斯联邦教育科学部委托俄罗斯梅地亚信息技术有限公司完成的《俄罗斯至 2025 年科技长期发展预测》[6]，共 606 页。

2010 年，俄罗斯联邦教育科学部制定并公布了《俄罗斯至 2030 年经济科技长期发展预测》。该预测的基本目的是：揭示若干年后俄罗斯关键技术领域以及基础技术与新技术发展趋势；确定俄创新企业在国内外市场的近期和远期目标；评估俄关键技术及其他技术领域在国内乃至世界经济中的适应性和风险性。

俄罗斯跨部门分析中心（МАЦ）是该预测的主持机构之一，负责梳理俄罗斯经济技术结构和确定各类技术参数。俄罗斯科技信息中心为该预测的制定提供信息保障。俄罗斯工业与贸易部、俄罗斯科学院、原子能能源公司等其他部委、部门和国有企业也各有相关专家参与该预测的研究工作。

以上三个版本的科技预测，使用了不同的预测方法和方法论，前两者侧重于创新研究与科技市场需求分析，后者侧重于基础研究，各有千秋，彼此可互为补充，均代表了俄罗斯近 20 年来科技预测工作的历史性突破。

（二）主要的科技规划

1. 至2010年发展创新体系政策基本方向

2005年8月，俄罗斯政府批准了《俄罗斯联邦至2010年发展创新体系政策基本方向》，它既是指导俄罗斯国家创新体系建设的基本文件，也是俄罗斯国家创新体系建设的中期规划。该文件确定了俄罗斯国家创新体系的构成，包括：由俄罗斯科学院等国家级科学院、高等院校开展的基础科学研究和探索性研究；由俄罗斯国家科学中心、行业科研机构开展的应用研发与成果推广；具有竞争性创新产品的工农业生产；发展创新体系的基础设施；培养创新活动的组织管理人才。

该文件提出了俄罗斯发展国家创新体系的三大基本策略：①建立有利于创新活动的经济与法律环境；②建设创新基础设施；③建设知识成果产业化的国家支持系统。

该文件还提出了为了落实上述政策的一系列措施，主要包括：①扩大国家对基础研究和应用研发的投入，国家全面参与创新基础设施体系的建设，发展创新产品的国内市场，确立靠国家资金所取得的民用、军民两用知识产权的注册与转让秩序，完善风险企业活动的法律基础，建立地区风险基金和领域风险基金；②在创新项目实施的各个阶段扩大预算外资金参与资助的比例，吸收中小企业参与国家专项计划与创新项目，强化政府对本国创新企业的支持；③建立创新活动和科研成果商品化的评价指标，鼓励高新技术企业以知识产权参与资本经营等。

通过该文件俄罗斯政府明确提出，到2010年国家GDP的主要来源应通过高科技产品来实现，知识产权成果商业转化的比重应大幅提高，创新活动的成本和风险应明显降低，并使之成为提高居民生活质量、保障社会经济稳定和维护国家安全的关键因素[7]。

2. 2006～2015年航天发展规划

2005年，俄罗斯制订了《2006～2015年联邦航天发展规划》，该规划的主要任务是保障全俄罗斯境内的通信和电视转播。为实现这一目标，俄航天部门计划向近地轨道发射多颗新型“进步-AM”通信卫星，以确保居住在俄罗斯远东和西伯利亚地区的居民能够接收到15套电视节目。该规划的另一个主要任务是发展和完善俄罗斯现有的“格洛纳斯”卫星系统。该系统自1982年发射首枚卫星至2005年制订该计划之前，已有14颗卫星处于工作状态，是俄罗斯国防部军用卫星系统，尚未进入民用领域。根据该规划，该系统有望在2008年达到24颗卫星，保障俄罗斯境内99%的地域接收到卫星信号。

航天科技永远是军民两用技术的发展，因此，军事宇航计划也是《2006～2015年联邦航天发展规划》的一项内容。截至2005年，俄罗斯在太空共有100颗航天器，其中60颗是军用卫星。俄罗斯2003年建立的航天部队需要高质量的军事卫星做后盾，因此，提高俄罗斯航天部队的通信能力也是新航天计划中一项不可缺少的任务。其余的任务还包括：获取地球遥感资料数据、监测自然环境和大气、研究俄罗斯自然资源状况，以及进行太空科学实验和实施太空载人飞行等。此外，还将完成对国际空间站的组装等基础科学探测任务。该规划的实施将确保俄罗斯世界航天大国的地位，保障俄罗斯宇航技术的发展潜力，促进俄罗斯宇航工业的发展及其市场经济的形成。

3. 2006～2015年生物技术发展规划

2005年，《2006～2015年俄罗斯生物技术发展规划》获得了俄罗斯国家杜马的批准。

整个规划的实施需要1500亿卢布，其中，国家财政占10%，地方财政占30%，吸收投资占60%。实施该规划的目的是促进俄罗斯生物技术的发展，生产俄罗斯自己的生物技术产品，减少俄罗斯对生物技术产品的进口，以及为居民提供安全并有质量保障的生物技术食品。

该规划包括国家生物技术优先发展计划、联邦计划、地区计划和专项计划四大部分。国家生物技术优先发展计划包括微生物组织标本的保存，在生物乙醇、生物柴油和生物气体基础上生产替代燃料，生产化工再生原料，以及开发环保性生物耕地等与国家安全有关的项目。联邦计划包含后染色体技术工艺、生物信息和纳米技术等10个优先发展计划，还包括建立基因护照的人类基因组计划、生物多样性、生物安全和生物催化计划、生物医学、干细胞技术、新一代疫苗、生物芯片、转基因动植物技术等农业生物技术项目。

生物技术工艺是21世纪的一个重要发展方向，但截至2005年，俄罗斯在世界生物技术市场上所占的比重仅为0.2%，远远落后于俄罗斯生物技术的发展水平。在未来10年，该规划的实施将大大促进俄罗斯生物技术的发展，提高俄罗斯生物技术产品的竞争力[8]。

4. 至2020年生物技术发展综合规划

2012年4月，俄罗斯总理普京签署通过了《俄罗斯联邦至2020年生物技术发展综合规划》方案。该规划承认了俄罗斯在生物技术开发和应用方面既落后于发达国家也落后于发展中国家，实施规划的目的就是要让俄罗斯在生物技术领域成为世界佼佼者，建立起具有全球竞争力的生物经济板块，让生物技术与纳米工业、信息技术一起成为俄罗斯经济现代化的基石。

该规划提出，到2020年将俄罗斯的生物技术产品产值提高至占国家GDP的1%。该规划分2012～2015年和2016～2020年两个阶段实施，共需要耗资1.18万多亿卢布（约390亿美元），重点发展领域包括：生物能源领域投资3670亿卢布，工业生物技术投资2100亿卢布，农业生物技术领域投资2000亿卢布，生物医学领域投资1500亿卢布，生物药物领域投资1060亿卢布，海洋生物技术领域投资700亿卢布，林业生物技术领域投资450亿卢布，环境生物技术领域投资300亿卢布，等等。

以该规划中的生物医学领域为例，其重点发展方向为：体外诊断试剂、个性化医学、细胞生物化学技术、生物相容性材料、健康系统和生物信息学、生物样品库、动物研究基础设施等。生物药物领域重点发展：重要药物（生物仿制药、激素类药物、单克隆抗体药物、多肽等）、下一代疫苗、抗生素等。

生物技术在农业的应用重点集中在农业生产的稳定发展、解决粮食安全问题、获取高质且生态清洁食品、循环利用农业生产废弃物及土壤肥力恢复上。其中最优先的技术领域是：利用新的现代后基因组和生物技术方法培育农业植物和家畜新品种；开发和实施基因组认证以提高选择性家畜育种和养殖动物克隆技术的效率；生产植物科学生物制剂；生产家畜饲料；以及生产兽医生物制剂。其设置的9个农业生物技术优先发展领域具体如下：植物生物保护、利用生物技术方法创建植物品种、动物和家禽分子育种技术、动物转基因和克隆、土壤和生物肥料生物技术、用于畜牧业的生物制剂、饲料蛋白、农业废弃物循环利用、饲料和预混料成分的生物技术。

第二节 科技政策与措施

一、科技立法

（一）《科学和国家科技政策法》

1996年8月颁布的《科学和国家科技政策法》，是俄罗斯的第一部有关科技政策的联邦法律，也是国家科技政策的总纲领。该法明确规定了俄罗斯国家科技政策的概念、基本目标和实施原则，对科技活动的主体、内容、成果鉴定、财政、国际合作等方面作了明确界定。

在执行过程中，该法分别于1998年、2000年、2001年、2004年、2005年、2006年、2007年、2008年、2009年、2010年经历过几次修改，以适应不断变化的国情。最新的一次修订是，2011年7月俄罗斯总统梅德韦杰夫签署了《关于修改科学和国家科技政策法》的联邦法律，此次修改首先在“序言”中进一步强调了国家对创新活动的支持，并在第一章“总则”第二条“适用于本法律的基本概念”中阐明了创新、创新项目、创新基础设施、创新活动的定义。此次修改还增加了“国家对创新活动的支持”的相关内容，具体包括：国家支持创新活动的目标与原则、支持创新活动的主体与形式、俄罗斯联邦国家权力机构与俄罗斯联邦主体国家权力机构在支持创新活动领域的权利、国家对创新活动的资助、国家支持创新的预算资金绩效评估。此次修改重点强调了在绩效评估过程中按照相关的反腐败联邦法律所实施的法律监管[9]。

（二）知识产权保护法律法规

俄罗斯较为重视知识产权的保护，《俄罗斯联邦宪法》和《民法典》对此都有相关规定。另外还颁布了多项法律法规予以规范，主要包括《俄罗斯联邦专利法》《著作权及相关权利法》《信息、信息化和信息保护法》《计算机程序及数据库权利保护法》等。

为了促进知识产权的产生、保护和有效利用，将俄罗斯丰富的知识储备以及大量的科技专利和发明转化为经济发展的动力，俄罗斯政府在立法、健全体制和完善监督管理等方面积极采取了多项措施。

2006年11月，俄罗斯国家杜马通过了主要涉及知识产权政策的《民法典》第四部分修正案，并于2008年1月1日起正式实施。新《民法典》第四部分将现有的6部涉及知识产权的法律进行系统化分类，同时顾及之前没有明确规定的知识产权种类，首次将所有知识活动成果（如科研成果和发明、计算机程序、数据库等）列入保护范围，对侵犯知识产权的行为予以惩罚。该修正案的通过显示了俄罗斯政府加强对知识产权流通的管理、规范立法和向国际标准靠拢的决心。

为了贯彻在国家科技成果创造和保护领域的政策，维护俄罗斯联邦、俄罗斯国内自然人和法人对于科技成果的权利，俄罗斯政府于2006年11月颁布第696号政府令《对联邦财政支持的民用科学研究、试验设计和技术工作成果的保护和利用进行监督的条例》。俄罗斯政府计划通过该条例的实施，为对联邦财政支持的科技成果进行保护、保障国家对这些科技成果拥有的权利和利益进行分配，以及开展成果统计等工作提供法律依据[10]。

二、科技人才政策

（一）人才培养综合计划

2008年4月，时任俄罗斯总理的祖布科夫批准了《2009～2013年俄罗斯联邦科研与科教人才》专项计划。俄罗斯为该计划拨款683.9亿卢布（约合21.4亿美元）。由俄罗斯科学与教育部负责资金分配、具体实施和管理。

该计划支持以年轻教授或副教授为代表的研究团体，也帮助其他年轻学者和大学生进行科学研究，扩展大学生从事科研活动的范围。根据该计划，到2013年，在俄罗斯联邦科学与科教人才创新方面要收到明显效果：科研工作者的年龄结构和专业水平得到改善，平均年龄降低3～4岁，其高科技水平和技能提高2～4百分点。高水平的师资力量提高4～6百分点；科学著作和论文质量要大幅度提高，俄罗斯在世界科技主导刊物上的发表量增加1～1.5百分点。

该计划还提出加强科学与教育基础设施建设；建立科学、教育和高科技青年人才吸引体系；加大科学和教育中心建设，建立博、硕士研究生科研与教育中心；为青年博士和副博士建立科研小组；采取组织全俄和世界青年科学会议、组织青年学者到著名科研中心交流访问等措施，拓宽青年人才科学视野，提高专业技能，促进科学和科教交流和人才流动[11]。

《2009～2013年俄罗斯联邦科研与科教人才》专项计划自实施以来，财政支持力度大，所涉学科范围广，在吸引人才、重振俄罗斯科技强国方面成效显著。对于俄罗斯高校学者而言，该计划被认为是实施效果最为显著的专项人才计划。人才联邦专项计划所支持的科研活动范围广，形式多样，既支持青年学者的流动、召开学术会议，也支持建立由德高望重的专家学者及博士，或者年轻的副博士、研究生领导的团队，还支持设立科学教育中心等。所支持的领域不仅涉及工科、数理等方向，还包括人文和经济等学科。在这一计划支持下，俄罗斯学者开展了一系列具有世界水准的科研活动，同时，人才联邦专项计划促进了俄大学和科学院研究所之间的横向合作和国际合作，形成了优势互补、资源共享的合作新局面。人才联邦专项计划在留住和吸引青年人才投身“创新俄罗斯”行动中发挥了重要作用。如在人才联邦专项计划评比中获胜，就有可能在两年内获得60万～70万卢布（合2万～2.3万美元）的支持，这极大鼓舞了年轻人，留学日本、英国、德国等地的学生都纷纷返回俄罗斯工作。

人才联邦专项计划在发挥积极作用的同时，在实施的过程中也暴露了一些问题，如科研成果商业化转化缓慢，某些项目因不具备价格优势而中止，还有项目的合作者必须是通过竞标的方式来确定而导致项目执行周期延长，以及由于在组织实施过程中造成时间成本和费用大量增加等问题。

即使人才联邦专项计划促进了青年人才回归高校，但也仅能部分恢复到20世纪90年代俄罗斯人才流失前的水平。俄罗斯高校人士坦言，希望人才联邦专项计划不要仅仅是短期行为，而是能给俄罗斯带来持续发展的长远举措[12]。

（二）人才吸引专项计划

2010年，俄罗斯政府设立了高校科研专项计划，用以鼓励俄高校教师从事科研，高校与外国科学家进行联合研发工作，提高本国高校的科研能力。该专项计划总额为120亿卢布（约合4亿美元），通过评审的研发项目可直接从该计划中获得1.5亿卢布（约合500万美元）的项目资助。

在2010年举行的该专项计划第一次项目竞标过程中，俄罗斯教育科学部共收到507个本国高校与外国专家的联合项目申请。335名俄罗斯专家和636名世界著名科学家参与了项目评选，从中评选出40个项目。2010～2012年，这些项目共获得53.3亿卢布（约合1.78亿美元）的政府资金支持。

2011年5月，俄罗斯总统梅德韦杰夫专门会见了与俄罗斯高校开展联合研发的33位外国科学家代表，这些代表来自美国、英国、德国、瑞士和日本等国家的大学和研究所。在会见时，俄罗斯总统梅德韦杰夫表示，政府努力创造良好的工作和生活条件，吸引更多科学家到俄高校工作，以此来提高本国高校的研发能力，并最终解决智力流失问题[13]。

2011年1月，俄罗斯总统梅德韦杰夫在达沃斯世界经济论坛上发表了开幕致辞，内容包括建立法制政府、加快民主进程、承诺维护互联网自由等问题。与此同时，他还强调了俄罗斯发展现代化与创新经济的主要举措：加强俄罗斯青年专家、学者及政府官员赴国外知名大学的培训实践，以充实国家经济、管理、科学及教育工作。创造条件，加大俄罗斯对世界的引智能力。2010年已简化了国外来俄高科技人才的移民手续，下一步还将单方面承认世界主要大学的文凭和学位[14]。

2012年5月，时任俄罗斯总理普京在俄罗斯科学院一年一度的全体大会上指出，为了增强国家科技人力资源的潜力，并有利于启动优先方向的新研究项目，资助俄罗斯大学吸引国外优秀科学家的计划将延长至2015年，资助范围还将扩大到科研机构和国家科学中心[15]。

（三）国际人才流动

2010～2011年与2005～2006年相比较，俄罗斯的人才国际外流情况（10分表示全部为人才流入，0分表示全部为人才外流）有增加的趋势，而其他金砖国家有明显降低的趋势，经济合作与发展组织成员国的人才外流平均水平也好于俄罗斯（图16-2）。

2011年9月，在被问及当局如何解决人才流失问题时，时任俄罗斯总理普京表示，最重要的还是要为科研人员创造有利条件，使他们感觉到在俄罗斯从事科研工作有前途。普京反驳了有些人关于俄罗斯高等教育质量不高的言论，他认为，如果俄罗斯高等教育很糟糕的话，就不会出现人才流失的问题。这个问题的存在，正好说明俄罗斯的教育是具有竞争力的。他指出，高质量的人才在全世界都有需求，所有国境对于他们都是开放的。如果一个人能在国外更好地施展自己的才华，那么他完全有权利去那。和许多其他国家一样，俄罗斯制定了吸引人才回国的一揽子措施。其中最首要的还是尽可能地创造条件，使他们能够安定地从事研究工作。工资虽然重要，但不是决定性的。

苏联解体后，由于社会、政治客观因素，以及科研投入减少、科研人员工资降低等原

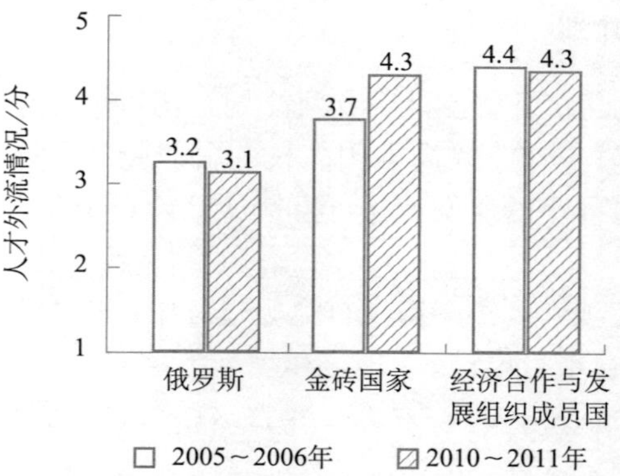

图 16-2　俄罗斯人才外流指数的国际比较

资料来源：世界经济论坛，《俄罗斯竞争力报告》，2011，第 37 页

因，导致俄罗斯大量高层次科学人才流向国外。至于究竟有多少科学家从俄罗斯流失，无人知晓。2005 年，时任俄罗斯教育科学部副部长的利瓦诺夫指出，苏联解体后 15 年间，大约 2.5 万科学家离开俄罗斯，此外还有 3 万科学家每年按照合同在国外工作。而这些科学家都是处在成果辈出的最佳研究年龄段的高水平人才。当时俄罗斯的科技人员总数只占 20 世纪 90 年代的 40%。到了 2009 年，俄罗斯科研工作者联盟主席卡利努什京又给出了另外的统计数字。他透露，10 年内，有 50 万～80 万俄罗斯科学家前往国外工作，专业涉及航天、物理学、精细化工、计算机、微生物学、遗传学等。

另外，从广义来说，高新技术人才出国只是人才流失形式的一种。每年有大量的俄罗斯科技人员由研发领域转行到服务、商业和其他领域。对国家来说，这同样是一种人才浪费。

为扭转因人才流失导致俄罗斯科研实力及创新能力下降的局面，俄罗斯政府采取了一系列措施。例如，通过了《俄罗斯联邦 2010 年前及未来国家科技发展政策原则》《俄罗斯联邦至 2015 年科学和创新发展战略》《2009～2013 年俄罗斯联邦科研与科教人才》专项计划等系列政策文件，对完善科技领域的人才政策，提高科技人员的待遇和社会保障，防止青年高尖端技术人才的流失提出了明确的政策和措施；创办了斯科尔科沃商学院并于 2010 年开始建设斯科尔科沃科技创新中心，希望通过这些举动来培养新的企业家，吸引已经流失到国外的人才；拿出大笔资金用于专门的对科技人才的资助计划。俄联邦政府计划自 2010 年起花三年的时间，重点资助 80 位优秀科学人才，每人资助的金额多达 1.5 亿卢布（超过 500 万美元），用于创造优厚的工作和生活条件。

尽管俄罗斯政府采取了很多措施，力图吸引流失到国外的科学家回国，但实践证明，仍有很多科学家不愿放弃国外的生活和工作。究其原因，主要集中在以下几点：①对俄罗斯国家政治和经济秩序不满意，无法忍受政府对社会文化的控制；②认为国内缺乏应有的科研设备和条件；③认为国内科学管理体制存在严重的官僚主义、缺乏灵活性；④认为国内科技政策制约了个人发展空间；⑤与在西方发达国家相比，国内工作不稳定、工资收入低、生活品质不高[16]。

第三节 科技经费投入

一、总体情况

20 世纪 90 年代以来，由于国内的经济和社会问题，俄罗斯对于科学研究的投入受到很大影响。从研发经费情况来看，在经历了苏联解体初期的急剧下降和 1998 年金融危机之后，俄罗斯的研发经费总体呈现出稳步上升的趋势（图 16-3），2009 年达到 333.68 亿美元（按购买力平价计算），研发经费占 GDP 的比重仍处于较低位置，2009 年为 1.24%[17]。

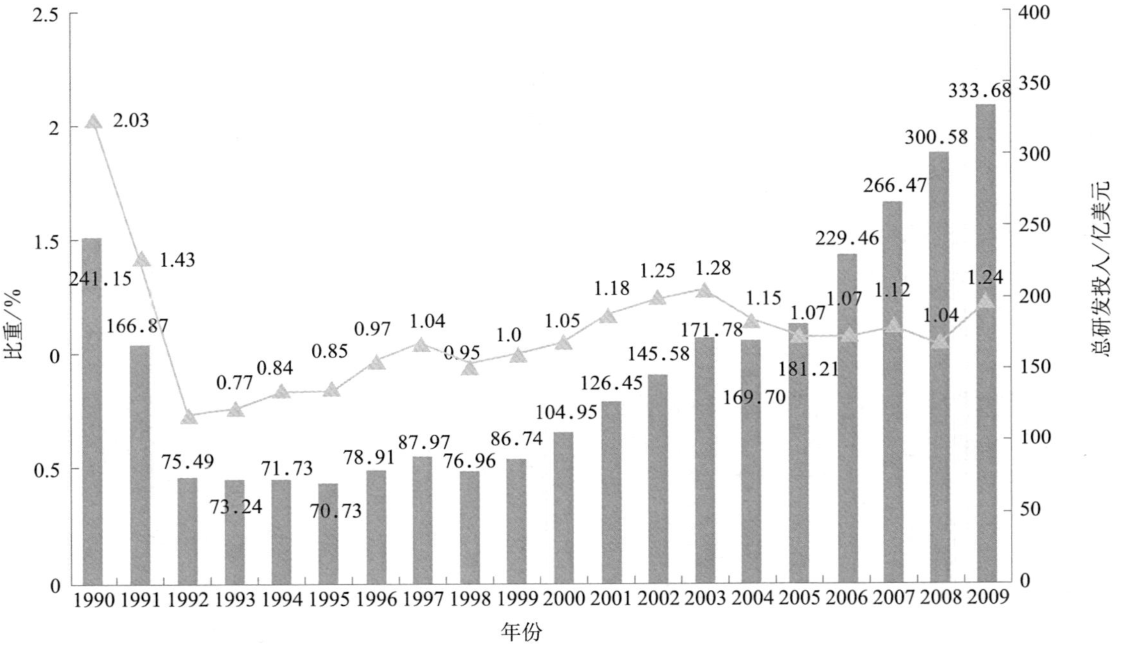

图 16-3 1990～2009 年俄罗斯总研发投入及占 GDP 的比重

资料来源：俄罗斯联邦国家统计局《俄罗斯统计年报 2010》表 21.20

二、各创新单元的研发经费

在研发投入方面，俄罗斯政府研发预算占全国研发总投入的比重从 2000 年的 54%增长到 2009 年的 65%（表 16-1）。来自企业界的研发投入占研发总投入的比重较低，近 10 年来保持在 20%左右，主要是由于 2002 年，俄罗斯政府出台了《俄罗斯联邦 2010 年前及未来国家科技发展政策原则》，此后，政府研发预算拨款呈稳定增长的态势，其增速高于其他来源的研发投入增速。

表 16-1　2000～2009 年俄罗斯研发投入的来源　　（单位：亿卢布）

研发投入来源	2000 年	2001 年	2002 年	2003 年	2004 年	2005 年	2006 年	2007 年	2008 年	2009 年
政府预算	411.909	592.052	774.189	992.605	1168.084	1404.638	1734.824	2284.492	2720.988	3159.287
科研机构自有资金	69.472	106.020	129.897	162.957	172.891	207.438	255.992	305.558	358.551	353.123
预算外资金	49.697	54.618	55.597	45.295	48.709	40.483	47.522	66.496	63.437	79.527
企业界的资金	143.262	206.330	278.819	340.708	419.330	477.598	569.399	774.916	899.597	945.299
高等教育机构的资金	0.581	1.162	1.693	1.975	1.949	1.812	5.921	8.900	5.181	3.272
民间非营利机构的资金	0.326	1.703	1.245	2.402	0.901	0.604	2.390	2.483	6.749	3.773
国外资金	91.724	90.722	108.605	152.682	148.535	175.280	272.005	267.958	256.228	314.061
研发总投入	766.971	1052.607	1350.045	1698.624	1960.399	2307.852	2888.052	3710.803	4310.732	4858.343

资料来源：俄罗斯联邦国家统计局《俄罗斯统计年报 2010》表 21.21，http：//www.gks.ru/bgd/regl/b10_13/IssWWW.exe/Stg/d5/21-21.htm。

在研发支出方面，企业部门的研发支出占全国研发总支出的比重最高，但是该比重呈现连年下降的态势，从 2000 年的 70.8%下降到 2009 年的 62.4%；其次是国立科研机构，占研发总支出的比重从 2000 年的 24.4%提高到 2009 年的 30.3%；高等教育部门虽然所占比重较少，但也呈现连年增加的态势（表 16-2）。

表 16-2　2000～2009 年俄罗斯研发支出情况

年份	国立科研机构		企业		高等教育机构		非营利机构	
	研发支出/亿卢布	比重/%	研发支出/亿卢布	比重/%	研发支出/亿卢布	比重/%	研发支出/亿卢布	比重/%
2000	187.486	24.4	542.888	70.8	34.893	4.5	1.704	0.2
2001	255.803	24.3	739.762	70.3	54.877	5.2	2.165	0.2
2002	330.200	24.5	94.363	69.9	73.229	5.4	3.253	0.2
2003	429.449	25.3	1162.479	68.4	102.977	6.1	3.719	0.2
2004	495.453	25.3	1354.087	69.1	106.961	5.5	3.898	0.2
2005	601.582	26.1	1568.800	68.0	133.380	5.8	4.090	0.2
2006	779.506	27.0	1924.848	66.6	176.392	6.1	7.306	0.3
2007	1079.849	29.1	2383.862	64.2	234.719	6.3	12.373	0.3
2008	1298.712	30.1	2712.063	62.9	288.686	6.7	11.271	0.3
2009	1470.232	30.3	3030.511	62.4	346.422	7.1	11.178	0.2

资料来源：俄罗斯联邦国家统计局《俄罗斯统计年报 2010》表 21.22，http：//www.gks.ru/bgd/regl/b10_13/IssWWW.exe/Stg/d5/21-22.htm。

第四节　优先领域的确定

俄罗斯《科学与国家科技政策联邦法》中规定“国家级科学院（俄罗斯科学院、俄罗斯农业科学院、俄罗斯医学科学院、俄罗斯教育科学院、俄罗斯建筑科学院、俄罗斯艺术科学院）每年应向俄罗斯联邦总统和联邦政府提交关于基础科学和应用科学优先发展方向的建议，以及关于探索性研究方向的建议”。

根据每年搜集的关于科学优先发展方向的建议，并充分考虑全球科技发展的新趋势和俄罗斯科研机构所取得的成果，俄罗斯联邦总统“经济现代化和创新发展委员会”负责制定《俄罗斯联邦科学、技术与工程优先发展方向》和《俄罗斯联邦关键技术清单》，这两份文件每五年重新修订一次。这两份文件的发布为俄罗斯今后数年的科技发展指明了方向，对俄罗斯科技的发展具有非常重要的指导意义。

2011 年 7 月，俄罗斯联邦总统梅德韦杰夫签署总统令，批准了新修订的这两份文件，并由俄罗斯联邦政府实施。尽管在资源有限和全球金融危机日益加剧的情况下，关键技术的数量明显应该适当减少，但是，对已确定的优先发展方向和关键技术应当给予最大限度的支持，以确保国家安全、产品竞争力的提高和社会发展。这些优先发展方向和关键技术覆盖了俄罗斯最具潜力的科技领域，其中绝大多数都能够最终实现科学与技术的突破，并形成新的市场[18]。

（一）俄罗斯联邦科学、技术与工程优先发展方向

此次公布的科学、技术与工程优先发展方向共有八个：安全与反恐；纳米系统产业；信息通信系统；生命科学；先进武器装备、军事和特种技术；自然资源合理利用；交通运输系统与航天系统；能源效率、节能与核能。

（二）俄罗斯联邦关键技术清单

与 2006 年批准的两份文件相比，此次公布的关键技术只有 27 项（表 16-3），少于 2006 年的 34 项。这是俄罗斯的专家们根据科技发展的长期预测，以及近年来出现的危机与趋势，对 2006 年的优先发展方向和关键技术进行了调整。

表 16-3　俄罗斯联邦关键技术清单

序号	关键技术	序号	关键技术
1	先进武器、军事和特种设备所需的基础与关键的军事技术与工业技术	15	新能源与可再生能源技术
2	电力电子基础技术	16	结构纳米材料的制备与处理技术
3	生物催化、生物合成和生物传感技术	17	功能纳米材料的制备与处理技术
4	生物医学与兽医技术	18	分布式计算、高性能计算系统技术与软件
5	基因组、蛋白质组和后基因组技术	19	环境监测与预测、环境污染防止与消除技术
6	细胞技术	20	矿产勘探、开发与开采技术
7	纳米材料、纳米器件和纳米技术的计算机模拟	21	自然与人为紧急情况的预防、应对技术
8	会聚技术	22	减少社会性疾病损失的技术
9	核能、核燃料循环、放射性废物与核废料安全处理技术	23	高速车辆制造技术和新型交通智能控制系统
10	生物工程技术	24	航天火箭制造技术和新一代运输设备
11	纳米材料和纳米器件诊断技术	25	电子元件与节能照明设备制造技术
12	宽带多媒体接入技术	26	能源运输、分配和利用的节能系统制造技术
13	信息系统、控制技术和导航系统技术	27	高效的能源生产与能源转换技术
14	纳米器件与微系统技术		

第五节 基础研究重点

一、基础研究专项计划

为了保障俄罗斯的基础研究获得稳定的资金支持、提升俄罗斯的科技竞争力，2008 年，俄罗斯政府公布了“国家科学院基础科学研究计划（2008～2012 年）”，该计划是俄罗斯历史上首次制订的、单独的基础科学研究五年计划。计划确定了基础研究的优先发展方向：纳米技术、核能、光电子、生物信息技术、生物工程技术等。今后五年内，俄罗斯政府将为基础研究计划投入巨额资金，同时要求俄罗斯科学院精简机构、提高资金使用效率，以保障国家投资的合理利用和有效产出。该计划的制订和顺利实施将对俄罗斯实现经济转型、发展知识与创新经济起到关键作用。

该计划介绍了俄罗斯科学院、俄罗斯医学科学院、俄罗斯农业科学院、俄罗斯建筑科学院、俄罗斯教育科学院、俄罗斯艺术科学院共 6 个国家科学院的基础研究方向、各个方向的预期结果和 2008～2012 年联邦预算拨款方案。其中，俄罗斯科学院占该计划预算拨款总额的 82.7%。以俄罗斯科学院为例，该计划详细介绍了该院在数学、物理学、工程学、信息学与信息技术、化学和材料科学、生物学、地球科学、社会科学、历史和语言学共 9 个学科的 88 个基础研究方向（表 16-4）。

表 16-4 俄罗斯“国家科学院基础科学研究计划（2008～2012 年）”的优先领域

学科	基础研究方向
数学	理论数学的现代问题；数学物理，以及力学、物理学和天文学的数学问题；计算数学、并行和分布式计算；科学和技术领域的数学建模；离散数学和理论信息学的现代问题等 5 个方向
物理学	凝聚态物理学；新材料和新结构；光学和激光物理；激光技术基础；放射物理学和声学；物理电子学的基础问题；等离子体物理学；核物理学；天文学、天体物理和空间研究等 9 个方向
工程	能源系统的发展和运行基础；能源技术和生态问题；现代电气工程和可再生能源基础问题；核能、热能、氢能和空间能源；普通力学；固体力学和复合纳米材料力学；机械理论、计算机系统分析与综合；机械工程综合问题等 12 个方向
信息学与信息技术	信息理论、信息计算系统和网络；系统分析、人工智能、模式识别系统；自动化系统、复杂控制系统和程序的数学模型和方法研究；神经和生物信息学；全球信息通信集成系统和网络的建设；光电、无线电、激光技术；定位系统等 9 个方向
化学和材料	理论化学、有机和无机合成方法的发展、物理化学研究的新方法；材料化学；现代生态学和合理利用环境的化学观点；能源的化学观点；新一代药理活性物质形成的化学问题等 6 个方向
生物学	生命系统发展、进化生物学；有机体和群落生态学；生物多样性；遗传学；生物大分子和超分子复合体的结构和功能；分子遗传学和生物工程；免疫和癌变；细胞生物学和细胞技术理论基础；生物物理学、放射生物学、生物学和生物信息学的数学模型；生物技术等 12 个方向
地球科学	地质年代的划分、地层学和古生物学；地球动力学和内部结构；利用地球化学和空间地球化学的方法研究地球和其他行星的物质、结构和演化；地质矿藏；石油和天然气的地质和地球化学基本问题；海洋；环境和气候的演变等 13 个方向
社会科学	现代俄罗斯的文明变化；俄罗斯社会的政治关系等 14 个方向
历史和语言学	文化、考古和科学遗产的保护和研究；历史进程的理论问题等 8 个方向

二、基础研究经费

按研发活动的类型划分，俄罗斯在基础研究领域的支出比重从 2000 年的 13.4%增加到 2008 年的 18.2%，该比重低于法国、美国等发达国家。近 15 年来，在基础、应用和开发各类型研发活动中，用于开发的研究经费保持了稳定的主导地位（图 16-4）[18]。

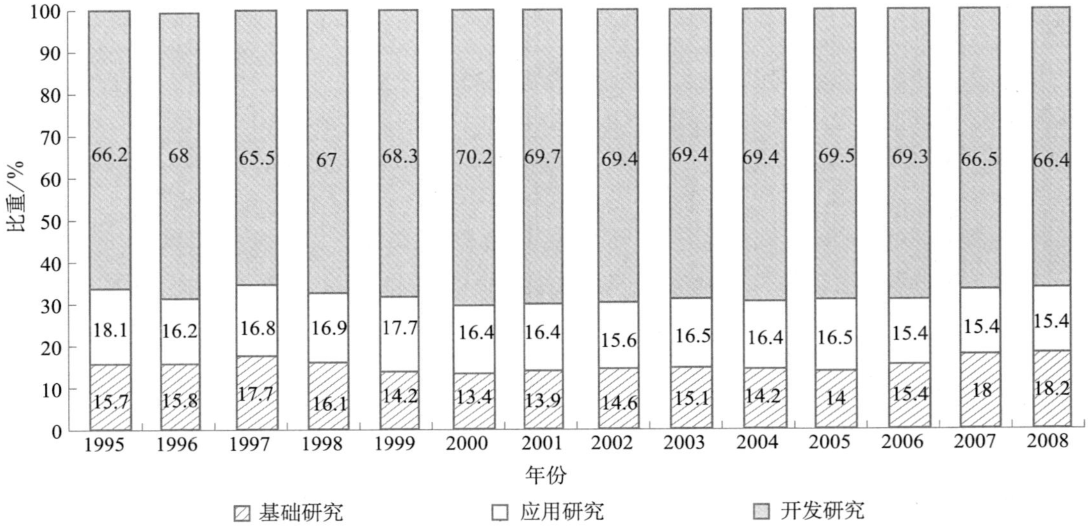

图 16-4　1995～2008 年俄罗斯研发支出中各类型研发活动的比重

第六节　科研评估

一、评估制度

2009 年 4 月，俄罗斯总理普京签署了第 312 号联邦政府决议，《俄罗斯联邦科研机构绩效评定条例》开始正式实施。该条例规定了对俄罗斯联邦科研机构综合评价的规则，适用于对俄罗斯联邦政府机构、联邦政府分支机构及国家级科学院下属科研机构的效率进行评定。

该条例将科研机构分成四类：第一类是“科研领先机构”，会得到更多的资金支持。第二类是稳定发展的“科研效率获得满意评价的”科研机构。对于这两类，将制订继续保持领先和进一步取得新成果的前景发展计划。第三类是获中等评价的科研机构，这一类机构需要视具体情况进行重组。第四类是明显缺乏科研基础和发展前景的机构，对这类机构则要从根本上改革，可能被关闭或兼并。

近年来，俄罗斯科学院对科研机构和人员的裁减，仅由该院主席团官员发布裁减配额，并规定具体完成时间和数量，这是缺乏原则基础的。因此，政府将向科研和管理机构，诸如俄罗斯原子能署、工业与贸易部、俄罗斯科学院等提供有效的科研效率评估工具，使专家对科研机构效率进行评审鉴定时有章可循。

俄罗斯联邦对科研机构效率评估将是强制性的。根据《绩效评定条例》的规定，不得少于每3年评估1次，评审结果将作为下一步预算拨款的依据[19]。

2009年10月，俄罗斯联邦教育科学部批准了《俄罗斯联邦科研机构绩效评定标准方法》和《俄罗斯联邦科学机构绩效评定委员会工作示范条例》。

制定《俄罗斯联邦科研机构绩效评定标准方法》的目的在于排除官僚的行政干预，真正实现由科学家决定科学发展的方向。该文件除提出一套评估科研工作的标准和方法外，还制定了提高科研效率的原则，即在科研机构效率评估的原则基础上重新分配资金。

此次在《俄罗斯联邦科研机构绩效评定标准方法》中提出的新指标有，研究成果的商品化应用、参加重大的国际和国家科学项目和计划、国内外学者的公认程度、研究机构的物质与技术基础等。另外，以往一些世界通行的、具有相当客观性的标准，如以出版物数量和引文索引等衡量科研效率的标准，尽管在讨论中颇有争议，但仍将被沿用。

考虑到各种学科的不同特性，俄罗斯联邦教育科学部力求针对不同学科和机构的变化特点，制定一种既普遍适用，又有最大灵活性的科研机构效率的评估方法标准。在实践中，这种方法标准还要针对各科学机构的研究方向、人员数目、拨款规模加以完善[20]。

二、组织管理

根据2009年10月俄罗斯联邦教育科学部批准的《俄罗斯联邦科学机构绩效评定委员会工作示范条例》组成评定委员会，其成员主要为俄罗斯联邦政府机构、国家级科学院以及其他相关部门的知名科学家、科技管理和应用推广专家等。

科研机构按照俄罗斯联邦政府机构或国家级科学院批准的标准办法规定的格式及评定委员会其他书面文件要求，向该委员会提交参评审材料，委员会自收到材料之日起一个月之内实施评审。在评审中遇有需进一步审查的情况，经联邦政府机构或国家级科学院批准后，可以延长评审期限，但不超过一个月。

国家各部委及其下属局、署和国家级科学院将对科研机构的评审终结资料交俄罗斯联邦教育科学监督局，由该局建立和维护科研机构评审数据库，并对数据库资料进行定期分析和综合，按年度向俄罗斯联邦教育科学部提交科研机构效率评估报告。该数据库作为联邦信息资源，要根据政府机构、科学院和法人的书面申请提供信息摘录服务，并按照俄罗斯联邦立法要求，保护信息和商业秘密。

三、评估成效

2010年4月，俄罗斯科学院成立了由副院长Сергей Алдошин主管的“俄罗斯科学院科学机构绩效评定委员会”[21]。2010年10月，出台了《俄罗斯科学院科学机构绩效评定委员会工作条例》[22]《俄罗斯科学院科学机构绩效评定方法》[23]和《俄罗斯科学院科学机构绩效评定方法指标》[24]。

由于此类评定工作刚刚开展，所以，截至2012年年初，俄罗斯科学院现有的430个科研机构中只有67家被评定为第一类“科研领先机构”，有6家被评定为第二类“稳定发展的科研机构”，其余机构还未进行评定。当时俄罗斯科学院领导层决定将加快评定工作的进程，并在2012年年底完成此项工作[25]。

（执笔：中国科学院文献情报中心 任 真）

参考文献

[1] OECD. OECD reviews of innovation policy：Russian Federation 2011. http：//www. oecd-ilibrary. org [2011-06-19].

[2] 卫民．俄罗斯的中长期科技政策．全球科技经济瞭望，2003，(1)：15-19.

[3] 科技部．俄颁布创新发展战略．http：//www. most. gov. cn/gnwkjdt/201201/t20120110 _91834. htm [2012-02-29].

[4] Правительство Российской Федерации. СТРАТЕГИЯ инновационного развития Российской Федерации на период до 2020 года. http：//government. ru/gov/results/17449 [2012-01-05].

[5] Российской академии наук. Прогноз научно-технологического развития Российской Федерации на долгосрочную перспективу（до 2030 г.）. http：//www. ras. ru/FStorage/Download. aspx? id = 5f47fe85-3594-4b3a-84b9-e63b640eaec4 [2012-09-03].

[6] Министерство образования и науки Российской Федерации. Прогноз научно-технологического развития Российской Федерации на долгосрочную перспективу. http：//mon. gov. ru/work/nti/dok [2010-06-20].

[7] 龚惠平．俄罗斯科学技术概况．北京：科学出版社，2011：19-21.

[8] 戚文海．俄罗斯关键技术产业的创新发展战略评价．俄罗斯中亚东欧市场，2010，(4)：8-13.

[9] Администрация Президента РФ. Подписан закон о господдержке инновационной деятельности. http：//news. kremlin. ru/news/12107 [2011-08-01].

[10] 龚惠平．俄罗斯科学技术概况．北京：科学出版社，2011：21，22.

[11] Министерство образования и науки Российской Федерации. Концепция федеральной целевой программы 'Научные и научно-педагогические кадры инновационной России' на 2009-2013 годы ». http：//www. mon. gov. ru [2008-04-28].

[12] 中国驻俄罗斯联邦大使馆．俄罗斯人才联邦专项计划实施成效显著．http：//ru. china-embassy. org/chn/kjhz/elskjtx/t888899. htm [2013-05-20].

[13] 中国驻俄罗斯联邦大使馆．俄罗斯通过高校科研计划吸引外国专家．http：//ru. china-embassy. org/chn/kjhz/elskjtx/t872244. htm [2012-09-03].

[14] 中国驻俄罗斯联邦大使馆．俄罗斯总统在达沃斯论坛提出创新经济举措．http：//ru. china-embassy. org/chn/kjhz/elskjtx/t872203. htm [2012-02-10].

[15] Администрация Президента РФ. Общее собрание Российской академии наук. http：//www. kremlin. ru/news/15401 [2012-07-02].

[16] 中国驻俄罗斯联邦大使馆．俄罗斯总理普京重申为吸引科学家回国创造条件．http：//ru. china-embassy. org/chn/kjhz/elskjtx/t872368. htm [2012-05-12].

[17] Федеральная служба государственной статистики. http：//www. gks. ru/bgd/regl/b10 _ 13/IssWWW. exe/Stg/d5/21-20. htm [2013-06-15].

[18] Министерство образования и науки Российской Федерации. НАЦИОНАЛЬНАЯ ИННОВАЦИОННАЯ

СИСТЕМА И ГОСУДАРСТВЕННАЯ ИННОВАЦИОННАЯ ПОЛИТИКА РОССИЙСКОЙ ФЕДЕРАЦИИ. http：//mon. gov. ru/files/materials/6333/09. 11. 11-bd-rus. pdf [2010-03-01].

[19] Правительство Российской Федерации. Об оценке результативности деятельности научных организаций，выполняющих научно-исследовательские，опытно-конструкторские и технологические работы гражданского назначения. http：//government. consultant. ru/page. aspx? 1007343 [2013-05-06].

[20] Министерство образования и науки Российской Федерации. Об утверждении типового положения о комиссии по оценке Результативности деятельности научных организаций，выполняющих научно-исследовательские，опытно-конструкторские и технологические работы гражданского назначения ，и типовой методики оценки результативности деятельности научных организаций，выполняющих научно-исследовательские，опытно конструкторские технологические работы гражданского назначения. http：//www. edu. ru/db-mon/mo/Data/d_09/m406. html [2013-02-26].

[21] Российской академии наук. О создании Комиссии по оценке результативности деятельности организаций РАН. http：//www. ras. ru/presidium/documents/directions. aspx? ID＝e655c31e-51ea-4f15 -916f-88ef53035855 [2013-10-13].

[22] Российской академии наук. Положение о Комиссии по оценке результативности деятельности научных организаций Российской академии наук. http：//www. ras. ru/presidium/documents/directions. aspx? ID＝9767952e-4821-4510-89d6-5f678677066d&print＝1 [2013-12-04].

[23] Российской академии наук. МЕТОДИКА оценки результативности деятельности научных организаций Российской академии наук. http：//www. ras. ru/presidium/documents/directions. aspx? ID＝9767952e-4821-4510-89d6-5f678677066d&print＝1 [2013-12-04].

[24] Российской академии наук. ПОКАЗАТЕЛИ оценки результативности научных организаций Российской академии наук. http：//www. ras. ru/presidium/documents/directions. aspx? ID ＝ 9767952e-4821-4510-89d6-5f678677066d&print＝1 [2013-12-04].

[25] Российской академии наук. ЦЕНА ОЦЕНКИ. РАН БЕСПОКОИТ СУДЬБА ПЕРИФЕРИИ. http：//www. ras. ru/digest/showdnews. aspx? id＝99b1846e-c966-437e-9c2b-e06a5fb158e3 [2013-12-04].

第十七章　欧　盟

第一节　科技与创新战略

欧盟的科技与创新战略主要体现在其十年经济发展规划中，2000～2010 年的“里斯本战略”和 2010～2020 年的“2020 战略”，都提出了创新发展的战略目标，积极采取措施推进欧盟整体的创新发展。

一、经济发展战略中的创新要素：从“里斯本战略”到“2020 战略”

2000 年 3 月，欧盟里斯本首脑会议批准未来十年的经济发展规划“里斯本战略”，提出 2010 年前要将欧盟建设成为以知识经济为基础、在世界上最具竞争力和最有活力的经济实体，能够实现可持续的经济增长，创造更多、更好的工作，实现更高程度的社会聚合。

“里斯本战略”是一个包括经济增长、就业、环境、教育、创新等多项内容的战略，研究与技术开发是其中的一项重要内容。为了实现“里斯本战略”中提出的目标，2002 年巴塞罗那欧盟首脑会议决定将欧盟的研发总投入占其 GDP 的百分比从 2000 年的 1.9％提高到 2010 年 3％[1]。

十年来，尽管欧盟采取了许多改革措施并取得了一些进展，但面对种种的现实压力，战略目标最终未能实现。2005 年的战略中期评估显示前 5 年进展较为缓慢，为此重新调整发展重点，将“增长和就业”作为战略的首要目标，即到 2010 年实现 70％的平均就业率，研发投入增加到占 GDP 的 3％，并在完成这两项目标的前提下实现 3％的年经济增长率。从 2005 年至 2008 年上半年，“增长和就业”目标顺利推进，但 2008 年下半年的金融危机重挫欧盟经济，也打乱了“里斯本战略”的实施步伐，导致其战略目标未能实现，其两大具体目标，即“研发投入占 GDP 的 3％”和“平均就业率达 70％”亦未能达成，欧盟国家的创新绩效仍存在明显差距。

在欧洲一体化不断深化的大背景下，欧盟各成员国在经济上的相互依存度进一步增强，金融危机进一步凸显了欧盟协调一致、共同行动的重要性，为更好应对危机，提高欧盟发展水平和整体竞争力，欧盟委员会于 2010 年 3 月发布“2020 战略”，提出接替“里斯本战略”、指导欧盟未来十年发展的方向。该战略重点强调了欧盟经济的发展方向：智慧型增长——发展基于知识与创新的经济体；可持续增长——促进资源高效利用、更加环保并有竞争力的经济建设；包容性增长——培养充分就业的经济，提高社会与区域凝聚力。

“2020战略”设定了五大战略目标，并重提使研发投入占GDP的比例达到3%，还提出了支撑三大战略的七大旗舰计划，其中“创新联盟”旗舰计划提出要加强欧盟及国家研发系统之间的联系，提升绩效，通过改革来使投入产生最大收益并解决协调不足的问题；推动欧盟范围研究人员与创新者的自由流动；启动“欧盟创新伙伴”计划，加速研究、开发和创新的市场开发，以应对重大社会挑战、聚集知识和资源，更好地与国际合作者开展合作等。[2,3]

为此，在欧盟层面，委员会将采取以下行动：①建成“欧洲研究区”，制定战略研究议程来应对能源安全、交通、气候变化和资源效率、卫生和老龄化、环境友好制造方法和土地管理等带来的挑战，并促进与成员国和区域研究项目的协同规划。②改善创新商业框架环境，如创建单一的欧盟专利，建立专门的专利法院，建立现代化的版权和商标架构，加强中小企业知识产权的保护，加快建立可互操作标准；改善融资渠道，充分利用需求端政策等，如公共采购和灵活监管。③在欧盟和国家层面启动“欧洲创新伙伴”计划，促进应对挑战的技术的开发和应用。④加强并进一步开发欧盟支撑创新的工具手段，如结构基金、农村开发基金、研发框架计划、竞争与创新计划和战略能源技术计划等。通过与欧洲投资银行进行更密切的合作和简化行政程序，促进融资（特别是对中小企业的融资），引进与碳市场关联的创新激励机制。⑤通过欧洲创新与技术研究院（EIT）等方式，提升知识伙伴关系，强化教育、商业、研究和创新的联系，并通过支持“新兴创新公司”计划来鼓励创业。

二、创新战略的推进

（一）推动欧洲研究区建设

为实施“里斯本战略”目标，欧盟于2000年提出了欧洲研究区（ERA）计划，宗旨是在“立足内部市场”的前提下，促进研究人员、技术与知识的自由流动；对欧洲各国和地区的研究工作、研究计划和研究战略，以及在欧洲一级实施和提供经费的计划进行全面有效的协调。

欧洲研究区概念包括三个相互关联的方面：①欧洲研究“内部市场”，其中研究人员、技术和知识可以自由流动；②国家和地区研究活动、计划和政策在欧盟层面有效协调；③在欧盟层面实施和资助研究计划。

欧盟研发与创新框架计划是在欧盟层面实施欧洲研究区的主要措施，还包括其他欧盟计划，尤其是国家和地区层面的计划。为建设欧洲研究区推进的主要工作包括如下方面：密切联系成员国，加强成员国之间科技政策的一致性和研发创新计划的协调与合作；加速欧洲研究区项目的推进，制定政策措施，激励社会研发投入，方便科技人员和成果自由流动；围绕气候变化、食品安全、老龄化等主题，加强成员国间的联合科技计划的实施；强化成员国科研融合，制定国际研发创新合作战略，扩大国际科技合作，吸引世界一流人才和优秀青年科研人员加盟，密切同第三方国家间的合作关系等[4]。

为实现欧洲研究区计划，除了相关措施的推进，欧盟相关方面也不断针对欧洲研究区的内涵和发展提出以下新的观点。

（1）2008年，欧盟制定了欧洲研究区总体管理程序，并启动五项新的欧洲研究区计划[5]，包括：①建立研究人员流动与职业发展的合作关系，以加强知识扩散，平衡欧洲层面研究人员的供需，保持并吸引更多优秀的研究人员，推动社会保障、跨国招聘等关键领域的进步。②考虑为支持成员国开发和资助泛欧研究基础设施提供法律保障。③加强知识转移活动中的知识产权管理，促进公共研究机构产生的知识产权的最佳利用和知识转移。④推动更多的联合计划和项目，允许几个国家或地区在解决社会问题和提高竞争力的重要战略领域开展合作。⑤实施国际科技合作的统一政策框架。2008 年 12 月，欧洲理事会批准了欧洲研究区的愿景，提出到 2020 年，所有的参与者都要受益于欧洲研究区的“第五项自由”，即研究人员、知识和技术的自由流动。

（2）2011 年，欧盟理事会通过决议，要求到 2014 年把欧洲研究区建成单一的知识、研究和创新市场，要求欧盟委员会加强同成员国之间的协调，出台政策措施和行动方案，抓紧落实，积极推动欧洲研究区建设。

（3）2012 年，欧盟委员会发布了题为“加强欧洲研究区伙伴关系，促进科学卓越和经济增长”的政策文件，强调要加快建成统一的欧洲研究区的决心，提出成员国应采取必要措施，确保国家科研和创新资金在欧盟层面的开放性和流动性等。同年 7 月，欧盟委员会与研究型大学联盟等组织签署了联合声明和谅解备忘录，提出为加快欧洲研究区建设进程，在 2013 年前应采取的措施，包括：通过开放、透明的招聘程序招募高水平研究人员，通过职业门户公布高水平研究人员的职位空缺，继续制定和实施人力资源战略，探索加入泛欧补充养老保险基金的可能性和可行性；制订和实施产学流动计划，为学术界和企业培养卓越的研究人员并提高产学之间的人员流动；促进公共资助研究成果的开放获取；加强产学合作，通过知识转移专门机构加强知识转移和转化等。

作为促进欧洲区域一体化的一项重要举措，2012 年 12 月，欧盟通过建立欧洲单一专利体系的协议。单一专利将通过统一的管理程序向发明人提供保护，由欧洲专利局（EPO）根据欧洲专利公约的规定统一授予，并依照专利权人的要求在 25 国同时生效。单一专利于 2014 年开始实施，将和成员国专利及欧洲专利并行，由欧洲专利局集中管理。单一专利体系还包括建立统一的专利诉讼制度，专利仲裁法院拥有处理单一专利侵权和有效性问题的专属管辖权。

（二）启动创新联盟计划

为促进欧洲“2020 战略”的实施，2010 年 10 月，欧盟正式公布了未来十年的研究与创新战略文件——创新联盟计划，以把欧盟建设成为“创新联盟”为目标，提出相关配套措施，开展欧盟层面的科研与创新绩效监测工作，确保各项目标实现。该计划提出，在 2014 年前建成欧洲研究区，以避免成员国研发计划间的重复与浪费，提高研发经费使用效率；取得教育与前沿研究领域的世界领先地位，把研发资金集中在优先领域，将创新与技术研究院作为欧盟创新治理的新模式，并为研究成员国成果产业化提供一流的配套服务。

该计划的具体措施包括人力资源、研发计划、科研基础设施、知识共享和国际合作等领域：①在资金紧张时期，欧盟及成员国继续投资于教育、研发、创新与信息通信技术，如可能，投资不仅不能削减，还应该提高；②加强欧盟及国家研发系统之间的联系，提升绩效，通过改革来使投入产生最大收益并解决分割问题；③实现各层面教育系统的现代化，卓越性是首要原则，培育更多世界水平的大学，吸引海外顶尖人才；④推动欧盟范围研究人员与创新者的自由流动；⑤简化欧盟项目申请及实施流程，强化其对私人部门投资的杠杆作用，加强欧洲研究理事会的作用；⑥更多地将研究转化为创新，通过排除障碍、采取刺激措施来加强学术界与产业界的合作；⑦减少企业家将思想带向市场的障碍；⑧启动“欧盟创新伙伴”计划，加速研究、开发和创新的市场开发，以应对重大社会挑战、聚集知识和资源，进而提高欧盟产业的竞争力；⑨更好地开发设计与创造能力，支持社会创新；⑩更好地与国际合作者开展合作。

三、综合研究开发计划

欧盟创新战略的实施主要是通过其综合研究开发计划——研发与创新框架计划进行的。从 2002 年开始，欧盟实施第六框架计划，2007～2013 年，实施第七框架计划，到 2014 年，启动了新的框架计划“地平线 2020”，这些计划通过具体的政策措施和资助项目支持战略目标的实现和欧洲研究区的建设。

（一）第六框架计划

第六框架计划出台的背景是基于满足“里斯本战略”的发展目标，也是落实“欧洲研究区”计划的主要措施。第六框架计划预算为 175 亿欧元，目标是提高欧洲的研究水平，加强欧洲的技术创新能力，增强欧洲研究基础设施，为发展欧洲知识经济提供支撑，以及建立科学、社会与公民之间的新型关系。

作为综合性科研资助计划，第六框架计划区别于之前的框架计划的特点在于：从独立项目向综合项目发展；强调扩大项目规模，解决关键问题；倾向长期、结构性投入；注重框架计划与成员国计划的结合；改革机构设置和管理模式，重组欧盟委员会特别是研究总署的机构，简化项目申报、评审和管理程序，下放权力，提高效率，以适应新框架计划。

第六框架计划还提出了新的政策措施，如建立卓越中心网络，加强研究能力融合，集中优秀人才对专项研究主题攻关；上马集成型项目，通过集中欧洲研发人力和财力开展集成研究项目，解决重大社会问题；联合参与成员国计划，促使成员国大部分研究计划的重点与欧盟的优先研究领域相吻合，通过协调工作计划和预算提高整体研究效率。

第六框架计划提出的研发优先领域包括：生命科学、基因组学和生物技术，信息社会技术，纳米技术和纳米科学，多功能材料和新生产工艺，航空航天，食品安全和质量，可持续发展、全球变化和生态系统，欧洲知识社会中的公民与行政管理。

（二）第七框架计划

总预算为 505.21 亿欧元的第七框架计划和总经费为 27.51 亿欧元的欧洲原子能共同体（Euratom）计划（2007～2011 年）于 2006 年年底分别获得欧洲议会和欧盟理事会批准，并于 2007 年 1 月下旬正式启动。

第七框架计划由四个专项计划和一个核研究特殊计划组成：①合作计划（Cooperation），预算 324.13 亿欧元，划分为十大主题研究领域：健康，食品、农业和生物技术，信息通信技术，纳米科学、纳米技术、材料和新制造技术，能源，环境（包括气候变化），交通（包括航空），社会经济学和人文科学，空间，安全。②原始创新计划（Ideas），预算 75.10 亿欧元，由欧洲研究理事会负责实施，致力于吸引最具有聪明才智的科学家增强欧洲竞争力，支持有风险并高影响力的研究，促进新兴和快速影响力的领域达到世界级科学研究水平。③人力资源计划（People），预算47.50亿欧元，通过与外国科学家的合作来加强欧洲研究，通过研究人员的流动建立持久的联系，具体实施则是通过“玛丽·居里行动计划”。④研究能力建设计划（Capacities），预算40.97亿欧元，支持欧洲研究和创新能力建设。⑤欧洲原子能共同体计划，预算27.51亿欧元，包括核聚变能研究、核裂变和辐射保护两个研究计划，第2个计划包括联合研究中心（Joint Research Center，JRC），预算17.51亿欧元。

第七框架计划除了投资规模远超过第六框架计划之外，还有一些新特点，如优先领域的集成更强，更符合欧洲科技发展的实际；突出了研究与创新的核心作用，尤其是企业的研究与创新具有清晰的市场引向性；充分发挥了泛欧科技大联合的优势，以科技进步为动力。

第七框架计划还采取了全新的措施来促进研发创新，包括：对评审等运行机制进行了相当大的简化：将研究发展重点放在欧洲工业的需求，即面向技术平台和新的联合技术项目所遇到的需求；创立欧洲研究理事会，资助欧洲科学界的精英；集成四个专项计划的国际合作；发展知识区域；通过金融风险分担机制鼓励私人投资研发。

（三）“地平线2020”计划

随着第七框架计划在2013年的结束，通过对第七框架计划实施情况的评估，即多方面的意见，欧盟研发框架计划在新的预算期有了新的转变。作为欧盟“2020战略”创新联盟旗舰计划的重要部署，2011年11月，欧盟公布了2014～2020年研发框架计划“地平线2020”，该计划区别于之前的框架计划，将涵盖欧盟所有研发与创新相关的计划，形成统一战略框架，包括“研发与创新框架计划”“竞争力与创新框架计划”中与创新相关的内容，以及建立欧洲创新与技术研究院（EIT）。该计划预算投入接近800亿欧元。

1. 新特点

“地平线2020”具有一些新的特点，使之能够实现促进增长和应对社会所面临的挑战的目标，包括简化实施程序、扩大计划参与、为从想法到研究成果投入市场的整个过程提供无缝和持续的资助、通过对贴近市场的创新和活动给予更多的支持等。

2. 投资领域

“地平线2020”将把资源重点投入在三个不同的但又相互加强的、明确体现欧盟的研究增值的优先领域，具体包括如下几方面。

（1）卓越科学

提升欧洲科学基础的卓越水平，确保不断产出世界级的研究成果，从而保持欧洲长期的竞争力。具体举措包括：以欧洲研究理事会的成功经验为基础，支持最有才华和最具创造力的个人及其团队开展最高水平的前沿研究；通过支持“未来与新兴技术”（FET），对合作研究提供资助，以开拓新的、具有发展潜力的研究和创新领域；通过“玛丽·居里行动计划”为研究人员提供一流的培训和职业发展机会；确保欧洲拥有世界一流的研究设施，使欧洲和其他地区的所有研究人员能使用这些设施。

（2）产业领导力

通过促进与企业创新相关的活动，使欧洲成为一个对研究和创新（包括生态创新）投资更具吸引力的地区，对关键产业技术领域进行重点投资，具体举措包括：构建欧洲在使能技术和产业技术领域的领先地位，重点支持信息通信技术、纳米技术、先进材料、生物技术、先进制造和加工，以及空间技术的发展，同时为跨领域的研究活动提供支持，以从几个关键使能技术的联合发展中获得累积效应；促进企业获得风险融资；为欧盟中小企业创新提供支持。

（3）社会挑战

回应欧洲"2020 战略"中的政策优先领域，解决欧洲和其他地区民众共同关注的重大问题。资助将集中于应对以下领域内的挑战：健康、人口变化和人类福祉；粮食安全、可持续农业、海洋与航海研究、生物经济；安全、清洁和高效能源；智能、绿色和集成交通；气候行动、资源效率和原材料；包容性、创新型和安全的社会。

除了以上三个领域的竞争性经费，欧盟为欧洲创新与技术研究院（EIT）、联合研究中心提供稳定的支持。

第二节　科技政策与措施

一、产业创新与知识转移转化政策

（一）支持知识三角——欧洲创新与技术研究院的建设

打造真正的泛欧洲教育、研究与创新的知识三角是欧盟一直以来的梦想，创建 EIT 便是其实现这一梦想的关键步骤之一。欧洲创新与技术研究院于 2005 年 2 月由欧盟委员会主席巴罗佐首先提出，设想成立一所泛欧洲的研究中心，并起名为欧洲创新与技术研究院，意图将麻省理工学院（MIT）作为创新与研究完美结合的典范移植到欧洲，以带动欧洲的创新力量。然而一个实体研究中心的想法遭到了各方面的强烈质疑，认为其投资过大，不具有可操作性，更有人坚称欧洲根本不需要这样的研究中心。为了能让欧洲创新与技术研究院尽早上路，EIT 对最初的设计理念和方案进行了根本性的调整，使其不拥有实体校园，而是由虚拟的"知识与创新共同体"（KIC）组成。按照规划，每个知识与创新共同体都必须有大学、研究机构和商业公司三方同时参与，知识与创新共同体的评选由理事会负责。2007 年，欧盟议会产业委员会审议通过欧洲创新与技术研究院成立提案。

欧洲创新与技术研究院在 2007～2013 年预算的投资 3.09 亿欧元，2009 年确定支持的知识与创新共同体包括：气候变化减缓与适应（Climate-KIC）、可持续能源（KIC InnoEnergy），以及未来信息与通信社会（EIT ICT Labs）。

1. 欧洲创新与技术研究院的组织机构

（1）理事会：由在高等教育、研究、创新和商业等领域有着丰富经验的高级别成员组成，主要负责指导欧洲创新与技术研究院的活动，包括知识与创新共同体的选择、指定和评价，以及其他所有战略决策；理事会由指定委员和代表委员两部分组成，指定委员意在保持企业、高等教育和研究方面委员的平衡；代表委员是从欧洲创新与技术研究院及其知识与创新共同体的各类人员中选举产生的。

（2）执行委员会：监督欧洲创新与技术研究院的运行，必要时在理事会闭会期间行使决策权；执行委员会由五个成员组成，包括理事会主席，执掌执行委员会，其他四名成员应由理事会从其指定委员中选拔。

（3）理事长：对理事会负责，主要管理欧洲创新与技术研究院的行政和财务管理工作，也是欧洲创新与技术研究院的法人代表；

（4）内部审计处：为理事会和理事长提供咨询意见，主要涉及欧洲创新与技术研究院的财务与行政管理，研究院与知识与创新共同体的金融联系的建立，以及任何理事会所要求的其他事务。

2. 欧洲创新与技术研究院的组织实施

（1）确定优先领域。欧洲创新与技术研究院应制定战略创新议程（Strategic Innovation Agenda，SIA），明确规定欧洲创新与技术研究院的长期优先领域，包括对其社会经济影响的评估和创造最佳创新增值能力的评估，以及资金需求和来源的估计、覆盖整个财政框架期间的指示性财务计划。战略研究议程由欧洲议会和理事会表决通过。

（2）制订工作计划。欧洲创新与技术研究院在战略研究议程的基础上形成三年滚动工作计划，一旦被批准，还应说明其主要优先事项和计划实施的举措。欧洲创新与技术研究院每年 6 月还应提交一份年度报告，说明欧洲创新与技术研究院在前一年所开展的活动，对结果完成目标的情况和时间进度的评估，以及开展活动的风险、资源的利用和欧洲创新与技术研究院的全面运作状况。

（3）在优先领域中选择知识与创新共同体。知识与创新共同体指高等教育机构、研究机构、公司和其他利益相关者在创新过程中形成的一种自主的合作伙伴关系。欧洲创新与技术研究院基于竞争、公开和透明的程序选择和指定合作伙伴成为知识与创新共同体。知识与创新共同体遴选的详细标准须建立在卓越性和创新实用性原则的基础上，由欧洲创新与技术研究院表决通过并发布；外部专家和独立专家参与遴选过程。组成知识与创新共同体的基本条件是：至少有三个合作机构的参与，这些机构分别来自至少两个成员国。依照欧共体第 1906/2006 号条例第 6 条的规定，所有这些合作机构必须是独立的。每个知识与创新共同体包括至少一个高等教育机构和一个私营公司。

依据定期评估结果和特定领域的特点，一个知识与创新共同体的存在期限通常是 7～15 年。理事会可决定延长知识与创新共同体的时间期限，只要这是实现欧洲创新与技术研究院目标的最适当方式。如果知识与创新共同体的评估结果不理想，理事会应采取适当措施，包括减少、修改或撤回其财政支持或终止协议。

3. 战略规划

2010 年，欧洲创新与技术研究院发布《战略创新议程——投资 2014 年以后的创新》报告，提出欧洲创新与技术研究院要通过促进创新及其转化来提升欧盟竞争力，成为培养欧盟创新和创造性人才的典范，使欧盟成为将重大挑战转变成为重大机遇的全球领袖。该报告提出欧洲创新与技术研究院的发展重点包括：制定管理与投资战略，使欧洲创新与技术研究院成为一个投资者而不是资助者；树立组织形象与文化，使其在分散的形式下形成具有鲜明机构特征的实体；成立业务总部，担当管理委员会战略顾问的角色，并负责实施欧洲创新与技术研究院战略，推动知识与创新共同体完成创新任务和传播创新成果等；寻求在教育、研究与企业知识三角中发挥作用的可持续方式；吸引更多的企业投资并使其积极参与知识与创新共同体；促进国际维度的合作。该报告确定了新的主题领域：人类生活与健康、人的学习与学习环境、未来食品、具有创造力的制造业、安全保卫、人口流动与智能城市。[6]

（二）支持企业开展技术与产业创新——风险分摊融资机制

欧盟为实现研发投入占 GDP 3%的目标，动员金融市场、鼓励私人部门投资研发是一个重要的途径。但研发活动具有较高的不确定性，投资研发会承担很高的风险，因此，金融市场与机构往往不情愿资助研发密集型企业或研究项目。为此，欧盟委员会与欧洲投资银行（EIB）签署合作协议，建立支持研究与创新的风险分摊融资机制（RSFF）。风险分摊融资机制以金融贷款的方式资助研究与创新，信用风险由欧盟和欧洲投资银行共同承担。

风险分摊融资机制主要是通过资金分配和准备金来覆盖欧洲投资银行直接提供的贷款或者担保贷款所产生的风险。根据欧盟和欧洲投资银行的合作协议，2007～2013 年，欧盟分别从第七框架计划的合作计划中拿出 8 亿欧元、能力计划中拿出 2 亿欧元，共计 10 亿欧元，欧洲投资银行也提供 10 亿欧元，用作欧洲投资银行向研发与创新项目贷款的贷款风险损失准备。当欧洲投资银行或者合作机构向符合条件的研发与创新项目提供贷款时，风险分摊融资机制为每一笔贷款提供相应比例风险准备金；当风险分摊融资机制支持的贷款或者担保出现了违约贷款后，由二者共同分担项目贷款可能产生的风险。

起初，风险分摊融资机制很大程度上会用于大中型创新企业或大型研究计划，如欧盟及国家层面的研究基础设施。之后风险分摊融资机制还会向任何规模的私人或公共机构开放，以推动其开展符合条件的研发项目。2011 年 12 月，欧盟委员会同欧洲投资银行签署“研发创新投资风险分摊融资机制”的扩资协议，拟在原有基础上仍按照各出资 50%的比例，每年再额外投入 30 亿欧元支持企业和研发机构的创新活动，确保每年投入创新型中心企业的资金至少达 6 亿欧元。

风险分摊融资机制贷款支持的符合条件的研发与创新活动种类包括：基础研究、定义阶段/可行性研究、产业研究、竞争前开发活动、引领和示范项目、创新。风险分摊融资机制贷款资助的主题包括 8 个领域，分别是保健、食品/农业/生物技术、信息通信技术、纳米科学/纳米技术/材料和新产品技术、能源和环境（包括气候变化）、交通（包含航空）、安全、太空。其中，风险分摊融资机制目前最关注的关键部门是工程/汽车、能源、信息通信技术、生命科学、研发基础设施。

（三）引导市场计划

2008 年 1 月，欧盟发布引导市场计划（Lead Market Initiative，LMI），通过整合政策工具来发挥创新产品与服务的市场潜力。它是欧盟“广泛基础的创新战略”（Broad-based Innovation Strategy）的一部分，强调协调利用政策工具和手段来支持创新。

引导市场计划在高度创新性、能反映客户需求且欧盟具有坚实的技术和产业基础的领域确定有潜力的新兴市场。目前选定的具有经济和社会价值的六大重点领域为：电子化医疗、防护纺织材料、可持续建筑、资源回收、生物技术产品与可再生能源。

通过深入的利益相关者咨询，欧盟提出了潜在引导市场的确定标准。一是需求驱动而非技术推动：该市场显示出的潜在消费者范围和需求表明，短期内在欧洲及全球范围具有较强的市场潜力。二是宽泛的细分市场：细分市场相对宽泛而不是仅针对单个商品。只有当一系列相互有联系的产品和服务同时提供时，才会给产品或服务链带来更多的附加值，并获得更持续的竞争优势，进而在欧洲形成广泛的产业基础。三是战略性经济社会利益。

该市场可在公共卫生、环境和气候保护、安全及就业方面提供广泛的战略性经济社会利益。四是预期政策工具的附加值：通过采用一系列公开措施及刺激的组合可以消除阻碍该市场需求的壁垒。五是该市场的形成主要通过采用成熟的新技术或推广针对现有技术的新用法。

行动计划中设定的系列政策工具包括：①改善法律环境，支持创新，避免给创新企业强加负担；②鼓励公共采购创新产品和服务；③推动标准化、注册商标和认证，为产品和企业之间的运作提供便利，提高用户对创新产品和服务的认知和信心；④其他补充手段，如企业与创新支持服务、培训、经济支持与刺激等。

（四）联合技术计划

欧盟为提高产业技术水平，加强其作为技术创新经济体的地位，提出政府、研究团体、产业联合起来的公私合作应发挥重要作用，并在2007年开始实施的第七框架计划中推出了联合技术计划（Joint Technology Initiatives，JTI），这是第一个在欧盟范围内的公私研究合作计划。

联合技术计划定位于提高欧洲产业竞争力的关键领域，这些领域不仅具有战略重要性和极高的社会经济影响，且在全球的发展处于初级阶段。联合技术计划使欧盟、成员国和私人的资源、技术、研发能力联合起来，在几年或十几年内，通过优势资源共享来突破产业技术瓶颈，实现关键领域在质量和规模上的发展，保证欧盟能够在技术创新上领先世界。

联合技术计划包括各领域的联合技术计划专项计划，专项计划再由多个项目组成。初期确定了6个领域的联合技术计划专项计划，包括：燃料电池与氢能；航空学与航空运输；创新医药；2020纳米电子学技术；嵌入式计算系统；环境与安全的全球监测。

为了享受欧盟基金以及财税减免政策，保证能有效合理地管理研究活动，每个联合技术计划专项计划都根据欧盟条约第171条款设立了联盟法人（joint undertaking）。这是一种有限时间的法人实体，联盟随计划结束而结束，比如，创新药物专项计划联盟在2007年12月建立，预计2017年12月结束。

联盟的组织结构保证了公私合作，让各利益相关者都有渠道反映观点和建议，都能参与决策。每个联盟都设有董事会负责日常经营和资金运算，董事会的投票权保证在各类主体间公平分配。但是因为计划参与主体和研究领域的不同，每个计划的组织结构也会有所差异。

二、促进人才培养与流动的政策与措施

（一）促进人才流动的政策措施

欧盟的人才政策主要是通过相关措施和规范的出台，促进成员国之间的人才跨国培养与流动，近年来这方面的政策措施主要如下：①2001年，发布“欧洲研究区人才流动战略”，明确了促进人才流动的优先领域和行动方案。②2003年，提出了欧洲研究区研究人员的一种职业多个岗位。③2005年，采用《欧洲研究人员宪章》和《研究人员录用指导规则》，界定了研究人员、雇主和基金人的角色与责任，以及保证录用研究人员更公平、更透明的手段等。④2005年，实施了“科学签证”一揽子措施，为欧盟急需的来自第三方国家的研究人员提供了快速通道。⑤2008年，出台了《更好的职业和更多的流动：为了研究人

员的欧洲伙伴关系》文件，要求在欧盟层面开展四个方面的合作。第一，促进成员国全面接受基于竞争的用人体制，将研究职位公布在相关网站上，方便研究人员通过这个平台在全欧盟范围内寻找合适的工作。第二，改革各国在社会保障、医疗及退休金等方面阻碍研究人员流动的政策或规定，在欧盟范围内实施一致的、有利于研究人员流动的政策。第三，促使成员国给予研究者更好的就职条件和工作环境，如可延长聘用期限、增加报酬、给予研究人员更大的自主性、给予女性研究人员平等的机会等。第四，加强大学与企业之间的合作，强化研究人员转化知识成果的技能等。⑥2009年，欧盟理事会批准了以引进高技术人才为目的的“蓝卡”计划。

此外，欧盟希望在促进人才流动方面与成员国之间建立伙伴关系，选择对不同层级都有潜在影响的关键领域联合采取行动。例如，系统性地公开招录；允许携带基金流动；满足流动研究人员需要的社会保障和补充养老金；加强研究人员的培训、技能和经验等。

（二）以人才计划支持人才跨国发展和流动

在欧盟研发与创新框架计划中，从第四框架计划开始重视人才的流动和培训，此后人才计划在框架计划中一直占有比较重要的份额。从支持的内容来看，各框架计划日益重视青年人才的培养，以及通过人才的流动促进知识转移，并支持跨国研究团队。

第七框架计划中的人才计划旨在通过激励人们从事研究事业、鼓励欧洲科研人员留在欧洲工作、吸引全世界的科研人员到欧洲工作，从数量和质量上加强欧洲的科研人员力量，将欧洲建设成最能吸引顶尖人才的地方。具体支持措施包括：①早期生涯培训；②终身培训和职业发展；③企业界与学术界建立合作伙伴关系；④国际合作——走出去基金、国际留学回归基金、请进来基金、国际研究人员交流计划；⑤专项行动，支持为人员流动扫除障碍的活动和发展在欧洲的科研人员的职业前景。具体措施如流动人员之窗，欧洲研究区—欧洲流动人员中心网络（ERA-More），欧洲研究区海外移居链接（ERA Link for the Diaspora），“科学类签证”（Scientific Visa）等。

三、国际合作政策——国际科技合作战略框架

随着经济全球化、人口变化、新经济体强国的出现，以及全球性挑战的加剧，欧盟除了促进成员国之间的科技合作与协调之外，还努力推动成员国/联系国及欧盟层面与第三方国家的科技合作，而且近几年将国际科技合作置于更重要的地位加以考虑和规划。

除了与更多的第三方国家签订双边科技合作协议外，还成立科技研究委员会开放协调工作组、国际科技合作战略论坛（SFIC）来谋划国际科技合作的方向。从第六框架计划开始框架计划向第三方国家开放，到第七框架计划实现了计划和研究主题的更广泛开放，并实施国际合作专项行动（图17-1）。

2008年9月，欧盟委员会发布“欧盟国际科学与技术合作战略框架”[7]，目的是将欧洲邻国集成到欧洲研究区，支持与世界合作国家在战略领域的合作，并提升国际科技合作的总体框架条件。呼吁各成员国政府在拟议的框架中共同发展这一战略，加强与非欧盟国家之间的科技合作，尤其要加强欧洲作为重要的出口国的信息和通信技术领域的合作。文件提出了欧盟国际科技合作与新信息社会协作的原则：拓展欧洲研究区并使其向世界开放；

图 17-1 欧盟支持国际科技合作的政策体系

保证政策的一致性和计划的互补性；鼓励与第三方国家的战略科技合作；提高欧洲作为研究合作者的吸引力；进行结果导向的信息社会规范协作；欧盟与成员国进行合作。

“地平展 2020”计划提出，国际合作的焦点是与三个主要国家群体之间的合作：工业化国家与新兴国家；（欧盟）扩充国家与邻近国；发展中国家。在合适的领域，“地平线 2020”计划将促进地区或多边合作。将继续贯彻开放性原则，同时鼓励互惠互利地参与第三国计划。此外，还将从战略高度，在共同兴趣和共同利益的基础上，实施为实现既定目标的国际合作行动，并促进对成员国活动的协调。

2012 年 9 月，欧盟委员会发布国际研究与创新合作新战略，提出通过双重措施来加强和凝聚欧盟的国际科技合作行动：一是开放，包括“地平线 2020”计划向全世界开放，欧洲研究理事会和“玛丽·居里行动计划”向第三方国家研究人员开放，研究基础设施行动关注国际合作；二是采取有针对性的国际合作行动，如通过系统的方法识别国际合作的领域，与关键合作国家和地区制定多年度合作路线图等。

报告提出支持国际合作的具体措施：通过签订科技协议和实施多年度路线图等加强政策对话；注重创新政策及国际合作相关信息的收集以辅助战略实施；在资助措施中考虑国际合作，如在项目评估中要求考虑第三方国家参与的因素，以及加强项目网络、集群等形式的合作；加强欧盟委员会与成员国及利益相关者间的合作；推动国际科技合作统一行为准则的形成；加强欧盟在国际组织及多边论坛中的地位；加强战略的实施和监管等。

第三节 科技经费投入

一、经费投入结构

从表 17-1 欧洲统计局的数据来看，尽管欧盟积极采取措施提高研究投入并实现 3%的目标，但 2004～2011 年，研究支出占 GDP 的比例一直徘徊在 2%左右。从各创新单元的投入比例来看，企业仍是主体，且有逐渐加强的趋势。

表 17-1 欧盟研发投入结构（单位：%）

年份	2004	2005	2006	2007	2008	2009	2010	2011
研发支出占 GDP 的百分比	1.83	1.82	1.85	1.85	1.92	2.02	2.01	2.03
企业投入比例	1.16	1.15	1.17	1.18	1.22	1.25	1.24	1.26
政府投入比例	0.24	0.25	0.24	0.24	0.24	0.27	0.26	0.26
高等教育机构投入比例	0.41	0.41	0.41	0.42	0.44	0.48	0.49	0.49
私人非营利机构投入比例	0.02	0.02	0.02	0.02	0.02	0.02	0.02	0.02

资料来源：欧盟统计局 . Science，technology and innovation. http：//epp. eurostat. ec. europa. eu/portal/page/portal/science_technology_innovation/data/main_tables。

从欧盟各时期对框架计划的投入可以看出其研发资助经费的整体变化情况。从图 17-2 可以看出，从第六框架计划到“地平线 2020”，框架计划经费投入的绝对值有大幅增长，“地平线 2020”比第七框架计划增长了 30%。

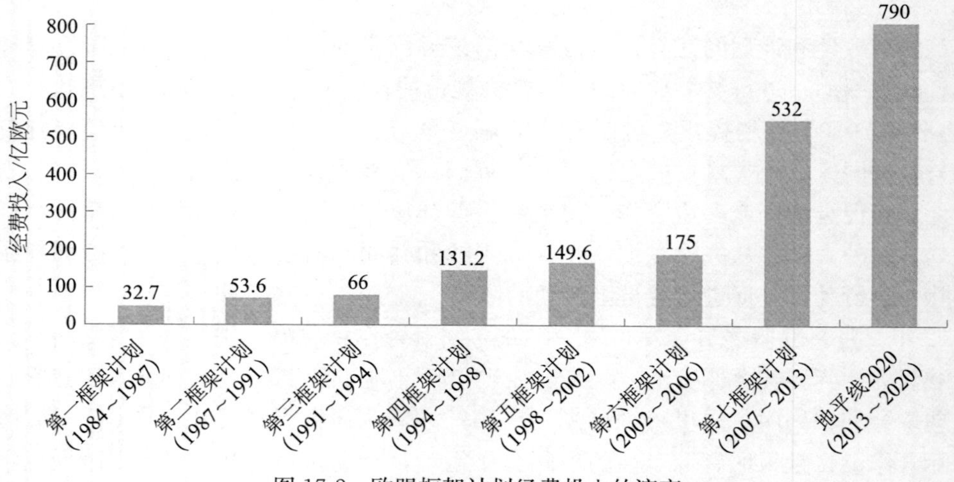

图 17-2 欧盟框架计划经费投入的演变

二、框架计划投入方向的演变

欧盟框架计划的结构主要是以“主题”为导向的。第六框架计划的三大主题围绕欧洲研究区的建设展开，包括聚焦和整合共同体研究、构建欧洲研究区和加强欧洲研究区的基础，其预算分别为 146.82 亿欧元、28.54 亿欧元和 3.47 亿欧元。其中聚焦和整合共同体研究主题下包含了对一些学科领域的支持，总经费为 124.38 亿欧元，其分配情况见图 17-3。[8]

第七框架计划的四大主题合作、原始创新、人力资源和能力计划，以及该计划下包括的对联合研究中心的经费分配情况如图 17-4 所示，其中合作主题下也包括了若干学科领域的经费。

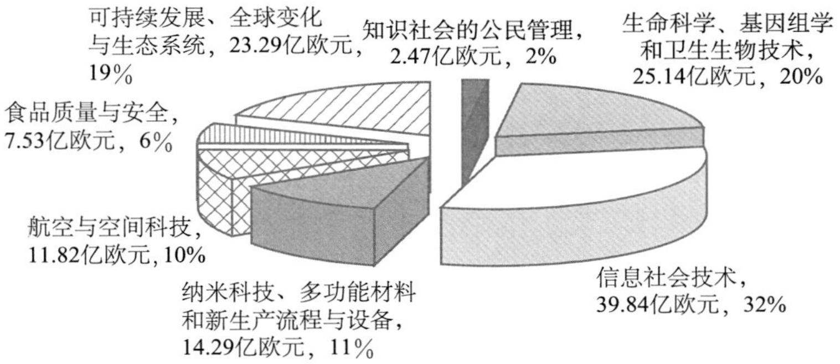

图 17-3 第六框架计划的各学科领域经费投入比例

资料来源：CORDIS. FP6 Budget. http：//cordis. europa. eu/fp6/ budget. htm [2014-08-20]

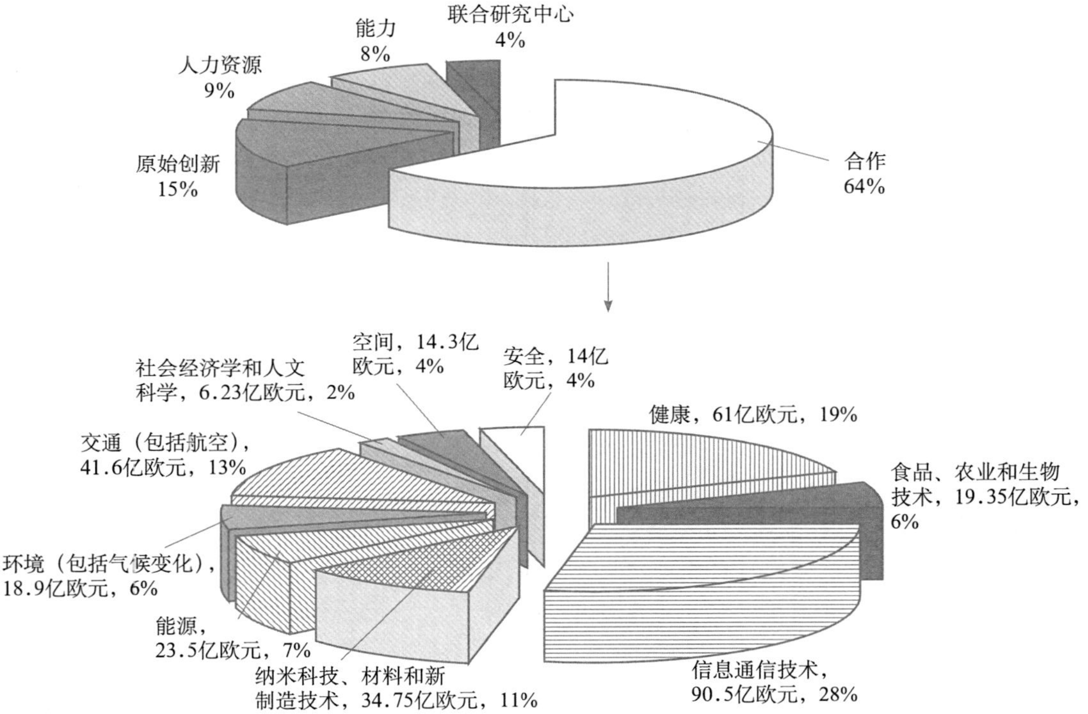

图 17-4 第七框架计划各主题及学科领域的经费分配情况

资料来源：CORDIS. Budget. http：//cordis. europa. eu/fp7/ budget _ en. html [2013-03-10]

“地平线 2020”在整合欧盟范围内其他研发与创新支持计划的基础上，提出了三个主题，从而使预算结构有所调整。其三个主题领域，即社会挑战、卓越科学和产业领导力的最终预算额度分别为总预算的 39%、32%和 22%；其中支持人才培养与流动的“玛丽·居里行动计划”预算约 60 亿欧元，占总预算的 8%，比第七框架计划期间增加 30%；欧洲创新与技术研究院预算 27 亿欧元，占总预算的 3.5%，而第七框架计划期间仅为 3 亿欧元。

第四节 优先领域的确定

欧盟的研发优先领域主要是通过研发与创新框架计划来实施的，因此，本部分通过框架计划（主要是第七框架计划）的决策和优先领域的制定过程来解释欧盟优先领域确定的过程和方法。

一、框架计划的决策过程

欧盟框架计划的制订过程是一个长期且复杂的过程，该过程以欧盟委员会在正式提出提案前六个月提出的“讨论”或“定位”文件开始。在正式提案提出后，还需要两年的时间才能由欧洲理事会和欧洲议会通过联合决议过程做出最终决策。

欧盟框架计划的研发主题和内容是自上而下经由政治力量确定主题的，而第七框架计划的人才流动资金和欧洲研究理事会资金没有预先定义的领域，属于自下而上的决策。具体过程描述如下所示：

（1）确定目标和标准。框架计划或专项计划的决策首先会确定目标和标准，关注在欧洲水平上予以支持的研究种类，如跨国研究，形成临界规模；支持与欧盟核心政策相对应的领域，如农业、能源和卫生等。

（2）提出具体措施。行动的实施会使用许多不同的手段、措施或资助计划，最常见的是合作研究。原则上，工具和研究主题在形式上不相互关联，但在实施中，它们构成了一个矩阵结构。

（3）决策。自上而下是框架计划中的主要原则，尤其是对合作研究而言。除确定目标和标准之外，在第七框架计划中，优先领域被区分为若干层次，其中 Theme 指主题，如信息通信技术；Activity 指活动，如信息通信技术的分支；Area 指领域，如嵌入式系统；Topic 指专题，是指在工作计划中规定的项目的层面。其中，目标、标准和优先领域是由“高政治层”决定的。在欧盟委员会中，内外部咨询与框架计划的标准或目标一起使用。在理事会及议会决策中，会具体到研究活动或领域层面，但没有具体到专题或项目层面。在理事会或议会决策指定领域之后，工作计划会具体到专题及项目层面。这在很大程度上是委员会的一种内部程序。

二、优先领域制定中的咨询过程

（一）咨询机构与团队

2004 年，欧盟委员会成立了咨询机构欧洲研究顾问委员会（EURAB），旨在根据欧盟委员会的要求或自己主动提供关于具体问题的建议和观点。它可以自由地与对欧洲研究感兴趣的组织和机构合作，就具体专题建立工作组，以及咨询其他专家。

此后，欧盟委员会还设立了欧洲研究区委员会（ERAB），作为负责就欧洲研究区的实现向欧盟提供建议的新咨询机构。该机构的规模比 EURAB 小，由 22 位高水平的专家构成。

（二）咨询过程

在欧盟委员会为框架计划提出正式提案之前，主要进行两类咨询——内部咨询和外部咨询。内部咨询是总署间的协商（inter-service consultation），包括研究总署与欧盟委员会其他相关总署的协商，以研究总署为主导。这是委员会采纳一项决策的正式程序。实际上，在第七框架计划中，合作是在研究总署、工业总署、信息社会总署和能源与运输总署之间共同展开的。

这个过程共分为两个阶段：讨论文件和正式的框架计划提案。讨论文件和框架计划提案都是欧盟委员会的决议，要求进行内部咨询。通常，讨论文件都会向广泛的科技团体进行外部咨询；当正式提案提出以后，决策权就在于欧洲理事会与欧洲议会。

外部咨询包括正式的外部咨询和非正式的外部咨询。正式的咨询意味着一种面向公众的公开咨询，人人都有做出贡献的机会，而非正式的咨询通常是将目标锁定于特定的科技群体，未必是公开的，或者至少不是广泛公布。

针对第七框架计划的欧盟委员会的讨论文件《科技：欧洲未来的关键——未来欧盟研究支持政策指南》的在线咨询由来自欧洲和其他国家的1700多个组织和个人，包括大学、大型公司、中小企业、协会和政府机构，提供了咨询反馈。除此之外，还有8000多份关于指南各个方面的书面意见。同时，还有150份“立场文件”发送给欧盟委员会。大多数成员国都提交了“立场文件”。委员会对这些都认真阅读和分析，其中许多意见都被纳入了考虑范围内。但这些意见书的缺点是缺乏成员国之间的相互协调，因而各有不同的形式和内容，使得欧盟委员会很难系统地使用这些信息。

第七框架计划的公开主题咨询，允许感兴趣的个人和组织提交关于第七框架计划中研究与技术开发所支持的跨国合作研究的主题“领域”的意见。此外，还有许多关于更为具体的主题领域的咨询，像信息通信技术、社会科学和人文科学及纳米技术。

三、识别主题领域的标准

为了识别出哪些主题领域应被包括在第七框架计划提案中，欧盟委员会使用了以下三种标准。

（一）对欧盟政策目标的贡献

主题领域的研究必须产生可以满足社会需求的新知识，并推动欧洲政策目标的实现，包括把欧洲转化成为一个有活力的和有竞争力的以知识为基础的经济体，实现可持续经济增长的目标。相关政策目标包括卫生、消费者保护、能源、环境、发展援助、农业和渔业、生物技术、信息通信技术、交通、教育和培训、就业、社会事务、经济凝聚力、司法和家庭事务等。主题领域可能是当前最重要的领域或在中长期内变得重要的领域。

（二）欧洲的研究潜力

主题领域必须在研究和技术开发上具有成就卓越的巨大潜力，并且能把研究结果广泛传播和转化成社会与经济利益。例如，在可能的情况下，将来的支持应该建立在过去和当前已有的投资上，应该建立在相关研究领域已经成功的研究与应用上。

（三）欧洲的价值增值

①必须有需要额外公共资助和在欧洲层面上加以干预的强烈要求：额外公共资助是否合理取决于项目外部性、能否通过研究产生广泛的利益、能否吸引越来越多的公共和私人投资。②欧盟层面干预是否合理取决于是否能够通过合作研究形成欧洲卓越中心：创建必要的多学科领域，达到研究所需的临界规模。③克服分散性和不必要的重复，克服彼此分割和缺乏互操作性。④补充其他政府间、国家和私人行动。⑤解决共性的或欧盟层面的问题。⑥加强欧洲卓越研究的显示度。

第五节 基础研究重点

一、欧盟基础研究政策的发展

随着欧盟层面研发计划的实施，欧洲的基础研究也需要加强成员国间的合作，提高基础研究的实力和水平。但长期以来，欧洲的基础研究存在经费不足且分散，智力资源流失严重，与美国相比顶尖人才缺乏，以及优秀学科有限等问题。2004 年 1 月，欧盟委员会发表题为“欧洲与基础研究”的大讨论指令性文件，号召并组织欧洲科技界与民众积极参与，为的是在新的严峻形势下调整欧洲基础研究结构、增加投入、制定新的基础发展战略、提升基础研究实力与国际竞争力。讨论的主要观点体现在如下三个方面：一是分析欧洲基础研究面临的严峻挑战，找出其优势与弱点，从而制定未来的欧洲基础研究发展战略；二是通过讨论和反省，澄清、确定及补充大讨论所涉及的有关欧洲基础研究的重要问题；三是提出了振兴欧洲基础研究、提升其国际竞争力的建议，确定了基础研究在欧洲研究区建设中充分发挥作用的切实可行的新措施。

根据大讨论中大多数人的意见与建议，欧盟委员会提出了如下重振欧洲基础研究的对策：①创建“欧洲研究理事会”并设立“基础研究基金”，提升基础研究的泛欧性，加大对基础研究的财政支持。②调整欧洲基础研究结构，筛选出优秀研究机构；加强基础设施建设，改善其研究条件，使它们成为欧洲基础研究的中坚力量；经费由欧盟、成员国及私人三方面承担。③欧盟要加强与各成员国的协调与合作，充分发挥各成员国在基础研究领域的积极主动性，共同促进欧洲基础研究的发展。④采取措施鼓励私人对基础研究投资，并确保投资者的利益。⑤引进美国国家科学基金机制，扩大研究人员的自由度，重视和支持个人或小组自选的研究项目，保护他们的合法权利。⑥鼓励并扶持对包括交叉学科在内的新理论、新思想的探讨，对研究及试验项目的选择采取优胜劣汰机制。⑦实施研究人员竞争与奖励机制，完善研究人员培训体系；采取切实有效的措施吸引国外智力人才，尤其是顶尖人才来欧洲工作。⑧建立欧洲研究人员流动网络，鼓励并支持各成员国研究人员的自由流动，为他们的旅行、安家、工作提供便利条件。⑨加强欧盟研发框架计划优秀项目网的建设，充实基础研究内容，加大计划研究立项的力度，增强研发框架计划项目的优势互补。

第七框架计划的重点倾向于基础研究和前沿科学研究，这是欧盟第一次在研发框架计划层面上提出重点推进基础研究或前沿研究的项目，围绕前沿或基础研究的总投入将会达到 70 亿欧元。

二、基础研究政策与计划

2007 年，作为支持基础研究的基金组织——欧洲研究理事会正式启动。作为欧盟第七框架计划的一部分，欧洲研究理事会是一个泛欧洲的科学资助机构，其基本工作原则是在追求卓越的基础上，鼓励研究人员在所有领域自由地开展前沿研究。[9]

欧洲研究理事会致力于吸引最具有聪明才智的科学家增强欧洲竞争力，支持有风险、高影响力的研究，促进新兴和快速影响力的领域达到世界级科学研究水平。欧洲研究理事会从 2007 年设立至今主要支持三类项目：①“欧洲研究理事会独立研究人员启动基金”项目：主要资助博士毕业 2～7 年的早期职业生涯研究人员，五年期资助额度为不超过 200 万欧元。②“欧洲研究理事会巩固基金”项目：资助获得博士学位 7～12 年的独立优秀科研人员；五年期资助额度为不超过 275 万欧元。③“欧洲研究理事会高级研究人员基金”项目：资助由 10 年以上卓越科学贡献的顶级科研人员主持开展的创新性科研工作，五年期资助额度为不超过 350 万欧元。

欧洲研究理事会设立以来，获得了广泛认同的成功，成为欧洲研究区有影响力的组成部分。2010 年提出新战略要采取措施将其从开创阶段推向成熟阶段。战略的重点目标是简化欧洲研究理事会的组织并提高效率。战略提出了短期和中期两方面的措施：①在目前的财政和管理框架下的短期措施：聘用一个具有丰富管理经验的杰出科学家来领导欧洲研究理事会执行委员会，以整合科学与行政管理，还要改善管理流程，合并各层面的活动，使欧洲研究理事会的运行完全透明、专业程度更高。②中期内，为提高管理效率，与欧盟议会和委员会讨论调整研究与技术开发的规范框架以适应科学活动的特殊需求，确定更适宜的研究与创新资助规则与规范，在支持风险性研究的同时有效利用欧盟资金[10]。

三、支持基础研究的转移转化

为保障欧洲研究理事会资助的研究所产生的卓越想法得到全面利用，欧洲研究理事会也在不断调整其资助措施以满足创新联盟目标的实现，加强从基础研究到创新的创新价值链的联系。为此，2011 年启动“概念验证（Proof of Concept）计划”。根据该计划，已经获得欧洲研究理事会资助的研究人员可以再申请获得最高 15 万欧元的资助，以构建其研究与市场创新早期阶段之间的桥梁。该计划将通过将好的想法带入市场来获取前沿研究的最大价值。

“概念验证计划”提供转化型资助来加速研究成果向市场的转移。研究人员可以利用额外的资金来开展市场研究、技术验证、确定知识产权地位与战略、商业机会分析等方面的活动，以支持欧洲研究理事会资助获得者准备一个计划包，呈现给风险资本家，或可能投资该技术并将其带向早期商业化阶段的企业。

该资助计划的评估标准包括：创新潜力、概念验证计划的质量、预算。同行评议专家将会依据这三个评估标准独立评估每一个合格的计划书确定“通过/失败”。对于某一计划书，绝大多数评议专家对三个标准的评分都为通过，才能获得资助。如果没有足够的预算来支持通过所有三个标准的计划，将会按照专家给出的通过率排序，从而确定资助项目。

如有必要，同行评议专家将会召集评估专家组来对具有同样通过率的计划书确定优先次序。

第六节　科研评估

一、框架计划项目的评估

欧盟框架计划有严格的评审机制和规章，包括：确定评审专家资格和制定相应的行为规范、建立独立观察员制度和制定相应的规章、对负责项目管理的欧盟委员会工作人员的职责与行为进行严格规范。

（一）项目评审原则

（1）质量：受资助项目必须符合框架计划的目标，有很高的科技与管理水平，必须从总体上有利于欧盟委员会（以下简称委员会）各项政策的实施。

（2）透明度：为使科研人员在准备项目申请时有一个清楚的整体概念，资助决策的过程、原则及具体操作都必须明确、公开，而且必须向申请人反馈项目评审结果。

（3）平等：必须对所有申请一视同仁。

（4）公正：独立的同行评议之后，项目水平是决定项目取舍的唯一依据。

（5）效率与速度：在保证评审质量、遵循有关法律法规的基础上，尽量加快评审速度。

（二）项目评审方法与标准

通过资格审查的项目申请将由专家进行评审，一个项目一般送交至少 3 名独立的外部评审专家。通常专家对每项评审标准按 0～5 的 6 分制打分，申请最终得分完全建立在这些分数的基础上。

在给定时间内，当所有专家都完成独立评审后，将组织专家组会议讨论评审专家给定的分数，委员会官员将作为会议的主持人。会议期间，专家们将对每组标准给一个最后得分并对整个申请打分。专家组还应对分数做出评价，作为对申请人的反馈，并就评审综述报告达成一致。

评审专家的选择方面，专家应在框架计划相关的研究与开发领域具有一定水平，还必须在以下一个或多个领域里具备高水平的专业经验：相关科技领域内的研究；框架计划项目的管理或评审；研发项目成果的应用、技术转移与创新；国际科技合作；人力资源开发。委员会还应考虑专家评价研究的工业和/或经济影响的能力和判断专家与委员会政策相关性方面的能力，专家还必须具备适当的语言水平。

项目评审时，委员会工作人员将从专家库中列出合适专家的名单，必要的话还包括预留名单。应注意保证每个选中的专家能代表一定的范围，注意专家在能力、地理背景及语言能力方面的平衡。可能的话，还注意适当的性别平衡。

（三）项目评审标准

专家根据以下标准对项目进行评审：

（1）科技水平与创新性：研究水平及对解决招标计划中关键科技问题的贡献；在考虑

到相关风险的情况下，申请超出科技现状的创意和创新程度。

（2）研究团体附加值及对欧盟政策的贡献：从整个欧洲的角度来考虑问题；团队工作对欧洲科研的附加值；项目对执行或改进一项或多项欧盟政策所起的作用。

（3）对社会目标的贡献：项目对改善生活、健康与安全（包括工作条件）水平所起的作用；对改善就业前景、推动新技术在欧洲的应用发展所起的作用；在保护或改善环境及对最低限度使用自然资源方面所起的作用。

（4）经济发展与科技前景：对经济增长的促进作用；对欧洲技术进步的贡献。

（5）资源、合作与管理：项目的管理与实施，尤其是任务安排的适当性、连续性和完整性；合作关系的质量，尤其是项目成员的科技和专业水平、工作中所起作用及合作伙伴间的互补性；资源分配情况。

二、欧盟同行评议指南

2011年，欧洲科学基金会发布《欧洲同行评议指南》，提出了支持和共享同行评议最佳实践的五个要点：①核心原则：卓越性、公正性、透明度、目标的适当性、评估的效率和速度、道德和诚信。②过程的公正性，包括执行研究的可靠性、客观性、独立性和避免倾向性、开放性、谨慎性，以及对未来科学家与研究者的责任等。③质量保障，要有专门的办公室或者组织外部委员会进行评估监督。④管理结构，通过强有力的管理来保障组织和运作的一致性和质量，保证管理过程的高效、透明和简单性。⑤方法，包括准备、项目申请、申请处理、专家选择、专家评估和最后决策各阶段的具体操作方法。指南还对多种类型项目的同行评议提出具体指导原则。

（一）个人研究计划和职业发展计划的评估

对于这两类资助工具，欧洲组织最常采用的同行评审都是基于两步法过程。它包括：先是三位个人/远程评审专家的评审，然后由专门的评审小组或委员会来确定优先性或排序。同行评审过程以最终的资助决定来结束，这一决定往往是在机构层面上做出的。

“个人研究计划”的评估要点：申请人独立思考的能力和领导才能；在跨学科研究计划中，对所涉及各学科之间的平衡。

在“职业发展计划”中，可根据资助计划所针对的类别，来应用不同的标准：①博士生培养基金：博士项目的原创性；项目的可行性（资源的获取等）和项目潜在成果的影响；申请人的学术成就。②博士后奖学金和研究基金：项目的科学/技术质量和潜力；培训质量（相关性、能力、技能互补等）；申请人（经验、出版物、是否适合执行项目等）资格和实施可行性（基础设施的可获得性、管理、实际安排）；对职业发展的影响。③独立研究团队的创建基金：以人为本；体现卓越性的证据（奖项、成就、出版纪录）。④高级职业发展基金：突出的研究业绩；受到证实的学术和科学贡献；科学/研究的独立性；所提出方法的创新性和新颖性；非常规的方法和研究。

（二）合作计划的评估

合作计划评估的重点是：①与招标范围的相关性；②申请人的评估不仅包括对项目负责人能力的评估，也包括对提出计划的整个小组的评估；③更广泛影响的评估；④对领导和管理方面的评估；⑤研究计划的战略和国家重要性。

（三）卓越中心计划的评估

卓越中心计划的资助计划中，研究计划所受到的资助通常是高达10年，其更长期的可持续性和发展都是重要的考虑因素，在规划新的招标、做出资助决定和进行评审时，应纳入到更长远的考虑中。对卓越中心计划的评估不仅仅涉及计划和申请人的科学质量，根据计划的特殊性，还应考虑以下标准：项目主要领导人的科学经历与卓越性；研究计划的卓越性；研究计划的可行性；包含一份预算的运营计划；良好的管理、治理监督和明确的战略目标；对研究系统的潜在影响（无论是国家还是国际水平的）；研究计划的跨学科性及其协作性质；长期的潜在影响和可持续性；对于已有的研究中心，该中心在实现其自身目的和目标方面所取得的进展。

其他可用于评估的标准：该中心是否将提供创新的、以目标为导向的研究环境；研究计划是否代表明确的和有挑战性的研究视角；是否有明确的文件，说明管理的效率；该中心研究人员的足够数量；青年科研人员的升迁及其各个阶段的培训-职业发展；性别平衡；所提供的国家和国际合作/网络；预期的国际影响；社会影响。

（四）研究基础设施项目的评估

研究基础设施项目的评价不仅仅涉及研究计划的科学质量和申请人的能力，还涉及基础设施自身的详细评估。通常情况下，对研究基础设施研究计划的评价标准将包含要开展的研究的科学卓越性、基础设施的管理和基础设施能提供的服务，具体包括：提供独特的、卓越的研究范围；提供一种真正适当的资源，拥有非常先进研究项目的几个研究群体/用户会利用这些资源；代表广泛的国家和欧洲利益；有着明确的计划，来对基础设施进行维护与管理；有着长远计划，解决科学目标、筹资和使用问题；对研究人员开放，易于使用，且有改善其可获得性的计划；与基础设施相关的培训要求和计划的可获得性；为科学服务的理念（如样本准备，数据分析等）；促进相关标准的制定或改进。

（执笔：中国科学院文献情报中心　王建芳）

参考文献

[1] 冯兴石．欧盟的研发政策研究及启示．中国科技论坛，2007，(12)：131-134.

[2] European Commission. Europe 2020 flagship initiative: Innovation Union. http://ec.europa.eu/research/innovation-union/pdf/innovation-union-communication_en.pdf#view=fit&pagemode=none [2014-03-17].

[3] European Commission. Innovation Union competitiveness report 2011. http://ec.europa.eu/research/innovation-union/pdf/competitiveness-report/2011/iuc2011-full-report.pdf#view=fit&pagemode=none [2013-03-20].

[4] 中国驻欧盟使团．欧委会多管齐下落实欧盟研究区域建设目标．http://www.chinamission.be/chn/

zogx/kjhz/t848615. htm [2012-12-11].

[5] European Commission. Specific initiatives to support European research area. http://ec. europa. eu/research/era/specific-era-initiatives_en. html [2008-05-25].

[6] The European Institute of Innovation and Technology. EIT's Strategic Innovation Agenda (SIA) investing in innovation beyond 2014. http://eit. europa. eu/fileadmin/Content/Downloads/SIA/EIT_Strategic_Innovation_Agenda_Final. pdf [2012-12-24].

[7] European Commission. A strategic European framework for international science and technology cooperation. http://ec. europa. eu/research/iscp/pdf/com_2008_588_en. pdf [2013-08-24].

[8] CORDIS. Sixth framework programme for RTD and demonstration activities. http://cordis. europa. eu/fp6/budget. htm [2014-03-20].

[9] European Research Council. About ERC. http://erc. europa. eu/about-erc [2012-09-26].

[10] European Commission. The European Research Council—meeting the challenge of world class excellence. http://ec. europa. eu/research/evaluations/pdf/archive/other_reports_studies_and_docu ments/commission_communication_on_the_erc_review_-_22_october_2009. pdf [2012-12-19].